雷达测试性工程

杜舒明 吕永乐 等 著

科 学 出 版 社
北 京

内 容 简 介

本书系统论述了雷达测试性工程的实施方法。主要内容包括：系统测试性设计、分系统测试性设计、电路模块测试性设计、基于边界扫描测试的测试性设计、雷达回波模拟器设计、软件测试性设计、健康管理软件设计、故障诊断算法模型设计和验证、测试性建模分析，以及测试性试验与评价等。书中针对系统、分系统和模块等不同层级的测试性设计需求，论述了故障模式分析方法、测试性需求分析方法、测试性设计准则、机内测试设计方法、机内和机外协同测试设计方法、外部测试设计方法等，并提供分析和设计示例。

本书可供雷达、电子对抗等电子装备设计人员及从事测试性技术研究的高校师生阅读参考。

图书在版编目（CIP）数据

雷达测试性工程/杜舒明等著. -- 北京：科学出版社，2025.6. -- ISBN 978-7-03-082072-3

I. TN957

中国国家版本馆 CIP 数据核字第 2025XC6727 号

责任编辑：许 健 赵朋媛 / 责任校对：谭宏宇
责任印制：黄晓鸣 / 封面设计：殷 靓

科学出版社 出版
北京东黄城根北街 16 号
邮政编码：100717
http://www.sciencep.com

苏州市越洋印刷有限公司印刷
科学出版社发行 各地新华书店经销

*

2025 年 6 月第 一 版　开本：B5（720×1000）
2025 年 6 月第一次印刷　印张：27
字数：529 000
定价：150.00 元
（如有印装质量问题，我社负责调换）

序 言

随着战争形态演变和先进技术的应用，雷达装备保障方式正在发生深刻的变化，其发展方向是系统健康状态感知精确化、故障诊断精准化、维修保障决策智能化、系统健康状态可预测和可评估。雷达测试性工程是支撑雷达保障方式变革的基础性工程。没有高质量的测试性工程，就没有高水平的雷达保障。

为了实现雷达健康状态感知精确化，需要采用先进的测试性设计方法，全面提升故障检测和故障隔离能力，包括从信号流和数据流的异常变化中检测故障的能力、性能指标参数的机内测试能力、软件故障检测能力等。该书针对雷达状态感知精确化的发展需求，系统论述了测试需求分析方法、机内测试方法、内外协同测试方法、外部测试方法和指标验证方法。

在雷达测试性工程实施过程中，主要涉及三个重要问题，即测什么、如何测试、如何验证。测什么是解决在规定的测试设计约束条件（包括故障检测率、故障隔离率、测试成本、测试设备重量和尺寸等约束）下，如何合理确定机内测试项目、内外协同测试项目、外部测试项目等测试需求。如何测试是解决各类测试项目的测试方法问题，包括雷达系统测试方法、分系统测试方法和电路模块测试方法等。如何验证是解决测试性设计的建模仿真验证和试验验证问题。针对这些问题，该书从系统、分系统和模块等层级论述了雷达测试性需求分析方法、典型测试项目的测试方法、测试性设计的仿真验证方法和试验验证方法。

为了实现故障诊断精准化，雷达不仅需要健康状态的精确感知能力，而且需要对各类测试信息和故障信息的精细化处理能力。雷达健康管理软件是用于实现测试资源管理、测试控制、测试信息采集、故障诊断、状态预测、健康评估、维修保障决策等功能的综合处理软件。该书论述了健康管理软件设计方法，以及故障诊断算法模型设计和验证方法。

雷达回波模拟器是用于雷达指标测试的重要测试设备，既能用于雷达的外部测试，也能用于机内测试。该书论述了雷达回波模拟器的设计方法。

该书提出了用于故障模式分析的完整、准确、细化和互不包含四项原则；提出了如何基于指标测试需求、故障检测和故障隔离需求等输入信息导出被测对象测试项目的分析方法；提出了协同测试方法，该方法用于整合各类测试资源，实现高效应用；提出了雷达软件测试性设计方法。

近年来，人工智能技术已应用于雷达测试性工程。利用自然语言处理大模型技术提升故障模式信息收集和应用水平，利用知识图谱技术提升故障诊断能力，利用强化学习技术提升诊断模型的在线学习和优化能力。

该书作者均为从事雷达测试性设计和验证的工程技术人员，既有较深厚的理论功底，又有丰富的工程经验。

该书结构清晰、内容丰富、设计方法新颖，既有一般方法介绍，又有具体示例，便于读者学习和掌握。相信本书的出版能够促进国产雷达测试性工程设计能力的提升。

于文震

2025 年 6 月

前　言

　　雷达装备保障的发展需求是无人值守、自主管理、精准保障和高效保障。为满足发展需求，雷达应具备健康状态精确感知、精确诊断、状态预测、健康评估、维修保障决策等能力，这些能力的实现与雷达测试性工程的实施质量有密切关系。

　　现代雷达系统功能复杂、故障种类繁多、故障检测和隔离难度大，为实现雷达测试性设计要求，需要系统地开展雷达测试性工程工作。高质量地开展雷达测试性工程工作可显著提升产品研制效率、生产调试效率和维修保障效率。

　　雷达测试性工程包括测试性需求分析、测试性设计、测试性分配、测试性建模分析、测试性试验与评价等工程活动。开展雷达测试性工程的目的是在测试资源、测试成本等设计约束条件下，合理利用机内测试（BIT）、内外（机内/机外）协同测试、外部测试等多种测试手段，通过规范的测试性工程设计和试验确保测试性指标得以实现，并及时为状态预测和健康评估提供准确的装备状态参数和精确的故障定位信息。

　　本书从系统、分系统和模块等不同层级系统地论述了雷达测试性设计方法，包括故障模式分析方法、测试性需求分析方法、测试性设计准则、机内测试设计方法、内外协同测试设计方法、测试点和观测点设计方法、BIT 信息采集方法、外部测试设计方法等，提供了分析和设计示例。

　　故障模式是雷达测试性设计的主要输入信息和设计依据，其分析质量对测试性设计质量有较大影响。本书论述了雷达系统、分系统和模块的故障模式分析方法，提出了用于故障模式分析的完整、准确、细化和互不包含四项原则，提供了分析示例。

　　测试性需求分析为 BIT 设计、内外协同测试设计、外部测试设计等提供设计输入。本书详细论述了如何从系统或分系统指标测试需求、故障检测需求、故障隔离需求等需求导出测试项目需求。

　　本书论述了雷达分系统之间的机内协同测试技术及内外协同测试技术。采用机内协同测试技术可以降低机内测试资源的开销；内外协同测试把机内测试资源和外部测试资源融为一体，实现各类测试资源的统一调度和使用，并实现雷达功能和性能的自动化测试。

　　在新型雷达系统中，数字电路得到广泛应用，数字电路模块的信号传输速度和集成度越来越高,传统的测试性设计方法已不能满足数字电路的测试性设计需求。针对这方面的发展需求,本书论述了边界扫描测试技术在数字电路模块测试性设计中的应用方法,包括边界扫描测试性设计、边界扫描测试和诊断软件、边界扫描测试控制器设计、边界扫描测试技术的应用、边界扫描测试系统产品等。

雷达回波模拟器是用于雷达系统测试或分系统测试的重要测试设备,广泛应用于雷达的机内测试和外部测试。本书论述了雷达回波模拟器的设计方法,包括雷达回波信号仿真建模、射频回波模拟器设计、数字回波模拟器设计等。

随着雷达朝软件化、智能化方向发展,软件规模越来越大,复杂度越来越高,软件故障已成为雷达故障的重要来源,软件故障的快速检测和隔离越来越重要。本书针对软件测试性设计需求,论述了软件测试性设计方法。

雷达系统内部存在各种类型的数据流,它们按照预先确定的通信协议进行传输,当雷达出现故障时,数据流会出现异常,通过数据流监测可以检测和隔离故障。本书在系统测试性设计部分论述了基于数据流监测的故障检测方法。

故障诊断能力不仅依赖于BIT设计,而且依赖于对采集到的BIT测试信息进行精细化软件处理能力。健康管理软件设计用于机内和机外测试资源管理、测试控制、各类测试信息的采集、故障诊断、状态预测、健康评估、维修保障决策等处理,本书论述了健康管理软件设计方法,以及故障诊断算法模型设计和验证方法。

测试性设计已从过去的基于经验的设计方式向基于模型的设计方式转变。测试性建模分析软件工具在测试性设计质量评估方面具有重要作用,本书论述了测试性建模分析技术、测试性建模软件工具和测试性建模软件在雷达中的应用等。

测试性试验与评价是实施雷达测试性工程的重要环节。本书论述了测试性试验与评价方法,包括试验与评价工作流程、测试性试验方案设计、指标评价方法、故障注入方法、故障试验设备等。

全书共包括18章,内容覆盖雷达测试性工程实施的全部过程。第1章为概论,第2章为系统测试性设计,第3章至第9章为雷达分系统的测试性设计,第10章为数字电路模块的测试性设计,第11章为基于边界扫描测试的测试性设计,第12章为电源模块的测试性设计,第13章为雷达回波模拟器设计,第14章为软件测试性设计,第15章为健康管理软件设计,第16章为故障诊断算法模型设计和验证,第17章为测试性建模分析,第18章为测试性试验与评价。

全书由杜舒明、吕永乐组织编写并统稿。其中,第1章与第2章由杜舒明编写,第3章由张飚、王燕编写,第4章由连迎春编写,第5章由施吉生、宋小安编写,第6章由孙颋编写,第7章由周斌、周闯编写,第8章由黄建国、禹倩编写,第9章由夏艳、渠浩编写,第10章由曹子剑编写,第11章由曹子剑、詹进雄编写,第12章由林松编写,第13章由潘志明、居鹏编写,第14章由赵鹏编写，第15章与第16章由吕永乐编写，第17章由庞卓、詹进雄编写，第18章由张艺琼、宋成军编写。其中，第18章的作者单位为中国航空综合技术研究所，其他各章的作者单位为中国电子科技集团公司第十四研究所（南京电子技术研究所）。

本书由于文震研究员主审。郝明研究员、韩文俊研究员和杨东华研究员为本书的编写提供了大力支持和帮助，庞卓在本书的文字整理和编辑工作中付出了大量辛勤劳动，邵余红为本书的出版提供了帮助。

中国电子技术标准化研究院陈倩研究员，以及中国航空综合技术研究所、北京航天测控技术有限公司等单位的专家为本书出版提供了支持和帮助，在此一并表示衷心感谢！

由于作者水平有限，不足之处在所难免，恳请读者批评指正。

作者
2025年6月

目 录

第1章 概论 ... 1
- 1.1 基本概念 ... 1
- 1.2 雷达测试性需求 ... 3
- 1.3 测试性与其他通用质量特性的关系 ... 4
- 1.4 国内外发展情况 ... 4
- 1.5 本书结构安排 ... 7

第2章 系统测试性设计 ... 9
- 2.1 雷达系统概述 ... 9
- 2.2 系统故障模式分析 ... 14
- 2.3 系统测试性设计流程 ... 18
- 2.4 系统测试性需求分析 ... 18
- 2.5 系统测试性设计准则 ... 25
- 2.6 系统 BIT 设计 ... 29
- 2.7 系统标校测试设计 ... 36
- 2.8 分系统协同测试设计 ... 39
- 2.9 射频信号机内自动测试设备设计 ... 41
- 2.10 内外协同测试设计 ... 44
- 2.11 外部测试设计 ... 45
- 2.12 测试性分配 ... 46
- 2.13 测试控制和测试信息采集 ... 48
- 2.14 测试信息报文设计 ... 49

第3章 信号处理分系统测试性设计 ... 51
- 3.1 概述 ... 51
- 3.2 故障模式分析 ... 52
- 3.3 测试性需求分析 ... 57
- 3.4 测试性设计准则 ... 69

3.5 指标 BIT 设计 ……………………………………………………… 71
3.6 故障隔离的 BIT 设计 …………………………………………… 74
3.7 分系统协同 BIT 设计 …………………………………………… 75
3.8 测试点和观测点设计 …………………………………………… 75
3.9 内外协同测试设计 ……………………………………………… 77
3.10 BIT 信息采集 …………………………………………………… 80
3.11 外部测试设计 …………………………………………………… 81

第 4 章 天线阵面分系统测试性设计 ……………………………………… 83
4.1 概述 ……………………………………………………………… 83
4.2 故障模式分析 …………………………………………………… 84
4.3 测试性需求分析 ………………………………………………… 88
4.4 测试性设计准则 ………………………………………………… 99
4.5 指标 BIT 设计 …………………………………………………… 101
4.6 内外协同测试设计 ……………………………………………… 112
4.7 测试点和观测点设计 …………………………………………… 112
4.8 BIT 信息采集 …………………………………………………… 114
4.9 外部测试设计 …………………………………………………… 114
4.10 天线测试方法 …………………………………………………… 115

第 5 章 接收机分系统测试性设计 ………………………………………… 122
5.1 概述 ……………………………………………………………… 122
5.2 故障模式分析 …………………………………………………… 123
5.3 测试性需求分析 ………………………………………………… 128
5.4 测试性设计准则 ………………………………………………… 139
5.5 指标 BIT 设计 …………………………………………………… 141
5.6 故障隔离的 BIT 设计 …………………………………………… 143
5.7 协同 BIT 设计 …………………………………………………… 145
5.8 测试点和观测点设计 …………………………………………… 145
5.9 内外协同测试设计 ……………………………………………… 147
5.10 BIT 信息采集 …………………………………………………… 148
5.11 外部测试设计 …………………………………………………… 149

第 6 章 电真空发射机分系统测试性设计 ………………………………… 150
6.1 概述 ……………………………………………………………… 150

目录

6.2 故障模式分析 ································· 152
6.3 测试性需求分析 ······························· 156
6.4 测试性设计准则 ······························· 161
6.5 指标 BIT 设计 ································· 161
6.6 故障隔离的 BIT 设计 ··························· 163
6.7 测试点和观测点设计 ···························· 166
6.8 BIT 信息采集 ································· 168
6.9 外部测试设计 ································· 169

第 7 章 固态发射机分系统测试性设计 ···················· 172
7.1 概述 ·· 172
7.2 故障模式分析 ································· 173
7.3 测试性需求分析 ······························· 177
7.4 测试性设计准则 ······························· 181
7.5 指标 BIT 设计 ································· 184
7.6 故障隔离的 BIT 设计 ··························· 186
7.7 测试点和观测点设计 ···························· 187
7.8 BIT 信息采集 ································· 190
7.9 外部测试设计 ································· 191

第 8 章 伺服分系统测试性设计 ························· 193
8.1 概述 ·· 193
8.2 故障模式分析 ································· 194
8.3 测试性需求分析 ······························· 198
8.4 测试性设计准则 ······························· 210
8.5 指标 BIT 设计 ································· 212
8.6 故障隔离的 BIT 设计 ··························· 213
8.7 测试点和观测点设计 ···························· 214
8.8 分系统协同测试 ······························· 216
8.9 BIT 信息采集 ································· 218
8.10 外部测试设计 ································ 219

第 9 章 热控分系统测试性设计 ························· 221
9.1 概述 ·· 221
9.2 故障模式分析 ································· 222

9.3	测试性需求分析 …………………………………………………	228
9.4	测试性设计准则 …………………………………………………	240
9.5	指标 BIT 设计 ……………………………………………………	242
9.6	故障隔离的 BIT 设计 ……………………………………………	244
9.7	测试点和观测点设计 ……………………………………………	245
9.8	BIT 信息采集 ……………………………………………………	247
9.9	外部测试设计 ……………………………………………………	248

第 10 章 数字电路模块的测试性设计 ………………………………… 250

10.1	概述 ………………………………………………………………	250
10.2	故障模式分析 ……………………………………………………	252
10.3	测试性需求分析 …………………………………………………	254
10.4	测试性设计准则 …………………………………………………	261
10.5	BIT 设计 …………………………………………………………	263
10.6	BIT 信息采集 ……………………………………………………	266
10.7	测试点和观测点设计 ……………………………………………	267
10.8	外部测试设计 ……………………………………………………	267

第 11 章 基于边界扫描测试的测试性设计 …………………………… 270

11.1	概述 ………………………………………………………………	270
11.2	边界扫描测试性设计 ……………………………………………	274
11.3	边界扫描测试和诊断软件设计 …………………………………	277
11.4	边界扫描测试控制器设计 ………………………………………	282
11.5	边界扫描测试技术的应用 ………………………………………	283
11.6	边界扫描测试系统产品简介 ……………………………………	286

第 12 章 电源模块的测试性设计 ……………………………………… 288

12.1	概述 ………………………………………………………………	288
12.2	故障模式分析 ……………………………………………………	294
12.3	测试性需求分析 …………………………………………………	295
12.4	测试性设计准则 …………………………………………………	298
12.5	BIT 设计 …………………………………………………………	299
12.6	测试点和观测点设计 ……………………………………………	300
12.7	外部测试设计 ……………………………………………………	302

第 13 章　雷达回波模拟器设计 ·············· 304
13.1　概述 ·············· 304
13.2　雷达回波信号仿真建模 ·············· 305
13.3　射频回波模拟器设计 ·············· 311
13.4　数字回波模拟器设计 ·············· 317

第 14 章　软件测试性设计 ·············· 322
14.1　概述 ·············· 322
14.2　软件故障模式分析 ·············· 323
14.3　软件测试性需求分析 ·············· 325
14.4　软件 BIT 设计准则 ·············· 328
14.5　软件 BIT 设计 ·············· 329
14.6　软件 BIT 信息的采集 ·············· 331

第 15 章　健康管理软件设计 ·············· 333
15.1　概述 ·············· 333
15.2　软件架构设计 ·············· 336
15.3　功能模块设计 ·············· 341
15.4　软件处理流程设计 ·············· 346
15.5　软件界面设计 ·············· 351
15.6　软件设计集成过程 ·············· 353

第 16 章　故障诊断算法模型设计和验证 ·············· 356
16.1　基于故障树分析的诊断算法设计 ·············· 356
16.2　基于 Bayes 网络的诊断算法设计 ·············· 362
16.3　基于专家系统的诊断模型设计 ·············· 364
16.4　基于人工神经网络的故障诊断算法设计 ·············· 366
16.5　故障诊断算法模型验证 ·············· 370

第 17 章　测试性建模分析 ·············· 377
17.1　概述 ·············· 377
17.2　测试性建模分析技术 ·············· 379
17.3　测试性建模软件工具 ·············· 380
17.4　测试性建模软件在雷达中的应用 ·············· 383

第18章 测试性试验与评价 ……… 390
18.1 概述 ……… 390
18.2 试验与评价工作流程 ……… 391
18.3 测试性试验方案设计 ……… 395
18.4 指标评价方法 ……… 398
18.5 故障注入方法 ……… 399
18.6 故障试验设备 ……… 401

附录 1 主要缩略语中英文对照 ……… 404

附录 2 标准术语 ……… 407

参考文献 ……… 409

第 1 章
概　　论

1.1　基本概念

现代战争是体系之间的对抗，装备保障能力是体系对抗的重要组成部分，装备保障能力与装备通用质量特性的设计质量密切相关。测试性是装备的主要通用质量特性，是产品能及时、准确地确定其状态（可工作、不可工作或性能下降）并隔离内部故障的一种设计特性。

为了达到雷达装备的测试性要求，需要开展测试性需求分析、测试性设计、测试性分配、测试性建模分析、测试性试验与评价等工程活动，这些工程活动的总称为雷达测试性工程。

雷达测试性工程的主要目标是实现故障的及时发现和快速精准定位。现代雷达系统功能复杂、故障种类繁多、故障检测和隔离难度大，为实现雷达测试性工程的目标，需要系统地开展雷达测试性工程工作。测试性工程是开展故障诊断、状态预测、健康评估和维修决策等健康管理工作的重要基础工程。通过开展测试性工程，可以提升产品研制效率、生产调试效率及维修保障效率。

雷达测试性工程实施流程见图 1-1，包括系统、分系统和模块等测试性工程活动，主要工程活动内容如下。

1. 测试性需求分析

测试性需求分析是解决测什么的问题，系统、分系统和模块的各层级测试性工程都需要开展测试性需求分析。测试性需求分析的主要工作是通过对产品的 FMEA 报告进行分析，确定用于故障检测和隔离的测试需求，包括机内测试项目、外部测试项目、BIT 类型、测试精度要求等。既要对硬件故障模式开展测试性需求分析，也要对软件故障模式开展测试性需求分析。

2. 测试性设计

测试性设计是解决如何测的问题。各层级测试性工程都需要开展测试性设计。系统测试性设计面向系统级的测试需求，分系统测试性设计面向分系统级的测试需求，模块测试性设计面向模块的测试需求。下一层级的部分测试需求来自

图 1-1 雷达测试性工程实施流程

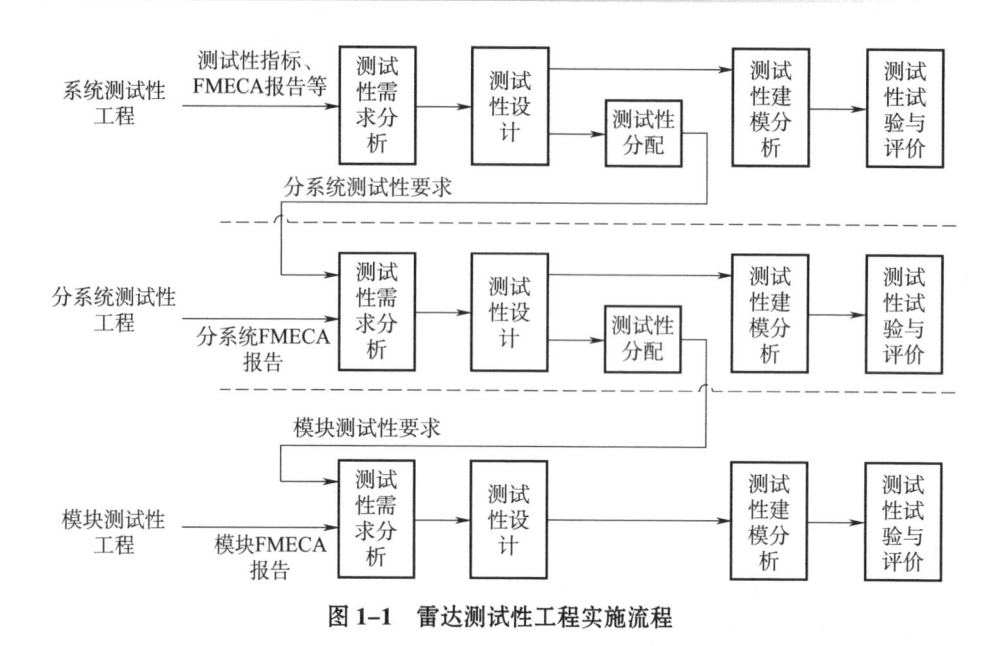

上一层级分配的测试需求。测试性设计的主要内容包括机内测试设计、内外协同测试设计、外部测试设计等。

3. 测试性分配

测试性分配的任务是把上一层级的测试需求分配到下一层级，测试性分配包括测试性定量指标的分配和测试功能分配。

4. 测试性建模分析

测试性建模分析的任务是通过构建产品测试性模型（面向测试性的数字化样机），实现测试性设计指标验证和测试性设计优化。利用测试性模型可以实现故障检测率的预计、故障隔离率的预计、冗余测试点的删除及自动生成故障诊断模型。

5. 测试性试验与评价

测试性试验的目的是确定产品是否达到规定的测试性要求。系统和分系统测试性试验内容包括故障检测率试验、故障隔离率试验、机内测试功能的试验、外部测试接口功能试验等。模块测试性试验内容包括机内测试功能、测试点、观测点、BIT 信息接口等功能的验证。通过测试性试验发现测试性设计和制造缺陷，可为产品测试性指标评估提供必要的试验数据。测试性试验评价是根据测试性试验数据和评估方法，对产品故障检测率、故障隔离率进行计算。

由于测试性工程对产品的研制调试效率、生产调试效率和维修保障效率有重要影响，因此雷达测试性工程已成为雷达装备研制中的一项重要工作。

1.2 雷达测试性需求

1.2.1 雷达使用对测试性要求

雷达保障的发展要求是无人值守、自主管理、精准保障和高效保障。为实现这一目标,雷达必须具备健康状态精确感知、故障诊断、健康评估、状态预测、维修保障决策等能力,所有这些能力的实现都依赖于测试性设计。

雷达使用对测试性的要求如下。

(1)全面、准确和及时地感知雷达健康状态:具有对雷达系统、分系统和模块等不同层级的健康状态的感知能力,具有对性能指标退化的精确感知能力,健康状态一旦出现变化,应能被及时发现。

(2)精准故障定位:当系统出现故障时,应尽可能把故障定位到单个LRU,诊断模糊组小。

(3)故障虚警过滤能力:对各类故障虚警具有较强的过滤能力,避免因BIT自身虚警导致装备不能正常工作。

(4)机内测试精度:满足性能退化故障的检测需求,满足状态预测和健康评估对机内测试参数的精度需求。

(5)机内测试成本:合理应用多种测试手段,降低机内测试资源的成本。

1.2.2 雷达研制和生产对测试性的要求

测试性对于提高产品的研制效率、生产效率、研制质量和生产质量有较大影响。雷达研制和生产对测试性的一般要求如下:

(1)测试性设计应考虑产品研制和生产过程中的测试需求;

(2)机内测试和外部测试应进行一体化设计;

(3)在产品研制阶段尽早形成机内测试能力,为系统调试和试验提供测试和诊断手段。

1.2.3 雷达测试性需求特点

1. 测试项目多

(1)大型相控阵雷达阵面的收发通道可达数万个,每个收发通道的测试项目有数十个,仅雷达阵面的测试项目总数可达到数十万个;

(2)新型雷达包括大量软件,为实时监测这些软件的健康状态,需要对软件进程、线程、运行参数等进行测试。

2. 测试项目的物理量类型多

测试项目包括电信号、光信号、温度、液体压力、液体流量、机电设备的开关状态等物理量，电信号包括射频信号、数字信号、电源信号等类型。

3. 机内测试精度要求高

雷达阵面收发通道的幅度一致性和相位一致性、射频信号功率和频谱特性等参数对雷达的性能有重要影响，对这些参数的机内测试精度有较高要求。

1.3 测试性与其他通用质量特性的关系

1. 测试性与可靠性的关系

（1）测试性设计对提升故障诊断、状态预测、健康评估等能力有重要作用，这些能力对提升雷达任务可靠性有重要作用；

（2）BIT设计会导致硬件增加，降低系统的基本可靠性。

2. 测试性与维修性的关系

（1）BIT能快速检测和隔离故障，减少平均故障修复时间；

（2）BIT能降低维修人员技能要求，减少维修人员数量，从而可以降低维修费用。

3. 测试性与保障性的关系

提升故障隔离能力可以减少平均故障修复时间，因此可以提高系统可用度。

4. 测试性与安全性的关系

（1）BIT能及时检测和隔离故障，消除安全隐患；

（2）利用BIT提供的状态信息可以预测性能变化趋势和雷达剩余使用寿命，并基于预测结果开展基于状态维修，将问题消除在萌芽状态，提高系统的运行安全性。

1.4 国内外发展情况

1.4.1 测试性标准的发展

1985年，美国国防部颁布了《电子系统与设备测试性大纲》（MIL-STD-2165），规定了系统及设备各研制阶段应实施的测试性分析、设计及验证的要求及实施方法。美国国防部于1993年颁布《系统与设备测试性大纲》（MIL-STD-2165A），取代了MIL-STD-2165。

为提升装备的测试性设计能力，自20世纪90年代以来，我国相关部门陆续颁布了相关的国家军用标准和行业标准，与雷达测试性设计相关的主要测试性标准如表1-1所示。

表1-1 我国颁布的雷达测试性标准

标准号	标准名称	备注
GJB 2547—1995	《装备测试性大纲》	已被GJB 2547A—2012代替
GJB 2547A—2012	《装备测试性工作通用要求》	
GJB 3970—2000	《军用地面雷达测试性要求》	
GJB 8895—2017	《装备测试性试验与评价》	
SJ 20695—1998	《地面雷达测试性设计指南》	已被SJ/Z 20695—2016代替
SJ/Z 20695—2016	《地面雷达测试性设计指南》	

1.4.2 雷达测试性技术的发展

雷达测试性设计技术的发展分为三个阶段：非自动测试阶段、自动测试阶段和精确感知阶段。

1. 非自动测试阶段

在测试性技术发展的初期（20世纪70年代到80年代中期），雷达采用模拟信号处理技术，计算机的应用很少，雷达的电压、电流、温度等工作状态主要采用指示灯、指针式仪表或LED数码管进行指示。测试性概念初步建立，测试性设计标准已形成，测试性设计的主要内容包括状态监测、状态指示、外部测试接口设计等，主要依据是产品设计规范。

在本阶段，测试性设计的特点如下：

（1）测试性设计主要基于工程经验；

（2）装备状态指示主要使用指示灯或指针式仪表。

2. 自动测试阶段

20世纪80年代以后，随着计算机技术、模数（A/D）转换技术及数字电路技术的发展，BIT技术在雷达中的应用逐渐普及。

雷达系统利用分布在分系统、电路模块中的BIT电路自动测试和采集工作状态信息，这些信息通过通信网络汇总到计算机中进行集中处理和显示。BIT电路使用的计算机主要为价格低廉的单片计算机。

雷达系统的BIT项目一般包括发射通道的功能测试、接收通道的功能测试。相控阵雷达阵面分系统的BIT项目包括雷达阵面收发组件通道的幅度参数和相位参数、发射脉冲宽度、温度等。接收机分系统的BIT项目包括输出信号的幅度参数、相位参数等。数字信号处理分系统的BIT项目包括数字脉压指标参数等。

在本阶段，测试性设计的特点如下：

（1）建立了以单片机为基础的分布式BIT状态信息采集系统；

（2）BIT电路测试精度低，一般只能检测被测对象的正常或故障两种工作状态，不能检测被测对象的退化状态；

（3）测试性标准和测试性技术的发展推动了雷达装备测试性的发展，测试性设计从基于经验设计上升到测试性工程设计，测试性设计水平得到了显著提升。

3. 精确感知阶段

进入21世纪后，雷达装备保障要求越来越高，精准保障、高效保障已成为装备保障的普遍要求。雷达健康管理是实现精准保障、高效保障的重要手段，其主要功能需求包括状态感知、故障诊断、状态预测、健康评估和维修决策等，这些需求推动了雷达测试性设计技术迈向精确感知阶段。

雷达健康状态精确感知是指通过机内测试、内外协同测试等多种测试手段的综合运用实现硬件和软件健康状态的精确测试，以达到快速检测和隔离故障的目标。

雷达机内测试设备主要包括射频回波模拟器、数字回波模拟器、示波器、功率计、频谱仪、信号源，以及用于温度、压力、振动和液体流量等物理量检测的传感器。雷达机内测试软件包括雷达功能性能测试软件和监测软件工作状态的软件。

在本阶段，测试性设计的特点如下。

（1）健康状态感知精确化。BIT的设计要求从简单的正常或故障状态检测转变为可检测轻微故障及指标退化状态的精确测试。

（2）软件健康状态感知越来越重要。随着雷达装备的软件化和智能化，雷达系统带有大量的各类功能软件，软件故障已成为雷达主要的故障类型。因此，软件测试性设计已成为雷达测试性工程的重要内容。

（3）芯片测试性设计是提升雷达测试性设计水平的重要基础。对于数字集成电路芯片，边界扫描功能是其重要功能。边界扫描测试是数字电路故障检测和隔离的高效测试手段。

（4）内外协同测试降低测试成本。测试信号由外部测试设备注入，测试数据采集和指标分析由机内测试资源实现。

（5）机内协同测试降低测试资源的开销。随着雷达的数字化和软件化，测试数据采集和指标分析在雷达内部更容易实现。利用下一级分系统采集上一级分系统的输出信号。

（6）数据流监测分析成为雷达故障诊断的重要手段。雷达系统内部存在各种类型的数据流，它们按照预先确定的通信协议进行传输。当雷达出现故障时，数据流会出现异常，通过数据流监测分析可以检测故障和隔离故障。

（7）测试性建模分析软件工具在测试性设计质量评估方面具有重要作用，测试性设计已从过去的基于经验设计方式向基于模型的设计方式转变。

1.5 本书结构安排

第1章为概论，介绍雷达测试性工程的基本概念、雷达测试性需求、测试性与其他通用质量特性的关系和雷达测试性技术的国内外发展情况。

第2章为系统测试性设计，介绍雷达系统概述、系统故障模式分析、系统测试性设计流程、系统测试性需求分析、系统测试性设计准则、系统BIT设计、系统标校测试设计、分系统协同测试设计、射频信号机内自动测试设备设计、内外协同测试设计、外部测试设计、测试性分配、测试控制和测试信息采集、测试信息报文设计。

第3章至第9章为雷达典型分系统的测试性设计，介绍故障模式分析、测试性需求分析、测试性设计准则、指标BIT设计、测试点和观测点设计及外部测试设计等。

第10章和第12章为雷达模块的测试性设计，分别介绍数字电路模块和电源模块的故障模式分析、测试性需求分析、测试性设计准则、BIT设计、测试点和观测点设计及外部测试设计。

第11章为基于边界扫描测试的测试性设计。边界扫描测试是解决数字电路的测试性问题的主要手段，本章主要介绍边界扫描测试技术的发展情况、基于边界扫描的测试性设计、边界扫描测试和诊断软件设计及边界扫描测试技术的应用等。

第13章为雷达回波模拟器设计。雷达回波模拟器是用于雷达系统功能和性能测试的重要测试设备，既可用于机内测试，也可以用于外部测试。本章介绍雷达回波模拟器的概述、雷达回波信号仿真建模、射频回波模拟器设计和数字回波模拟器设计。

第14章为软件测试性设计。随着雷达软件化程度越来越高，雷达各分系统都涉及软件设计，软件故障已成为雷达系统中的常见故障。本章主要介绍软件故障模式分析、软件测试性需求分析、软件BIT设计准则和软件BIT设计方法等。

第15章为健康管理软件设计，介绍软件架构设计、功能模块设计、软件处理流程设计、软件界面设计和软件设计集成过程。

第16章为故障诊断算法模型设计和验证，介绍基于故障树分析的诊断算法设计、基于 Bayes 网络的诊断算法设计、基于专家系统的诊断模型设计、基于人工神经网络的故障诊断算法设计和故障诊断算法模型验证。

第 17 章为测试性建模分析。测试性建模分析用于预计故障检测率、故障隔离率和自动生成故障诊断树。本章介绍测试性建模分析技术、测试性建模软件工具和应用示例。

第 18 章为测试性试验与评价。测试性验证与评价的目的是通过对实际系统开展测试性试验，评价和确认产品是否符合规定的测试性定量与定性要求。本章介绍试验与评价工作流程、测试性试验方案设计、指标评价方法、故障注入方法和故障试验设备。

第 2 章

系统测试性设计

雷达系统测试性设计内容主要包括系统测试性需求分析、系统 BIT 设计、系统标校测试设计、分系统协同测试设计、射频信号机内自动测试设备设计、内外协同测试设计、外部测试设计、测试性分配、测试控制和测试信息采集等。

雷达系统测试性设计的输入包括：测试性指标要求、系统 FMECA 报告、用户指定的测试项目要求、上一级系统提供的测试性设计要求、测试费用约束要求、测试设备重量和尺寸约束要求、雷达系统的组成信息等。

系统 FMECA 报告是开展系统测试性需求分析的主要依据，本章介绍系统故障模式分析方法。

2.1 雷达系统概述

2.1.1 雷达功能和工作原理

1. 功能

雷达广泛应用于军用和民用领域，其主要功能是目标检测和目标参数测量。

1）目标检测

目标检测功能包括检测飞机、导弹、卫星等空中目标，以及地面静止和移动目标、海面舰船目标、气象目标（云、雨、雪）等。

2）目标参数测量

目标参数测量功能包括目标的距离、方位、仰角、速度、加速度、RCS 参数、目标类别及目标的一维或二维成像等。

2. 工作原理

根据雷达天线波束扫描方式，雷达可以分为机械扫描雷达和相控阵雷达。机械扫描雷达采用机械扫描天线，天线波束扫描控制通过机械运动实现。相控阵雷达采用电子控制方式实现天线波束扫描。部分相控阵雷达采用电子扫描和机械扫描相结合的方式，一般是方位上采用机械扫描，仰角上采用电子扫描。

根据波束形成方式，相控阵雷达分为模拟相控阵雷达和数字相控阵雷达。模拟相控阵雷达由模拟 T/R 组件组成，其接收通道输出为射频信号，接收波束合成采用射频电路实现。数字相控阵雷达由数字 T/R 组件组成，接收波束合成采用数字电路实现。

下面分别介绍机械扫描雷达、模拟相控阵雷达和数字相控阵雷达的工作原理。

1）机械扫描雷达的工作原理

机械扫描雷达的工作原理如图 2-1 所示，其由天线、接收机、信号处理、数据处理、雷达控制、测试和健康管理、发射机、伺服、热控设备、显控终端等分系统组成。

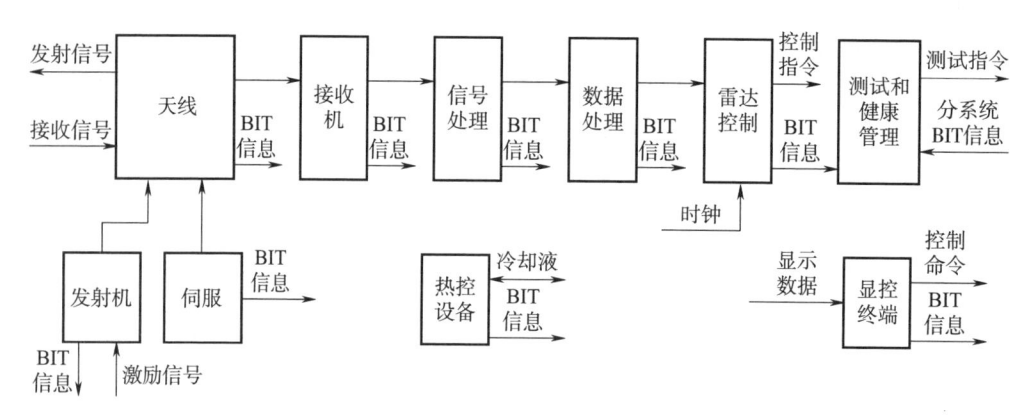

图 2-1 机械扫描雷达的工作原理框图

分系统和设备功能如下。

（1）天线：采用无源天线，用于发射和接收电磁波信号，主要由天线单元、馈线网络等组成。

（2）发射机：提供射频功率放大，有电真空发射机和固态发射机两种类型。

（3）接收机：包括接收功能和产生发射激励信号的功能，接收功能用于接收信号的混频、放大、A/D 信号变换、数字下变频等处理，其输出的数字信号送到信号处理分系统，发射激励信号产生功能用于提供发射机的输入激励信号。

（4）伺服：用于天线阵面转动，实现天线波束扫描。

（5）信号处理：用于抑制各类干扰和杂波，完成目标回波能量积累，实现对各类目标的检测与信息提取，形成目标点迹数据。

（6）数据处理：提供航迹起始、航迹跟踪、资源调度等功能。

（7）雷达控制：用于控制雷达的工作方式，其输出的控制指令发送到分系统。

（8）显控终端：提供人机交互功能。

（9）热控设备：为雷达设备提供温度控制，确保其在合适的温度范围内工作。

（10）测试和健康管理：包括测试和健康管理两种功能，测试功能是控制和管理雷达机内与机外两类测试资源实现系统在不同工作状态下的健康状态感知；健康管理功能是指采集和处理分系统 BIT 信息，并实现故障诊断、状态预测、健康评估、维修保障决策等功能。

机械扫描雷达的工作原理如下。

（1）发射工作状态。数据处理根据探测任务要求，把雷达工作参数发送给雷达控制分系统，并在定时信号同步下产生控制指令，控制指令发送给相关分系统，激励信号经发射机放大后通过馈线网络把发射信号分配到天线单元，由天线单元完成信号发射。

（2）接收工作状态。来自天线单元接收到的微弱信号通过接收波束合成网络合成为接收信号，其传送到接收机，接收机完成混频、放大、A/D 信号变换、数字下变频等处理后变成数字信号，接收机输出的数字信号传送到数字信号处理分系统，由其完成脉冲压缩、MTI、MTD、CFAR 等处理，其输出的目标点迹传送到数据处理分系统，经处理后形成航迹信息，航迹信息传送到显控终端分系统显示。

2）模拟相控阵雷达的工作原理

模拟相控阵雷达的工作原理如图 2-2 所示，由阵面、接收机、信号处理、数据处理、雷达控制、测试和健康管理、热控设备、显控终端等分系统组成。当采用机械扫描和相位扫描相结合的体制时，组成中还包括伺服分系统。

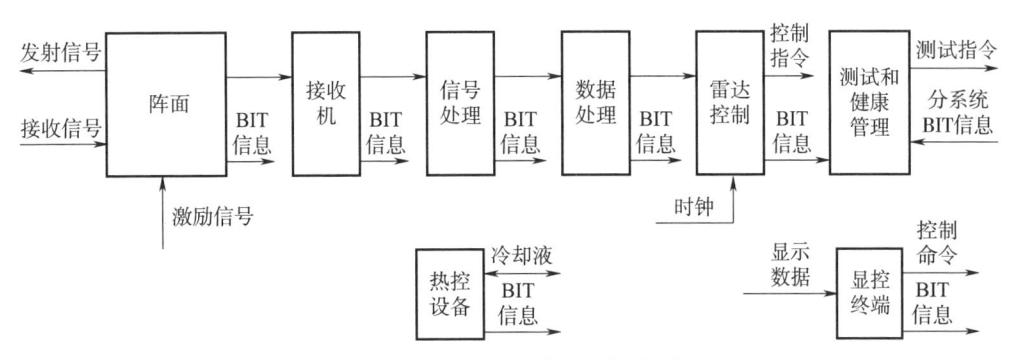

图 2-2 模拟相控阵雷达的工作原理框图

阵面的功能是发射和接收电磁波信号，主要由天线单元、模拟 T/R 组件、发射前级功率放大器、电源模块、波束控制器、阵面监校测试设备、波束控制网络、发射信号分配网络、接收合成网络、监校网络、热控管网等组成。其他设备的功能类似于机械扫描雷达。

模拟相控阵雷达的工作原理如下。

（1）发射工作状态。数据处理根据探测任务要求，通过雷达控制把波束指向信息发送到阵面的波束控制器，波束控制器对波束指向进行实时计算，然后通过阵面波束控制网络把波束控制信号送到每个T/R组件，通过T/R组件的发射移相器实现发射信号的相位控制。接收机的信号产生电路产生发射激励信号，发射信号经发射前级功率放大器和发射信号分配网络，把发射信号送到每个T/R组件的发射输入端口，发射信号经移相控制和发射放大电路放大后传送到天线单元。

（2）接收工作状态。数据处理根据探测任务要求，通过雷达控制把波束指向数据发送到阵面的波束控制器，波束控制器对波束指向进行实时计算，然后通过阵面波束控制网络把波束控制信号发送到每个T/R组件，通过T/R组件的接收移相器实现接收信号的相位控制。

从天线接收到的微弱信号进入T/R组件后，经过接收放大送到接收波束形成网络，波束形成网络将每个T/R组件接收的信号合成为多路接收信号送至接收机分系统。

接收机分系统完成混频、放大、A/D信号变换、数字下变频等处理后，形成数字信号发送到数字信号处理。

信号处理分系统完成脉冲压缩、MTI、MTD、CFAR等处理后形成目标点迹，点迹信息发送到数据处理分系统。数据处理分系统根据目标点迹形成航迹信息，航迹信息传送到显控终端分系统显示。

3）数字相控阵雷达的工作原理

数字相控阵雷达的组成框图如图2-3所示，由阵面、数字波束形成（DBF）、信号处理、数据处理、雷达控制、测试和健康管理、频率源、热控设备、显控终端等分系统组成。

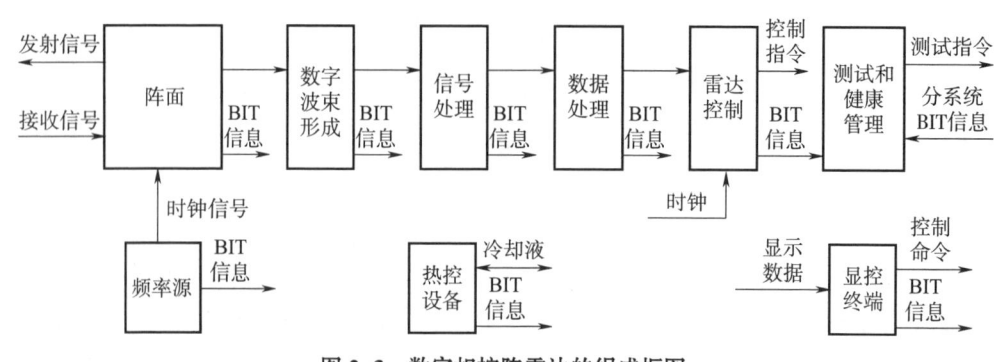

图2-3 数字相控阵雷达的组成框图

分系统和设备功能如下。

（1）阵面：是有源天线，用于发射和接收电磁波信号，主要由天线单元、数字 T/R 组件、电源模块、阵面控制网络、热控管网、阵面监控设备、监控网络等组成。

（2）频率源：产生时钟、本振等射频信号。

（3）数字波束形成：用于数字波束合成。

其他设备的功能类似于模拟阵。

数字相控阵雷达的工作原理如下：

（1）发射工作状态。数字 T/R 组件接收来自雷达控制的波束指向、工作方式等控制信息，同时接收时钟、本振信号，根据控制信息产生射频激励信号，该信号经功率放大后由滤波环形组件输出至天线单元。

（2）接收工作状态。从天线接收到的信号进入 T/R 组件后，依次经过滤波环形组件、限幅低噪声放大器、滤波、下变频、A/D 变换、数据打包、光电转换等处理后转成光信号，并输出到 DBF。

数字波束形成分系统接收阵面的回波数据形成数字波束。信号处理分系统接收数字波束，对回波信号进行脉冲压缩、MTI、MTD、CFAR 等处理，输出的目标点迹发送到数据处理分系统，数据处理分系统根据目标点迹形成航迹信息，航迹信息由显控分系统显示。

2.1.2　雷达系统指标

雷达系统指标与雷达的功能、技术体制等因素有关。对于军用雷达，系统指标一般包括工作频率、探测性能、抗无源干扰能力、干扰源识别能力等。军用雷达系统的主要指标如下。

（1）工作频率。雷达工作频率是指雷达发射信号的载波频率。

（2）探测性能。①作用范围。雷达完成战术功能的空间范围的统称，空间范围可以是三维（空域），也可以是二维（平面），包括距离、方位、仰角等指标的作用范围。②测量精度。雷达探测目标时，目标参数的测量值与其真值之差的统计值，一般用均方根误差表示，包括距离、方位、仰角、速度等目标参数的测量精度。③分辨力。有 n 维测量能力的雷达，两个目标的其他维相同，只在一维上能区分两个目标的最小间隔，分为距离分辨力、角度分辨力、速度分辨力等。

（3）抗无源干扰能力。杂波中的目标可见度：当雷达运用动目标显示技术时，活动目标进入杂波区，雷达在规定发现概率下发现目标时的杂波强度和目标强度之比。

（4）抗有源干扰能力。①可对抗最大干扰源数量；②自卫距离，在干扰情况下，雷达检测到有源干扰的强度与目标信号强度相等时的作用距离。

（5）干扰源识别能力。①干扰谱分析最大范围，指对有源干扰所进行的功率频谱分析的范围；②干扰谱分析精度指对有源干扰所进行的功率频谱分析的精确程度。

2.2 系统故障模式分析

故障是指产品不能执行规定功能的状态，故障模式是故障的表现形式，故障影响是指故障模式对产品的使用、功能或状态所导致的结果。危害性分析是指对产品中的每个故障模式发生的概率及其危害程度所产生的综合影响进行分析，以全面评价产品各种可能出现的故障模式的影响。严酷度是指故障模式所产生后果的严重程度。引起故障的原因包括设计、制造、使用和维修等有关因素。

故障模式、影响及危害性分析（FMECA）是分析产品所有可能的故障模式及其可能产生的影响，并按每个故障模式产生影响的严重程度及其发生概率予以分类的一种归纳分析方法。FMECA 工作包括故障模式及影响分析（FMEA）和危害性分析（CA）两部分工作。FMECA 工作的目的是确定产品在设计、制造和使用过程中所有可能的故障模式及每种故障模式的故障原因和影响，以便找出产品潜在的薄弱环节，为可靠性设计改进提供依据。FMECA 工作不仅是可靠性分析的一项重要工作，也是开展测试性分析、维修性分析、安全性分析和保障性分析的基础，其输出是 FMECA 报告。

FMECA 报告是开展测试性设计的主要输入信息。FMECA 报告中的故障模式、失效率及危害度等级是开展测试性设计和建模分析的依据。FMECA 报告的数据真实性对测试性设计和建模分析质量有很大影响。因此，准确的 FMECA 报告是高质量开展测试性设计和建模分析的必要条件。

本节介绍系统故障模式的两种分析方法，分别是功能故障模式分析和硬件故障模式分析。

2.2.1 功能故障模式分析

面向系统功能的故障模式分析是从系统功能维度对系统故障模式进行分析。该分析方法需要从探测、杂波抑制、干扰抑制、干扰源识别、控制等系统功能开展故障模式分析，不涉及系统的具体组成。由于不同雷达的具体指标不同，因此，需要结合雷达的具体指标要求开展系统故障模式分析。

雷达系统故障与雷达分系统故障有密切关系。雷达系统的测距、测角、测速等指标的退化是分系统故障引起的。例如，天线分系统性能的退化可以导致测距和测角误差增大及抗干扰性能变差，接收机分系统的噪声系数增大可导致测距能力下降，伺服分系统的退化故障可以导致测角误差增大。

功能故障模式分析遵循下列原则。

（1）完整原则。故障模式应覆盖系统的完整功能和性能指标。

（2）准确原则。采用准确的定量方式定义故障模式，避免使用模糊方式定义故障模式，准确的故障模式定义有利于对故障模式影响进行准确分析。例如，对于探测距离下降故障，探测距离下降5%的故障等级与探测距离下降70%的故障等级是不同的。

（3）细化原则。故障模式分析要细化到不同任务场景下的系统功能和性能。例如，对于多功能的火控雷达，故障模式分析要细化到对空、对地、对海等每个任务场景下的系统功能和性能。

（4）互不包含原则。同一层级的故障模式之间是平行关系，不能相互包含，既不能与同级故障模式互为包含，也不能与下一层级的故障模式混淆在一起。

系统功能故障模式分析报告是开展系统测试性需求分析的依据，用于系统功能的测试性需求分析。雷达系统功能故障模式分析示例如表2-1所示。为简化描述，该示例的表格中仅包含故障类别、故障模式名称和故障代码信息。

表2-1 雷达系统功能故障模式分析示例

序号	故障类别	故障模式名称	故障代码
1	探测故障	不能探测任何目标	F0-01-01
2		探测距离低于70%指标值	F0-01-02
3		探测距离下降到70%~90%指标值	F0-01-03
4		探测距离下降到90%~100%指标值	F0-01-04
5		距离测量精度低于指标值	F0-01-05
6		方位测量精度低于指标值	F0-01-06
7		仰角测量精度低于指标值	F0-01-07
8		速度测量精度低于指标值	F0-01-08
9		距离分辨力低于指标值	F0-01-09
10		方位分辨力低于指标值	F0-01-0A
11		仰角分辨力低于指标值	F0-01-0B
12		速度分辨力低于指标值	F0-01-0C
13	杂波抑制故障	地杂波抑制功能失效	F0-02-01
14		气象杂波抑制功能失效	F0-02-02
15		杂波中的目标可见度低于指标值	F0-02-03
16	干扰抑制故障	干扰抑制功能失效	F0-03-01
17		干扰抑制性能低于指标值	F0-03-02

续 表

序号	故障类别	故障模式名称	故障代码
18	干扰源识别故障	干扰源识别功能失效	F0-04-01
19		干扰定位精度低于指标值	F0-04-02
20	控制故障	工作模式不能切换	F0-05-01
21		工作频率不能切换	F0-05-02

注：表中的故障代码是为每个故障模式设定的唯一编码。其中，F0表示该故障是系统功能故障；中间两位是分类代码，代表故障类别；最后两位代码是故障模式的序列号，用十六进制表示。表中的指标值是指技术指标范围的上限值或下限值。

2.2.2 硬件故障模式分析

硬件故障模式分析是从硬件维度对系统故障模式进行分析。这种分析方法以分系统及分系统互连用的电缆、光缆等作为故障模式分析的对象，涉及系统的具体硬件组成。

硬件故障模式分析结果是开展故障检测和故障隔离需求分析的依据。系统故障隔离的目标是把故障隔离到分系统和分系统接口（电接口、光接口）等。

硬件故障模式分析遵循下列原则。

（1）完整原则。故障模式应覆盖分系统、设备及接口的完整功能和性能指标，包括控制和接口功能。

（2）准确原则。采用准确的定量方式定义故障模式，避免使用模糊方式定义故障模式。例如，输出功率下降就是模糊的定义方式，而输出功率低于指标值或输出功率低于50%指标值是准确的定义方式。

准确的故障模式定义有利于对故障模式影响作精确分析。例如，功率下降5%的故障等级与功率下降50%的故障等级是明显不同的。准确的故障模式定义有利于BIT的精细化设计。

（3）细化原则。故障模式分析要细化到单个通道或接口。例如，对于多通道接收机，故障模式分析要细化到每个接收通道；对于网络交换设备，故障模式分析要细化到每个网络接口；对于频率源，故障模式分析要细化到每一路输出信号。

（4）互不包含原则。同一层级的故障模式之间是平行关系，不能相互包含，既不能与同级故障模式互为包含，也不能与下一层级的故障模式混淆在一起。

硬件故障模式分析示例如表2-2所示。该雷达为模拟相控阵雷达，包含阵面、接收机、信号处理、热控设备、雷达控制、网络交换设备、配电设备、电缆和光缆等。

表 2-2 雷达系统硬件故障模式分析示例

序号	分系统或设备名称	故障模式名称	故障代码
1	阵面	发射增益低于指标值	F1-01-01
2		发射副瓣高于指标值	F1-01-02
3		发射波瓣宽度高于指标值	F1-01-03
4		接收增益低于指标值	F1-01-04
5		阵面控制功能失效	F1-01-05
6	接收机	接收通道 A 的增益大于指标值	F1-02-01
7		接收通道 A 的噪声系数低于指标值	F1-02-02
8		增益控制功能失效	F1-02-03
9		本振输出功率低于指标值	F1-02-04
10		本振输出频率不正确	F1-02-05
11		频率控制功能失效	F1-02-06
12	信号处理	通道 A 的脉冲压缩主副瓣比低于指标值	F1-03-01
13		通道 A 的 MTI 滤波器深度不满足指标要求	F1-03-02
14		杂波图功能失效	F1-03-03
15	热控设备	供液流量低于指标值	F1-07-01
16		供液温度高于指标值	F1-07-02
17		供液压力高于指标值	F1-07-03
18	雷达控制	无控制指令输出	F1-08-01
19		输出的控制指令误码率高于指标值	F1-08-02
20	网络交换设备	网络交换功能失效	F1-09-01
21		与信号处理的网络接口不通	F1-09-02
22		与信号处理的网络接口误码率高于指标值	F1-09-03
23	配电设备	阵面分系统交流供电故障	F1-0A-01
24		信号处理分系统交流供电故障	F1-0A-02
25	电缆、光缆	阵面和接收机的射频电缆开路	F1-0B-01
26		阵面和接收机的射频电缆衰减高于 1 dB	F1-0B-02
27		接收机与信号处理的光纤接口不通	F1-0B-03
28		接收机与信号处理的光纤接口误码率高于指标值	F1-0B-04

注：表中的故障代码是为每个故障模式设定的唯一编码。其中，F1 表示该故障是系统硬件故障；中间两位是分类代码，代表故障类别；最后两位代码是故障模式的序列号，用十六进制表示。表中的指标值是指技术指标范围的上限值或下限值。

2.3 系统测试性设计流程

雷达系统测试性设计流程见图 2-4，主要步骤如下。

（1）测试性需求分析。收集测试性需求分析依赖的输入信息，通过指标测试性需求分析和协同测试性需求分析等，确定系统机内测试项目、分系统协同测试项目、内外协同测试项目、标校测试项目和外部测试项目等测试需求。

（2）测试性设计准则制定。将雷达系统测试性要求转换为产品的测试性设计准则，用于指导系统测试性设计。

（3）系统测试性设计。系统测试性设计包含系统 BIT 设计、系统标校测试设计、分系统协同测试设计、机内自动测试设备设计和外部测试设计等。

（4）系统测试性建模分析。利用测试性建模手段，对测试性设计进行验证。验证的指标包括故障检测率和故障隔离率。

（5）系统测试性分配。将系统测试性定量要求和功能要求分配给分系统，为分系统测试性设计提供设计输入。

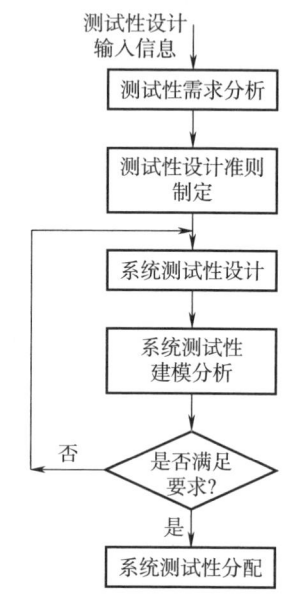

图 2-4 雷达系统测试性设计流程

2.4 系统测试性需求分析

系统测试性需求分析的目的是通过系统指标测试、系统功能故障检测、系统硬件故障检测和隔离、射频信号测试等测试性需求分析，确定系统的测试项目、测试方式和测试精度等测试需求，为系统 BIT 设计、标校测试设计、内外协同测试设计、外部测试设计、射频信号机内自动测试设备设计等提供设计输入要求。

系统测试性需求分析的输入信息包括雷达用途、雷达技术指标、测试性指标、系统 FMECA 报告、用户指定的测试项目要求、系统标校资源、雷达系统功能框图、测试设备的重量和尺寸要求及测试成本要求等。

系统测试性需求分析的输出包括：

（1）系统 BIT 的测试项目、测试方式和指标要求；

（2）系统标校测试项目和指标要求；
（3）内外协同测试项目和指标要求；
（4）外部测试项目和指标要求；
（5）射频信号机内自动测试设备的测试项目和指标要求。

系统测试性需求分析的内容主要包括指标测试性需求分析、协同测试性需求分析和射频信号测试性需求分析等。

测试性需求分析主要从测试必要性、测试资源需求、测试设备的重量和尺寸约束及测试成本等方面开展分析。测试必要性分析主要是对用户测试要求、总体保障要求等进行分析。测试资源需求分析主要是对完成测试项目所需要的各种软硬件测试资源需求进行分析。测试设备的重量和尺寸约束分析主要是对系统可供测试设备使用的空间尺寸及重量进行分析。测试成本分析主要对测试设备的软硬件费用进行分析。

2.4.1 指标测试性需求分析

雷达的探测性能、抗无源干扰能力、抗有源干扰能力、干扰源识别能力等系统指标测试对于系统故障诊断、状态预测和健康评估有重要作用。

系统指标测试技术复杂，需要综合运用多种测试方式。系统指标的常用测试方式包括机内测试、内外协同测试、标校测试、检飞测试、外部测试等。

本节首先概述系统指标测试方式，然后介绍指标测试性需求分析方法，最后给出指标测试性需求分析示例。

1. 系统指标测试方式

1）机内测试

仿真测试是常用的系统机内测试技术，主要用于雷达接收通道的系统功能测试。模拟器是实现仿真测试的关键测试设备，用于模拟雷达的目标、杂波和干扰信号，分为射频回波模拟器和数字回波模拟器。射频回波模拟器以射频信号形式模拟产生目标、杂波和干扰信号，其输出信号以空间电磁辐射方式或电缆传输方式注入雷达射频接收通道。数字回波模拟器以数字信号形式模拟产生目标、杂波和干扰信号，其输出信号以光缆或电缆传输方式注入雷达数字信号处理通道。

2）内外协同测试

内外协同测试是将机内测试资源和外部测试资源融为一体的自动测试技术。内外协同测试通过内外两种测试资源的协同配合，完成系统指标自动测试。

3）标校测试

标校测试用于距离、角度、速度等参数的测量误差的测试。标校测试通过对已知目标的观测获取雷达的测量误差，并采取误差修正措施来实现测量误差的消除或降低。

4）检飞测试

检飞测试是按照预先制定的试验大纲，借助飞机平台的飞行实现雷达系统指标测试，为雷达系统验收提供依据。飞机平台配备的测量设备可以精确感知自身的空间位置、速度、加速度等参数，并且飞行参数以实时方式传输到雷达。雷达通过对飞机平台的跟踪测试，可以获取飞机平台的雷达观测结果。通过对观测和收集的大量数据的处理，可以得到雷达的探测距离等系统指标参数。

检飞测试是探测性能指标的较准确的测试方法，但是测试费用高，一般用于雷达研制阶段的验收测试。

5）外部测试

外部测试是利用外部测试仪器、测试设备和测试系统独立完成指标测试的测试技术。雷达测试性设计需要为外部测试提供测试接口。

2. 测试性需求分析方法

系统指标测试性需求分析的目的是针对雷达具体测试需求，通过综合权衡分析，确定雷达系统指标测试方式。

1）探测性能指标测试

探测性能指标包括距离、方位、仰角、速度等指标的作用范围、测试精度及分辨力。在雷达使用阶段，探测性能指标的测试方法主要是标校测试和仿真测试。

距离、方位、仰角、速度等指标的测量误差及分辨力测试一般采用标校测试方法。需要结合雷达的具体情况，选用合适的标校测试方法。

2）抗干扰能力测试

仿真测试是抗干扰能力指标的主要测试方法。干扰机作为外部测试设备，可用于干扰源的频谱分析和定位功能测试。

射频回波模拟器或数字回波模拟器是用于抗干扰能力测试的主要测试设备。对重量尺寸约束条件较宽松的雷达一般采用内置模拟器，而对重量尺寸约束条件较高的雷达一般采用外置模拟器。固定站点的地面雷达、舰载雷达等通常采用内置模拟器。

机载火控雷达采用外置模拟器。为降低测试成本，批量部署的雷达一般采用外置模拟器。

当采用外置模拟器进行仿真测试时，应采用内外协同测试方式，将机内测试资源和外部测试资源进行一体化设计。

3. 指标测试性需求分析示例

安装在固定站点的地面雷达是有源相控阵雷达，具有目标的距离、方位、仰角、速度等测量能力及抗干扰能力。

该雷达具备配置 ADS-B 系统的条件，因此可以采用 ADS-B 系统实现距离、方位、仰角、速度等指标的测量误差及分辨力测试。

通过指标分析、重量和尺寸约束分析及测试成本分析,该雷达具备配置内置射频回波模拟器的条件,射频信号从射频接收机输入端口注入。基于射频回波模拟器可以实现指标测试功能。

地面雷达指标测试性需求分析示例见表 2-3。

表 2-3 地面雷达指标测试性需求分析示例

序号	测试项目	测试项目代码	加电 BIT	周期 BIT	启动 BIT	内外协同测试	标校测试	外部测试	指标要求
1	距离作用范围	T00-0001-01	—	—	—	—	○	—	
2	方位作用范围	T00-0001-02	—	—	—	—	○	—	
3	仰角作用范围	T00-0001-03	—	—	—	—	○	—	
4	速度作用范围	T00-0001-04	—	—	—	—	○	—	
5	距离测量精度	T00-0001-05	—	—	—	—	○	—	
6	方位测量精度	T00-0001-06	—	—	—	—	○	—	
7	仰角测量精度	T00-0001-07	—	—	—	—	○	—	
8	速度测量精度	T00-0001-08	—	—	—	—	○	—	
9	地杂波中的目标可见度	T00-0001-09	—	—	○	—	—	—	
10	气象杂波中的目标可见度	T00-0001-0A	—	—	○	—	—	—	
11	可对抗最大干扰源数量	T00-0001-0B	—	—	○	—	—	—	
12	干扰谱分析最大范围	T00-0001-0C	—	—	—	—	—	○	
13	干扰谱分析瞬时范围	T00-0001-0D	—	—	—	—	—	○	
14	干扰谱分析精度	T00-0001-0E	—	—	—	—	—	○	

注:"○"表示某个测试项目选择对应的测试方式,"—"表示某个测试项目不选择对应的测试方式。测试项目代码由两部分代码组成,T00-0001 表示该项目是系统指标测试项目,最后两位代表系统指标测试项目的具体编号,所有编号均采用 16 进制。指标要求是该测试项目的定量要求,需要根据雷达具体要求填写。

2.4.2 协同测试性需求分析

协同测试包含分系统协同测试和内外协同测试。

1. 分系统协同测试性需求分析

不同雷达有不同的协同测试需求,需要结合具体对象开展分系统协同测试性需求分析，需要围绕分系统的输出，开展利用其他相关分系统对其进行测试的需求分析。协同测试性需求分析的结果通过测试性分配将其测试需求分配到相关分系统。

典型分系统的协同测试需求如下。

（1）阵面分系统的协同测试需求。收发通道的幅度和相位一致性测试是阵面分系统的主要机内测试项目，其测试任务需要相关分系统的协同配合。对于模拟相控阵雷达，可利用接收机分系统测试阵面接收通道的输出信号。对于数字相控阵雷达，可利用DBF分系统采集阵面的数字接收通道的输出数据。

（2）接收机分系统的协同测试需求。多通道接收机输出的幅度和相位一致性测试是接收机分系统的主要机内测试项目，其测试任务需要相关分系统的协同配合。可利用信号处理分系统对其输出的数字信号进行采集和分析。

（3）DBF分系统的协同测试需求。DBF分系统的主要机内测试项目为输出波束合成功能测试。该功能测试需要阵面分系统、信号处理分系统及测试和健康管理分系统的协同配合。

（4）信号处理分系统的协同测试需求。脉冲压缩主副瓣比、副瓣噪声干扰抑制比、MTI滤波器凹口深度等指标是信号处理分系统的主要机内测试项目，这些指标测试需要测试和健康管理分系统的协同配合。

2. 内外协同测试性需求分析

受测试设备重量、尺寸和成本等方面的约束，部分雷达不能在内部配置射频回波模拟器或数字回波模拟器等测试资源，这些测试资源需要以外部测试设备的方式进行配置。为了实现机内测试资源和外部测试资源的一体化管理和自动测试，需要进行内外测试资源的一体化设计。不同雷达有不同的内外协同测试需求，需要结合具体对象开展内外协同测试性需求分析。

典型内外协同测试需求包括基于射频回波模拟器的雷达系统功能测试及基于数字回波模拟器的雷达系统功能测试。

2.4.3 射频信号测试性需求分析

天线阵面、发射机、接收机、频率源等分系统的射频信号对雷达工作状态有重要影响。为了精确获取这些分系统的健康状态，需要使用精密测试仪器对射频信号进行测试。

射频信号测试性需求分析的目的是通过分析各分系统的射频信号测试需求，得到雷达射频信号的总测试需求，为射频信号的机内测试设计和外部测试设计提供设计输入需求。在系统测试性设计中，集中分析各分系统射频信号测试需求是为了实现雷达系统射频测试资源的一体化设计和配置，减少各分系统单独进行测试资源设计和配置可能导致的测试资源浪费。

主要从射频信号的指标测试要求、测试设备的重量尺寸约束、测试成本约束、测试方式等方面开展射频信号测试性需求分析。

部分雷达用户会在研制要求中明确提出射频信号的测试需求。如果存在这种明确的测试要求，则要将其融入总的测试需求中。

1. 指标测试要求分析

指标测试性需求分析的目的是结合产品的具体射频测试要求，确定分系统射频信号的测试项目和指标要求。测试项目包括分系统的技术指标和分系统内部重要测试点的射频信号指标。指标测试性需求分析的输出结果是生成包含测试项目和指标要求的清单。

不同体制雷达的射频测试项目不同，因此需要结合具体产品分析射频信号指标测试需求。涉及射频指标测试的主要分系统及射频测试项目如下。

（1）相控阵雷达的天线阵面分系统射频测试项目包括发射通道测试项目和接收通道测试项目。发射通道测试项目主要包括T/R组件发射通道输出信号的功率、频谱、输出脉冲包络波形和各通道幅度和相位一致性等。接收通道测试项目主要包括噪声系数、输入动态范围、带宽、通道间隔离度、通道幅度和相位一致性。其中，功率测试项目包括T/R组件发射通道的输出峰值功率、平均功率和功率带内起伏等，频谱测试项目包括频率、发射信号带宽、频谱宽度、谐波、杂散等，输出脉冲包络波形测试项目包括脉冲宽度、顶降、上升沿时间、下降沿时间、最大工作比等，各通道幅度和相位一致性测试项目包括同频点各通道间的幅度和相位一致性、工作带宽内通道幅度和相位一致性等。

（2）发射机分为电真空发射机和固态发射机。发射机分系统射频测试项目包括功率、频谱和输出脉冲包络波形等。除通道幅度和相位一致性外，其他测试项目与相控阵雷达发射通道测试项目类似。

（3）接收分系统射频测试项目包括噪声系数、输入动态范围、带宽、通道间隔离度、通道幅度和相位一致性、镜像干扰等。

（4）频率源分系统的射频输出信号包括发射激励、本振和时钟，其射频测试项目包括输出功率、频率、频率稳定度、杂散抑制和单边带相位噪声等。

2. 测试设备的重量尺寸约束

分析雷达系统能够提供给测试设备的安装空间尺寸要求和最大重量要求。安装在固定站点的地面雷达一般对重量尺寸约束较为宽松，可移动雷达对机内测试设备的重量尺寸约束要求高。

由于模块化仪器比台式仪器具有更小的尺寸，因此在机内测试仪器的选型方面应尽可能地选择模块化仪器。

3. 测试成本约束分析

分析的目的是评估为完成测试项目测试所必需的硬件费用和软件费用，评估测试费用能否得到项目预算支撑。

批量部署的雷达一般采用外部测试设备，多套雷达可以共享测试设备。

4. 测试方式需求分析

测试方式有机内测试、内外协同测试和外部测试。测试方式需求分析的目的是根据射频测试项目和指标要求清单、测试成本约束及测试设备的重量尺寸约束，确定每个测试项目的测试方式，对于采用机内测试方式的测试项目确定BIT的类型。

雷达常用射频测试仪器主要包括频谱仪、信号源、功率计、示波器和射频开关等。频谱仪是用于机内测试的基本仪器，可用于测试频率源分系统的输出射频信号的功率、频率、频率稳定度、杂散抑制和单边带相位噪声等，还可用于测试相控阵雷达发射通道的输出射频信号指标。

信号源用于产生接收机测试所需要的射频信号。示波器用于射频调制信号的脉冲包络波形测试，测试项目包括脉冲宽度、顶降、上升沿时间、下降沿时间、最大工作比等。功率计用于电真空发射机和固态发射机的输出功率测试。射频开关用于多路射频信号的选择。

信号源在启动BIT方式下使用，其他仪器都可以在周期BIT和启动BIT方式下使用。

下面结合示例介绍射频信号测试性需求分析方法。地面测控雷达采用模拟相控阵体制，射频信号分布于天线阵面、接收机、频率源等分系统，其中天线阵面采用模拟T/R组件。按照前述方法对雷达的射频测试项目、指标要求、测试成本约束、测试设备的重量尺寸约束、测试方式等进行分析，可以确定射频信号机内测试需求和外部测试需求。

地面雷达射频信号指标测试性需求分析示例见表2-4，表中仅列出部分指标。指标要求结合具体项目填写，是选择测试仪器的依据。

表2-4 地面雷达射频信号指标测试性需求分析示例

序号	测试项目	测试项目代码	机内测试			内外协同测试	外部测试	指标要求
			加电BIT	周期BIT	启动BIT			
1	阵面分系统							
1.1	发射信号功率	T01-××××-01	—	○	○	—	—	
1.2	发射信号频率	T01-××××-02	—	○	○	—	—	
1.3	发射信号频谱宽度	T01-××××-03	—	○	○	—	—	
1.4	发射信号谐波	T01-××××-04	—	○	○	—	—	

续 表

序号	测试项目	测试项目代码	加电BIT	周期BIT	启动BIT	内外协同测试	外部测试	指标要求
1.5	发射信号杂散	T01-××××-05	—	○	○	—	—	—
1.6	输出脉冲宽度	T01-××××-06	—	○	○	—	—	—
1.7	输出脉冲顶降	T01-××××-07	—	○	○	—	—	—
2	接收机							
2.1	接收通道幅度和相位一致性	T02-××××-01	—	—	○	—	—	—
2.2	噪声系数	T02-××××-02	—	—	○	—	—	—
2.3	输入动态范围	T02-××××-03	—	—	○	—	—	—
3	频率源							
3.1	本振输出功率	T04-××××-01	—	○	○	—	—	—
3.2	本振频率	T04-××××-02	—	○	○	—	—	—
3.3	本振频率稳定度	T04-××××-03	—	○	○	—	—	—
3.4	本振杂散	T04-××××-04	—	○	○	—	—	—

注："○"表示选择该项；"—"表示未选择该项；"××××"代表发射通道号、接收通道号或频率源输出通道号。

2.5 系统测试性设计准则

系统测试性设计准则用于指导系统测试性设计，包括通用准则和专用准则。其中，通用准则是各类雷达共用的测试性设计准则，专用准则是面向某型产品制定的专用测试性设计准则，专用准则需要针对特定产品的测试性需求制定。系统测试性设计准则的内容主要包括系统 BIT 设计准则、系统标校测试设计准则、测试性分配准则、协同测试设计准则、外部测试设计准则，以及测试和健康管理软件设计准则。

2.5.1 系统 BIT 设计准则

系统 BIT 设计准则用于指导雷达接收通道和发射通道的启动 BIT 设计、周期 BIT 设计和加电 BIT 设计。

系统 BIT 设计准则如下。

1. 测试项目设计

应综合分析指标的机内测试需求、故障检测需求和故障隔离需求，开展测试项目优化设计，力求用最少的测试项目满足故障检测和故障隔离需求。

2. 接收通道测试方案设计

（1）应结合雷达的具体类型，综合权衡接收通道测试项目、测试成本等因素，开展输入测试信号注入端口位置、注入方式、测试点位置等设计工作；

（2）为实现对接收通道的最大测试覆盖，射频测试信号尽量从接收通道的射频电路前端注入，数字测试信号尽量从接收通道的数字电路前端注入；

（3）充分利用数据流特征分析方法，获取数据流的状态。

3. 发射通道测试方案设计

应结合雷达的具体类型，综合权衡发射通道测试项目、测试成本等因素，开展发射通道的测试点位置及测试方案设计。

4. 不同类型 BIT 的设计约束

（1）加电 BIT 设计应满足开机时间约束及快速故障检测的要求，确保安全开机；

（2）周期 BIT 设计应选择恰当的测试时机，确保周期 BIT 不会影响雷达正常工作；

（3）启动 BIT 设计应充分满足系统的故障隔离要求。

5. 雷达回波模拟器设计要求

（1）需要根据接收通道测试方案，分析用于机内测试的射频回波模拟器的指标需求和数字回波模拟器的指标要求，提出模拟器设计要求；

（2）为降低开发成本和节省研制周期，应优先从通用模拟器系列产品中选择模拟器。

2.5.2 系统标校测试设计准则

雷达系统标校测试用于距离、方位角度、仰角角度、速度等系统指标的标校，雷达系统标校测试设计准则如下。

1. 标校测试方案设计

（1）需要根据被校准雷达的具体要求，制定系统标校测试方案；

（2）标校测试的精度应优于雷达系统指标的精度；

（3）综合采用多种校准技术；

（4）雷达应配备具有实时标校测试功能的测试资源。

2. 标校测试软件设计

（1）标校测试软件应具有标校数据采集、位置坐标转换、误差修正、人机操作交互界面等功能；

（2）标校测试软件应成为雷达健康管理系统软件的配置项。

2.5.3 测试性分配准则

系统测试性分配用于把测试性定量指标和系统 BIT 功能分配到下一级分系统，以达到系统测试性设计目标，系统测试性分配准则如下。

1. 系统测试性定量指标分配

（1）按系统测试性指标分配模型，把指标分配到分系统；

（2）故障率高的分系统应分配较高的故障检测率和故障隔离率；

（3）故障率低且测试复杂的分系统应分配较低的故障检测率和故障隔离率；

（4）测试性指标可预分配到各个分系统，完成测试性设计和指标预计后，可根据实际情况进行调整；

（5）测试性分配要考虑分系统之间的连接电缆、光缆等故障模式及失效率；

（6）对于外协的分系统，应分配测试性指标。

2. 系统 BIT 功能分配

系统 BIT 功能的实现需要各分系统的协同配合。在完成系统测试功能设计后，需要将系统测试信号产生、系统测试信号注入、射频信号测量、测试数据采集等测试要求分配给相关分系统。系统 BIT 功能分配准则如下：

（1）把系统测试信号产生要求分配给频率源分系统或接收机分系统，要求包括测试信号指标、接口要求、控制要求等；

（2）根据系统 BIT 设计方案，把射频测试信号的注入位置、注入方式和指标要求分配给阵面分系统或接收分系统；

（3）把数字回波模拟器输出信号的接口要求、控制要求等分配给信号处理分系统或其他分系统；

（4）根据系统射频输出信号的测量要求，把射频信号测量要求分配给相关分系统，射频信号测量要求包括被测信号名称、信号参数范围、测量误差要求、射频信号接口要求等；

（5）根据测试数据的采集要求，把测试数据的采集功能要求分解给相关分系统，测试数据采集要求包括被测参数名称、数据通信协议等。

2.5.4 协同测试设计准则

协同测试包括雷达分系统之间的机内协同测试及内外协同测试，协同测试准则如下。

1. 机内协同测试准则

（1）尽量利用机内测试资源完成机内测试项目的测试，以降低机内测试成本；

（2）在分系统功能测试中，利用下一级分系统采集上一级分系统的输出信号；

（3）在模拟相控阵雷达中，利用接收机采集阵面接收通道的输出测试数据；

（4）在数字相控阵雷达中，利用DBF分系统采集阵面接收通道的输出测试数据；

（5）利用信号处理分系统采集接收分系统的输出测试数据；

（6）利用信号处理分系统采集DBF分系统的输出测试数据。

2. 内外协同测试准则

（1）对于需要外部测试资源的测试项目，应尽量将机内测试资源和外部测试资源进行一体化设计，并具有自动测试功能；

（2）机内测试软件应提供外部测试资源的接口驱动程序和应用软件；

（3）内外协同的测试功能设计应包括外部测试资源的硬件接口设计。

2.5.5 外部测试设计准则

外部测试由测试仪器或测试系统等外部测试资源独立完成。外部测试资源可以部署于雷达阵地，也可以部署于机动维修运输车或其他运输工具上。外部测试设计准则如下：

（1）系统应提供外部测试接口，为便于连接外部测试资源，尽可能提供专用测试接口；

（2）外部测试项目由测试性需求分析确定；

（3）外部测试资源的指标应满足外部测试项目的功能、性能和测试精度要求；

（4）外部测试具有对关键射频信号的校准功能；

（5）外部测试设计应包括外部测试用的电缆、光缆或其他必需的连接附件的设计。

2.5.6 测试和健康管理软件设计准则

测试和健康管理软件具有测试资源管理和控制、测试数据采集、故障诊断、健康评估等功能，设计准则如下。

1. 测试资源管理和控制

（1）具有统一管理和控制系统机内测试资源和外部测试资源的能力；

（2）提供外部测试资源的通信接口功能；

（3）支持内外测试资源协同测试；

（4）在启动BIT下，能选择特定测试项目进行测试。

2. 测试数据采集

（1）具有对机内测试资源和外部测试资源的测试数据的采集能力；

（2）测试接口协议应规范，符合相关标准。

3. 健康信息处理软件平台设计

（1）平台具有通用化架构；

（2）软件平台与具体功能的处理模型分离。

4. 诊断模型设计

（1）采用层次化设计，包括系统诊断模型和分系统诊断模型；

（2）诊断模型与健康信息处理软件平台之间应采用规范化接口；

（3）提供智能诊断算法，满足复杂故障模式的诊断需求；

（4）诊断模型应具有虚警过滤功能。

5. 健康评估模型设计

（1）具有对系统和分系统的健康评估能力；

（2）具有健康等级评估能力；

（3）具有面向装备任务的自评估能力。

2.6 系统 BIT 设计

系统 BIT 用于系统功能测试、分系统指标测试及分系统之间的接口测试，是对系统故障模式进行检测和隔离的主要手段。系统 BIT 设计的测试需求来自系统指标测试性需求分析，以及故障检测和隔离需求。

雷达系统主要由接收通道、发射通道组成。雷达接收通道覆盖的分系统多、功能性能测试复杂。

2.6.1 机械扫描雷达的 BIT 设计

1. BIT 功能

测试功能与具体测试需求有关，典型功能如下。

1）系统功能测试

测试接收通道的距离、方位、仰角、速度、加速度等测量功能，测试杂波抑制功能，测试干扰抑制功能等。

2）分系统接口测试

对分系统之间的数字信号接口、射频信号接口进行测试。

3）可以检测和隔离的系统故障模式

（1）系统功能故障：探测能力（距离、方位、仰角、速度等）下降、杂波抑制功能失效、干扰抑制功能失效等。

（2）分系统之间接口故障：接收机、信号处理、数据处理和显控终端之间的接口故障。

2. 测试原理

测试原理如图2-5所示。射频回波模拟器用于模拟产生接收机的和通道、仰角差通道和方位差通道等输入信号。射频信号切换用于选择天线输出或射频回波模拟器输出。当雷达设置在启动BIT方式时，射频信号切换选择射频回波模拟器输出。测试和健康管理分系统根据测试要求输出测试控制指令。信号处理采集数字接收机的输出数据，数据处理采集信号处理的输出数据，显控终端显示数据处理的输出信息。

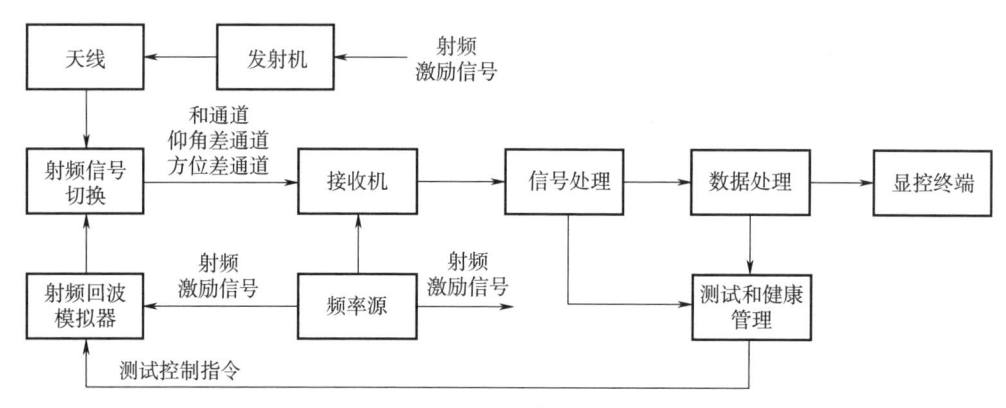

图2-5 机械扫描雷达的接收通道BIT原理图

1）系统功能测试原理

当测试距离时，在设定的方位和仰角上，射频回波模拟器输出最小距离和最大距离的目标信号，显控终端显示最小距离的目标和最大距离的目标，并显示模拟目标的距离。

当测试方位和仰角时，在设定的距离上，射频回波模拟器输出设定方位和仰角上的目标信号，显控终端显示模拟目标的距离、方位和仰角。

当测试运动目标的速度和加速度时，按照预先设计的运动目标轨迹输出运动目标信号，显控终端显示模拟运动目标的速度和加速度。

在设定的测试模式下，数据处理输出的目标航迹数据可以同时发送到测试和健康管理，测试和健康管理自动比较测试结果是否正确。

2）分系统接口测试原理

（1）数字信号接口测试。接收机与信号处理接口、信号处理与数据处理接口、数据处理与显控终端接口等是数字信号接口。对于数字信号接口，通过接口数据采集和数据分析可以检测接口链路不通、接口数据误码等数字接口故障模式。

当测试数字信号接口时，接收端口负责对发送端口的数据进行采集。例如，信号处理的接收端口负责采集接收机的发送端口信号，数据处理的接收端口负责采集信号处理的发送端口信号，显控终端的接收端口负责采集数据处理的发送端口信号。

数据分析有两种方式：一种是在分系统内部完成分析，将分析结果上报给测试和健康管理分系统；另一种是把采集的测试数据直接发送到测试和健康管理分系统，由其进行集中分析。

（2）射频信号接口测试。在接收通道中，接收机和频率源接口是射频信号接口。射频信号接口采用射频测试仪器测试或采用射频信号功率检测电路测试。

当采用射频测试设备测试时，频率源输出的测试信号连接送到射频测试设备中的频谱仪输入端口。利用频谱仪可以测试频率源输出信号的频率、功率、信号带宽、杂散、谐波、相位噪声等参数，测试结果上报给测试和健康管理分系统。

当采用射频信号功率检测电路测试时，利用频率源的内部功率检测电路检测射频输出信号的峰值功率，并通过模拟比较器实现实测值与参考值的比较，检测状态上报给测试和健康管理分系统。

2.6.2 相控阵雷达的 BIT 设计

对于模拟相控阵雷达，射频回波模拟器产生的测试信号一般从接收机输入端口注入，测试原理与机械扫描雷达类似。下面针对数字阵雷达介绍系统 BIT 的功能和测试原理。

1. BIT 功能

测试功能与具体测试需求有关，典型功能如下。

1）系统功能测试

测试接收通道的距离、方位、仰角、速度、加速度等测量功能，测试杂波抑制功能，测试干扰抑制功能等。

2）分系统指标测试

（1）DBF 分系统：波束形成功能测试。

（2）信号处理分系统：脉压主瓣宽度、主副瓣比等。

（3）数据处理分系统：单个或多个运动目标的航迹处理功能。

3）分系统接口测试

可以测试 DBF 分系统、信号处理分系统、数据处理分系统和显控终端之间的接口。

4）可以检测和隔离的系统故障模式

（1）系统功能故障：探测能力（距离、方位、仰角、速度等）下降、杂波抑制功能失效、干扰抑制功能失效等。

（2）分系统故障：阵面下行数据光纤接口不通或误码率高，天线分系统的接收通道幅度和相位一致性差，波束形成功能失效，脉压主瓣宽度超限等故障。

（3）分系统之间接口故障：天线、DBF、信号处理、数据处理和显控终端之间的接口故障。

测试功能与具体需求有关，可根据需求进行增加或裁剪。

2. 测试原理

测试原理如图 2-6 所示。射频回波模拟器产生射频测试信号，该信号通过天线阵面监校网络把测试信号分配到每个接收通道的输入端口。根据系统测试需求，射频回波模拟器产生不同类型的射频信号。当雷达设置在启动 BIT 方式时，测试和健康管理分系统根据测试要求输出测试控制指令，射频回波模拟器根据指令输出射频测试信号。DBF 分系统采集阵面数字接收通道的输出数据，信号处理分系统采集 DBF 分系统的输出数据，数据处理分系统采集信号处理的输出数据，显控终端显示数据处理的输出信息。

图 2-6 中的射频回波模拟器既能模拟目标信号，也能模拟用于阵面监校的测试信号。由于分配到每个接收通道的输入端口的信号具有相同幅度和相位，因此这种测试方法只能模拟天线法线方向的目标，不能模拟其他方位和仰角上的目标。

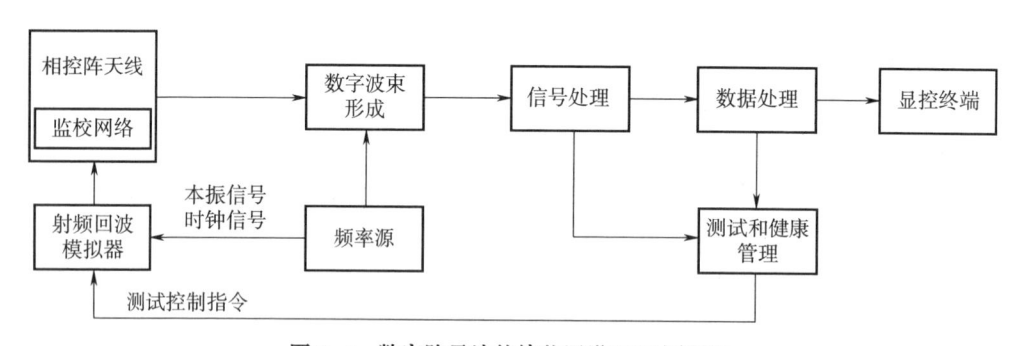

图 2-6 数字阵雷达的接收通道 BIT 原理图

测试距离时，射频回波模拟器输出最小距离和最大距离的目标信号，显控终端显示最小距离的目标和最大距离的目标，并显示模拟目标的距离。

测试运动目标的速度和加速度时，按照预先设计的运动目标轨迹输出运动目标信号，显控终端显示模拟运动目标的速度和加速度。

在设定的测试模式下，数据处理分系统输出的目标航迹数据可以同时发送到测试和健康管理分系统，测试和健康管理分系统自动比较测试结果是否正确。

2.6.3 数字接收通道启动 BIT 设计

数字信号接收通道启动 BIT 用于接收通道的数字电路部分的功能和性能测试，主要测试覆盖包括数字 T/R 组件、DBF、信号处理、数据处理、雷达控制、显控终端等分系统或模块。

当对数字信号接收通道进行测试时，模拟输入用的数字测试信号既可以由分系统自带的测试码元电路产生，也可以由数字回波模拟器产生。测试码元一般用于简单功能测试，数字回波模拟器可用于系统和分系统的功能及性能的全面测试。

数字回波模拟器产生的数字测试信号一般从信号处理输入端口注入。当 DBF 的输入通道数量较少的时候，数字回波模拟器产生的数字测试信号也可以从 DBF 输入端口注入。测试码元可以从阵面接收通道的数字电路适当的测试点注入，也可以从 DBF、信号处理等靠近输入端口的测试点注入。

由于数字回波模拟器功能强、硬件成本较低，因此在雷达系统启动 BIT 中得到了广泛应用。

1. BIT 功能

测试功能与具体需求有关，典型功能如下。

1）系统指标测试

测试接收通道的距离、方位、仰角、速度、加速度等测量功能，测试抗无源干扰能力和对抗能力等。

2）分系统指标测试

（1）DBF 分系统：波束形成功能测试；

（2）信号处理分系统：脉压主瓣宽度、脉压主副瓣比、MTI 和 MTD 等；

（3）数据处理分系统：单个或多个运动目标的航迹处理功能。

3）分系统接口测试

可以测试 DBF、信号处理、数据处理和显控终端之间的接口。

4）可以检测和隔离的系统故障模式

（1）系统功能故障：探测距离下降、杂波抑制功能失效、抗有源干扰功能失效等故障。

（2）分系统故障：波束形成功能失效、脉压主瓣宽度超限等故障。

（3）分系统之间接口故障：天线、DBF、信号处理、数据处理和显控终端之间的接口故障。

测试功能与具体需求有关，可根据需求进行增加或裁剪。

2. 测试原理

基于数字回波模拟器的数字信号接收通道启动 BIT 原理如图 2-7 所示。

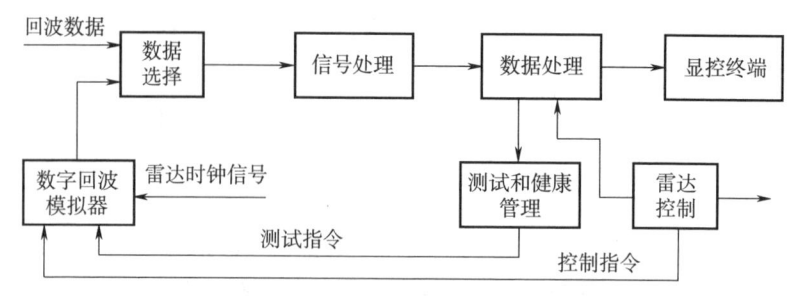

图 2-7 基于数字回波模拟器的数字信号接收通道启动 BIT 原理图

数字回波模拟器产生数字测试信号，数据选择用于选择雷达回波数据或模拟器产生的测试信号。根据系统测试需求，数字回波模拟器在雷达时钟信号的同步控制下产生不同类型的数字测试信号，包括模拟目标信号和干扰信号。当雷达设置在启动 BIT 方式时，测试和健康管理分系统根据测试要求输出测试控制指令，数字回波模拟器根据指令输出数字测试信号。数据处理分系统采集信号处理的输出数据，显控终端显示数据处理的输出信息。

当测试距离时，数字回波模拟器输出最小距离和最大距离的目标信号，显控终端显示最小距离的目标和最大距离的目标，并显示模拟目标的距离。

当测试运动目标的速度和加速度时，按照预先设计的运动目标轨迹输出运动目标信号，显控终端显示模拟运动目标的速度和加速度。

在设定的测试模式下，数据处理分系统输出的目标航迹数据可以同时发送到测试和健康管理分系统，测试和健康管理分系统自动比较测试结果是否正确。

2.6.4 数字接收通道的周期 BIT 设计

在雷达工作状态下，接收通道负责接收并处理雷达回波信号。周期 BIT 用于雷达工作状态下的接收通道状态测试，接收通道周期 BIT 功能主要通过对接收通道的相关测试点的数据流监测实现。随着雷达数字化程度越来越高，接收通道中的数据流类型越来越多，这些数据流按照一定的通信协议进行传输，当接收通道出现故障时，数据流会出现异常，通过对数据流的分析可以判断分系统的输出数据是否正常及分系统之间的通信接口是否正常。

1. 周期 BIT 功能

1）分系统故障检测

检测阵面接收通道、DBF、信号处理、数据处理等分系统输出的数据是否正常。

2）分系统接口故障检测

检测阵面接收通道、DBF、信号处理、数据处理和显控终端之间的接口状态是否正常。

3）可以检测的系统故障模式

（1）分系统功能故障：阵面、DBF、信号处理、数据处理等分系统的功能故障；

（2）分系统之间接口故障：天线、DBF、信号处理、数据处理和显控终端之间的接口故障。

2. 测试原理

接收通道周期 BIT 原理如图 2-8 所示，接收通道为数字阵雷达的接收通道。用于数据采集的测试点设置在 DBF、信号处理、数据处理、显控终端的输入端口或输出端口。分布于分系统中的特征提取电路和分析软件对采集数据进行分析，通过分析得到的特征参数发送到测试和健康管理分系统，并应用于故障诊断。

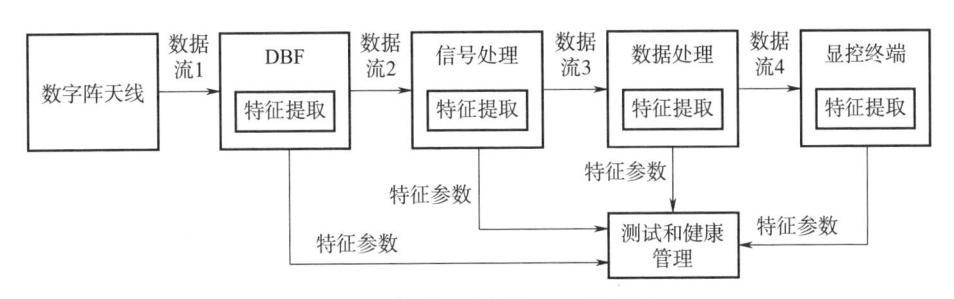

图 2-8 接收通道周期 BIT 原理图

数据流的采集方式包括分布式采集和集中式采集，图 2-8 中所示的采集方式为分布式采集。当采用集中式采集方式的时候，需要另外增加独立的数据采集模块，并且需要把所有数据汇总到数据采集模块。

数据流的数据采样方式包括周期采样方式和触发采样方式。在周期采样方式下，在固定的周期内，采集数据流中一定长度的数据。在触发采样方式下，按照设置的触发条件采集数据流中一定长度的数据。通过设置触发条件，可以采集重点关注的数据，为故障诊断提供精确的数据流状态信息。

数据流按照通信协议逐帧传输，每一帧信息由报文头、报文内容、校验数据和报文尾等组成，其中报文头、报文尾的信息是已知的。尽管报文的详细内容是未知的，但是报文中传输的数据类型是已知的。数据流特征提取的原理是通过对报文的数据分析，获取数据流的特征参数。

分系统故障检测原理：通过对分系统输出的数据流分析，获取数据流的实测特征参数值，并与预期的特征参数值比较，基于比较结果判断分系统是否有故障。

分系统接口故障包括接口不通、接口通信误码率高两种故障模式。通过对报文头、报文尾、报文长度、报文帧序号、报文校验和等特征参数进行提取和统计分析，可以检测接口故障模式。

2.7 系统标校测试设计

雷达系统标校测试的目的是通过对已知目标的观测获取雷达的测量误差，并采取误差修正措施，实现测量误差的消除或降低。已知目标是指被用于校准测试的目标的空间位置等参数是已知的或确定的，已知目标可以是真实的空间目标，也可以是用人工模拟的目标。真实目标包括民用飞机、军用飞机、人造卫星、船舶等，人工模拟目标是通过固定于标校塔或标校车上的射频回波模拟器模拟生成的目标。

雷达系统标校测试项目主要包括距离标校、方位角度标校、仰角角度标校、速度标校等。雷达系统标校测试有多种方法，主要包括基于ADS-B系统的标校测试、基于卫星的标校测试、基于AIS的标校测试、基于有源标定设备的标校测试、基于标校塔的标校测试等方法。

为了保证雷达的测量精度，需要定期或根据任务要求对雷达系统进行标校测试。下面介绍几种典型的雷达标校测试方法。

1. 基于ADS-B系统的标校测试

基于ADS-B系统的标校技术主要用于地面雷达的标校。该方法具有距离标校、方位角度标校、仰角角度标校、速度标校等多功能校准能力，具有在雷达工作中的实时校准能力，校准精度高。

ADS-B技术是新的空中交通管制技术。配置ADS-B机载设备的飞机可通过标准数据格式广播其自身的精确位置（经度、纬度、高度）和其他信息（飞机速度、航向、识别信息、风速、风向、外界温度等），其他飞机和地面设备可以接收这些公开的信息。ADS-B机载设备通过全球卫星导航系统（GNSS）、惯性导航系统（INS）和其他机载传感器获取位置等信息。利用ADS-B系统获取的目标位置精度优于雷达的测量精度，因此利用该技术可以对雷达的指标进行校准。

利用ADS-B系统校准的条件是用于标校的目标配置了ADS-B机载设备，并且雷达系统具有接收ADS-B信息的能力。

基于ADS-B的地面雷达校准测试原理如图2-9所示。配置ADS-B机载设备的飞机用于标校目标，在被标校雷达附近架设ADS-B接收设备。ADS-B机载设备将飞机的位置信息以一定的数据率对外广播，ADS-B接收设备实时接收飞机发送的目标信息。

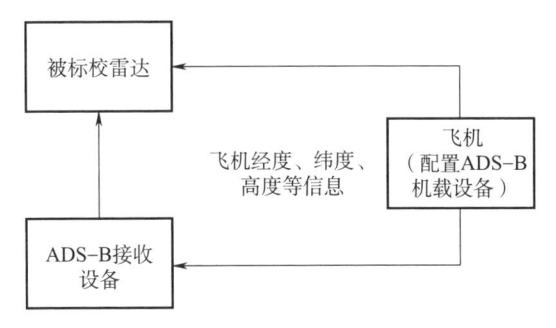

图 2-9　基于 ADS-B 的地面雷达校准测试原理图

从机载 ADS-B 接收到的目标位置信息采用地心直角坐标系，而雷达获取的目标位置信息采用球面坐标系。为了实现两类位置数据之间的比较，需要把地心直角坐标系的位置信息转换为球面坐标系的位置信息。利用这种校准方法，可以实时校准雷达的距离、方位和俯仰测量误差。

2. 基于卫星的标校测试

卫星标校技术采用低轨卫星携带的标校载荷作为基准目标，地面雷达跟踪目标，获取卫星轨道测量数据，通过与卫星精密轨道数据比对求解误差系数，实现雷达标校。

标校卫星包括反射式雷达标校卫星和应答式测控设备标校卫星。反射式雷达标校卫星可以为雷达标校提供精确位置基准和 RCS 基准，其有效载荷包括 GNSS 接收机和反射球体。应答式测控设备标校卫星可以为雷达标校提供精确位置基准，其有效载荷包括标校应答机和 GNSS 接收机。

基于卫星的地面雷达标校测试原理如图 2-10 所示，标校卫星是反射式雷达标校卫星或应答式测控设备标校卫星。卫星接收终端用于接收标校卫星通过广播发送的定位数据，该终端可以布置在雷达阵地。卫星测控中心用于接收卫星定位数据。地面应用系统用于对原始测量数据进行处理，以得到高精度卫星的卫星定轨数据。

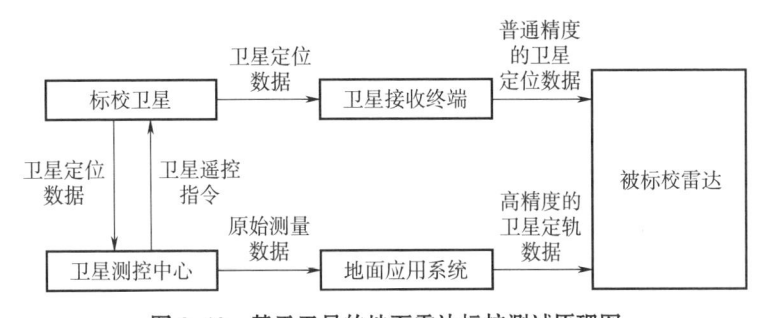

图 2-10　基于卫星的地面雷达标校测试原理图

根据不同的标校精度需求，被标校雷达可采用两种方法获取卫星定位数据。

方法一：利用布置在雷达阵地的卫星接收终端，直接接收卫星过境时实时广播的卫星定位数据。该方法适用于较低精度的标校。

方法二：卫星测控中心接收卫星过境时的卫星定位数据，然后把接收的原始测量数据发送给地面应用系统处理，经处理后可以得到高精度的卫星定轨数据，用户通过购买服务的方式可以得到高精度的卫星定轨数据。该方法适用于高精度标校。

当采用方法一时，用户根据地面应用系统发布的卫星轨道预报数据，利用被标校雷达对标校卫星进行跟踪获取雷达实测数据。当卫星过境时，用户利用接收终端接收卫星广播的定位数据。通过雷达实测数据和卫星定位数据之间的误差分析，求解误差系数，实现雷达标校。

当采用方法二时，用户根据地面应用系统发布的卫星轨道预报数据，利用被标校雷达对标校卫星进行跟踪获取雷达实测数据。卫星测控中心接收星上 GNSS 接收机的测量数据，经处理后发送至地面应用系统。地面应用系统对 GNSS 接收机的测量数据进行处理，形成高精度的定轨数据。通过雷达实测数据和卫星高精度的定轨数据之间的误差分析，求解误差系数，实现雷达标校。

为了提高标校精度，可以采用多圈次的卫星过境测量数据进行误差分析，以获取高精度的误差系数。

3. 基于 AIS 的标校测试

基于自动识别系统（AIS）的标校技术可用于舰载雷达、岸基警戒雷达等的标校。该方法具有距离标校、方位角度标校、速度标校等多功能校准能力，具有在雷达工作中的实时校准能力，校准精度高。

AIS 的位置定位功能是基于全球定位系统（GPS）实现的，具有很高的位置定位精度。船舶上配备的 AIS 通过标准数据格式广播其自身的精确位置信息（经度、纬度、位置信息采集时间）和其他相关信息（航速、航向、船名、呼号、船舶类型、船长、船宽等），使邻近船舶及岸台及时掌握附近海面船舶的信息，对船舶航行安全有重要作用。

基于 AIS 的雷达校准测试原理如图 2-11 所示。配置 AIS 的船舶用于标校目标，在被标校雷达上架设 AIS 接收设备。AIS 将船舶的位置信息以一定数据率对外广播，AIS 接收设备实时接收位于船舶上 AIS 发送的

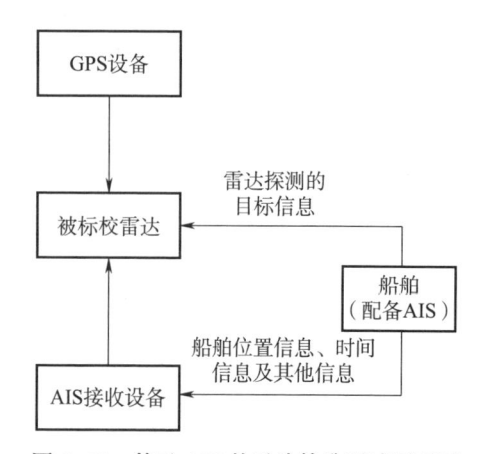

图 2-11 基于 AIS 的雷达校准测试原理图

目标精确位置信息和其他相关信息。GPS设备用于定位雷达的位置信息。

校准测试步骤如下。

(1) 获取标校船的位置真值。利用AIS接收设备接收标校船位置坐标及对应的位置采集时间,利用GPS设备获取雷达的位置坐标和对应的位置采集时间,在进行时空同步和坐标转换后,求解标校船的极坐标位置信息,该位置信息作为雷达探测标校船的位置真值。

(2) 获取雷达对标校船的探测数据。

(3) 时间对准。比较雷达测量数据和真值数据的时间关系,利用内插和外推的方法进行时间对准,将两者统一到同一个时间坐标下。

(4) 标校误差分析。对雷达探测数据和真值进行误差分析,获取雷达测量误差统计平均值和统计标准偏差。

利用这种校准方法,可以实时校准雷达的距离和方位测量误差。

4. 基于有源标定设备的标校测试

基于有源标定设备的标校测试是静态有源标校。有源标定设备是一种射频信号转发装置,在标校测试前,将有源标定设备架设在距离雷达0.5~10 km处,并通过全球定位设备对距离和方位进行标定。有源标定设备通过接收被测雷达发射的信号,对其进行延时后转发,产生相对被测试雷达一定距离的目标信号。

5. 基于标校塔的标校测试

基于校标塔的标校测试是静态无源式标校。建设有一定高度、周围无地物杂波影响的标校塔,塔上放置金属球或角反射体,被试雷达放置在1~2 km以外,配合GPS完成雷达静态标校。

2.8 分系统协同测试设计

雷达主要由发射通道和接收通道组成,每种通道由多个分系统级联而成。当进行机内测试时,上一级分系统的输出信号可以利用下一级分系统进行测试。

分系统协同测试是指通过关联分系统之间的配合共同完成分系统的指标测试和分系统之间的接口功能测试。雷达系统包含两个主要通道,即接收通道和发射通道。接收通道由阵面、数字信号处理等分系统组成,这些分系统之间通过串联方式实现分系统之间的互连,前一个分系统的输出连接到后一个分系统的输入。

与分系统独立完成机内测试相比,分系统协同测试不仅可以检测分系统之间的接口故障,而且可以减少机内测试资源、降低机内测试成本和提高机内测试效率。下面介绍几种典型分系统协同测试方法。

2.8.1 阵面分系统的协同测试

相控阵雷达阵面接收通道之间的幅度和相位一致性测试是主要机内测试项目，该测试项目可以通过分系统之间的协同测试实现，不同相控阵体制有不同的协同测试方法。

1. 模拟相控阵雷达阵面接收通道幅度和相位一致性测试

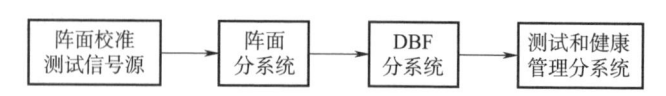

模拟相控阵雷达阵面接收通道幅度和相位一致性测试原理如图 2-12 所示。模拟相控阵雷达阵面接收通道幅度和相位一致性测试需要接收机分系统、信号处理分系统的协同配合。其中，接收机分系统的功能是接收阵面分系统接收通道输出的模拟信号，并将其转换为数字信号输出；信号处理分系统的功能是采集接收机输出的数字信号。

阵面校准测试信号源 → 阵面分系统 → 接收机分系统 → 信号处理分系统 → 测试和健康管理分系统

图 2-12 模拟相控阵雷达阵面接收通道幅度和相位一致性测试原理框图

测试原理：系统设置到启动 BIT 工作模式，设置阵面校准测试信号源的工作参数，选择要测试的阵面分系统接收通道，被测通道设置为内校准测试模式，接收机分系统接收阵面输出信号，信号处理分系统采集接收机输出的数字信号并完成幅度和相位的测量计算，测试结果输出到测试和健康管理分系统进行不同通道之间的幅度和相位一致性分析、显示等处理。

2. 数字相控阵雷达阵面接收通道幅度和相位一致性测试

数字相控阵雷达阵面接收通道幅度和相位一致性测试原理如图 2-13 所示。数字相控阵雷达阵面接收通道幅度和相位一致性测试需要 DBF 分系统的协同配合，DBF 分系统的功能是采集阵面分系统各接收通道输出的数字信号。

阵面校准测试信号源 → 阵面分系统 → DBF 分系统 → 测试和健康管理分系统

图 2-13 数字相控阵雷达阵面接收通道幅度和相位一致性测试原理框图

测试原理：系统设置到启动 BIT 工作模式，设置阵面校准测试信号源的工作参数，阵面分系统的所有接收通道设置为内校准测试模式，DBF 分系统同时接收阵面分系统的所有通道的输出信号，负责采集阵面接收通道输出的数字信号。采集的数据送到测试和健康管理分系统进行幅度和相位的计算、幅度和相位一致性分析及显示等处理。

2.8.2 接收机分系统的协同测试

接收机分系统的典型机内测试项目包括增益测试、动态范围测试、输出幅度和相位一致性测试等性能参数，测试原理如图 2-14 所示。接收机指标的机内测试需要信号处理分系统的协同配合，信号处理分系统的功能是采集接收机输出的数字信号。

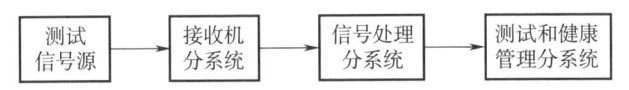

图 2-14　接收机分系统性能参数协同测试原理框图

下面以接收机增益测试为示例介绍协同测试原理，接收机机内测试详细内容见接收机测试性设计。

测试原理：系统设置到启动 BIT 工作模式，设置测试信号源的工作参数，接收机的输入切换到信号源测试模式，信号处理分系统采集接收机输出的数字信号，采集的数据发送到测试和健康管理分系统进行增益计算及显示等处理。

2.8.3　DBF 分系统的协同测试

DBF 分系统的主要机内测试项目为输出波束合成功能测试，该功能测试需要阵面分系统和信号处理分系统的协同配合。

DBF 分系统的输入通道多，采用模拟器模拟输入测试信号不仅成本高，而且测试连接复杂。为降低测试成本和测试复杂性，DBF 分系统的测试信号可以通过阵面的数字接收机通道模拟。DBF 分系统的输出一般通过光纤接口传输到信号处理分系统，因此可以通过信号处理分系统采集 DBF 分系统的输出信号。

DBF 分系统的输出波束合成功能协同测试原理如图 2-15 所示。

图 2-15　DBF 分系统的输出波束合成功能协同测试原理框图

测试原理：系统设置到启动 BIT 工作模式，阵面分系统设置为测试码元输出模式，信号处理分系统采集 DBF 分系统输出的数字信号，采集的数据发送到测试和健康管理分系统进行波束合成数据的处理和显示。

2.9　射频信号机内自动测试设备设计

射频信号机内测试的输入要求来自射频信号测试性需求分析。射频信号机内自动测试设备用于雷达系统中各类射频信号指标的精确测试，其设计输入要求来自射频信号测试性需求分析的结果，其测试对象为天线分系统、发射机分系统、接收分系统和频率源分系统的射频信号。射频信号机内自动测试设备作为雷达的装机设备，除满足指标测试需求外，还需要满足环境适应性要求、重量要求、外形尺寸要求等。

射频信号机内自动测试设备一般采用通用测试仪器进行集成。为满足较高的环境适应性要求，部分雷达采用专门研制的测试设备。随着通用测试仪器技术的发展，通用化模块化仪器越来越广泛地应用于雷达机内测试设备。

2.9.1 组成和原理

射频信号机内自动测试设备主要由测试仪器、接口适配器和计算机等组成，其原理如图 2-16 所示。图中，S_1、S_2 和 S_n 是被测试的输入射频信号，S_{o1}、S_{o2} 和 S_{om} 是测试设备输出的激励信号。被测试的输入射频信号来自雷达发射机、阵面、频率源等分系统，激励信号用于测试接收机、阵面等分系统。

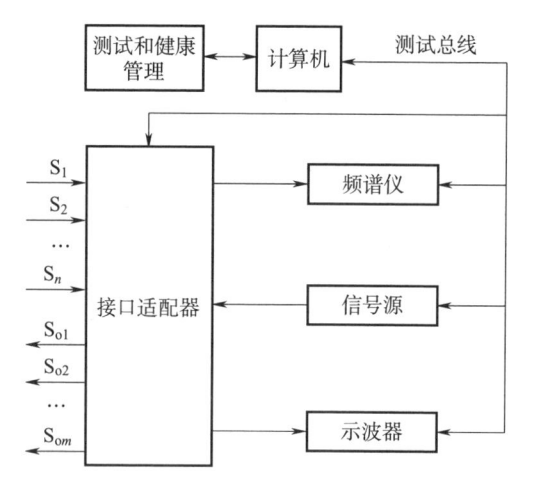

图 2-16 射频信号机内自动测试设备原理框图

典型测试仪器包括频谱仪、信号源和示波器。频谱仪用于测试射频信号的频率、功率、信号带宽、杂散、谐波、相位噪声等参数。信号源是测试接收机性能指标的测试仪器，用于产生接收机测试所需的射频连续波信号。示波器主要用于脉冲调制射频信号包络的宽度、顶降、上升沿时间、下降沿时间等指标的测试。

接口适配器用于被测试的雷达分系统与测试设备之间的信号选择、分配和信号调理。通过程控射频开关，被测试多路输入射频信号的 1 路被选择到频谱仪的输入端口。通过功分器，信号源的输出信号被分配给多路接收机的输入端口。通过程控射频开关，被测试多路输入脉冲调制射频信号的 1 路被选择到检波电路输入端口，经检波电路处理后得到脉冲包络信号，该信号送给示波器测量。对于功率较大的射频信号，应采用耦合器、衰减器等器件调节信号幅度。

计算机与测试和健康管理分系统建立通信，可以获取来自测试和健康管理的测试指令，测试结果上报给测试和健康管理分系统。计算机通过测试总线与测试仪器通信，实现对仪器控制，并采集测试结果，常用测试总线为LXI总线。

2.9.2 测试仪器选型

射频信号机内自动测试设备的测试仪器选型需要综合分析射频信号测试需求、环境适应性要求、重量要求、外形尺寸要求、通信接口需求、成本要求等因素。

由于模块化仪器比台式仪器具有更小的尺寸，因此在测试仪器的选型方面应尽可能地选择模块化仪器。

下面针对射频信号的指标测试需求，介绍测试仪器的选型方法。

1. 频谱仪的选型

频谱仪的主要指标包括频率测试范围、频率测试误差、功率测试范围、幅度测试精度、相位噪声测试功能等。

根据射频信号测试需求的结果，通过分析可以确定频率测试范围、功率测试范围、相位噪声测试功能及测试精度等指标要求。

频率测试范围与雷达工作频段有关，典型频率测试项目包括发射信号频率、本振信号频率、时钟信号频率等。频谱仪的频率测试范围应覆盖所有被测项目的工作频率范围。

根据被测试信号的频率测试误差要求确定频谱仪的频率测试误差，频率测试误差与频谱仪的性能稳定性和频率测量方法有关。对于内置频率计数器的频谱仪，影响频率测量误差的主要因素包括仪器的年老化率、温度稳定性和计数器的分辨率。对于没有内置频率计数器的频谱仪，影响频率测量误差的主要因素包括仪器的年老化率、温度稳定性、扫频带宽误差和分辨带宽误差。

频谱仪的功率测试范围根据被测试信号的功率变化范围确定，频谱仪的幅度测试精度根据被测试信号的幅度测量精度要求确定。

频谱仪的相位噪声测试功能用于本振信号和时钟信号等射频信号的相位噪声测试。不是所有的频谱仪都具有相位噪声测试功能，应根据测试需求，选择具有相位噪声测试功能的频谱仪。

2. 信号源的选型

信号源的主要指标包括频率范围、幅值范围、幅值精度、相位噪声等，其指标需求根据被测接收机的指标测试项目确定。接收机的指标测试项目主要包括通道输出幅度和相位一致性、带宽、输入动态范围、通道间隔离度等。

信号源频率范围根据接收机的频率带宽确定，其幅值范围根据输入动态范围确定，幅值精度根据输出幅度和相位一致性的精度确定。此外，相位噪声和频率稳定度应满足测试要求。

3. 示波器的选型

示波器的主要指标包括带宽、采样率和通道数。示波器的带宽根据被测信号带宽进行选择。当被测信号为脉冲信号时，可根据脉冲信号的上升沿时间 T_r 估算信号带宽 BW，T_r 定义为脉冲幅度从 10% 上升到 90% 的时间。信号带宽 BW 的估算公式为

$$BW \approx 0.35/T_r \qquad (2-1)$$

示波器带宽应为信号带宽的 3~5 倍。例如，对于 T_r 为 1 ns 的信号，信号带宽为 350 MHz，示波器带宽选择大于 3 倍信号带宽，约 1 GHz。

示波器的采样率取决于示波器的带宽，至少为示波器带宽的 4 倍。示波器的通道数取决于同时测量的信号通道数，一般为 2 通道或 4 通道。

2.10 内外协同测试设计

内外协同测试是将机内测试资源和外部测试资源融为一体的自动测试技术，通过内外两种测试资源的协同配合，完成指标测试和故障隔离测试。内外协同测试设计是为了满足测试性需求分析结果中的内外协同测试需求。

内外协同测试的目的是通过一体化设计将机内测试资源和外部测试资源融为一体，解决机内测试资源不足的问题。由于雷达机内测试资源的配置受到测试设备的成本、重量、尺寸等因素制约，因此部分测试资源需要以外部配置的方式使用。与外部测试不同，内外协同测试需要对内外测试资源进行一体化的硬件设计和软件设计。内外协同测试可应用于多种类型雷达，常用于机载火控雷达、机载预警雷达等。

机内测试资源包括机内测试硬件和机内测试软件。雷达分系统自身可以作为测试资源：例如，接收机分系统可用于测试阵面收发通道的输出信号，信号处理分系统可以接收数字接收机的输出信号，数据处理分系统可以测试信号处理的输出信号。

外部测试资源包括外部测试仪器、测试设备和测试软件等。当进行维护测试时，外部测试资源连接到被测的雷达系统。

下面结合机载火控雷达示例介绍内外协同测试的工作原理。机载雷达对设备重量、尺寸等因素约束严苛，因此用于指标和功能测试的数字回波模拟器以外部测试资源配置的方式使用。基于内外协同的测试原理如图 2-17 所示。

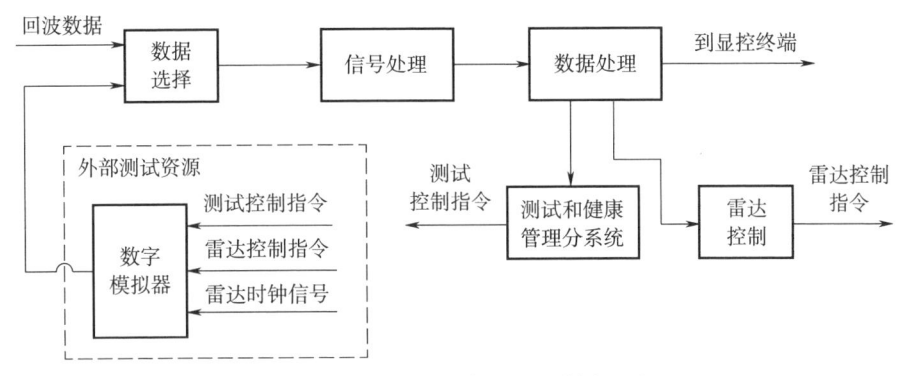

图 2-17 基于内外协同的测试原理图

机内测试资源为位于信号处理、数据处理等分系统中的测试数据采集电路及测试和健康管理软件，外部测试资源是数字回波模拟器。通过内外测试资源协同测试，可实现抗有源干扰功能测试和抗无源干扰功能测试。

一体化设计内容包括硬件一体化设计和软件一体化设计。硬件一体化设计内容包括硬件接口设计、测试控制同步设计、雷达工作方式同步设计等。应按照雷达系统接口要求开展数字回波模拟器与雷达的接口设计，满足时间同步、控制同步等要求。软件一体化设计内容主要包括：对数字回波模拟器测试资源的统一管理功能、测试控制功能、测试结果的处理功能等。

2.11 外部测试设计

外部测试设计的目的是满足测试性需求分析结果中的外部测试需求，外部测试用于机内测试资源未覆盖的测试项目及对测试精度有更高要求的指标测试。与内外协同测试方法不同，外部测试具有独立的指标测试能力，外部测试资源与机内测试资源之间无紧密的耦合关系。

外部测试依赖的测试资源包括测试设备、测试仪器、测试电缆、测试接口适配器等，外部测试设计内容包括测试设备选型、测试仪器选型、测试接口设计和测试接口适配器设计。

1. 测试设备选型

雷达系统测试设备包括通用自动测试设备和专用测试设备。通用自动测试设备具有电子装备的通用测试能力，是按照相关标准设计的测试设备。应按照雷达的综合保障总体要求，优先选择通用自动测试设备。

专用测试设备是专门用于配合雷达指标测试的测试设备。雷达干扰机属于专用测试设备,用于干扰源的频谱分析和干扰定位功能测试。应按照雷达抗干扰指标的相关测试标准,优先选择符合标准的抗干扰功能测试设备。

2. 测试仪器选型

测试仪器选型需要综合分析射频信号测试需求、环境适应性要求、重量要求、外形尺寸要求、成本要求、交互界面要求等因素。

射频信号测试需求包括测试仪器的指标范围、测量精度。测试仪器的具体选型方法见 2.9.2 节。

环境适应性要求应满足研制总要求和相关标准要求。在满足指标测试需求的条件下,优先选择重量轻、尺寸小的测试仪器,优先选择便携式仪器。测试仪器的价格也是影响测试仪器选型的重要因素。另外,测试仪器的交互界面应满足现场快捷仪器操作的需求。

3. 测试接口设计

测试接口包括雷达系统预留的射频电缆接口、同步时钟接口、测试数据接口、通信接口等,用于在外部测试设备和被测对象之间建立测试连接。外部测试接口的功能包括测试信号注入、输出信号采集、测试数据采集等。外部测试接口可以专用,也可以与产品接口共用。

外部测试接口的物理位置选择主要取决于外部测试项目的测试需求测试接口应设置在测试人员易于操作的位置。

4. 测试接口适配器设计

测试接口适配器用于外部测试设备和被测对象之间的适配连接,主要包括射频信号适配器、射频电缆、光缆、数据传输电缆等。应根据外部测试项目需求,开展专用适配器的设计及通用适配器的选型。

2.12 测试性分配

系统测试性分配用于把系统测试性定量指标、系统 BIT 功能、外部测试设计要求等测试性需求分配到下一级分系统。系统分配给分系统的测试性定量指标和测试功能是分系统测试性设计的依据,系统测试性分配应遵循测试性分配准则。

1. 测试性定量指标分配

1)分配方法

分配方法包括等值分配法、基于故障率分配法、加权分配法、综合加权分配法等(石君友,2011)。由于综合加权分配法综合考虑了故障率、故障影响、平均故障修复时间(MTTR)和测试费用等因素,因此应优先选用。

2）分配模型

分配模型用于将系统故障检测率和故障隔离率分配到各分系统。当采用综合加权分配法时，各分系统的故障检测率按式（2-2）进行计算，各分系统的故障隔离率按式（2-3）进行计算（石君友，2011）：

$$\gamma_{\mathrm{FD}_i} = 1 - \frac{\lambda_{\mathrm{S}}(1 - \gamma_{\mathrm{FDS}})}{K_i \sum_{i=1}^{N} \frac{\lambda_i}{K_i}} \tag{2-2}$$

式中，γ_{FD_i} 为第 i 个分系统的故障检测率的分配值；λ_{S} 为系统总故障率；γ_{FDS} 为系统故障检测率的要求值；K_i 为第 i 个分系统的综合影响系数；N 为系统中所包含的分系统总数；λ_i 为第 i 个分系统的故障率。

$$\gamma_{\mathrm{FI}_i} = 1 - \frac{\lambda_{\mathrm{DS}}(1 - \gamma_{\mathrm{FIS}})}{K_i \sum_{i=1}^{N} \frac{\lambda_{\mathrm{D}_i}}{K_i}} \tag{2-3}$$

式中，γ_{FI_i} 为第 i 个分系统的故障隔离率的分配值；λ_{DS} 为系统可检测到的故障模式的故障率之和；γ_{FIS} 为系统故障隔离率的要求值；K_i 为第 i 个分系统的综合影响系数；N 为系统中所包含的分系统总数；λ_{D_i} 为第 i 个分系统可检测到的故障模式的故障率之和。

3）确定综合影响系数 K_i 的方法

综合影响系数计算方法见式（2-4）：

$$K_i = k_{\lambda_i} + k_{\mathrm{F}_i} + k_{\mathrm{M}_i} + k_{\mathrm{C}_i} \tag{2-4}$$

式中，K_i 为第 i 个分系统的综合影响系数；k_{λ_i} 为第 i 个分系统的故障率影响系数；k_{F_i} 为第 i 个分系统的故障严酷度类别影响系数；k_{M_i} 为第 i 个分系统的 MTTR 影响系数；k_{C_i} 为第 i 个分系统的测试费用影响系数。

k_{λ_i} 的计算方法见式（2-5）：

$$k_{\lambda_i} = \frac{\lambda_i}{\Sigma \lambda_i} \tag{2-5}$$

式中，λ_i 为第 i 个分系统的故障率；$\Sigma \lambda_i$ 为系统总故障率。

k_{F_i} 的计算方法见式（2-6）：

$$k_{\mathrm{F}_i} = \frac{F_i}{\Sigma F_i} \tag{2-6}$$

式中，F_i 为第 i 个分系统的Ⅰ类和Ⅱ类故障模式的总数，Ⅰ类和Ⅱ类故障模式见 FMECA 报告；ΣF_i 为系统的Ⅰ类和Ⅱ类故障模式的总数。

k_{M_i} 的计算方法见式（2-7）：

$$k_{M_i} = \frac{a_i}{\Sigma a_i} \qquad (2\text{-}7)$$

式中，a_i 为第 i 个分系统的平均故障修复时间的倒数；Σa_i 为所有分系统的平均故障修复时间的倒数之和。

k_{C_i} 的计算方法见式（2-8）：

$$k_{C_i} = \frac{b_i}{\Sigma b_i} \qquad (2\text{-}8)$$

式中，b_i 为第 i 个分系统的测试费用的倒数；Σb_i 为所有分系统的测试费用的倒数之和。

2. 系统测试功能分配

系统 BIT 功能需要各分系统的协同设计，其测试要求应分解给相关分系统。系统测试功能分配涉及系统测试信号产生、测试信号的注入、射频信号测量、测试数据采集、测试点设置等测试要求。

应按照系统 BIT 功能分配准则对系统测试功能进行分配，分配准则见 2.5.3 节。

2.13 测试控制和测试信息采集

雷达的测试控制功能用于管理和控制雷达的测试资源，能根据测试任务需求产生测试指令，并将其传送给测试设备，控制测试设备完成规定的测试任务。测试控制由测试和健康管理分系统承担。

测试信息采集功能用于把分布于雷达分系统 BIT 和各种测试设备的测试结果采集到测试和健康管理分系统。

雷达测试控制和测试信息采集的原理如图 2-18 所示。其中，测试和健康管理分系统用于产生测试控制指令，以及采集和处理测试信息，测试通信网络用于传送测试指令和测试结果。射频回波模拟器和数字回波模拟器用于系统 BIT。射频自动测试设备用于射频信号的精确测试。标校测试设备用于系统标校测试。外部测试设备具有通信接口，当进行外部测试时接入雷达系统，外部测试设备接入系统后，可以实现机内测试设备和外部测试设备的一体化管理和控制。

测试通信网络的类型根据雷达具体需求确定，常用的测试通信网络是以太网，基于以太网的测试通信网络主要由网络交换机组成。CAN 总线通信网络也是一种应用较多的测试通信网络，与基于以太网测试通信网络相比，CAN 总线通信网络不需要网络交换机，适用于尺寸、重量受到严格约束的应用场景。

BIT 数据采集周期应综合分析故障检测时间、通信网络传输能力、数据处理能力等因素后确定。

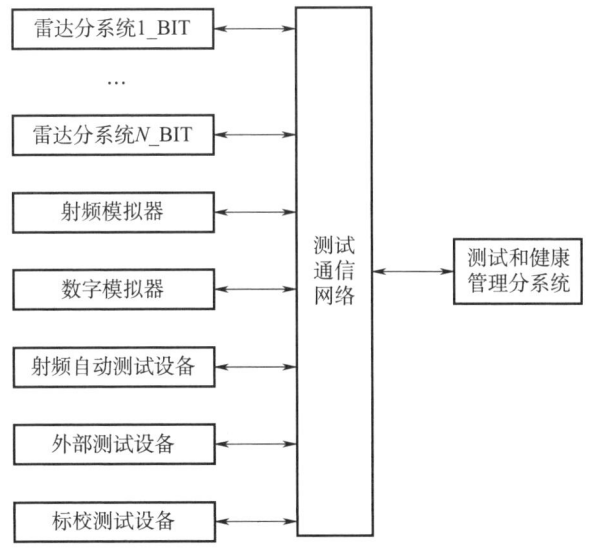

图 2-18 雷达测试控制和测试信息采集原理图

2.14 测试信息报文设计

BIT 信息接口是指分系统 BIT 与测试和健康管理分系统之间的信息接口。信息报文设计主要包括以下内容。

（1）BIT 报文内容：根据分系统的测试项目、BIT 类型，确定每个 BIT 信息接口要传输的信息。

（2）BIT 报文长度：根据 BIT 项目的测试数据大小，确定报文所需要的字节长度。

（3）BIT 接口数据率：根据 BIT 状态的刷新周期和测试数据大小，确定 BIT 接口数据率。

（4）BIT 信息的通信总线类型：根据 BIT 接口数据率和系统对通信总线使用的统一要求，选择 BIT 信息的通信总线类型。

测试控制指令和测试结果等信息按照预先确定的报文协议进行传输。由于不同分系统在不同测试方式下的信息内容不同，因此需要根据分系统的不同测试方式定义所需要的报文协议。

报文协议定义的传输信息内容分为两类：一类是测试指令报文，另一类是测试数据报文。测试指令报文用于把测试指令发送给测试设备。测试数据报文用于传送系统 BIT、分系统 BIT、射频自动测试设备、标校测试设备和外部测试设备等的测试数据。

测试数据报文应包含被测对象信息，主要包括分系统名称、软件名称、软件版本信息等。

信息报文由报文头、报文内容和报文尾组成，如图 2-19 所示。

设计信息报文协议应遵守以下原则：

（1）各类信息报文的结构应统一，报文头和报文尾采用统一定义；

（2）信息报文具有模块种类增减、模块数量增减、模块 BIT 信息增减、模块功能升级引起的 BIT 信息内容变化等的扩展能力；

（3）信息报文应采用统一的物理量单位；

（4）信息报文应采用统一的方式表示被测物理量状态或软件状态。

图 2-19 信息报文结构组成

下面结合示例说明测试数据报文的详细定义，表 2-5 为报文头的定义示例，表 2-6 为报文尾的定义示例。

表 2-5 报文头定义示例

字序号	内容		信息说明
0	b0~b15	信息标识	标识要传输的信息类别
1	b0~b15	信息长度	包含报文头尾的报文总长度
2	b0~b15	信息编号	报文的帧序号
3	b0~b15	报文标识	报文对应的分系统代码
4	b0~b15	当前包序号	用于分包发送，标识此包为第几包
5	b0~b7	源分系统代码	发送信息的分系统代码
5	b8~b15	目的分系统代码	接收信息的分系统代码
6~7	b0~b15	时间戳	采集 BIT 信息的时间
8	b0~b15	备份	用于扩展

表 2-6 报文尾定义示例

字序号	内容		信息说明
1	b0~b15	校验和	数据区所有数据求和
2	b0~b15	报文尾	报文结束标志

第 3 章

信号处理分系统测试性设计

3.1 概述

3.1.1 功能和原理

信号处理分系统作为雷达系统的主要组成部分，其主要任务是抑制强有源干扰和复杂杂波对雷达探测目标的不利影响，完成目标回波的能量积累，根据回波所在环境形成检测门限，完成对目标的检测与信息提取，经过点迹凝聚、点迹过滤后形成点迹数据，送至后续数据处理分系统完成航迹起始、航迹维持、资源调度等功能。

不同的雷达系统对信号处理分系统的功能要求有所不同。在地面情报雷达系统中，信号处理分系统一般需要完成副瓣干扰抑制、脉冲压缩、MTI/MTD 滤波、CFAR 检测和杂波图、目标检测、点迹处理等处理功能。信号处理分系统原理如图 3-1 所示。

自数字波束形成 → 副瓣干扰抑制 → 脉冲压缩 → MTI/MTD滤波 → CFAR检测和杂波图 → 目标检测 → 点迹处理 → 至数据处理分系统

图 3-1 信号处理分系统原理框图

来自数字波束形成分系统的回波数据经过副瓣对消、副瓣匿影等处理，抑制来自天线副瓣的连续波及脉冲式有源干扰，处理后的数据经过脉冲压缩后送MTI/MTD 处理，抑制地杂波、气象杂波等无源干扰，然后再经过 CFAR 检测和杂波图、目标检测等处理，完成虚警抑制与目标检测，得到各距离单元是否超过检测门限的标志，再对过检测门限的距离单元进行距离凝聚、角度测量等处理，形成目标点迹数据送数据处理分系统。

3.1.2 技术指标

信号处理分系统技术指标如下。

（1）副瓣噪声干扰抑制比：副瓣对消前噪声干扰功率与副瓣对消后噪声干扰

功率的比值，以分贝（dB）表示。

（2）副瓣匿影有效扇区范围：采取副瓣匿影措施后，欺骗性干扰假目标被有效抑制的方位扇区范围，即在多大的扇区内副瓣匿影起作用，定义为

$$\varphi_b = \frac{\sum_{i=1}^{n} \theta_i}{360 - \theta_m} \quad (3-1)$$

式中，φ_b 为匿影有效扇区范围；n 为匿影有效扇区的数量；θ_i 为匿影有效扇区的方位宽度；θ_m 为雷达主瓣的方位宽度。

（3）脉冲压缩主副瓣比：脉冲压缩后，在时域波形中主瓣幅度与最大旁瓣幅度的比值，以 dB 表示。

（4）MTI 滤波器凹口深度：MTI 滤波器幅频特性曲线中通带平均幅度与凹口底部幅度的比值，用 dB 表示。

（5）虚警率：在非杂波区，一定时间内和给定发现概率的条件下，超过规定检测门限的虚警概率。

（6）杂波图：表征雷达威力范围内按距离和方位划分的单元杂波强度分布图，分为动态杂波图和静态杂波图。

（7）点迹处理容量：指规定的时间内可以处理的最大点迹数。

（8）点迹处理精度：指点迹处理后得到的点迹测量值与真值间的误差，包括距离精度、角度精度和速度精度等。

3.2 故障模式分析

3.2.1 功能故障模式分析

信号处理分系统的功能故障模式分析是从分系统的功能维度对信号处理分系统可能出现的故障模式进行分析，不涉及信号处理分系统的具体组成。由于不同雷达系统中信号处理分系统的指标并不完全相同，因此需要结合信号处理分系统的具体指标要求开展功能故障模式分析。

信号处理分系统功能故障模式分析报告是开展信号处理分系统测试性需求分析的依据，用于指导信号处理分系统指标的测试性需求分析。

1. 故障模式分析应遵循的原则

1）完整原则

故障模式应覆盖分系统的所有功能和性能指标。

2）细化原则

故障模式分析要细化到各个独立功能，且要考虑到在实际应用中各功能在硬件设备上的部署情况。对于多通道系统，若所有通道均集中在一起处理，则故障模式划分只需要细化到副瓣对消、脉冲压缩、MTI滤波器等独立功能模块就可以了；若采用分布式处理，不同通道的处理由不同的硬件设备完成，则故障模式还需要进一步细化至单个通道。

3）准确原则

用定量参数表示性能下降类的故障模式，准确的故障模式定义有利于对故障模式影响的准确分析。

4）互不包含原则

同一层级的故障模式之间是平行关系，不能相互包含，不同层级的故障模式不能混淆在一起。

2. 信号处理分系统功能故障模式分析示例

信号处理分系统功能故障模式分析示例见表3-1。

表3-1 信号处理分系统功能故障模式分析示例

序号	故障模式	故障代码
1	副瓣噪声干扰抑制比低于指标值	F03-00-01
2	副瓣匿影有效扇区范围低于指标值	F03-00-02
3	脉冲压缩主副瓣比低于指标值	F03-00-03
4	MTI滤波器凹口深度低于指标值	F03-00-04
5	虚警率高于指标值	F03-00-05
6	杂波图功能失效	F03-00-06
7	点迹处理容量低于指标值	F03-00-07

注：表中的故障代码是为每个故障模式设定的唯一编码，其中F03-00是信号处理分系统的功能故障分类代码，后两位代码是故障模式中的序列号，用十六进制表示；表中的指标值是指技术指标范围的上限值或下限值，表中仅列出部分故障模式。

3.2.2 硬件故障模式

硬件故障模式分析是从硬件维度对信号处理分系统的故障模式进行分析，这种分析方法以模块、插箱、模块之间连接电缆和光缆等作为故障模式分析的对象，涉及信号处理分系统的具体硬件组成。硬件故障模式分析结果是开展分系统故障检测和故障隔离需求分析的依据。

1. 故障模式分析应遵循的原则

1）完整原则

故障模式分析应覆盖所有的外场可更换单元和部件，包括各处理模块、插箱（含

PCB背板）、电缆、风机等。故障模式分析应覆盖被分析对象的所有功能和性能故障。

2）细化原则

故障模式分析要细化到单路通信接口。例如，对于具有多路千兆网络接口的数字电路模块，故障模式分析要细化到千兆网络接口1、千兆网络接口2等。

对于同一路输出的数字信号，要从其不同故障特征分析其故障模式。例如，对于千兆网络接口，需要从互连状态、误码率等特征分析其故障模式。

要避免使用笼统的方式定义故障模式，例如，笼统地用网络接口故障表示模块的所有网络接口故障。

3）准确原则

采用准确的定量方式定义故障模式，避免使用模糊方式定义故障模式。例如，中央处理单元（central processing unit，CPU）温度过高是模糊的定义方式，而CPU温度超过10%指标值是准确的定义方式。

4）互不包含原则

同一层级的故障模式之间是平行关系，不能相互包含，不同层级的故障模式不能混淆在一起。

模块的输入信号是其他模块的输出信号，因此输入信号故障不是模块的故障模式。

2. 硬件故障模式分析示例

信号处理分系统的组成框图（示例）见图3-2，其由处理模块、数据交换模块、接口模块、电源模块、系统管理模块、风机组件等模块组成。处理模块用于数据计算，数据交换模块基于标准数据传输协议完成处理模块间的数据通信，接口模块提供外部数据接口的协议转换、光电信号转换，电源模块用于提供各模块的直流电源，系统管理模块用于分系统各模块BIT信息采集，风机组件用于模块散热。

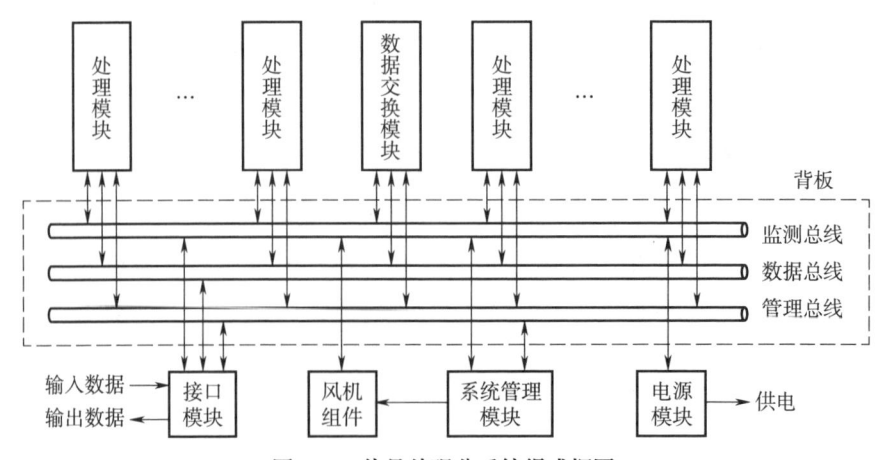

图3-2 信号处理分系统组成框图

各模块的主要故障模式如下：

1）处理模块的故障模式

处理模块由处理器（如 CPU、DSP）、FPGA、存储器、接口电路、电源芯片等电路组成。典型故障模式包括：模块加电失败、CPU 处理功能失效、CPU 程序加载失败、FPGA 程序加载失败、高速通信链路不通、高速通信链路通信误码率高于指标值、千兆网络接口不通、千兆网络接口误码率高于指标值、模块内部通信功能失效、芯片温度高于指标值等。

2）数据交换模块的故障模式

数据交换模块由高速链路交换芯片、网络交换芯片、存储器、电源芯片等电路组成。典型故障模式包括：模块加电失败、高速通信链路枚举失败、高速链路不通、网络不通、芯片温度高于指标值等。

3）接口模块的故障模式

接口模块用于实现光纤接口，主要由光连接器、FPGA、电源芯片等电路组成。典型故障模式包括：模块加电失败、光链路无输出信号、光链路误码率高于指标值、芯片温度高于指标值等。

4）电源模块的故障模式

电源模块典型故障模式包括：无输出电压、输出电压超过正常范围、输出电压纹波高于指标值、模块温度高于指标值、通信接口不通、通信接口误码率高于指标值等。

5）风机组件的故障模式

风机组件为信号处理插箱提供冷却功能，其典型故障模式包括：风机不转、风机转速超过正常范围等。

6）插箱的故障模式

插箱用于各类功能模块之间的信号连接、电源连接，主要由 PCB 背板、电源电缆等组成。典型故障模式包括：模块间通信不通、电源电缆开路等。信号处理分系统硬件故障模式分析示例见表 3-2。

表 3-2　信号处理分系统硬件故障模式分析示例

部件名称	故障模式名称	故障代码
处理模块	模块加电失败	F03-01-01
	CPU 处理功能失效	F03-01-02
	CPU 程序加载失败	F03-01-03
	FPGA 程序加载失败	F03-01-04
	高速通信链路 1 不通	F03-01-05
	高速通信链路 1 通信误码率高于指标值	F03-01-06
	千兆网络接口 1 不通	F03-01-07

续　表

部件名称	故障模式名称	故障代码
处理模块	千兆网络接口 1 误码率高于指标值	F03-01-08
	CPU 芯片温度超过 10% 指标值	F03-01-09
	FPGA 芯片温度超过 10% 指标值	F03-01-0A
数据交换模块	模块加电失败	F03-02-01
	高速通信链路 1 枚举失败	F03-02-02
	高速通信链路 1 不通	F03-02-03
	IPMI 总线不通	F03-02-04
	交换芯片温度超过 10% 指标值	F03-02-05
接口模块	模块加电失败	F03-03-01
	光链路 1 无输出信号	F03-03-02
	光链路 1 误码率高于指标值	F03-03-03
	FPGA 温度超过 10% 指标值	F03-03-04
电源模块	输出 1 路无输出电压	F03-04-01
	输出 1 路电压超过正常范围	F03-04-02
	输出 1 路电压纹波高于指标值	F03-04-03
	模块温度超过 10% 指标值	F03-04-04
	通信接口不通	F03-04-05
	通信接口误码率高于指标值	F03-04-06
风机组件	风扇 1 不转	F03-05-01
	风扇 1 转速超过正常范围	F03-05-02
插箱（含背板）	处理模块 1 和数据交换模块的通信不通	F03-06-01
	电源电缆开路	F03-06-02

注：表中的故障代码是为每个故障模式设定的唯一编码，其中 F03 是信号处理分系统的故障代码，中间两位是模块代码，最后两位代码是故障模式的序列号，所有代码用十六进制表示。表中的指标值是指技术指标范围的上限值或下限值。此表仅为示例，只列出部分故障模式。

分析注意事项：

（1）当处理模块、数据交换模块等有多个高速通信链路时，应逐一列出所有链路的故障模式；

（2）当接口模块有多个光链路时，应逐一列出所有光链路的故障模式；

（3）当风机组件中有多个风扇时，应逐一列出每个风扇的故障模式。

3.3 测试性需求分析

信号处理分系统测试性需求分析的目的是解决测什么的问题，主要任务是根据上一级总体分配的测试性指标、FMEA 报告等，确定用于故障检测和故障隔离的测试需求，包括机内测试项目、内外协同测试项目、外部测试项目、BIT 类型、测试精度要求等，为 BIT 设计、内外协同测试设计、外部测试设计等提供设计依据。

信号处理分系统测试性需求分析的输入信息包括信号处理分系统的技术指标、FMEA 报告、总体分配的测试性指标、总体分配的测试项目要求、分系统功能框图、测试设备的重量和尺寸约束及测试成本要求等，需要综合上述各项因素，分析测试项目设置的合理性和必要性。

信号处理分系统测试性需求分析的输出包括：
（1）机内测试项目、测试方式和指标要求；
（2）协同测试需求，包括分系统之间的协同测试需求和内外协同测试要求；
（3）外部测试需求；
（4）状态指示灯的设计需求。

信号处理分系统测试性需求分析内容包括指标测试性需求分析、故障检测和隔离需求分析、机内测试项目需求分析、协同测试项目需求分析和外部测试项目需求分析。

3.3.1 指标测试性需求分析

指标测试是指对分系统的功能和性能指标进行测试，测试方式包括机内测试、内外协同测试和外部测试。内外协同测试是将机内测试资源和外部测试资源融为一体的自动测试技术，通过内外两种测试资源的协同配合，完成分系统指标测试。

指标测试性需求分析的目的是确定分系统的功能和性能指标的测试项目、测试方式和测试精度要求等。

指标测试性需求分析的内容包括：机内测试需求分析、内外协同测试性需求分析、外部测试性需求分析和技术指标的测试要求。指标测试性需求分析的输出是分系统各项技术指标的测试方式和指标测试要求。

1. 需求分析方法

主要从以下几方面开展指标测试性需求分析。

1) 机内测试需求分析

部分用户在研制要求中明确提出分系统的技术指标测试要求，这些指标应选择为机内测试项目。系统总体根据系统的测试性需求提出的分系统指标测试需求，这些指标应选择为机内测试项目，如信号处理分系统的副瓣对消干扰抑制比、脉冲压缩主副瓣比、MTI 滤波器凹口深度等指标。

对于配置有数字模拟器的雷达系统，信号处理分系统可将数字模拟器作为机内测试源，按照指标测试方案的要求向数字模拟器提出完成相关指标测试的信号模拟要求，由数字模拟器配合完成测试。

2）机内测试方式选择

指标机内测试时间较长，一般在启动 BIT 方式下完成。为避免开机启动时间过长，指标测试一般不采用加电 BIT 方式。

3）内外协同测试性需求分析

内外协同测试适用于需要内外测试资源协同完成的测试项目。对于不能采用机内测试的测试项目，应优先选择内外协同测试方式。

信号处理分系统的部分指标测试（如副瓣匿影有效扇区、虚警率等）需要用到可产生时变信号的外置模拟器等测试资源，在对重量和体积有严格要求的雷达中一般不具备将其内置到雷达系统中的条件，必须选择外配方式。因此，在对这些指标进行测试时需要考虑采用内外协同测试方式。

4）外部测试性需求分析

外部测试用于机内测试或内外协同测试未覆盖的测试项目，以及对测试精度有更高要求的指标测试。与内外协同测试方法不同，外部测试具有独立的指标测试能力，外部测试资源与机内测试资源之间无紧密的耦合关系。信号处理分系统的接口性能测试中需要用到光功率计，且不需要与其他机内测试资源配合使用，因此一般作为外部测试。

5）指标测试要求分析

指标测试要求包括指标的测试范围和测试精度。针对每项测试项目，分析机内测试、内外协同测试和外部测试的不同指标测试要求，为测试方案的详细设计提供依据。

6）重量和尺寸约束分析

主要分析用于机内测试的测试设备是否满足系统对分系统的重量和尺寸约束要求。机内测试资源不能满足重量约束和尺寸约束时不能选择为机内测试项目。

7）分析测试成本约束

根据机内测试配置的硬件和软件资源，评估测试成本，测试成本应满足分系统的成本约束要求。

2. 需求分析示例

以地面雷达信号处理分系统为例进行指标测试性需求分析，分析结果如下。

1）机内测试需求分析

副瓣噪声干扰抑制比、脉冲压缩主副瓣比、MTI 滤波器凹深度等指标是总体指定的测试项目，因此应选择为机内测试项目。

2）机内测试方式选择

指标机内测试在启动 BIT 方式下完成。

3）内外协同测试性需求分析

副瓣匿影有效扇区范围、虚警率、点迹处理容量等指标的测试需要使用外置数字模拟器，采用内外协同的测试方式。

4）外部测试性需求分析

需要外部测试的项目：光链路无输出信号，使用光功率计进行测试。

5）指标测试要求分析

根据雷达信号处理的指标要求，确定测试项目的测试范围和测试精度。

6）重量和尺寸约束分析

机内测试信号源由数字模拟器产生，未采用通用测试仪器，数字模拟器体积满足系统的重量和尺寸约束要求。测试数据采集和分析由信号处理分系统内部资源完成。

7）测试成本约束分析

根据机内测试配置的硬件和软件资源清单，评估测试成本，测试成本应满足分系统的成本约束要求。

信号处理分系统指标测试性需求分析示例见表 3-3。

表 3-3 信号处理分系统指标测试性需求分析示例

序号	测试项目	测试项目代码	加电 BIT	周期 BIT	启动 BIT	内外协同测试	外部测试	指标要求
1	副瓣噪声干扰抑制比	T03-00-01	—	—	○	—	—	
2	脉冲压缩主副瓣比	T03-00-02	—	—	○	—	—	
3	MTI 滤波器凹口深度	T03-00-03	—	—	○	—	—	
4	副瓣匿影有效扇区范围	T03-00-04	—	—	—	○	—	
5	虚警率	T03-00-05	—	—	—	○	—	
6	点迹处理容量	T03-00-06	—	—	—	○	—	

表 3-3 的说明如下：

（1）测试项目代码是为每个测试项目设定的唯一编码，其中 T03 是信号处理分系统的测试代码，第一个字母 T 表示测试，分系统代码用两位十进制数字表示，中间"00"表示该项测试是分系统的指标测试项目，最后两位是指标测试项目的序列号；

（2）"—"表示不可测，"○"表示可测；

（3）指标要求根据实际技术指标要求填写；

（4）表中仅列出了部分指标项目。

3.3.2 故障检测和隔离需求分析

本节介绍信号处理分系统硬件故障的检测和隔离需求分析方法，功能类故障可以通过指标测试进行故障检测和隔离。

硬件故障的检测和隔离需求分析依据信号处理分系统硬件 FMECA 报告，对所有故障开展故障检测和隔离需求分析，以确定每个故障的检测方式和故障隔离模糊组大小。通过故障检测和隔离需求分析，把分系统的测试性定量指标要求（故障检测率和故障隔离率）分配到每个故障。

在完成故障检测和隔离要求分配后，通过对分析表格中的数据进行统计分析可以得到不同检测方式的故障检测率、BIT 的故障检测率、内外协同测试的故障检测率、外部测试的故障检测率及不同模糊组大小的故障隔离率。

将统计分析得到的测试性指标预计值与指标要求值进行对比分析，如果预计值不满足定量指标要求，则需要对故障检测方式和故障隔离模糊组要求进行调整优化，直到满足要求为止。

硬件故障的检测和隔离需求分析输出是每个故障的检测方式要求和故障隔离模糊组要求。

1. 故障检测需求分析方法

故障检测需求分析的目的是把信号处理分系统的故障检测率要求分配到每个故障，针对每个故障合理选择故障检测方式。

硬件故障检测方式包括机内测试（加电 BIT、周期 BIT 和启动 BIT）、内外协同测试、外部测试和状态指示灯等，需要结合故障特点合理选择故障检测方式。故障率高时，应优先采用机内测试方式检测。

1）机内测试

信号处理分系统的 BIT 故障检测率指标要求一般是 95% 以上，因此大部分故障模式都应纳入 BIT 的检测范围。纳入 BIT 检测范围的故障应至少被一种类型 BIT（加电 BIT、周期 BIT 或启动 BIT）检测，同一种故障模式可以采用多种 BIT 检测方式。

加电 BIT 用于分系统加电期间的故障检测，检测的典型故障包括程序加载失败、通信接口不通等。其中，程序加载失败是模块硬件故障导致的 CPU 程序加载失败或 FPGA 程序加载失败。

周期 BIT 用于信号处理分系统正常工作期间的故障检测。检测的典型故障包括光链路无输出信号、芯片温度超过指标值、电源模块输出电压超过正常范围、电源模块温度高于指标值、风机不转、风机转速超过正常范围等。

启动 BIT 适用于大多数故障的检测，包括周期 BIT 可检测的故障。检测的典型故障包括高速通信链路不通、IPMI 总线不通等故障。

2）内外协同测试

内外协同测试用于光链路误码率高、通信接口误码率高于指标值等故障的检测。这些故障的检测通常需要使用高精度的测试仪器，但是部分雷达受机内测试资源的限制，内部不能配置高精度的测试仪器，只能以外部配置仪器的方式使用。这些外部测试资源与机内测试资源融合在一起，具有自动测试能力。

3）外部测试

外部测试用于电压纹波高于指标值等故障的检测。在不具备内外协同测试的条件下，外部测试也可用于光链路误码率高、通信接口误码率高于指标值等故障的检测。

4）状态指示灯

状态指示灯一般用于电源模块无输出、通信接口不通、程序加载失败等故障的检测。当这些故障出现时，状态指示灯通过改变指示灯的显示状态实现故障指示。当通信接口发生故障时，状态信息不能上报，状态指示灯可以用于快速定位故障。处理模块使用指示灯用于 CPU 的工作状态显示，若 CPU 正常工作，则每隔一段时间将指示灯的状态反转，形成指示灯闪烁的现象，停止闪烁表示出现了 CPU 停止工作的故障。

硬件故障检测需求分析采用表格，其格式和填写方法见下述测试性需求分析示例，通过表格数据的统计分析可以验证故障检测率的需求分配是否能满足指标要求。

2. 故障隔离需求分析方法

故障隔离需求分析的目的是把分系统的故障隔离要求分配到每个故障，并针对每个故障的故障隔离难度合理选择故障隔离模糊组的大小，故障隔离模糊组的 LRU 数量一般是 1 个、2 个或 3 个。

在进行故障隔离需求分析之前，需要充分理解信号处理分系统的组成框图、信号流及模块之间的接口关系，并掌握分系统的主要故障隔离方法，不能盲目分配故障隔离模糊组的大小。

故障隔离需求分析方法如下。

1）处理模块的故障隔离模糊组选择

模块加电失效、CPU 程序加载失败、FPGA 程序加载失败、CPU 处理功能失效、芯片温度超过指标要求等故障可以被隔离到单个 LRU 模块。对于高速通信链路不通、千兆网络不通等通信链路故障，由于涉及收发两端的模块，因此此类故障一般可以隔离到 2 个 LRU 模块。

2）交换模块的故障隔离模糊组选择

交换模块负责完成处理模块、接口模块间的数据通信，因此当出现模块间接口数据异常时，故障隔离至 2 个 LRU 模块。IPMI 总线上传输的是状态监测信号，当出现 IPMI 总线不通的故障时，涉及总线的接收端和发送端。因此，故障可隔离至 2 个 LRU 模块。

3）接口模块的故障隔离模糊组选择

接口模块负责完成外部光纤与内部数据间的接口转换，接口故障可以隔离至 1 个 LRU。

4）风机组件的故障隔离模糊组选择

风机组件由多个风扇组合而成，在外场维修时，一般是整体替换。对于具有风速实时监测功能的风机组件，风机组件中每个风扇的速度可以监测，其故障可以隔离到单个风扇。

5）电源模块的故障隔离模糊组选择

电源模块一般具有输出电压、输出电流、温度等参数的 BIT 测量功能，电源模块故障一般可以隔离到 1 个 LRU。

硬件故障隔离需求分析可以用表格，其格式和填写方法见下述测试性需求分析示例，通过表格数据的统计分析可以验证故障隔离率的需求分配是否满足指标要求。

3. 测试性需求分析示例

信号处理分系统由处理模块、数据交换模块、接口模块、电源模块、风机组件等组成，BIT 定量指标要求如下。

故障检测率：≥95%；

故障隔离率 $\begin{cases} \geq 85\%（隔离到 1 个 LRU）； \\ \geq 98\%（隔离到 3 个 LRU）。\end{cases}$

测试性需求分析步骤如下。

（1）故障检测需求分析：按照前述方法开展故障检测需求分析，针对每个故障，选择故障检测方式，首先选择机内测试、内外协同测试或外部测试，对于机内测试，进一步确定 BIT 类型。

（2）故障隔离需求分析：按照前述方法开展故障隔离需求分析，针对每个故障的特点，合理选择故障隔离模糊组大小。

（3）评估故障检测率：汇总不同检测方式的可检测故障率，用可检测故障率除以总故障率可得到故障检测率。

（4）评估故障隔离率：汇总不同模糊组的可隔离故障率，用可隔离的故障率除以可检测故障率总和得到故障隔离率。

（5）如果故障检测率和故障隔离率的评估结果不满足分系统的测试性指标要求，则需要重新调整故障检测和故障隔离需求的分配方案。

信号处理分系统硬件故障检测和隔离需求分析示例见表 3-4。

第3章 信号处理分系统测试性设计

表3-4 信号处理分系统硬件故障检测和隔离需求分析示例

(故障率单位:10^{-6}/h)

部件名称	故障模式	故障代码	部件故障率	故障模式频数比	故障模式故障率	故障检测需求 加电BIT	周期BIT	启动BIT	内外协同测试	外部测试	状态指示灯	BIT故障隔离需求 隔离到1个LRU	隔离到2个LRU	隔离到3个LRU
处理模块	模块加电失败	F03-01-01	10	0.1	1	1	1	0	0	0	1	1	0	0
	CPU程序加载失败	F03-01-03		0.05	0.5	0.5	0	0	0	0	0.5	0.5	0	0
	FPGA程序加载失败	F03-01-04		0.05	0.5	0.5	0	0	0	0	0.5	0.5	0	0
	CPU处理功能失效	F03-01-02		0.5	5	0	5	5	0	0	0	5	0	0
	高速通信链路1不通	F03-01-05		0.08	0.8	0.8	0.8	0.8	0	0	0	0	0.8	0
	高速通信链路1通信误码率高于指标值	F03-01-06		0.02	0.2	0	0	0	0.2	0	0	0	0	0
	千兆网络接口1不通	F03-01-07		0.05	0.5	0.5	0.5	0.5	0	0	0	0.5	0.5	0
	千兆网络接口1误码率高于指标值	F03-01-08		0.05	0.5	0	0	0	0.5	0	0	0	0	0
	CPU芯片温度超过10%指标值	F03-01-09		0.05	0.5	0.5	0.5	0.5	0	0	0	0.5	0	0
	FPGA芯片温度超过10%指标值	F03-01-0A		0.05	0.5	0.5	0.5	0.5	0	0	0	0.5	0	0
数据交换模块	模块加电失败	F03-02-01	10	0.2	2	2	2	0	0	0	2	2	0	0
	高速通信链路1校验失败	F03-02-02		0.2	2	2	2	2	0	0	0	2	0	0
	高速通信链路1不通	F03-02-03		0.2	2	2	2	2	0	0	0	0	2	0
	IPMI总线不通	F03-02-04		0.2	2	2	2	2	0	0	0	2	2	0
	交换芯片温度超过10%指标值	F03-02-05		0.2	2	2	2	2	0	0	0	2	0	0

续 表

部件名称	故障模式	故障代码	部件故障率	故障模式频数比	故障模式故障率	故障检测需求 加电BIT	周期BIT	启动BIT	内外协同测试	外部测试	状态指示灯	BIT 故障隔离需求 隔离到1个LRU	隔离到2个LRU	隔离到3个LRU
接口模块	模块加电失败	F03-03-01	4	0.25	1	1	1	0	0	0	1	1	0	0
	光链路1无输出信号	F03-03-02		0.5	2	2	2	2	0	0	0	2	0	0
	光链路1误码率高于指标值	F03-03-03		0.1	0.4	0	0	0	0.4	0	0	0	0	0
	FPGA温度超过10%指标值	F03-03-04		0.15	0.6	0.6	0.6	0.6	0	0	0	0.6	0	0
电源模块	输出1路无输出电压	F03-04-01	20	0.45	9	9	9	9	0	0	9	9	0	0
	输出1路电压超过正常范围	F03-04-02		0.2	4	4	4	4	0	0	0	4	0	0
	输出1路电压纹波高于指标值	F03-04-03		0.04	0.8	0	0	0	0	0.8	0	0	0	0
	模块温度超过10%指标值	F03-04-04		0.2	4	4	4	4	0	0	0	4	0	0
	通信接口不通	F03-04-05		0.1	2	2	2	2	0	0	0	2	0	0
	通信接口误码率高于指标值	F03-04-06		0.01	0.2	0	0	0	0.2	0	0	0	0	0
风机组件	风扇1不转	F03-05-01	2	0.5	1	1	1	1	0	0	0	1	0	0
	风扇1转速超过正常范围	F03-05-02		0.5	1	1	1	1	0	0	0	1	0	0
插箱（含背板）	模块间通信不通	F03-06-01	2	0.5	1	1	1	1	0	0	0	0	0	1
	电源电缆开路	F03-06-02		0.5	1	1	1	1	0	0	0	0	0	1
故障率汇总			48		48	40.9	44.9	40.9	1.1	1	14	38.6	5.3	2
故障检测率和故障隔离率评估/%						85.2	93.5	85.2	2.3	2.1	29.2	80.4	11	4.2

注：表中的故障率不是产品的真实故障率，仅用于示例说明。

表 3-4 中各栏填写要求如下。

（1）部件名称：填写分系统的电路模块、插箱、电缆、风机模块等部件名称。

（2）故障模式：填写各部件对应的故障模式。

（3）故障代码：填写故障模式对应的代码，该代码已在故障模式分析时定义。

（4）部件故障率：填写部件故障率。

（5）故障模式频数比：单个故障的故障率与部件的故障率之比。

（6）故障模式故障率：单个故障模式的频数比与部件的故障率之积。

（7）故障检测需求：包括加电 BIT、周期 BIT、启动 BIT、内外协同测试、外部测试和状态指示灯等故障检测方式，将不同测试方式可检测故障的故障率填写到对应的列中；对于不能检测的故障，在对应的栏目填写"0"。

（8）BIT 故障隔离需求：填写不同模糊组的 BIT 可检测故障的故障率，只能选择其中一列填写故障率，其他两列填写"0"。

（9）表中的故障率单位为 $10^{-6}/h$。

（10）故障率汇总：填写部件的总故障率、不同检测方式下可检测故障的总故障率、不同模糊组的可隔离故障的总故障率。

（11）故障检测率和故障隔离率的评估：填写不同检测方式的故障检测率和不同模糊组的故障隔离率。

故障检测率为三种类型 BIT（加电 BIT、周期 BIT 和启动 BIT）可检测故障的故障率与总故障率之比。基于表 3-4 的故障率分配，故障检测率为 95.6%。故障隔离率为 85.2%（隔离到 1 个 LRU）、91.3%（隔离到 2 个 LRU）、100%（隔离到 3 个 LRU），故障检测率和故障隔离率的分配结果满足分系统的测试性指标要求。

3.3.3 机内测试项目需求分析

机内测试项目需求分析的目的是针对为每一个硬件故障分配的 BIT 检测和隔离需求，确定用于故障检测和隔离的 BIT 项目，为机内测试设计提供依据。

测试项目需求分析依赖的输入信息是故障检测和隔离需求分析的输出、分系统指标测试项目和系统测试项目、分系统的组成框图和接口关系。测试项目需求分析的输出是机内测试项目清单。

1. 故障检测的机内测试项目需求分析方法

信号处理分系统故障的机内检测方法包括信号处理分系统功能及指标机内测试和信号处理分系统所用模块功能的机内测试，其中信号处理分系统指标机内测试是检测分系统故障的主要方法。

故障检测的机内测试项目需求分析的步骤如下。

（1）分析可以被信号处理分系统指标 BIT 项目检测的故障。信号处理分系统指标 BIT 项目是通过指标需求分析确定的 BIT 项目。分析方法是针对每一项指标 BIT 项目，分析其可检测的硬件故障。

（2）分析可以被雷达系统 BIT 项目检测的故障。雷达系统机内测试项目是系统测试性设计确定的测试项目，由系统总体负责设计。分析方法是针对每一项系统 BIT 项目，分析其可检测的硬件故障。对系统 BIT 项目有故障传播影响的分系统故障都可以被该系统测试项目检测。

（3）分析可以被模块 BIT 项目检测的故障。模块 BIT 项目是模块测试性设计确定的测试项目，分析方法是针对每一个模块 BIT 项目，分析其可检测的硬件故障。

（4）分析不能被已有的机内测试项目检测的故障。针对所有已分配了 BIT 检测需求的故障，找出不能被上述三类测试项目检测的故障。然后，针对这些不能检测的故障，增加分系统的 BIT 项目，包括指标 BIT 项目和模块 BIT 项目。对于不合理的 BIT 检测需求分配，则要重新调整 BIT 检测需求分配。

故障检测的机内测试项目需求分析示例见表 3-5，表 3-5 中的故障来自表 3-4。

表 3-5 故障检测机内测试项目需求分析示例

序号	测试项目	测试项目代码	加电 BIT	周期 BIT	启动 BIT	故障名称	故障代码
1	分系统指标 BIT 项目						
1.1	副瓣噪声干扰抑制比	T03-00-01	—	—	○	模块加电失败	F03-01-01
						CPU 程序加载失败	F03-01-03
						FPGA 程序加载失败	F03-01-04
						高速通信链路不通	F03-01-05
…	…	…	…	…	…	…	…
2	系统 BIT 项目						
…	…	…	…	…	…	…	…
3	模块 BIT 项目						
3.1	电源模块输出 1 路输出电压	T03-04-01	○	○	○	无输出电压	F03-04-01
						输出 1 路电压超过正常范围	F03-04-02

续　表

序号	测试项目	测试项目代码	BIT 类型			可检测的故障	
			加电BIT	周期BIT	启动BIT	故障名称	故障代码
3.2	电源模块温度	T03-04-02	○	○	○	模块温度超过10%指标值	F03-04-04
…	…	…	…	…	…	…	…
4	新增 BIT 项目						
…	…	…	…	…	…	…	…

注："—"表示不可测；"○"表示可测。

2. 故障隔离的机内测试项目需求分析方法

增加机内测试项目可以消除或降低故障隔离模糊，但是，测试项目的增加受到机内测试资源的限制。故障隔离的测试项目需求分析的目标是使用最少的测试资源达到 BIT 故障隔离的模糊组要求。通过人工分析，可以形成故障隔离用的机内测试项目清单。在人工分析的基础上，通过测试性建模分析可实现测试项目优化设计。

信号处理分系统故障隔离的机内测试项目需求分析的步骤如下。

（1）分析通信接口的测试项目需求。信号处理机中使用的通信链路有多种，一般分为高速数据通信链路和常规监测网络链路。前者主要以高速通信、万兆网络、PCIe 等链路为代表，负责完成板内、板间数据通信，一般由接口芯片、交换芯片等组成；后者以千兆网络、I^2C 总线等为主，主要完成信号处理分系统内部各硬件单元间控制信息和监测信息的传输。

高速数据传输链路性能的测试需要在实验室环境中借助专用测试设备才能完成测试，一般只在模块设计调试阶段才会实施。在模块应用到信号处理系统中后，主要是依靠接口芯片、交换芯片的端口状态进行链路通断的判断，通过模块的 BIT 上报通路将链路状态上报至信号处理系统的监控设备。此外，还可以设计一些专用的链路测试软件，在非工作状态下进行点对点测试。另外，在应用传输协议的数据链路中，可以通过协议规定的链路状态在接口软件中给出通信超时、中断等状态提示。

光纤传输大多采用自定义的接口协议，通过专用的接口软件提供数据接收与发送功能。因此，在进行光链路测试时，可以依靠光连接器自身的收/发端口，采用自闭环或交叉闭环的方式进行链路通断状态的测试。

（2）分析风机组件的测试项目需求。风机组件中每个风扇均具有转速的实时监测能力，其测试项目是每个风扇的速度。

基于以上分析，形成用于故障隔离的信号处理分系统机内测试项目清单。故障隔离机内测试项目需求分析示例见表 3-6。

表 3-6 故障隔离机内测试项目需求分析示例

序号	测试项目	测试项目代码	加电BIT	周期BIT	启动BIT	故障名称	故障代码
1	处理模块1和交换模块1之间的高速通信链路测试	T03-06-01	○	○	○	高速通信链路1不通	F03-01-05
						高速通信链路1不通	F03-02-03
						处理模块1和数据交换模块的通信不通	F03-06-01
…	…	…	…	…	…	…	…

表头"BIT 类型"覆盖加电BIT、周期BIT、启动BIT；"可隔离的故障"覆盖故障名称、故障代码。

3.3.4 协同测试项目需求分析

协同测试包含两种类型，即分系统协同测试和内外协同测试。其中，分系统协同测试是指通过分系统的相互配合共同完成机内测试项目，可用于分系统的指标测试和分系统之间的接口功能测试。

1. 分系统协同测试性需求分析

信号处理分系统需要配合阵面、发射机、接收机等完成相关的测试项目。在模拟相控阵雷达中，配合阵面分系统完成阵面接收通道间的幅度和相位一致性测试，配合发射机完成前级输出采样信号的功率测试和发射末级输出采样信号的功率测试等。在分系统协同测试中，信号处理分系统的功能是接收 A/D 采样输出的数字测试信号，并将测试数据送至测试和健康管理分系统。

2. 内外协同测试性需求分析

内外协同测试适用于需要内外测试资源协同完成的测试项目。

在雷达系统没有内置模拟器的情况下，信号处理分系统使用外置数字模拟器作为外部测试源，对需要输入时变测试信号的指标测试项进行测试。适合采用该种测试方式的指标测试项有副瓣匿影有效扇区范围、虚警率、点迹处理容量等，见表 3-7。

表 3-7 内外协同测试项目需求分析示例

序号	测试项目	测试项目代码	指标要求
1	副瓣匿影有效扇区范围	T03-00-04	主瓣宽度 ±10° 以外
2	虚警率	T03-00-05	10^{-6}
3	点迹处理容量	T03-00-06	1 000/10 s

3.3.5 外部测试项目需求分析

外部测试需求包括指标测试的外部测试需求，以及故障检测和隔离的外部测试需求。

外部测试用于机内测试或内外协同测试未覆盖的测试项目及对测试精度有更高要求的指标测试。与内外协同测试方法不同，外部测试具有独立的指标测试能力，外部测试资源与机内测试资源之间无紧密的耦合关系。

信号处理分系统接口模块光连接器的测试需要外接光功率计、误码测试仪等仪表进行性能测试，是典型的外部测试项目应用。外部测试项目需求分析示例见表3-8。

表3-8 外部测试项目需求分析示例

序号	测试项目	测试项目代码	指标要求
1	接口模块光链路1输出信号	T03-03-02	不小于 −5 dBm
2	接口模块光链路1误码率	T03-03-03	不大于 10^{-2}，码型 PRBS：2^7-1

3.4 测试性设计准则

信号处理分系统的测试性设计应遵循测试性设计准则。

1. 指标机内测试设计准则

设计准则如下：

（1）应根据指标测试性需求分析确定指标机内测试项目；

（2）指标机内测试一般采用启动BIT方式；

（3）用于指标测试的输入信号一般由数字模拟器产生；

（4）在分系统的机内测试方案中应明确数字模拟器的技术指标要求；

（5）测试输入信号需要在测试指令的控制下自动切换到分系统的输入端口；

（6）输出测试数据应能自动采集，从不同模块采集的输出测试数据送至测试和健康管理分系统集中进行指标的计算和分析。

2. 故障隔离的机内测试设计准则

设计准则如下：

（1）应根据故障隔离需求分析确定用于故障隔离的机内测试项目；

（2）在指标机内测试的状态下，根据测试需求，自动采集数字模块输出接口的原始数据；

（3）在分系统工作状态下，应根据周期BIT的测试需求，自动采集反映数字模块输出接口工作状态的数据特征参数；

（4）利用数字电路模块的光收发组件的接收通道采集其他数字模块的光收发组件的发射通道输出的光信号；

（5）从各模块采集的工作状态数据送至测试和健康管理分系统，用于故障诊断。

3．协同机内测试设计准则

设计准则如下：

（1）在分系统功能测试中，利用后一级分系统采集前一级分系统的输出信号；

（2）在机械扫描雷达或模拟相控阵雷达中，利用信号处理分系统采集接收分系统的输出数据；

（3）在数字相控阵雷达中，利用信号处理分系统采集 DBF 分系统的输出数据；

（4）与其他分系统协同，完成雷达的系统功能测试。

4．测试点设计准则

设计准则如下：

（1）应针对每个 BIT 项目开展输出信号的测试点位置设计，以确定被测试信号或测试数据的采样点物理位置；

（2）测试点的设置不应影响分系统的正常工作；

（3）提供系统边界扫描测试接口，利用该接口可以连接分系统中各模块的边界扫描测试接口。

5．观测点设计准则

设计准则如下：

（1）观测点设计应满足故障检测和故障隔离对状态指示灯的需求；

（2）电路模块应设置电源指示灯；

（3）需要软件加载的模块一般应设置软件加载状态指示灯；

（4）应设置重要数据接口状态的指示灯；

（5）指示灯的状态指示方式应符合设计规范。

6．内外协同测试设计准则

设计准则如下：

（1）需要机内测试资源和外部测试资源协同完成的测试项目应进行内外协同测试设计，并具有自动测试功能；

（2）机内测试软件应提供外部测试资源的接口驱动程序和应用软件；

（3）内外协同的测试功能设计应包括外部测试资源的硬件接口设计。

7．外部测试设计准则

设计准则如下：

（1）应根据测试性需求分析确定外部测试项目；

（2）外部测试资源的指标应满足外部测试项目的功能、性能和测试精度要求；

（3）分系统应开展外部测试接口设计，为连接外部测试资源提供适当的测试接口；

（4）应根据外部测试需求，开展测试电缆、测试光缆或其他必需的连接附件的设计。

8．BIT信息采集设计准则

（1）分系统BIT采集到的状态信息应上报给测试和健康管理分系统集中处理；

（2）通过标准总线和通信接口采集硬件状态和软件状态信息。

9．软件测试性设计准则

（1）应对软件启动和软件运行期间的工作状态进行监测；

（2）软件状态监测应能检测初始化故障、进程死机、线程死机、软件异常终止等。

3.5 指标 BIT 设计

指标机内测试设计的输入要求来自指标测试性需求分析，应根据每项指标的机内测试需求开展机内测试设计。

3.5.1 测试原理

信号处理分系统的指标机内测试原理如图3-3所示。

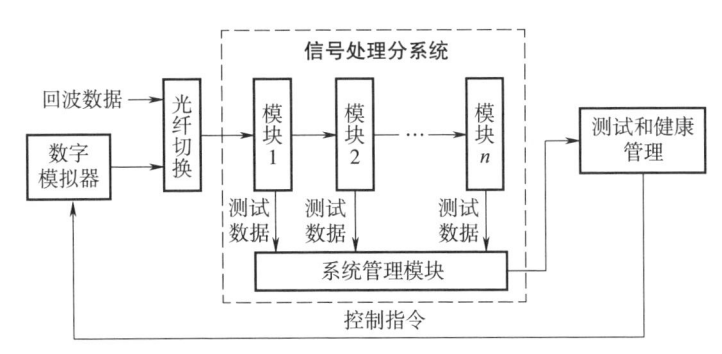

图3-3 信号处理分系统指标机内测试原理框图

指标机内测试采用启动BIT方式。当需要进行指标机内测试时，信号处理分系统的输入端口切换到数字模拟器的输出，数字模拟器根据测试控制指令输出所需要的测试信号。系统管理模块负责采集来自各模块的测试数据，汇总后上报给测试和健康管理处理。

3.5.2 副瓣噪声干扰抑制比指标测试

副瓣噪声干扰是指由雷达主天线副瓣进入的噪声压制干扰。为抑制这种干扰，在主天线附近设计若干个辅助天线，通过副瓣对消算法，利用辅助天线接收到的数据计算出干扰信号对消权值，从主通道信号中将干扰信号对消掉。

副瓣噪声干扰抑制比指标测试步骤如下：

（1）数字模拟器接收控制指令，获取雷达的方位、仰角、定时等信息；

（2）根据测试需求设置噪声干扰源的数量、方位角度、俯仰角度、干扰强度等参数，数据通道的类型和数量的设置应与被测试对象匹配；

（3）将副瓣对消处理前后的数据发送至系统管理模块；

（4）测试和健康管理分系统按照式（3-2）计算副瓣噪声干扰对消抑制比。

$$S_{jnr} = 10 \lg \left(\frac{JN_1}{JN_2} \right) \quad （3-2）$$

式中，S_{jnr} 为干扰抑制比；JN_1 为副瓣对消前的干扰功率；JN_2 为副瓣对消后的干扰功率。

3.5.3 脉冲压缩主副瓣比指标测试

脉冲压缩功能对接收到的宽脉冲信号进行匹配滤波处理，得到压缩后的窄脉冲，解决雷达作用距离与距离分辨率间的矛盾。衡量脉冲压缩性能的主要指标为脉冲压缩主副瓣比。脉冲压缩输出波形如图 3-4 所示。

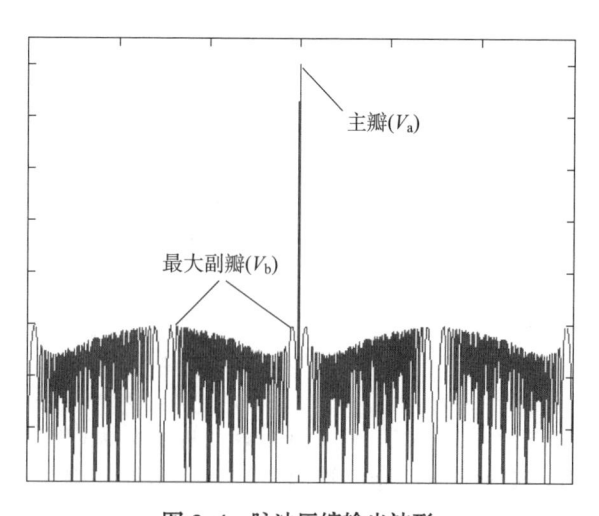

图 3-4 脉冲压缩输出波形

脉冲压缩主副瓣比指标测试步骤如下。
（1）控制数字模拟器产生符合测试要求的模拟信号。
（2）将脉压处理后的测试数据发送至系统管理模块。
（3）系统管理模块把测试数据发送至测试和健康管理分系统。
（4）测试和健康管理分系统按照式（3-3）完成脉冲压缩主副瓣比的计算：

$$G_p = 20 \lg \left(\frac{V_a}{V_b} \right) \quad (3-3)$$

式中，G_p 为脉冲压缩主副瓣比；V_a 为脉冲压缩后的主瓣峰值电平；V_b 为脉冲压缩后的最大副瓣电平。

3.5.4 MTI 滤波器凹口深度指标测试

MTI 滤波器通过凹口中心位置在零频率点附近的带阻滤波器抑制地杂波、慢动气象杂波等多普勒速度为零或较小的杂波。衡量 MTI 滤波器性能的指标有滤波器凹口深度、滤波器凹口宽度等。

典型 MTI 滤波器的幅频响应特性曲线如图 3-5 所示。

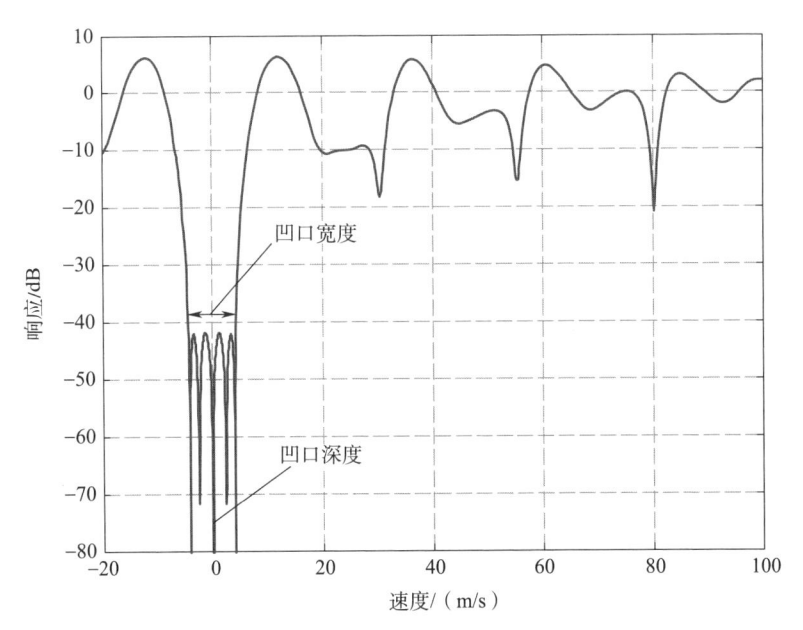

图 3-5　MTI 滤波器的幅频响应特性曲线

测试步骤如下：
（1）控制数字模拟器产生符合测试要求的扫频信号；
（2）将 MTI 处理后的测试数据发送至系统管理模块；

（3）系统管理模块把测试数据发送至测试和健康管理分系统；

（4）测试和健康管理分系统按照 MTI 滤波器的凹口深度指标定义计算凹口深度。

3.6 故障隔离的 BIT 设计

故障隔离机内测试设计的输入要求来自机内测试项目需求分析，应根据机内测试需求开展故障隔离的机内测试设计。

3.6.1 处理模块的故障隔离 BIT 设计

处理模块的故障隔离主要依靠模块内部的板级管理控制器（BMC）芯片实现。

在处理模块加电时，BMC 芯片先完成加电操作，若系统管理模块未收到处理模块的状态信息，则判定该模块加电失败。

在 BMC 芯片完成加电后，开始监测并收集模块上其他芯片的状态信息，包括 CPU 启动状态、驱动程序加载状态、内存测试状态、外设加载状态、应用程序加载状态等信息，通过这些信息可以判定处理模块的 CPU 程序加载是否正常。

BMC 芯片可以采集到的信息还包括 FPGA 芯片加载应用程序的状态信息，CPU、FPGA 等芯片的温度信息，DC-DC 电源转换芯片输出的电压等，通过这些信息可以判定模块的 FPGA 程序加载是否正常、CPU 及 FPGA 芯片的温度是否正常等。

BMC 芯片可以获取内存占用率、应用软件周期响应等信息，该信息用于判定模块 CPU 处理功能是否正常。

利用加电 BIT 和周期 BIT 可以检测高速通信接口是否正常，判定通信接口状态是否正常。

3.6.2 风机组件故障隔离 BIT 设计

风机组件包含多个风扇，每个风扇均有转速指示信号输出。风扇的转速取决于设备温度，温度越高，转速越快。

受限于风机组件的体积和设计复杂度的限制，各风扇的转速控制不在风机组件中实现，而是将各风扇的转速指示信号输出至系统管理模块，该模块收集风机组件送来的风扇转速数据，当温度与转速不匹配时，通过适当增加或减少转速来使温度和噪声达到平衡。

转速可控的风扇对外接口连线一般是 4 根：1 根电源线、1 根地线、1 根转速上报线和 1 根转速控制线。

转速上报线是风扇输出至监测模块的信号线，其信号形式为周期/占空比不同的脉冲串，转速越快，周期越短，占空比越高。监测模块通过监测该信号的周期和占空比计算风扇转速数据。

转速控制线是风扇接收来自监测模块的控制信号线，其信号形式与转速上报信号相似，通过控制该信号的周期及占空比达到调整风扇转速的目的。

风机组件外观示意图如图 3-6 所示。

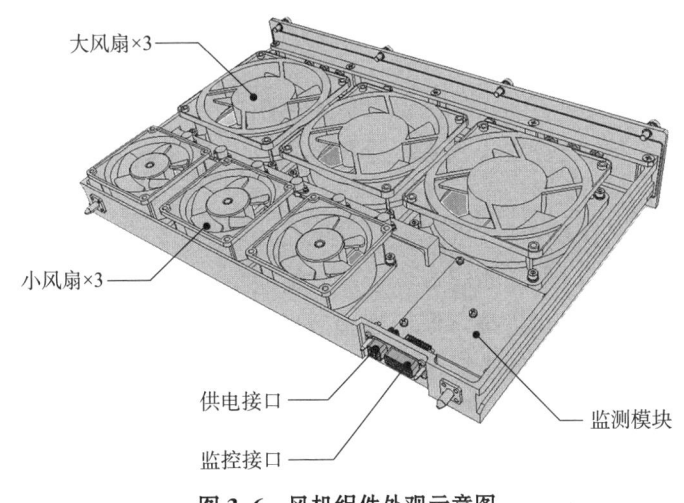

图 3-6　风机组件外观示意图

3.7　分系统协同 BIT 设计

分系统协同机内测试设计的输入要求来自分系统协同测试性需求分析。设计示例参考第 2 章的接收机分系统和信号处理分系统的协同测试（2.8.2 节）。

3.8　测试点和观测点设计

3.8.1　测试点设计

测试点设计的目的是为机内测试、协同测试和外部测试等测试项目确定测试信号注入位置、输出信号采样点位置和测试点接口连接方式。对于采集数据的测试点，测试点设计内容包括测试点的数据采集方法、测试数据存储方法、测试数据传输接口协议等。

需要针对每个测试项目开展测试点设计，各测试项目可以共享测试点，测试点设计应遵守测试点设计准则。

1. 典型测试点设计方法

指标机内测试、协同测试和外部测试的测试点设计方法如下。

1）指标机内测试的测试点

信号处理分系统的指标测试信号注入点设置在信号处理分系统的输入端口，即接口模块的输入接口。信号处理分系统的数据输入一般采用光纤传输，因此需要通过光纤通道切换实现数字模拟器输出的测试信号与雷达回波数据之间的切换。

信号处理分系统的不同指标测试对应的输出信号分布在不同处理模块上。这些输出信号通过交换模块输出到系统管理模块，由系统管理模块把测试数据送至测试和健康管理分系统进行指标计算分析。

2）协同测试的测试点

在分系统协同测试中，测试点位于接口模块的输入端口。从接收机等其他分系统采集到的输出数据经过接口模块处理后送至系统管理模块，通过系统管理模块把测试数据送至测试和健康管理分系统进行指标计算分析。

在内外协同测试中，数字模拟器输出的测试信号从接口模块的专用测试输入端口注入。输出信号的采集与指标机内测试相同。

3）外部测试的测试点

外部测试的测试点可以是专用测试点，也可以是共用测试点。当使用共用测试点时，需要把被测信号的测试点连接电缆或光缆断开，然后通过测试电缆或光缆连接到外部测试设备上。

对于监测数据用的外部测试点，一般提供 RJ45 网络连接器。若被测试数据是非网络传输协议格式，则要进行数据传输协议转换。若被测试数据是高速数据，则需要对被测数据进行抽样，例如，抽取特定脉冲或距离段的数据，以达到减少数据量和降低数据率的目的。

2. 测试数据存储

在设计信号处理的机内测试软件时，需要开辟一块独立的数据区用于临时存放抽取后的测试数据，该区域可以重复利用。在前一批测试数据完成采集后自动清空，为下一批测试数据提供存储空间。

3. 信号处理分系统处理功能的直通控制

信号处理的处理功能是串联完成的。为了使用同一个输出端口把不同处理节点的数据送至测试和健康管理分系统进行指标计算，需要对处理流程中的节点进行直通控制。当设置处理节点为直通后，则该节点对输入数据不作任何处理，直接把输入数据传到输出。

信号处理分系统的处理模块均应有直通功能，控制指令中应有相应的直通控制位。例如，当进行脉冲压缩性能指标测试时，控制指令应将脉冲压缩功能模块之前的副瓣对消、窄脉冲剔除等功能置为直通，使得数字模拟器产生的线性调频测试信号在进入脉冲压缩功能模块前没有发生改变。脉冲压缩后的数据存放在测试数据区，脉冲压缩后的处理功能可以保持正常处理。

3.8.2　观测点设计

观测点设计的输入要求主要来自故障检测和故障隔离需求分析的状态指示灯需求。

状态指示灯一般用于电源模块无输出、通信接口不通、程序加载失败等故障的检测。在信号处理分系统中主要是通过发光二极管指示模块的工作状态和软件运行状态，观测点的位置一般设置在模块面板上。

信号处理分系统常用观测点及用途如表 3-9 所示。

表 3-9　信号处理分系统常用观测点及用途

序号	LRU 名称	观测点	用途
1	处理模块	电源指示灯	指示模块加电状态
		BMC 状态指示灯	指示模块 BMC 测试是否通过
		CPU 状态指示灯	指示 CPU 加载是否成功
		软件运行状态指示灯	指示软件运行心跳状态
2	数据交换模块	电源指示灯	指示模块加电状态
		交换芯片加载状态指示灯	指示交换芯片链路扫描成功与否
		故障状态指示灯	指示 BMC 测试是否发生故障
3	接口模块	电源指示灯	指示模块加电状态
		工作状态指示灯	指示模块 FPGA、光连接器状态
		故障状态指示灯	指示模块 BIT 电路是否发生故障
4	电源模块	输出状态指示灯	指示电源模块输出是否正常
		故障状态指示灯	指示电源模块 BIT 电路是否发生故障
5	风机组件	状态指示灯	指示风机是否转动

3.9　内外协同测试设计

内外协同测试需求来自分系统的指标测试性需求分析。信号处理分系统的内外协同测试主要解决机内测试不能覆盖的故障模式的检测和隔离。在进行内外协同测试时，使用外置的数字模拟器作为测试源。

雷达控制器接收系统控制指令后转换为数字模拟器的控制指令，以控制数字模拟器。

数字模拟器接收测试和健康管理分系统发出的测试控制指令，同时接收雷达控制器输出的指令（波束指向、波形参数等信息），产生包含模拟目标、干扰和噪声的测试场景数据。

信号处理分系统的内外协同测试原理如图 3-7 所示。

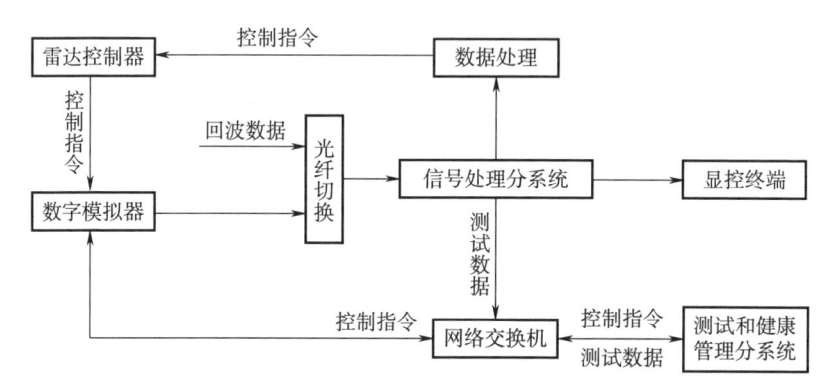

图 3-7 信号处理分系统内外协同测试原理框图

3.9.1 副瓣匿影有效扇区指标测试

副瓣匿影主要用于抑制由主天线副瓣进入的欺骗式脉冲干扰，通过比较回波信号在主通道与匿影通道中的幅度大小来判断是否存在副瓣欺骗式脉冲干扰。

副瓣匿影有效扇区指标的测试方法如下：

（1）数字模拟器接收雷达控制器发出的指令，从中获取雷达的方位、仰角、定时等信息；

（2）根据测试场景的需求设置好需要模拟的副瓣转发式脉冲干扰源的数量、方位角度、俯仰角度、干扰强度等参数，数据通道的类型和数量的设置应与被测试雷达相匹配；

（3）雷达设置为 360° 全方位工作方式，将光纤切换设备置于选择数字模拟器的状态，以数字模拟器的输出作为输入回波信号；

（4）关闭副瓣匿影功能，记录信号处理分系统输出的回波点迹数据，观察显控终端上的目标视频，应有大量圆环状目标；

（5）打开副瓣匿影功能，记录信号处理分系统输出的回波点迹数据，观察显控终端上的目标视频，除了主瓣方向，其他方向上的目标视频应消失；

（6）统计副瓣匿影处理前和处理后的点迹数据分布，得到副瓣匿影有效扇区角度，计算方法见式（3-1）。

3.9.2 虚警率指标测试

CFAR 处理通过统计被检测单元周边的信号强度来确定检测门限，使得雷达在噪声环境中具备恒定的虚警率，保证后续检测可以正常工作。衡量 CFAR 性能的主要指标是虚警率，虚警率指标的测试方法如下。

（1）数字模拟器接收雷达控制器发出的指令，从中获取雷达的方位、仰角、定时等信息。

（2）根据测试场景的需求设置噪声场景数据。

（3）雷达设置为 360°全方位工作方式，将光纤切换设备置于选择数字模拟器的状态，以数字模拟器的输出作为输入回波信号。

（4）在显控终端上观察并记录每个扫描圈内的一次点迹数，连续统计 N_A 圈，按式（3-4）计算虚警率：

$$P_{\mathrm{fa}} = \frac{M_A}{N_A \times B_A \times Q_A} \quad (3-4)$$

式中，P_{fa} 为虚警率；M_A 为统计的总点迹数；N_A 为观测的扫描圈数；B_A 为每个扫描圈内的波位数；Q_A 为每个波位内的检测单元数，对于 MTI 雷达，Q_A 为总的距离单元数；对 MTD 雷达，为总的距离 - 多普勒单元数。

（5）在显控终端修改 CFAR 门限，重新统计并计算虚警率。当门限上升时，虚警率下降，门限下降时，虚警率上升，表明 CFAR 功能的虚警率及门限控制正常。

3.9.3 点迹处理容量指标测试

点迹处理任务主要完成点迹凝聚、点迹信息测量、点迹滤波等功能，形成目标点迹数据。衡量点迹处理性能的主要指标有处理容量、处理精度等。

点迹处理容量指标测试方法如下。

（1）数字模拟器接收雷达控制器发出的指令，从中获取雷达的方位、仰角、定时等信息。

（2）根据测试场景的需求，设置不少于 N 个空中目标（N 为雷达最大点迹处理数量），信噪比设定为高于检测门限，数据通道的类型和数量的设置应与被测试雷达相匹配。

（3）雷达设置为 360°全方位工作方式，将光纤切换设备置于选择数字模拟器的状态，以数字模拟器的输出作为输入回波信号。

（4）在显控终端上观察信号处理形成的一次点迹数，数量应不少于设定的 N 个模拟目标，且目标点迹正常更新，正常起批，表明点迹处理容量及测量精度满足系统要求。

（5）统计多个扫描圈内的模拟目标经过点迹处理后形成的点迹数据，测量精度应满足系统指标要求。

（6）距离测量均方差、角度测量均方差和速度测量均方差的计算方法分别见式（3-5）~式（3-7）：

$$\delta_r = \sqrt{\frac{1}{N}\sum_{i=1}^{N}(R_i - R'_i)^2} \quad (3-5)$$

$$\delta_\alpha = \sqrt{\frac{1}{N}\sum_{i=1}^{N}(\alpha_i - \alpha'_i)^2} \quad (3-6)$$

$$\delta_v = \sqrt{\frac{1}{N}\sum_{i=1}^{N}(V_i - V'_i)^2} \quad (3-7)$$

式中，δ_r 为距离测量均方差；N 为统计时间内的所有点迹数；R_i 为原始的点迹距离信息；R'_i 为经过点迹处理后的距离信息；δ_α 为角度测量均方差；α_i 为原始的点迹角度信息；α'_i 为经过点迹处理后的角度信息；δ_v 为速度测量均方差；V_i 为原始的点迹速度信息；V'_i 为经过点迹处理后的速度信息。

3.10 BIT 信息采集

信号处理分系统的 BIT 信息采集原理如图 3-8 所示。

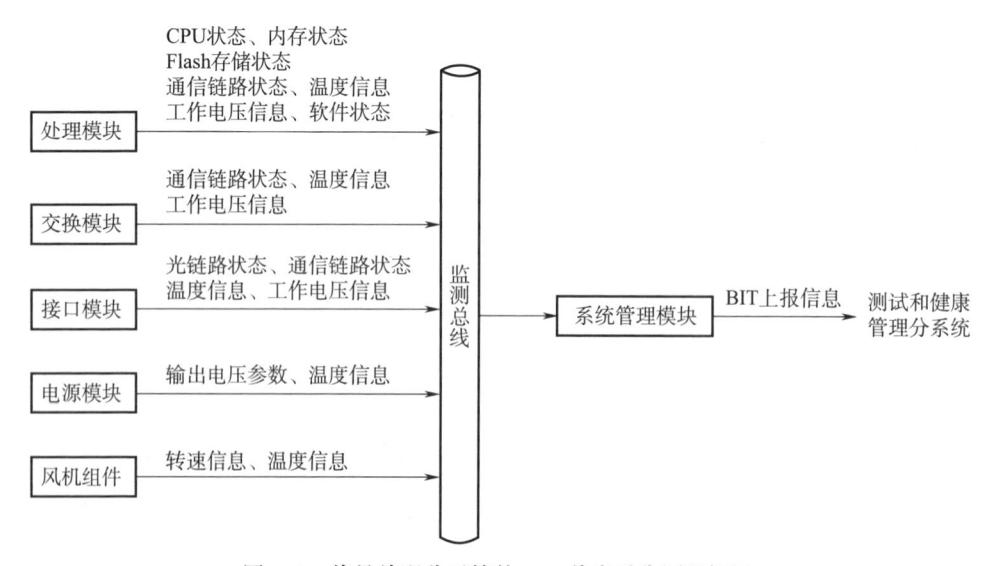

图 3-8 信号处理分系统的 BIT 信息采集原理框图

插箱内各模块 BIT 信息通过插箱背板的监测总线（I^{2}C 或其他总线）送至系统管理模块汇总，汇总后的 BIT 信息上报给测试和健康管理分系统。

3.11 外部测试设计

外部测试设计是为了满足测试性需求分析结果中的外部测试需求。外部测试用于机内测试资源未覆盖的测试项目及对测试精度有更高要求的指标测试。与内外协同测试方法不同，外部测试具有独立的指标测试能力，外部测试资源与机内测试资源之间无紧密的耦合关系。

外部测试依赖的测试资源包括测试设备、测试仪器、测试接口等。外部测试设计内容包括测试设备选型、测试仪器选型、测试接口设计和测试接口适配器设计。

1. 测试设备选型

数字模拟器、数据记录设备是信号处理分系统常用的外部设备，应尽量选择通用的数字模拟器和数据记录设备。

2. 测试仪器选型

用于信号处理分系统的测试仪器主要是光功率计。光功率计用于测试光连接器输出光信号功率。仪器选型需要综合测试需求、环境适应性要求、重量要求、外形尺寸要求、成本要求等因素来考虑。

3. 测试接口设计

测试接口是系统设计时预留的数据接口、通信接口等，用于在外部测试设备和被测对象之间建立测试连接。外部测试接口的功能包括测试信号注入、输出信号采集、测试数据采集等。外部测试接口可以专用，也可以与产品接口共用。

信号处理分系统光链路指标测试的测试接口设计如图 3-9 所示。

光连接器具备光信号的接收与发送功能，光功率损耗是衡量其性能的重要指标。通过光功率计测量光组件的发射端功率可以确认其输出是否满足下一级接收器的灵敏度要求。

数字模拟器通过光纤将测试数据发送至光连接器的接收端，经过内部闭环回路后由光连接器的发送端输出，用数据记录设备采

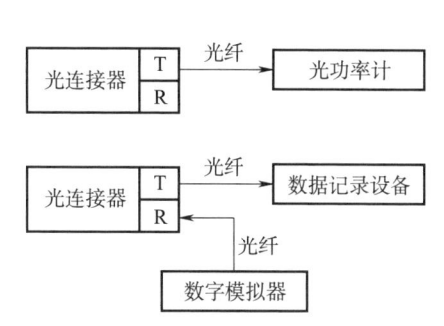

图 3-9　信号处理分系统光链路测试接口设计框图

T 表示发射端；R 表示接收端

集光连接器的输出，与数字模拟器发送的数据进行比对，可以判断经过光连接器后的数据是否出现错误。

4. 测试接口适配器设计

测试接口适配器用于外部测试设备和被测对象之间的适配连接，主要包括光缆、电缆、网线等。应根据外部测试项目需求，开展专用适配器的设计及通用适配器的选型。

第 4 章

天线阵面分系统测试性设计

4.1 概述

4.1.1 功能和原理

天线是雷达不可或缺的重要组成部分，它将导行波转化为空间电磁波，并向指定空域发射；接收指定方向的微弱回波，将空间波转化为导行波，传递给后端设备处理。相控阵天线是用电子方法实现天线波束指向在空间的转动或扫描的天线，称为电子扫描天线或电子扫描阵列（ESA）天线。由于其特殊的波束形成方式，相控阵雷达可以同时形成多个波束，完成多个目标的搜索、跟踪等任务。

相控阵天线由多个在平面或任意曲面上按一定规律布置的天线单元组成。每个天线单元都设置移相器，用以改变天线单元之间信号的相位关系。

4.1.2 技术指标

天线阵面分系统的主要技术指标定义如下。

1. 天线增益

天线增益是指在给定方向上，定向天线的辐射强度（每单位立体角内的辐射功率）与具有相同输入功率的无耗各向同性天线的辐射强度之比。天线增益表征了天线辐射能量集中程度，单位为 dBi。相控阵天线增益可分为发射天线增益 G_t 和接收和天线增益 G_r。

2. 副瓣电平（SLL）

副瓣电平通常指副瓣最大电平与主瓣最大电平的比值，通常以分贝（dB）表示，表征天线在主瓣以外区域抑制能力。相控阵天线副瓣电平分为发射副瓣电平和接收和副瓣电平：发射波瓣通常采用等幅权，因此副瓣较高；接收和波瓣采用深度加权模式，副瓣较低，可提高系统抗干扰能力。

3. 波束宽度（BW）

波束宽度包括水平波束宽度和垂直波束宽度，一般用最大辐射方向两旁的两个半功率点之间的夹角，即半功率点宽度 θ_{3dB} 来衡量，单位通常为（°），分为发射波束宽度和接收波束宽度。

4. 差波束零值深度

差波束最大电平与差波束中心最小电平之比的分贝数（dB）。单脉冲雷达中，接收波束常分为接收和波束、接收方位差波束、接收俯仰差波束，其中接收和波束及接收差波束用于提高波束内测角精度。

4.2 故障模式分析

4.2.1 功能故障模式

天线阵面分系统的功能故障模式分析是从天线阵面分系统的功能维度对分系统故障模式进行的，该分析方法不涉及分系统的具体组成。由于不同项目天线阵面的具体指标不同，因此需要结合天线阵面的具体指标要求开展分系统的功能故障模式分析。

天线阵面分系统功能故障模式分析报告是开展分系统测试性需求分析的依据，用于分系统指标的测试性需求分析。

1. 故障模式分析应遵循的原则

1）完整原则

故障模式应覆盖分系统的完整功能和性能指标，应针对雷达各种工作模式下天线阵面的功能开展故障模式分析。

2）细化原则

故障模式分析应细化到每项功能和每种工作模式。当天线阵面分系统具备可重构、多面阵功能时，应对不同重构方式下的子阵面功能和各面阵开展故障模式分析。

3）准确原则

用定量参数表示性能下降类的故障模式。准确的故障模式定义有利于对故障模式影响准确分析。例如，对于副瓣电平下降故障，下降 2dB 和 2.5dB 对抗干扰能力可产生不同的故障影响。

4）互不包含原则

同一层级的故障模式之间是平行关系，不能相互包含，不同层级的故障模式不能混淆在一起。

2. 天线阵面的功能故障模式分析示例

天线阵面分系统的功能故障模式分析示例如表 4-1 所示。

表 4-1 天线阵面分系统典型功能故障模式

序号	故障模式	故障代码
1	发射波束增益低于指标值	F01-0000-01
2	发射副瓣电平高于指标值	F01-0000-02
3	发射波束宽度高于指标值	F01-0000-03
4	接收和波束增益低于指标值	F01-0000-04
5	接收和副瓣低于指标值	F01-0000-05
6	接收和波束宽度高于指标值	F01-0000-06
7	方位差波束零深高于指标值	F01-0000-07
8	俯仰差波束零深高于指标值	F01-0000-08
9	发射子阵面 1 增益低于指标值	F01-0000-09
10	发射子阵面 2 增益低于指标值	F01-0000-0A

注：表中的故障代码是为每个故障模式设定的唯一编码，其中，F01-0000 是天线阵面分系统的功能故障代码，后两位代码是故障模式的序列号，用十六进制表示。表中的指标值是指技术指标范围的上限值或下限值，表中仅列出部分故障模式。

4.2.2 硬件故障模式

硬件故障模式分析是从硬件维度对分系统故障模式进行分析，这种分析方法以电路模块、插箱、模块之间的连接电缆和光缆等作为故障模式分析的对象，涉及分系统的具体硬件组成。硬件故障模式分析结果是开展分系统故障检测和故障隔离需求分析的依据。

1. 故障模式分析应遵循的原则

1）完整原则

故障模式分析应覆盖所有的外场可更换单元和部件，包括电路模块、插箱（含 PCB 背板）、电缆等。故障模式分析应覆盖被分析对象的所有功能和性能故障。

2）细化原则

故障模式分析要细化到每个可更换单元模块。对于具有多路输出的 T/R 组件等电路模块，故障模式分析要细化到每路输出信号。对于同一路输出信号，要从其不同技术指标分析其故障模式。

3）准确原则

采用准确的定量方式定义故障模式，避免使用模糊方式定义故障模式。例如，T/R 组件输出功率下降就是模糊的定义方式，而 T/R 组件输出功率低于指标值或输出功率低于指标值 2dB 是准确的定义方式。

4）互不包含原则

同一层级的故障模式之间是平行关系，不能相互包含。不同层级的故障模式不能混淆在一起。模块的输入信号是关联模块的输出信号，因此输入信号故障不是模块的故障模式。

2. 故障模式分析示例

天线阵面分系统组成框图如图 4-1 所示，主要由辐射单元、T/R 组件、功率分配网络（发射列馈和发射行馈）、波束合成网络（接收行馈和接收列馈）、发射前级、波控组合、电源模块等组成。

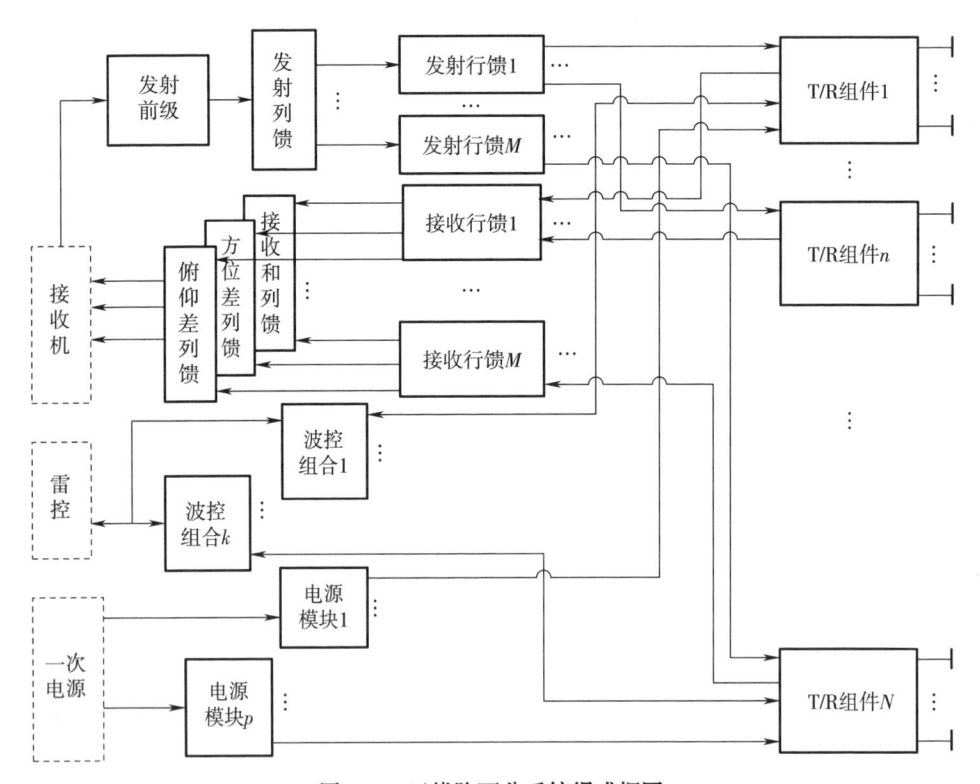

图 4-1 天线阵面分系统组成框图

各部分的功能如下。

（1）辐射单元：完成空间辐射波和导行波的转换。

（2）T/R 组件：完成辐射信号的末级放大和接收信号的低噪声放大。

（3）发射行馈：将发射列馈分配的发射激励信号进一步分配到每一个 T/R 组件。

（4）发射列馈：将发射前级产生发射激励信号分配到每个发射行馈。

（5）接收行馈：将 T/R 组件接收的回波信号分配为 3 路信号，然后分别在行方向形成接收和、方位差、俯仰差的加权合成信号。

（6）接收列馈：将行方向合成信号，在列方向进一步加权合成，形成接收和、方位差、俯仰差信号，再分别送至接收机。

（7）波控组合：产生控制 T/R 组件的指令，采集 T/R 组件的 BIT 信息。

（8）电源模块：将一次电源产生的高电压直流电，转换为 T/R 组件等设备所需的低电压直流电，通过电缆传送至每个 T/R 组件。

典型硬件故障模式如下。

1）T/R 组件硬件故障模式

典型故障模式包括：发射幅度低于指标值、发射相位偏离指标值、接收幅度低于指标值、接收相位偏离指标值、数控移相器功能失效、数控衰减器功能失效、波束控制功能失效、组件温度高于指标值、组件位置信息（M 值、N 值）读取错误、发射相位修正值读取错误、T/R 组件接收幅度和相位修正值读取错误、T/R 组件 ID 号读取错误等。

2）波控组合硬件故障模式

典型故障模式包括：控制功能失效、通信接口不通、模块温度高于指标值。

3）电源模块硬件故障模式

典型故障模式包括：输出电压超过指标值、输出电流超过指标值、模块温度高于指标值。

4）发射前级硬件故障模式

典型故障模式包括：输出功率低于指标值、脉宽高于指标值、占空比高于指标值、模块温度高于指标值。

5）发射行馈故障模式

典型故障模式包括：通道插入损耗高于指标值。

6）发射列馈故障模式

典型故障模式包括：通道插入损耗高于指标值。

7）接收行馈故障模式

典型故障模式包括：通道插入损耗高于指标值。

8）接收列馈（含接收和列馈、方位差列馈、俯仰差列馈）故障模式

典型故障模式包括：通道插入损耗高于指标值。

9）辐射单元故障模式

典型故障模式包括：辐射单元增益低于指标值。

天线阵面分系统硬件故障模式分析示例如表 4-2 所示。

表 4-2 天线阵面分系统硬件故障模式分析示例

部件	故障模式名称	故障代码
T/R 组件 1	ID 号读取错误	F01-0001-01
	温度高于指标值	F01-0001-02
	波束控制功能失效	F01-0001-03
	发射相位修正码读取错误	F01-0001-04
	通道 1：发射幅度低于指标值	F01-0001-05
	通道 1：发射相位偏离指标值	F01-0001-06
	通道 1：数控衰减器功能失效	F01-0001-07
	…	…
波控组合 1	控制功能失效	F01-2001-01
	通信接口不通	F01-2001-02
	温度高于指标值	F01-2001-03
	…	…
电源模块 1	输出电压超过指标值	F01-3001-01
	输出电流超过指标值	F01-3001-02
	温度高于指标值	F01-3001-03
	…	…
发射前级	输出功率低于指标值	F01-4001-01
	占空比高于指标值	F01-4001-02
	…	…
发射行馈 1	输出端口 1 插入损耗超过指标值	F01-5001-01
	…	…
发射列馈 1	输出端口 1 插入损耗超过指标值	F01-6001-01
	…	…

注：表中的故障代码是为每个故障模式设定的唯一编码，其中 F01 是分系统故障代码，中间 4 位是模块代码，最后两位代码是故障模式的序列号，所有代码用十六进制表示。表中的指标值是指技术指标范围的上限值或下限值。表中仅为示例，只列出部分故障模式。

4.3 测试性需求分析

天线阵面分系统测试性需求分析的目的是解决测什么的问题，主要任务是根据天线阵面分系统的故障模式分析报告，确定用于故障检测和隔离的测试需求，包括机内测试项目、内外协同测试项目、外部测试项目、BIT 类型、测试精度要求等，为 BIT 设计、内外协同测试设计、外部测试设计等提供设计要求。

天线阵面分系统测试性需求分析的输入信息包括天线阵面分系统技术指标、FMECA 报告、总体分配的测试性指标、总体分配的测试项目要求、分系统功能框图、测试设备的重量和尺寸约束及测试成本要求等，需要综合上述各项因素，分析各类测试项目设置的合理性和必要性。

天线阵面分系统测试性需求分析的输出包括：

（1）BIT 的测试项目、测试方式和指标要求；

（2）协同测试项目和指标要求；

（3）外部测试项目和指标要求。

4.3.1 指标测试性需求分析

指标测试是指对分系统的功能和性能指标进行测试，测试方式包括机内测试、内外协同测试和外部测试。内外协同测试是将机内测试资源和外部测试资源融为一体的自动测试技术。内外协同测试通过内外两种测试资源的协同配合，完成分系统指标测试。

指标测试性需求分析的目的是确定分系统的功能和性能指标的测试项目、测试方式和测试精度要求等。

指标测试性需求分析的内容包括：机内测试需求分析、内外协同测试性需求分析、外部测试性需求分析和技术指标的测试要求。指标测试性需求分析的输出是分系统各项技术指标的测试方式和指标测试要求。

1. 指标测试性需求分析方法

主要从以下几方面开展指标测试性需求分析。

1）机内测试需求分析

部分用户在研制要求中明确提出分系统的技术指标测试要求，这些指标应选择为机内测试项目。系统总体根据系统的测试性需求提出分系统的指标测试需求，这些指标应选择为机内测试项目。机内测试项目一般包括发射波束增益、接收波束增益、副瓣电平、波束宽度、接收差波束零深等。

2）机内测试方式选择

天线阵面分系统指标机内测试时间较长，一般在启动 BIT 方式下完成。

3）内外协同测试性需求分析

内外协同测试适用于需要内外测试资源协同完成的测试项目。发射信号频谱指标测试需要用外部的频谱仪进行。在测试期间，频谱仪接入雷达系统，在测试和健康管理分系统的控制下自动完成各路发射信号频谱参数的测试。

4）外部测试性需求分析

外部测试用于机内测试或内外协同测试未覆盖的测试项目及对测试精度有更高要求的指标测试。

在对相控阵天线进行验收和设计定型时，通常采用外部测试方法，天线外部测试方法还可用于机内指标测试精度校准。天线阵面的外部测试方法包括平面近场测试法和远场测试法，需要依据相应的国家标准或行业标准开展测试。

天线阵面的外部测试项目还包括阵面辐射信号的杂散测试、谐波测试等，一般通过在阵面前方放置宽带测试喇叭天线和频谱仪实现该指标的测试。

5）指标测试要求分析

指标测试要求包括指标的测试范围和测试精度。针对每项测试项目，分析机内测试、内外协同测试和外部测试的不同指标测试要求。

6）重量和尺寸约束分析

主要分析用于机内测试的测试设备是否满足系统对分系统的重量和尺寸约束要求。机内测试资源不能满足重量约束、尺寸约束时不能选择为机内测试项目。

对于天线内监测方案，需要分析内监测网络和定向耦合器的重量和尺寸是否满足约束条件。定向耦合器装入天线单元和 T/R 组件之间的位置，用于发射信号采集。

7）分析测试成本约束

根据机内测试方案的硬件和软件资源，评估测试成本，测试成本应满足分系统的成本要求。

2. 需求分析示例

以地面模拟相控阵雷达天线阵面分系统为例进行指标测试性需求分析，分析结果如下。

1）机内测试需求分析

总体下达的分系统研制任务书中明确指定的测试项目包括发射波束增益、接收波束增益、副瓣电平、波束宽度、接收差波束零深，这些指标测试项目列为机内测试项目。

2）机内测试方式选择

机内测试项目采用启动 BIT 方式进行测试。

3）内外协同测试性需求分析

发射信号频谱指标测试采用内外协同方式。

4）外部测试性需求分析

阵面辐射信号的杂散测试项目和谐波测试项目采用外部测试。

5）指标测试要求分析

根据雷达天线阵面的指标要求，确定测试项目的测试范围和测试精度。

6）重量和尺寸约束分析

根据阵面机内测试配置的硬件和软件资源清单，评估测试成本，测试成本应满足分系统的成本约束要求。

天线阵面分系统指标测试性需求分析示例如表 4-3 所示。

表 4-3 天线阵面分系统指标测试性需求分析示例

序号	测试项目	测试项目代码	加电 BIT	周期 BIT	启动 BIT	内外协同测试	外部测试	指标要求
1	发射波束增益	T01-0000-0001	—	—	○	—	○	
2	发射副瓣电平	T01-0000-0002	—	—	○	—	○	
3	发射波束宽度	T01-0000-0003	—	—	○	—	○	
4	接收和波束增益	T01-0000-0004	—	—	○	—	○	
5	接收和副瓣电平	T01-0000-0005	—	—	○	—	○	
6	接收和波束宽度	T01-0000-0006	—	—	○	—	○	
7	方位差波束零深	T01-0000-0007	—	—	○	—	○	
8	俯仰差波束零深	T01-0000-0008	—	—	○	—	○	
9	发射子阵面1增益	T01-0000-0009	—	—	○	—	—	
10	发射子阵面2增益	T01-0000-000A	—	—	○	—	—	
11	发射信号频谱	T01-0000-000B	—	—	—	○	—	
12	阵面辐射信号的杂散	T01-0000-000C	—	—	—	—	○	
13	阵面辐射信号的谐波	T01-0000-000D	—	—	—	—	○	

表 4-3 的说明如下。

（1）测试项目代码：测试项目代码是为每个测试项目设定的唯一编码，其中 T01 是分系统的测试代码，第一个字母 T 表示测试，分系统代码用两位十六进制数字表示；中间"0000"表示该项测试是分系统的指标测试项目，最后四位是指标测试项目的序列号；

（2）"—"表示不可测，"○"表示可测；

（3）指标要求根据实际技术指标要求填写；

（4）表中仅列出了部分指标项目。

4.3.2 故障检测和隔离需求分析

本节介绍硬件故障的检测和隔离需求分析方法，功能类故障可以通过指标测试进行故障检测和隔离。

硬件故障的检测和隔离需求分析是针对天线阵面分系统硬件 FMECA 报告，对所有故障开展故障检测和隔离需求分析，以确定每个故障的检测方式和故障隔离模糊组要求。通过故障检测和隔离需求分析，把分系统的测试性定量指标要求（故障检测率和故障隔离率）分配到每个故障。

在完成故障检测和隔离要求分配后，通过对分析表格中的数据进行统计分析可以得到不同检测方式下的故障检测率、BIT 的故障检测率、内外协同测试的故障检测率、外部测试的故障检测率及不同模糊组的故障隔离率。

将统计分析得到的测试性指标预计值与指标要求值进行对比分析，如果预计值不满足定量指标要求，则需要对故障检测方式和故障隔离模糊组要求进行调整优化，直到满足要求为止。

硬件故障的检测和隔离需求分析输出是每个故障的检测方式要求和故障隔离模糊组要求。

1. 故障检测需求分析方法

故障检测需求分析的目的是把天线阵面分系统的故障检测率要求分配到每个故障，针对每个故障合理选择故障检测方式。

硬件故障检测方式包括机内测试（加电 BIT、周期 BIT 和启动 BIT）、内外协同测试、外部测试和状态指示灯等，需要结合故障特点合理选择故障检测方式。故障率高的故障应优先采用机内测试方式检测。

1）机内测试

天线阵面分系统的 BIT 故障检测率指标要求一般是 95% 以上，因此大部分故障模式都应纳入 BIT 的检测范围。纳入 BIT 检测范围的故障应至少被一种类型 BIT（加电 BIT、周期 BIT 或启动 BIT）检测，同一种故障模式可以采用多种 BIT 检测方式。

加电 BIT 用于分系统加电期间的故障检测，检测的典型故障包括波控组合控制电路故障、接口电路故障等。

周期 BIT 用于天线阵面工作期间的故障检测，检测的典型故障包括 T/R 组件温度超过指标值、波控组合温度高于指标值、发射前级温度高于指标值等。

启动 BIT 适用于大多数故障的检测，包括加电 BIT、周期 BIT 可检测的故障。检测的典型故障包括 T/R 组件 ID 号读取错误、T/R 组件 M 值读取错误、T/R 组件 N 值读取错误、T/R 组件通道 n 发射幅度偏离指标值、通道 n 发射相位偏离指标值、通道 n 接收幅度偏离指标值、通道 n 接收相位偏离指标值、通道 n 移相器故障、通道 n 接收衰减器故障等。

2）内外协同测试

内外协同测试适用于需要内外测试资源协同完成的测试项目。对于不能采用单独机内测试的测试项目，应选择内外协同测试方式。

3）外部测试

外部测试用于机内测试或内外协同测试未覆盖的测试项目的测试。

4）状态指示灯

状态指示灯用于模块加电指示，工作状态指示等，通过观察指示灯可检测 BIT 不能检测的故障。

2. 故障隔离需求分析方法

故障隔离需求分析的目的是把分系统的故障隔离要求分配到每个故障，并针对每个故障的故障隔离难度合理选择故障隔离模糊组的大小，故障隔离模糊组的 LRU 数量一般是 1~3 个。

在进行故障隔离需求分析之前，需要充分理解分系统的组成框图、信号流及模块之间的接口关系，并掌握分系统的主要故障隔离方法，不能盲目分配故障隔离模糊组的大小。

需求分析方法如下。

1）接收链路的故障隔离模糊组选择

接收链路通常指由天线单元至接收机之间所有连接设备和连接电缆，包含天线单元、T/R 组件、波束形成网络（含接收行馈、接收和列馈、方位差列馈、俯仰差列馈）及射频电缆组成。接收链路的模糊组需要结合具体产品确定，一般选择模糊组大小为 1 或 2。

2）发射通道的故障隔离模糊组选择

发射链路通常指从激励信号输出至天线单元之间所有设备和连接电缆，包含发射前级、发射列馈、发射行馈、T/R 组件、天线单元和射频电缆。发射链路的模糊组需要结合具体产品确定，一般选择模糊组大小为 1 或 2。

3）控制电路的故障隔离模糊组选择

控制链路通常指从雷控输出至 T/R 组件控制信号输出之间的所有设备和连接电缆，包含波控组合、T/R 组件内波控模块和所有控制电缆，一般选择模糊组大小为 1 或 2。

4）电源链路的故障隔离模糊组选择

电源链路通常指阵面电源输入阵面内设备电源电路之间的所有设备和连接电缆，包含阵面电源模块和电源电缆，一般选择模糊组大小为 1。

硬件故障隔离需求分析可以用表格，其格式和填写方法见下面的测试性需求分析示例。通过表格数据的统计分析可以验证故障隔离率的需求分配是否满足指

3. 测试性需求分析示例

某天线阵面分系统由辐射单元、T/R 组件、功率分配网络、波束合成网络、波束控制器组成，BIT 定量指标要求如下。

（1）故障检测率：≥ 95%；

（2）故障隔离率 $\begin{cases} ≥ 85\%，隔离到 1 个 LRU \\ ≥ 98\%，隔离到 3 个 LRU \end{cases}$。

需求分析步骤如下。

（1）故障检测需求分析：按照前述方法开展故障检测需求分析，针对每个故障，选择故障检测方式，首先选择机内测试、内外协同或外部测试，对于机内测试，进一步确定 BIT 类型。

（2）故障隔离需求分析：按照前述方法开展故障隔离需求分析，针对每个故障的特点，合理选择故障隔离模糊组大小。

（3）评估故障检测率：汇总不同检测方式的可检测的故障率，用可检测故障率除以总故障率可得到故障检测率。

（4）评估故障隔离率：汇总不同模糊组的可隔离的故障率，用可隔离的故障率除以可检测故障率总和得到故障隔离率。

（5）如果故障检测率和故障隔离率的评估结果不满足分系统的测试性指标要求，则需要重新调整故障检测和故障隔离需求的分配方案。

分析示例见表 4-4，表中各栏填写要求如下。

（1）部件名称：填写分系统的硬件模块、插箱、电缆等部件名称。

（2）故障模式：填写各部件对应的故障模式。

（3）故障代码：填写故障模式对应的代码，该代码已在故障模式分析的时候定义。

（4）部件故障率：填写部件故障率。

（5）故障模式频数比：为单个故障的故障率与部件的故障率之比。

（6）故障模式故障率：为单个故障模式的频数比与部件的故障率之积。

（7）故障检测需求：包括加电 BIT、周期 BIT、启动 BIT、内外协同测试、外部测试和状态指示灯等故障检测方式，将不同测试方式可检测故障的故障率填写到对应的列中，对于不能检测的故障，在对应的栏目填写"0"。

（8）BIT 故障隔离需求：填写不同模糊组的 BIT 可检测故障的故障率，只能选择其中一列填写故障率，其他两列填写"0"。

（9）表中的故障率单位为 10^{-6}/h。

表 4-4 天线阵面分系统测试性需求和故障模式分析

（故障率单位：10^{-6}/h）

部件名称	故障模式 FM	故障代码	部件故障率	故障模式频数比	故障模式故障率	故障检测需求					BIT 故障隔离需求		
						加电BIT	周期BIT	启动BIT	内外协同测试	外部测试	状态指示灯	隔离到1个LRU	隔离到2个LRU	隔离到3个LRU
T/R组件1	ID号读取错误	F01-0001-01	5	0.01	0.05	0.05	0	0.05	0	0	0	0.05	0	0
	温度高于指标值	F01-0001-02		0.01	0.05	0	0.05	0.05	0	0	0	0.05	0	0
	波束控制功能失效	F01-0001-03		0.01	0.05	0	0	0.05	0	0	0	0.05	0	0
	发射相位修正码读取错误	F01-0001-04		0.02	0.1	0	0	0.1	0	0	0	0.1	0	0
	通道1：发射幅度低于指标值	F01-0001-05		0.02	0.1	0	0	0.1	0	0	0	0.1	0	0
	通道1：发射相位偏离指标值	F01-0001-06		0.02	0.1	0	0	0.1	0	0	0	0.1	0	0
	通道1：数控衰减器功能失效	F01-0001-07												
	...	...												
波控组合1	控制功能失效	F01-2001-01	2	0.2	0.4	0	0	0.4	0	0	0	0	0.4	0
	通信接口不通	F01-2001-02		0.2	0.4	0.4	0	0.4	0	0	0	0	0.4	0
	...	...												
发射前级	输出功率低于指标值	F01-4001-01	5	0.2	1	0	1	1	0	0	0	1	0	0
	占空比高于指标值	F01-4001-02		0.1	0.5	0.5	0.5	0.5	0	0	0	0.5	0	0
	...	...												
发射行馈1	输出端口1插入损耗超过指标值	F01-5001-01	1	0.01	0.1	0	0	0.1	0	0	0	0	0.1	0
	...	...												

注：表中的故障率不是产品的真实故障率，仅用于示例说明。

4.3.3 机内测试项目需求分析

机内测试项目需求分析的目的是针对为每一个硬件故障分配的 BIT 检测和隔离需求,确定用于故障检测和隔离的 BIT 项目,为机内测试设计提供依据。

测试项目需求分析依赖的输入信息是故障检测和隔离需求分析的输出、分系统指标测试项目和系统测试项目、分系统的组成框图和接口关系。测试项目需求分析的输出是机内测试项目与可检测故障之间的关联清单,以及机内测试项目与可隔离故障之间的关联清单。

1. 故障检测的机内测试项目需求分析方法

天线阵面分系统故障的机内检测方法包括天线阵面分系统功能及指标机内测试和天线阵面分系统所有模块功能的机内测试,其中天线阵面分系统指标机内测试是检测分系统故障的主要方法。

故障检测的机内测试项目需求分析的步骤如下。

1) 分析可以被天线阵面分系统指标 BIT 项目检测的故障

天线阵面分系统指标 BIT 项目是通过指标需求分析确定的,分析方法是针对每一指标 BIT 项目,分析其可检测的硬件故障。

2) 分析可以被雷达系统 BIT 项目检测的故障

雷达系统机内测试项目是系统测试性设计确定的,由系统总体负责设计。分析方法是针对每一项系统 BIT 项目,分析其可检测的硬件故障。对系统 BIT 项目有故障传播影响的分系统故障都可以被该系统测试项目检测。

3) 分析可以被模块 BIT 项目检测的故障

模块 BIT 项目是模块测试性设计确定的,分析方法是针对每一个模块 BIT 项目,分析其可检测的硬件故障。

4) 分析不能被已有的机内测试项目检测的故障

针对所有已分配 BIT 检测需求的故障,找出不能被上述三类测试项目检测的故障。然后,针对这些不能检测的故障,增加分系统的 BIT 项目,包括指标 BIT 项目和模块 BIT 项目。对于不合理的 BIT 检测需求分配,则要重新调整 BIT 检测需求分配。针对新增的 BIT 项目,需要提出相应的指标要求。

故障检测的机内测试项目需求分析示例见表 4-5,表中的故障来自表 4-4,且只列出部分故障的测试项目需求分析。

2. 故障隔离的机内测试项目需求分析方法

增加机内测试项目可以消除或降低故障隔离模糊,但是,测试项目的增加受到机内测试资源的限制。故障隔离的测试项目需求分析的目标是使用最少的测试资源达到 BIT 故障隔离的模糊组要求。通过分析,可以形成故障隔离用的机内测试项目清单。

表 4–5　故障检测机内测试项目需求分析示例

序号	测试项目	测试项目	BIT 类型			可检测的故障	
			加电 BIT	周期 BIT	启动 BIT	故障名称	故障代码
1	分系统指标 BIT 项目						
1.1	发射通道幅相测试	T01-0000-1001	—	—	○	通道 1：发射幅度低于指标值	F01-0001-05
						通道 1：发射相位偏离指标值	F01-0001-06
...	...	...	...	...	...	...	...
2	系统 BIT 项目						
...	...	...	...	...	...	...	...
3	模块 BIT 项目						
3.1	发射前级状态	T01-4001-0001	○	○	○	占空比高于指标值	F01-4001-02
...	...	...	...	...	...	...	...
4	新增 BIT 项目						
...	...	...	...	...	...	...	...

注："—"表示不可测；"○"表示可测。

天线阵面分系统故障隔离的机内测试项目需求分析的步骤如下。

1）分析射频链路的测试项目需求

天线阵面分系统射频链路包含发射射频链路、接收射频链路（含接收和、方位差、俯仰差）、监测射频链路三个部分。

发射射频链路通过若干级联的模块实现激励信号分配、滤波、放大等功能。典型故障隔离方法是逐级测试，从激励信号开始至末级放大设备（T/R 组件），依次在每一级模块的输出端口耦合相应的测试信号，通过对其输出的信号进行分析实现故障隔离。用于发射通道射频链路故障隔离的测试项目为从不同输出端口输出的测试信号的指标测试项目。

接收射频链路通过若干级联的模块实现信号放大、滤波、合成、放大、滤波等功能。典型故障隔离方法是逐级测试，从天线单元端至波束合成网络依次在每一级模块的输入端口注入相应的测试信号，通过对其输出的信号分析实现故障隔离。用于接收射频链路故障隔离的测试项目为从不同输入端口注入测试信号的输出指标测试项目。

监测通道射频链路将上述测试端口进行合成和分配，再送入测试设备进行测试和分析。需要根据射频链路故障隔离的具体需求，确定测试信号的注入要求和采集要求。

2）分析控制链路的测试项目需求

天线阵面分系统控制链路包含上行控制信号链路、下行控制信号链路。上行控制链路从雷控信号输出开始，经波控组合传递至T/R组件内波控电路。下行控制链路则从T/R组件内控制电路经电缆传送波控组合，合成后发送至测试和健康管理。

组成控制链路的各模块均应设置BIT项目。

3）分析电源链路的测试项目需求

天线阵面分系统电源链路包含电源模块和电缆，需要结合电源模块故障隔离的具体需求，确定其测试项目需求。

基于以上分析，可形成用于故障隔离的机内测试项目清单，故障隔离机内测试项目需求分析表单类似于表4-5。

4.3.4 协同测试项目需求分析

协同测试包含两种类型，即分系统协同测试和内外协同测试。

1. 分系统协同测试性需求分析

天线阵面分系统为雷达系统提供全链路测试资源，完成其他分系统的系统标定、性能监测和故障隔离等功能。

2. 内外协同测试性需求分析

在研制和生产阶段，需要对T/R组件射频通道频谱特性进行测试。频谱测试仪作为外部测试仪器，可以与雷达机内测试资源协同完成各发射通道的频谱测试。

4.3.5 外部测试项目需求分析

外部测试需求包括指标测试的外部测试需求，以及故障检测和隔离的外部测试需求。外部测试用于机内测试或内外协同测试未覆盖的测试项目，以及对测试精度有更高要求的指标测试。

天线阵面外部测试方法主要包括平面近场测试法和远场测试法。

由于微波暗室能屏蔽外界电磁干扰，因此平面近场测试法一般在微波暗室进行测试。在平面近场测试中，测试天线在与被测阵面平行的矩形平面栅格上移动，并进行信号采样，通过对测试结果的计算可得到远场波瓣图。该测试方法成熟可靠，具有较高的测量精度。

天线阵面的远场测试需要专用测试场。在天线远场测试中，测试天线被安装在距离被测天线一定的距离位置上，且测试天线的安装高度应满足相应要求。利用相控阵天线波束扫描功能，通过测试可得到远场波瓣图。远场测试易受环境影响，该方法适用于测试精度要求不高或者不便采用近场测试方法的应用场景。

外部测试项目需求分析示例如表4-6所示。

表4-6 外部测试项目需求分析示例

序号	测试项目	测试项目代码	指标要求
1	发射波束增益	T01-0000-0001	
2	发射副瓣电平	T01-0000-0002	
3	发射波束宽度	T01-0000-0003	
4	接收和波束增益	T01-0000-0004	
5	接收和副瓣电平	T01-0000-0005	
6	接收和波束宽度	T01-0000-0006	
7	方位差波束零深	T01-0000-0007	
8	俯仰差波束零深	T01-0000-0008	

4.4 测试性设计准则

天线阵面分系统的测试性设计应遵循下列准则。

1. 指标机内测试设计准则

设计准则如下：

（1）应根据指标测试性需求分析确定指标机内测试项目；

（2）指标机内测试采用启动BIT方式；

（3）用于指标测试的输入信号一般由监测组件产生；

（4）制定指标机内测试方案前，需明确测试技术状态和正常工作状态的差异，确定该不同带来的测试误差，明确在该误差条件下指标测试可信度是否在可接受范围；

（5）输出测试数据应能自动采集，测试数据一般送至测试和健康管理分系统集中进行指标的计算和分析。

2. 故障隔离的机内测试设计准则

设计准则如下：

（1）应根据故障隔离需求分析确定用于故障隔离的机内测试项目；

（2）在指标机内测试的状态下，根据测试需求，自动采集各模块的原始数据；

（3）在分系统工作状态下，应根据周期 BIT 的测试需求，自动采集反映各模块接口、温度等特征参数；

（4）从各模块采集的工作状态数据送至测试和健康管理分系统，用于故障诊断。

3. 协同机内测试设计准则

设计准则如下：

（1）在分系统功能测试中，利用下一级分系统采集上一级分系统的输出信号；

（2）模拟相控阵雷达中，可利用接收分系统对阵面监测的输出信号进行下变频和 AD 变换；

（3）在数字相控阵雷达中，利用 DBF 分系统采集或处理数字组件的输出数据；

（4）利用数据处理分系统、显控处理阵面监测的输出数据；

（5）与其他分系统协同，完成雷达的系统功能测试。

4. 测试点设计准则

设计准则如下：

（1）应针对每个 BIT 项目开展输出信号的测试点位置设计，以确定被测试信号或测试数据的采样点物理位置；

（2）测试点的设置不应影响分系统的正常工作；

（3）提供系统边界扫描测试接口，利用该接口可以连接分系统中的各模块的边界扫描测试接口。

5. 观测点设计准则

设计准则如下：

（1）分系统中的电路模块应设置电源指示灯；

（2）需要软件加载的模块一般应设置软件加载状态指示灯；

（3）应设置重要数据接口状态的指示灯；

（4）指示灯的状态指示方式应符合设计规范。

6. 内外协同测试设计准则

设计准则如下：

（1）需要机内测试资源和外部测试资源协同完成的测试项目应进行内外协同测试设计，并具有自动测试功能；

（2）机内测试软件应提供外部测试资源的接口驱动程序和应用软件；

（3）内外协同的测试功能设计应包括外部测试资源的硬件接口设计。

7. 外部测试设计准则

设计准则如下：

（1）应根据测试性需求分析确定外部测试项目；

（2）外部测试资源的指标应满足外部测试项目的功能、性能和测试精度要求；

（3）分系统应开展外部测试接口设计，为连接外部测试资源提供适当的测试接口；

（4）应根据外部测试需求，开展测试电缆、测试光缆或其他必需的连接附件的设计。

8. BIT 信息采集设计准则

（1）分系统 BIT 采集到的状态信息应上报给测试和健康管理分系统集中处理；

（2）通过标准总线和通信接口采集硬件状态和软件状态信息。

4.5 指标 BIT 设计

机内测试设计的输入要求来自测试性需求分析的输出，包括指标测试性需求分析的输出要求和机内测试项目需求分析的输出要求。机内测试设计任务是针对各项机内测试项目开展机内测试方案设计。

4.5.1 阵面内监测

1. 内监测原理

模拟相控阵内监测原理如图 4-2 所示。在 T/R 组件和天线单元之间插入定向耦合器，所有耦合器的输出信号经监测网络合成后连接到监测组件。阵面 T/R 组件的每个通道设定唯一的编号（称为用户 ID 号），监测时根据 ID 号选择被测试通道，被测试通道正常工作，其余通道设置到负载状态。

发射监测时，被测试通道的输出信号经定向耦合器耦合的信号经监测网络传输至监测组件，通过开关切换进入接收机通道，经接收机的下变频和 A/D 变换后传送至信号处理和数据处理，测试的幅度和相位信息送至显控终端显示。逐一测试每个通道，得到每个发射通道的幅度和相位测试数据（A_{mn}, ϕ_{mn}）。

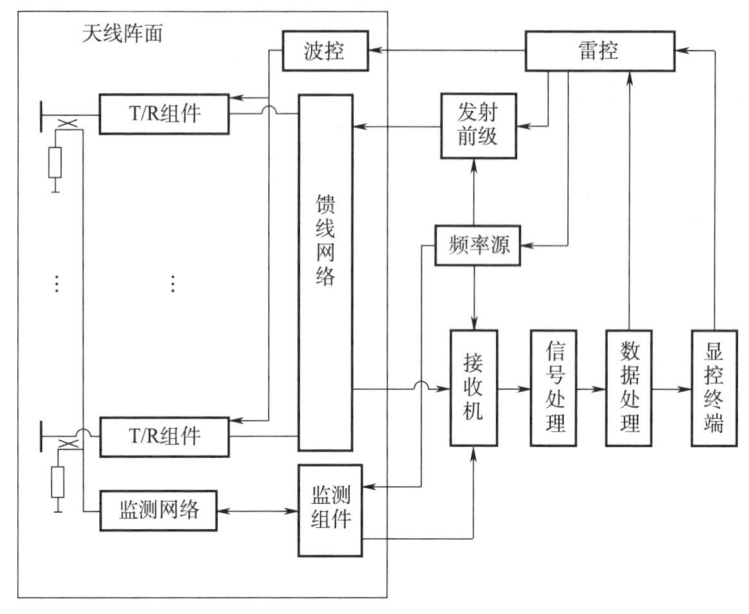

图 4-2 模拟相控阵内监测原理框图

接收监测时，选择被测试通道，频率源输出设定频率的测试信号，经监测组件放大后送入监测网络，经定向耦合器后进入 T/R 组件的接收通道，被测通道接收测试信号，将未被测试的通道设置到负载状态，经接收机的下变频和 A/D 变换后送至信号处理和数据处理分系统，测试的幅度和相位信息送至显控终端显示。逐一测试每个通道，得到每个接收通道的幅度和相位测试数据（A_{mn}，ϕ_{mn}）。

2. 内监测网络校准

机内测试中，各射频通道的测试幅度和相位数据（A_{mn}，Φ_{mn}）包含内监测网络幅相特征，并不能直接用于方向图计算。当通道数较少时，可以直接测试得到监测网络幅相特性；但相控阵雷达 T/R 单元数通常以数百、数千甚至数万计，使用间接方法测量出监测网络幅相特性（A'_{mn}，Φ'_{mn}）是提高效率的必要手段。常用的测试方法有口径场校准法、中场校准法等，应根据雷达本身特点和任务要求，选择合适的校准方案。

口径场校准原理如图 4-3 所示。天线阵面架设在暗室内，被测阵面与平面近场扫描架扫描平面平行，垂直距离为 $1\lambda \sim 3\lambda$。显控终端发送控制指令至伺服机柜，伺服机柜驱动探头移动至被测天线单元正对位置，监测组件切换至外部测试口。

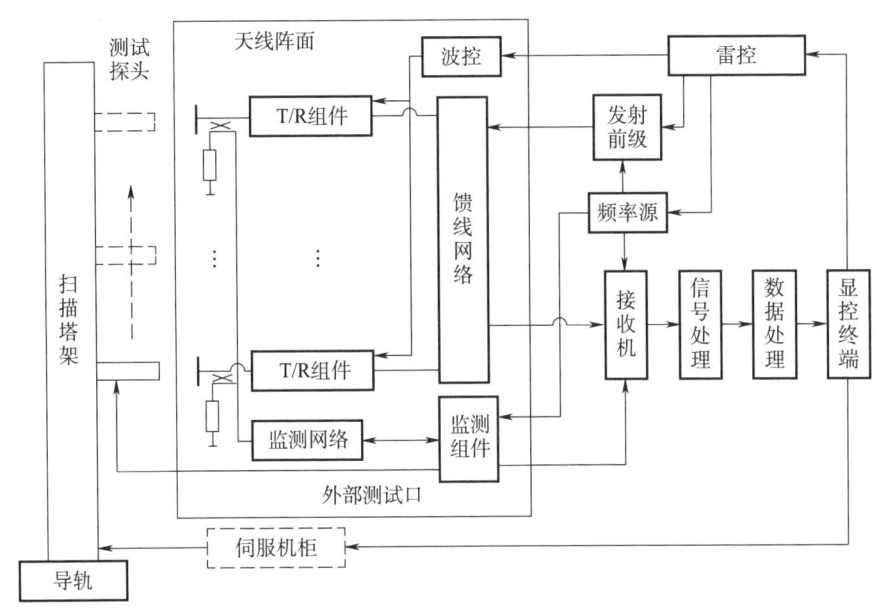

图 4-3 口径场校准原理框图

监测网络幅相获取通常分三个步骤进行。

(1) 设置测试频点，通过内监测网络测试接收通道幅相分布数据，标记为 (A_{mn}^s, Φ_{mn}^s)；

(2) 在显控终端控制界面，发送控制指令依次将探头对准天线单元，同时控制 T/R 组件内开关，开启相应射频通道，测试此时各射频通道的幅相特性 (A_{mn}^0, Φ_{mn}^0)；

(3) 监测网络的幅相特性计算。通过式（4-1）计算出监测网络的幅相特性 (A_{mn}', Φ_{mn}')：

$$\begin{cases} A_{mn}' = A_{mn}^s - A_{mn}^0 \\ \Phi_{mn}' = \Phi_{mn}^s - \Phi_{mn}^0 \end{cases} \quad (4-1)$$

改变工作频率，重复上述步骤可得到其他频点监测网络数据。

口径场校准数据生成步骤如下。

(1) 将该数据和标准参考权值 $(A_{mn}^{ref}, \phi_{mn}^{ref})$ 相比较，生成通道校准数据；

$$\begin{cases} \Delta A_{mn}^0 = A_{mn}^0 - A_{mn}^{ref} \\ \Delta \Phi_{mn}^0 = \Phi_{mn}^0 - \Phi_{mn}^{ref} \end{cases} \quad (4-2)$$

(2) 在后期更换 T/R 组件或子阵组件时，通过内监测网络进行接收或发射通道幅相数据监测，标记为 (A_{mn}, Φ_{mn})，则通过式（4-3）进行误差计算：

$$\begin{cases} \Delta A_{mn} = A_{mn} - A'_{mn} \\ \Delta \Phi_{mn} = \Phi_{mn} - \Phi'_{mn} \end{cases} \quad (4-3)$$

（3）在进行指标测试时，在修正值起效的情况下，通过内监测得到每个通道幅相数据（A_{mn}^1，Φ_{mn}^1）。根据式（4-4）计算得到每个通道幅度和相位（A_{mn}^{1t}，Φ_{mn}^{1t}）：

$$\begin{cases} A_{mn}^{1t} = A_{mn}^1 - A'_{mn} \\ \Phi_{mn}^{1t} = \Phi_{mn}^1 - \Phi'_{mn} \end{cases} \quad (4-4)$$

式中，（A'_{mn}，Φ'_{mn}）为监测网络的幅相特性。

可由式（4-5）计算得到阵面各通道复电流分布 a_{mn}，然后根据 4.5.4 节内容计算方向图参数。

$$a_{mn} = A_{mn}^{1t} \exp(\mathrm{j}\Phi_{mn}^{1t}) \quad (4-5)$$

4.5.2 阵面外监测

1. 外监测原理

外监测方法是在阵面外部放置测试天线，照射整个阵面通过逐路测试方法，获得每个通道幅度和相位信息（A_{mn}，Φ_{mn}），扣除幅相程差后通过计算获得阵面方向图。

模拟相控阵外监测原理如图 4-4 所示。接收外监测时，由频率源产生监测信号，通过监测组件将信号进一步放大，照射整个阵面。阵面各 T/R 组件采用逐通道测试模式，当被测接收通道工作时，其他接收通道处于负载状态，被测信号进入接收机，在接收机内完成下变频、滤波和 A/D 变换，测试结果送至显控终端处理。

除射频信号传输方向不同，发射外监测原理同接收监测。发射外监测时，由频率源产生的激励信号传送至发射前级，经放大后的激励信号经馈线网络传送至每个 T/R 组件，被测试通道正常发射，其余通道处于负载状态且不发射信号；监测天线接收到信号后经电缆传输至监测组件，并经信号调整后，传送至接收机，进行下变频和 A/D 变换后，通过信号处理，传送至数据处理计算机，计算幅度和相位信息后显示在终端计算机。发射外监测计算过程同接收监测。

与内监测相比，外监测信号通过空间传输代替内监测网络传输。

2. 外监测步骤

1）架设测试天线

按垂直方式架设阵面；测试天线架设于阵面前方 2 倍口径距离处，与阵面中心同高，处于其法向；以阵面中心为原点，水平方向为 x 轴，俯仰方向为 y 轴，法向为 z 轴建立坐标系；测试天线和阵面单元同极化放置。通过全站仪测得测试天线中心相对阵面坐标系的三维坐标（x_h，y_h，z_h）。则阵面第 m 行 n 列单元坐标表示为（x_{mn}，y_{mn}，z_{mn}），对于平面阵列有 $z_{mn}=0$。通过式（4-6）计算得到 R_{mn}：

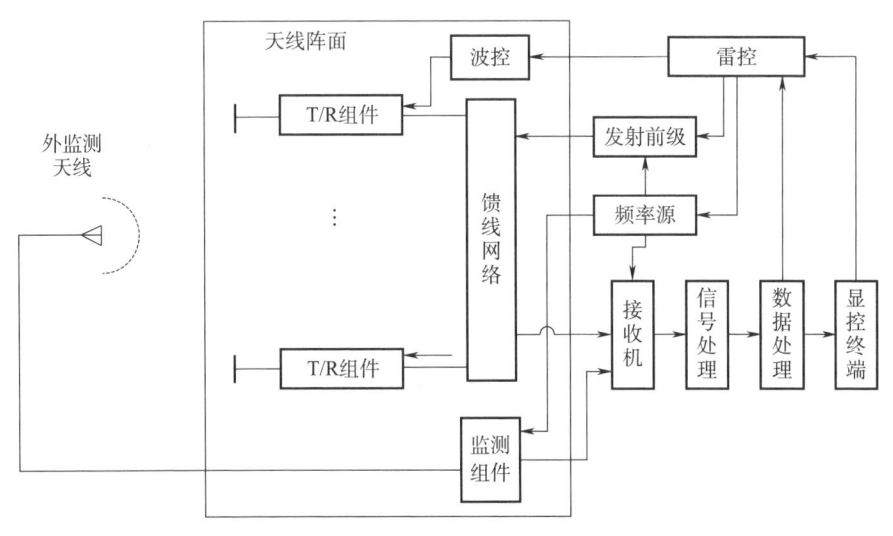

图 4-4　模拟相控阵外监测原理框图

$$R_{mn} = \sqrt{(x_{mn}-x_h)^2+(y_{mn}-y_h)^2+(z_{mn}-z_h)^2} \quad (4-6)$$

计算各天线单元和测试天线之间对应的（θ_{mn}^{t}，ϕ_{mn}^{t}）和（θ_{mn}^{r}，ϕ_{mn}^{r}），代入收发天线方向性增益曲线，通过查表法计算 G_t（θ_{mn}^{t}，ϕ_{mn}^{t}）和 G_r（θ_{mn}^{r}，ϕ_{mn}^{r}）。

空间电压传输系数 S_{mn}^{E} 按照式（4-7）计算：

$$S_{mn}^{E}=A_{mn}^{E}\exp(j\Phi_{mn}^{E}) \quad (4-7)$$

2）逐路测试

第 m 行 n 列单元幅相数据（A_{mn}^{0}，Φ_{mn}^{0}）包含空间传输系数（A_{mn}^{E}，Φ_{mn}^{E}）和各通道自身幅相特性（A_{mn}^{0t}，Φ_{mn}^{0t}），则各通道复传输信号 $a_{mn}^{0t}=A_{mn}^{0t}\exp(j\Phi_{mn}^{0t})$ 由式（4-8）计算：

$$\begin{cases}A_{mn}^{0t}=A_{mn}^{0}-A_{mn}^{E}\\ \Phi_{mn}^{0t}=\Phi_{mn}^{0}-\Phi_{mn}^{E}\end{cases} \quad (4-8)$$

3）将该各通道数据归一化数据和标准参考权值（A_{mn}^{ref}，ϕ_{mn}^{ref}）相比较，生成通道校准数据：

$$\begin{cases}\Delta A_{mn}^{0t}=A_{mn}^{0t}-A_{mn}^{\text{ref}}\\ \Delta \Phi_{mn}^{0t}=\Phi_{mn}^{0t}-\Phi_{mn}^{\text{ref}}\end{cases} \quad (4-9)$$

在进行指标测试时，在修正值起效的情况下，通过外监测得到每个通道幅相数据（A_{mn}^{1}，Φ_{mn}^{1}）。根据式（4-10）计算得到每个通道幅度和相位（A_{mn}^{1t}，Φ_{mn}^{1t}）：

$$\begin{cases} A_{mn}^{1t} = A_{mn}^{1} - A_{mn}^{E} \\ \varPhi_{mn}^{1t} = \varPhi_{mn}^{1} - \varPhi_{mn}^{E} \end{cases} \quad (4-10)$$

式中，$(A_{mn}^{E}, \varPhi_{mn}^{E})$ 为空间传输的幅相特性。

可由式（4-11）计算得到阵面各通道复电流分布 a_{mn}，然后根据 4.5.4 节计算方向图参数。

$$a_{mn} = A_{mn}^{1t} \exp(\mathrm{j}\varPhi_{mn}^{1t}) \quad (4-11)$$

3. 外监测测试天线的使用要求

如图 4-5 所示，外监测时，测试天线应满足下列两个条件：

（1）测试天线和阵中任一单元距离满足远场条件（$R_i \geq \dfrac{2L}{\lambda}$，其中 L 为阵中单元最大尺寸，λ 为工作波长）；

（2）测试天线的 3dB 波束宽度覆盖整个阵面，且其坐标在任一阵中单元 3dB 波束张角内。

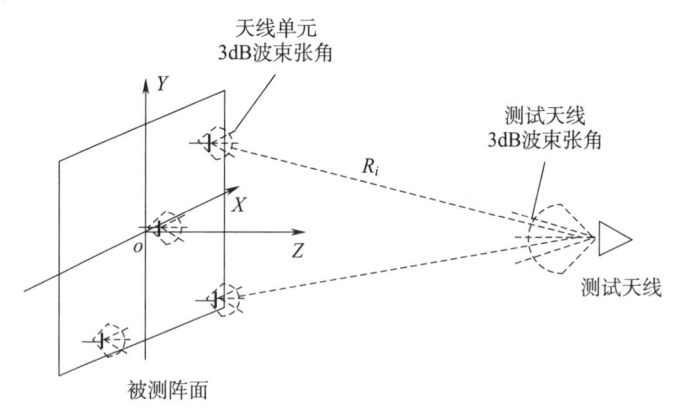

图 4-5 测试天线和阵面内单元关系图

以阵面中心为坐标原点建立平面直角坐标系，以方位面为 X 轴，俯仰面为 Y 轴，辐射方向为 Z 轴，测试天线应尽可能处于法向位置，距离阵面垂直距离为 1~5 倍的口径尺寸。通过全站仪光学标校方式得到测试天线三维坐标，可计算出测试天线至第 m 行 n 列单元的距离 R_{mn}。

测试天线和阵中单元满足远场条件，在 3dB 波束宽度内，两者均可看作点源，且其辐射电磁波相位波前沿球面传播。当信号经测试天线辐射，第 m 行 n 列天线单元接收到的电场 E_{mn} 可用式（4-12）表示（当信号反方向传输时亦然）：

$$E_{mn} = \sqrt{\eta P_{mn}^{r}} \exp(-\mathrm{j}kR_{mn}) \quad (4-12)$$

式中，η 为空间波阻抗；P_{mn}^{r} 为第 m 行 n 列单元接收到的辐射功率；空间波数 $k = \dfrac{2\pi}{\lambda}$，$\lambda$ 为工作波长；R_{mn} 表示第 m 行 n 列单元至测试天线之间的直线距离。

大型阵面各单元辐射环境基本相同（大型相控阵中，边缘单元效应可忽略），其辐射特性可看作相似元，则第 m 行 n 列单元的接收功率 P_{mn}^r 可参照弗里斯（Friis）公式计算，如式（4-13）所示：

$$P_{mn}^r = P_t G_t(\theta_{mn}^t, \phi_{mn}^t) G_r(\theta_{mn}^r, \phi_{mn}^r) \left(\frac{\lambda}{4\pi R_{mn}}\right)^2 \quad (4-13)$$

式中，P_t 为测试天线发射功率；$G_t(\theta_{mn}^t, \phi_{mn}^t)$ 为测试天线看向第 m 行 n 列单元的方向性增益；$(\theta_{mn}^t, \phi_{mn}^t)$ 为测试天线至该单元的空间指向角；$G_r(\theta_{mn}^r, \phi_{mn}^r)$ 为阵中第 m 行 n 列单元的方向性增益；$(\theta_{mn}^r, \phi_{mn}^r)$ 为该单元至测试天线的空间指向角；λ 为工作波长。

测试天线输入功率为定值，在式（4-7）中两端除以发射功率 P_t，可得到各单元功率的传输系数 S_{mn}^P：

$$S_{mn}^P = G_t(\theta_{mn}^t, \phi_{mn}^t) G_r(\theta_{mn}^r, \phi_{mn}^r) \left(\frac{\lambda}{4\pi R_{mn}}\right)^2 \quad (4-14)$$

考虑传输相位传播，则空间电压传输系数 S_{mn}^E 为

$$S_{mn}^E = \sqrt{S_{mn}^P} \exp(-jkR_{mn}) \quad (4-15)$$

4. 提高外监测精度的方法

采用中场法校准，仅需要较少的资源，就可以高效率完成各射频通道的诊断和校准，因此在工程上获得了越来越广泛的应用。采用中场法接收校准时，全阵各单元同时接收测试天线辐射信号，当隔离度有限时，非被测通道信号将产生"漏信号"，为抑制该干扰信号，提高测试精度，专家和学者研究了多种方法，反相法是其中效率较高的一种方法。

采用中场法对接收通道进行测试时，测试天线辐射信号被全阵各通道接收，被测通道处于正常接收状态，其余通道三态开关处于匹配负载状态。在阵面接收网络输出端，除系统噪声信号，还包括其余通道的由于开关隔离度不理想而泄漏至网络输出端的信号（称为"漏信号"），如图 4-6 所示。为简化公式表示，各射频通道编号为 1~N，图中第 n 个通道为正常测试信号，其余通道为"漏信号"（图 4-6 中虚线所示）。

第 n 通道工作时，合成网络输出的复信号 $\overline{S}_n(t)$ 如式（4-16）所示：

$$\overline{S}_n(t) = A_n \exp[j(\omega t + \Phi_n)] + \sum_{i \neq n}^N a_i A_i [j(\omega t + \varphi_i + \Phi_i)] + N(t) \quad (4-16)$$

式中，A_n 为被测通道的初始幅度；Φ_n 为被测通道的初始相位；A_i 为非被测通道的初始幅度分布；a_i、φ_i 分别为非被测通道的幅度衰减因子和相位因子；ω 为信号载频；$N(t)$ 为系统随机噪声。

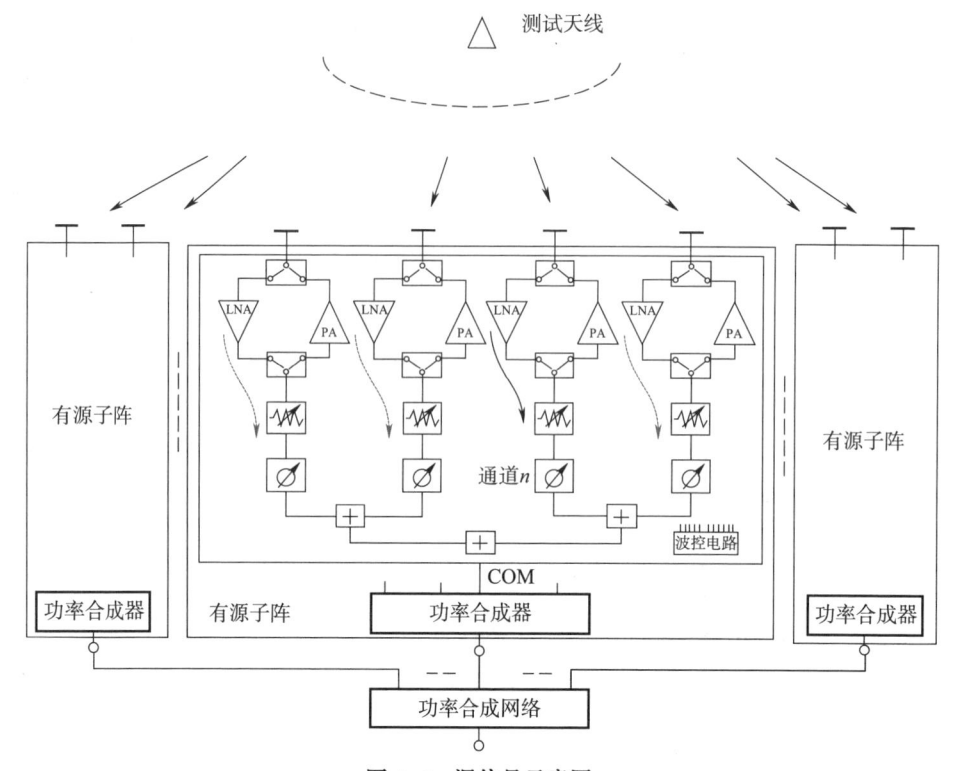

图 4-6 漏信号示意图
LNA：低噪放；PA：功率放大器

$N(t)$ 主要来源于天线的热噪声、电阻噪声，当使用雷达接收机处理接收信号时，还应当包含接收机噪声。$N(t)$ 符合高斯分布特征，可通过多点求均值方式进行抑制至可忽略的程度。

不失一般性，将式（4-16）中的 $N(t)$ 忽略（已通过均值法进行处理），同时忽略载频信号，可表示为

$$\overline{S}_n = A_n \exp(j\Phi_n) + B_n \exp(j\Phi_{B_n}) \qquad (4-17)$$

式中，$\overline{S}_n$ 表示第 n 通道测试时得到的合成信号复矢量；$A_n \exp(j\Phi_n)$ 为第 n 通道的初始复矢量，即待测初始幅相信息；$B_n \exp(j\Phi_{B_n}) = \sum_{i \neq n}^{N} a_i A_i [j(\varphi_i + \Phi_i)]$，为除被测通道外，其他通道漏信号的合成信号。

式（4.17）中，利用相控阵单元单独可控特点，将被测通道信号反相180°，则有

$$\overline{S}'_n = A_n \exp(j\Phi_n) \exp(j\pi) + B_n \exp(j\Phi_{B_n}) = -A_n \exp(j\Phi_n) + B_n \exp(j\Phi_{B_n})$$
$$(4-18)$$

如图 4-7 所示，通道 n 的初始幅相复矢量表示为 $\overline{A}_n$，漏信号复矢量表示为 $\overline{B}_n$，

合成信号表示为复矢量 $\bar{S}_n$；通道 n 的反相复矢量为 $-\bar{A}_n$，和漏信号 $\bar{B}_n$ 的合成矢量表示为 $\bar{S}'_n$。

将式（4-17）和式（4-18）并适当变换可得第 n 通道复矢量 $A_n\exp(\mathrm{j}\varPhi_n)$ 可表示为式（4-19）：

$$A_n\exp(\mathrm{j}\varPhi_n)=\frac{\bar{S}_n-\bar{S}'_n}{2} \qquad (4-19)$$

则第 n 通道的初始幅度和相位为

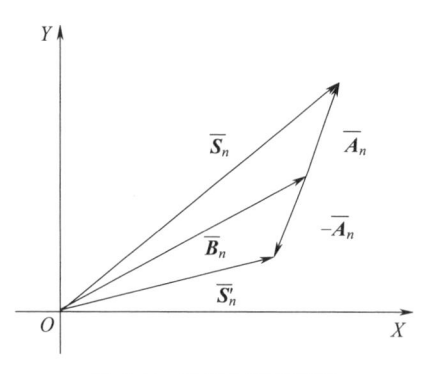

图 4-7 反相法原理框图

$$\begin{cases} A_n=\mathrm{abs}(\bar{S}_n-\bar{S}'_n)/2 \\ \varPhi_n=\mathrm{angle}(\bar{S}_n-\bar{S}'_n) \end{cases} \qquad (4-20)$$

将式（4-17）和式（4-18）相加并作适当变换可得第 n 通道测试时漏信号的复矢量 $B_n\exp(\mathrm{j}\varPhi_{B_n})$：

$$B_n\exp(\mathrm{j}\varPhi_{B_n})=\frac{\bar{S}_n+\bar{S}'_n}{2} \qquad (4-21)$$

同理，第 n 通道漏信号幅度和相位表示为

$$\begin{cases} B_n=\mathrm{abs}(\bar{S}_n+\bar{S}'_n)/2 \\ \varPhi_{B_n}=\mathrm{angle}(\bar{S}_n+\bar{S}'_n) \end{cases} \qquad (4-22)$$

反相法利用相控阵天线单路可控的特点，当移相器 180° 移相位存在误差时，利用式（4.20）计算得到的通道幅相绝对值误差为该移相位幅相误差一半，当移相器一致性高时，通道间的相对误差将更低。

除反相法外，日本学者 Seji Mano 等提出了旋转单元电量矢量（REV）法，通过测量合成信号幅度随单个天线单元相位的变化曲线，计算出每个单元通道的幅相值。但在实际应用中，若阵列单元数较多，单个单元相位变化引起合成矢量幅度变化不明显，测量精度受限，测量效率不高。换相法是俄罗斯科学家在 20 世纪 80 年代中后期研究的相控阵测量方法，其基本思想是在测试探头相对阵面固定的情况下，测量相控阵天线在不同配相状态下的各通道激励幅相，通过矩阵运算得到任意配相状态下各通道的激励幅相，从而进行故障定位和方向图计算。该方法的缺点是当阵面存在故障通道时，计算系数矩阵是不满秩的，结果出现多值性，从而出现定位错误，需要增加经验信息，提高定位精度。

4.5.3 监测组件设计

模拟阵监测组件工作原理如图 4-8 所示。

接收通道监测时，雷达信号源产生的监测信号经开关切换至监测组件，通过监测组件内功放放大后传送至监测天线或监测网络，再传导至每个接收单元。通常根据 T/R 组件接收支路 $P_{T/R,-1dB}$（T/R 组件接收支路的 1dB 压缩点）和监测信号传输路径确定监测组件最大输出功率，最大测试信号低于 $P_{T/R,-1dB}$ 值 3~5dB 为宜。

发射监测时，经传输路径损耗后，监测信号需进一步衰减至接收机的输入功率 $P_{R,-1dB}$（接收机的 1dB 压缩点）下 3~5dB 为宜。当全阵发射工作时，应考虑传输路径上全部合成功率不超过监测组件耐功率。另外，监测组件自身也需要进行测试性设计。

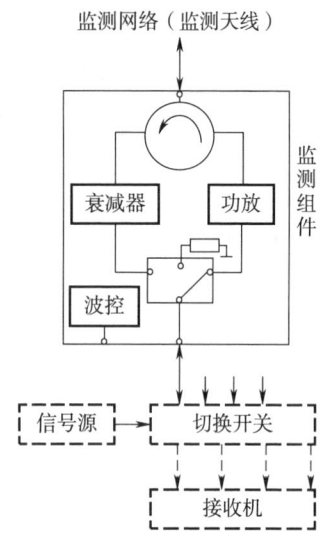

图 4-8　模拟阵监测组件工作原理

4.5.4　指标计算方法

通过内监测或外监测方法可获得阵面各射频通道的幅相权值 a_{mn}，根据相控阵天线方向图函数计算场方向图 $E(\theta,\phi)$：

$$E(\theta,\phi) = \eta_e f_e(\theta,\phi) \sum_{m=1}^{M} \sum_{n=1}^{N} a_{mn} \exp\{jk[mdx(u-u_0) + ndy(v-v_0)]\} \quad (4-23)$$

式中，η_e 为单元辐射效率；$f_e(\theta,\phi)$ 为当前频点阵中天线单元方向图函数；自由空间波数 $k=\dfrac{2\pi}{\lambda}$，λ 为当前工作频率波长；dx 和 dy 分别为水平和俯仰方向的单元间距；a_{mn} 代表第 m 行第 n 列天线单元复权值；$u=\sin\theta\cos\phi$，$v=\sin\theta\sin\phi$，$u_0=\sin\theta_0\cos\phi_0$，$v_0=\sin\theta_0\sin\phi_0$，$(\theta,\phi)$ 为球坐标系下的方向角，(θ_0,ϕ_0) 为波束指向角。

式（4-23）中，λ、dx、dy 和 (θ_0,ϕ_0) 均为已知常数，η_e 和 $f_e(\theta,\phi)$ 均可在研制阶段通过天线单元阵试验中确定。阵列方向图可通过计算得到，如图 4-9 所示的归一化接收波束方向图。

（1）天线增益。根据场方向图可利用积分法计算天线增益：

$$G(\theta,\phi) = \dfrac{4\pi S(\theta,\phi)}{\int_{\Omega} S(\theta,\phi) d\Omega} \quad (4-24)$$

其中，功率方向图按式（4-25）计算：

$$S(\theta,\phi) = \dfrac{|E(\theta,\phi)|^2}{\eta} \quad (4-25)$$

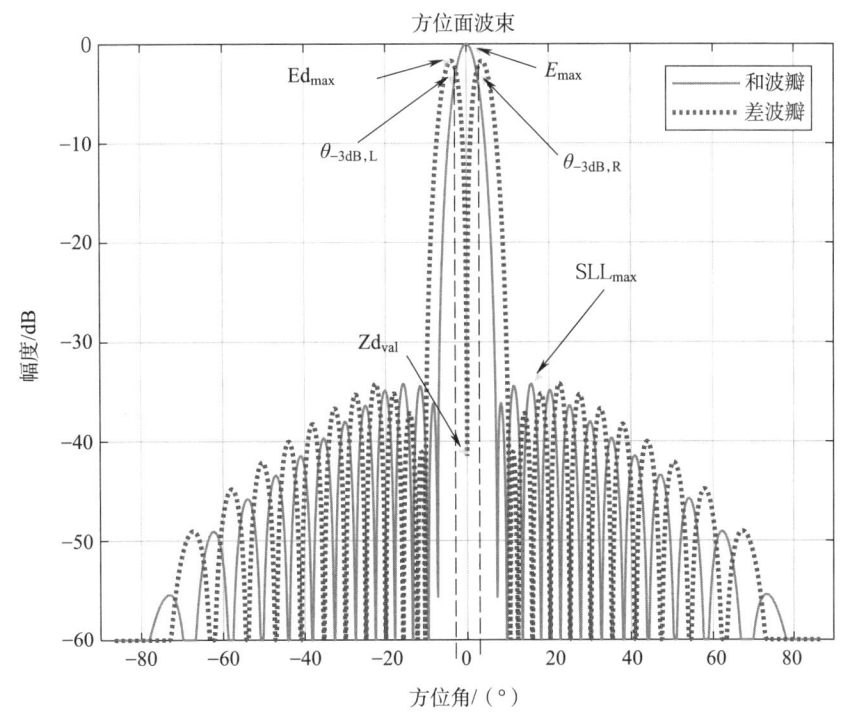

图 4-9 典型接收波束方向图

式中，η 为空间波阻抗。

式（4-24）中分母的积分式可表示为

$$\int_\Omega S(\theta,\phi)\mathrm{d}\Omega = \int_0^{2\pi}\mathrm{d}\phi\int_0^\pi \mathrm{d}\theta S(\theta,\phi)\sin\theta \qquad (4-26)$$

通常，不指明（θ，ϕ），阵面增益指最大增益：

$$G_0=\max[G(\theta,\phi)] \qquad (4-27)$$

（2）波束宽度。从归一化和波瓣图可观察得到主瓣顶点两侧下降 3dB 的对应角度值 $\theta_{-3\mathrm{dB,L}}$ 和 $\theta_{-3\mathrm{dB,R}}$，则 3dB 波束宽度 $\theta_{-3\mathrm{dB}}$ 按照式（4-28）计算：

$$\theta_{-3\mathrm{dB}}=\theta_{-3\mathrm{dB,R}}-\theta_{-3\mathrm{dB,L}} \qquad (4-28)$$

（3）峰值副瓣。除主瓣以外波瓣均为副瓣，其中幅度最大的副瓣和主瓣最大值差值为峰值副瓣电平（单位为 dB），按式（4-29）计算：

$$\mathrm{SLL}=\mathrm{SLL}_{\max}-E_{\max} \qquad (4-29)$$

（4）差波束零值深度。差波束最大电平 $\mathrm{Ed}_{\max}$ 与差波束中心最小电平 $\mathrm{Zd}_{\mathrm{val}}$ 之比的分贝数（dB）。差波束零值深度 Zd_0 按式（4-30）计算：

$$\mathrm{Nd}_0=\mathrm{Zd}_{\mathrm{val}}-\mathrm{Ed}_{\max} \qquad (4-30)$$

4.6 内外协同测试设计

内外协同测试的目的是通过一体化设计将机内测试资源和外部测试资源融为一体，解决机内测试资源不足的问题。由于雷达机内测试资源的配置受到测试设备的成本、重量、尺寸等因素制约，因此部分测试资源需要以外部配置的方式使用。与外部测试不同，内外协同测试需要对内外测试资源进行一体化的硬件设计和软件设计。

发射链路频谱内外协同测试原理如图 4-10 所示。测试计算机发送通道发射指令，该通道正常发射，其余通道处于匹配负载状态，该信号经耦合器耦合后进入监测网络，通过衰减器进入频谱仪，测试计算机将该数据读取并存储，可分析出是否有异常频谱分量，逐路测试完成所有发射通道的频谱测试。

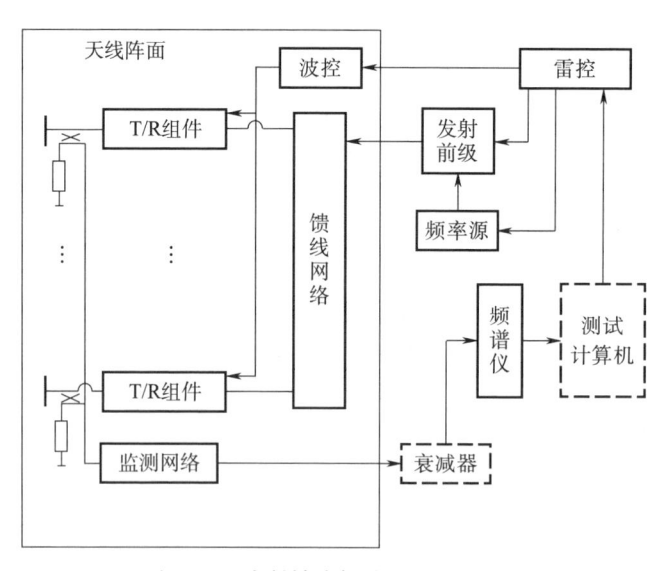

图 4-10 发射链路频谱测试原理框图

4.7 测试点和观测点设计

4.7.1 测试点设计

测试点设计的目的是为机内测试、协同测试和外部测试等测试项目确定测试信号注入位置、输出信号采样点位置和测试点接口连接方式。

需要针对每个测试项目开展测试点设计,测试点设计应遵守测试点设计准则,指标机内测试、协同测试和外部测试的测试点设计方法如下。

1. 指标机内测试的测试点

天线阵面分系统指标机内测试点通常选在天线单元和 T/R 组件之间定向耦合的耦合端口,基本上可对除天线单元外全射频链路进行测试。

2. 协同测试的测试点

在分系统协同测试中,测试点位于监测网络输入口。阵面输出的信号经接收机等其他分系统采集到的输出数据送至测试和健康管理分系统进行指标计算分析。

在内外协同测试中,测试端口在辐射单元前方(近场、中场、远场分别对应不同的测试项目),输出信号的采集与指标机内测试相同。

3. 外部测试的测试点

外部测试的测试点可以是专用测试点,也可以是共用测试点。当使用共用测试点时,需要把被测信号的测试点连接电缆或光缆断开,然后通过测试电缆或光缆连接到外部测试设备。

4.7.2 观测点设计

观测点设计的输入要求主要来自故障检测和故障隔离需求分析的状态指示灯需求。

状态指示灯一般用于电源模块无输出、接口不通、程序加载失败等故障的检测。阵面中的 LRU 主要是通过发光二极管指示模块的工作状态。

观测点设计对评估系统状态有较好的作用,可以通过模块面板上的指示灯,快速判断模块的供电、程序加载、模块故障等状态。

天线阵面中 LRU 的常见指示灯设计示例见表 4-7。

表 4-7 天线阵面中 LRU 的常见指示灯设计示例

序号	LRU 名称	指示灯名称	备注
1	T/R 组件	电源指示灯	指示组件电源状态
		状态指示灯	指示发射状态、接收状态
		故障指示灯	指示组件出现故障
2	波控组合	电源指示灯	指示模块已加电
		故障指示灯	指示程序加载失败等故障
3	电源	输入状态指示灯	指示模块已加电
		输出状态指示灯	指示输出状态
		温度指示灯	指示模块温度异常

4.8 BIT 信息采集

阵面 BIT 信息采集的原理如图 4-11 所示。

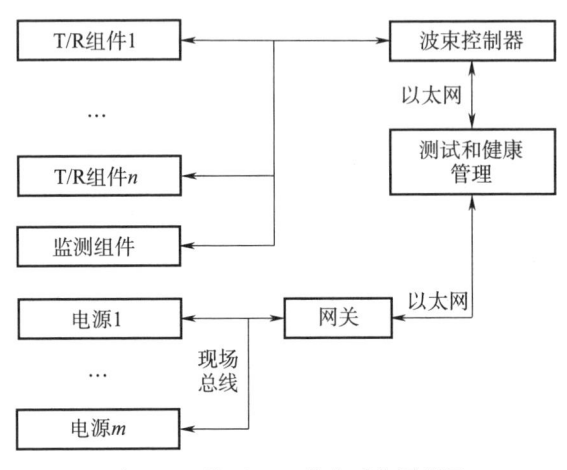

图 4-11 阵面 BIT 信息采集原理图

波束控制器采集 T/R 组件、监测组件的 BIT 信息，并通过以太网发送给测试和健康管理分系统。电源模块的 BIT 信息通过现场总线发送到网关，由网关转换为以太网报文后送至测试和健康管理分系统。

4.9 外部测试设计

外部测试设计是为了满足测试性需求分析结果中的外部测试需求。外部测试用于机内测试资源未覆盖的测试项目及对测试精度有更高要求的指标测试。外部测试设计内容包括测试资源选型和外部测试接口设计。

4.9.1 测试资源选型

应结合具体测试要求，合理选择测试资源。天线阵面分系统所需的外部测试项目、测试资源需求和测试方法示例见表 4-8。

表 4-8 外部测试项目、测试资源需求和测试方法示例

序号	测试项目	测试资源需求	测试方法
1	发射波瓣	波瓣测试仪	远场区、中场区、近场区
2	接收波瓣	远场和近场测试设备	远场区、中场区、近场区
3	轴比	标准喇叭、频谱仪	远场区
4	极化	标准喇叭、频谱仪	远场区
5	发射通道校准	波瓣测试仪	远场区、中场区、近场区
6	接收通道校准	远场和近场测试设备	远场区、中场区、近场区
7	波束控制器的输出信号	示波器	

4.9.2 外部测试接口设计

外部测试接口通常包含电源测试接口、波控测试接口、射频测试接口等。模拟相控阵天线外部测试接口示例如表 4-9 所示。

表 4-9 模拟阵天线外部测试接口示例

序号	接口特性	接口类型	接口形式
1	接收网络输出	射频接口	N 型、SMA 型等
2	发射激励输入	射频接口	N 型、SMA 型等
3	电源输入	汇流排输入口	螺接、圆形插座等
4	波控输入/输出	控制	矩形多芯、圆形多芯插座等
5	CAN 网络信息汇总	BIT 信息输出	网口等
6	波控网络输出	BIT 信息输出	网口、串口

注：SMA 表示 subminiature version A。

4.10 天线测试方法

相控阵天线的波瓣测试是指远区自由空间天线方向图的测试。工作波长为 λ，最大口径为 D 的天线，依据和天线距离 R 划分为电抗近场区（$0<R \leqslant \lambda$）和辐射场区（$R>\lambda$）。辐射场区又分为辐射近场区（$\lambda<R \leqslant \dfrac{2D^2}{\lambda}$，又称菲涅耳区）和辐射远场区（$R > \dfrac{2D^2}{\lambda}$，又称夫琅禾费区）。如图 4-12 所示，不同测试场区对应不同的测试方法，如平面近场测试时探头和阵面之间的距离为 $3\lambda \sim 10\lambda$。

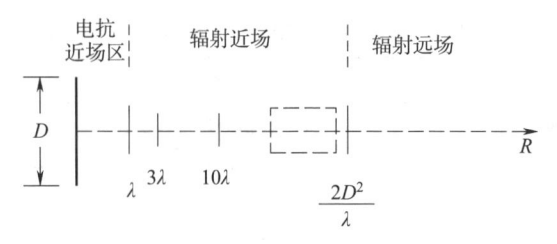

图 4-12 天线的场区划分

相控阵天线测试方法分类如图 4-13 所示：直接测试法直观、简明、数据处理工作量少；间接测试法一般比较复杂，测试数据量和处理数据量大。不同测试方法有各自的特点、适应性和局限性，应根据实际条件和需要合理选择测试方法。

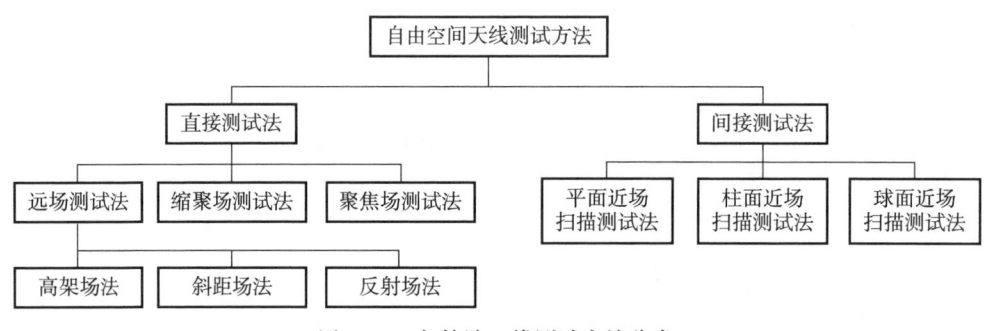

图 4-13 相控阵天线测试方法分类

4.10.1 天线远场测量

远场测试法主要包含高架场法、斜距场法和反射场法，如图 4-14 所示。高架场法将被测天线和测试天线架高以降低地面反射影响，可在暗室内或环境反射受控的室外。斜距场法将辐射天线架高，辅助天线的第一零点指向几何反射点，并在反射点处辐射吸波材料或多重金属反射屏。地面反射测试场主要适用于频率较低的宽波束天线的性能测试，测试场地的面反射系数幅值近似等于 1.0。

收发天线间距离 R 满足式（4-31）：

$$R > K \frac{2D^2}{\lambda} \qquad (4\text{-}31)$$

式中，D 为待测天线口径；λ 为工作频率；K 为大于 1 的常数。当 K 等于 1 时，源天线在阵面口径产生的球面相差 $\frac{\pi}{8}$，对 20dB 副瓣电平的测试误差约为 1dB，对方向性增益引起的误差约为 0.1dB；若要求 40dB 副瓣电平测试误差小于 1dB，则要求 $K=3$。

(a) 高架场法

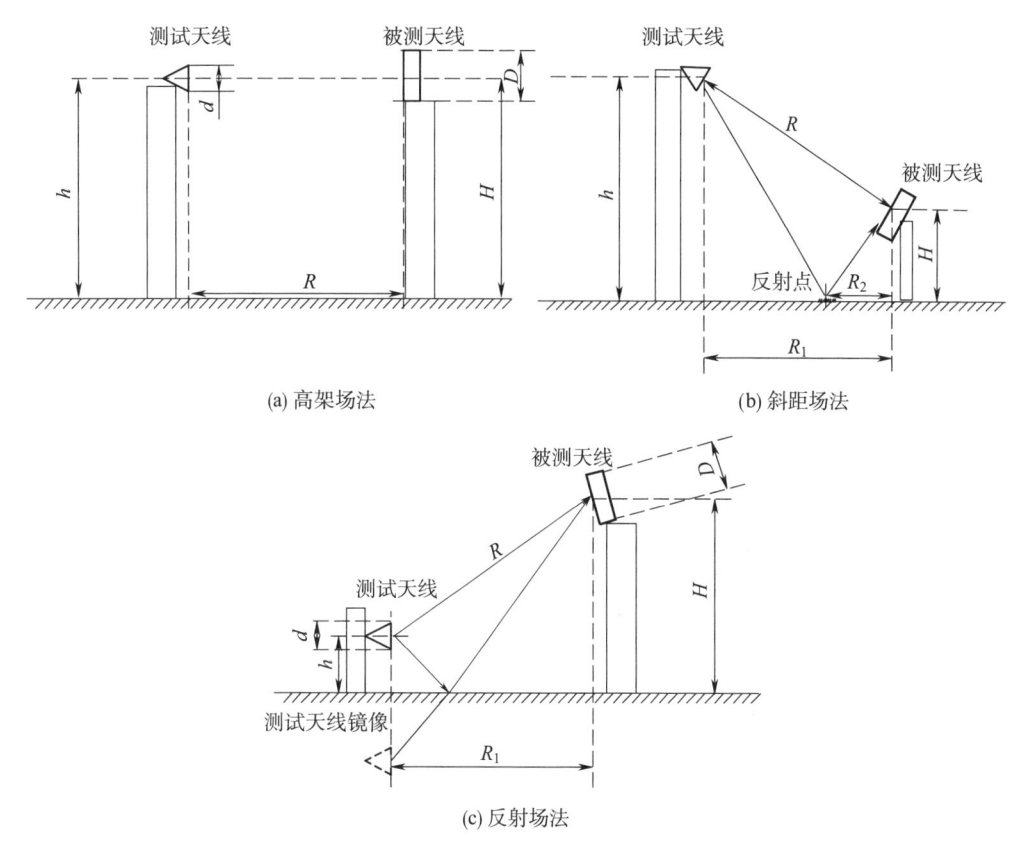

(b) 斜距场法

(c) 反射场法

图 4-14 几种远场测试的收发天线距离关系

小型的相控阵天线和无源天线测试方法相同，对准辅助天线后，在方位或俯仰面通过伺服转动被测天线，通过伺服输出角度值和对应天线输出的幅度值画出波瓣曲线。

大部分相控阵天线因规模、结构尺寸、安装平台等因素而无法转动，常采取电扫波瓣测试方法，测试框图如图 4-15 所示。

测试原理如下：相控阵天线阵面方向图函数为

$$E(\theta_0,\varphi_0) = f_e(\theta,\varphi) \sum_{m=1}^{M}\sum_{n=1}^{N} a_{mn}\exp\{jk_0[m\mathrm{d}x[-(u_0-u)+n\mathrm{d}y[-(v_0-v)]\}$$

（4-32）

式中，$k_0=\dfrac{2\pi}{\lambda_0}$，$\lambda_0$ 为当前工作频率波长；$f_e(\theta,\varphi)$ 为阵中单元方向图（大型等间距阵列中可看作相同）；$\mathrm{d}x$ 和 $\mathrm{d}y$ 分别为水平和垂直的单元间距；a_{mn} 代表第 m 行第 n 列天线单元复权值；$u=\sin\theta\cos\varphi$；$v=\sin\theta\sin\varphi$；$u_0=\sin\theta_0\cos\varphi_0$；$v_0=\sin\theta_0\sin\varphi_0$；$(\theta,\varphi)$ 为球坐标系下的指向角。

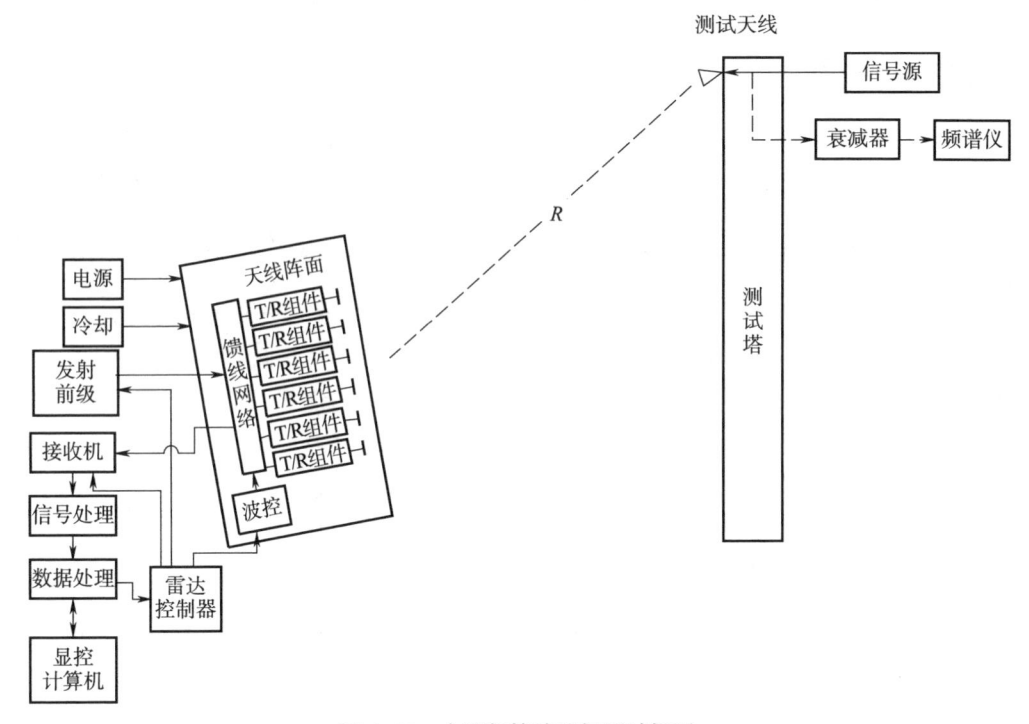

图 4–15　大型相控阵远场测试框图

常规的波瓣测试是固定波束指向（θ_0，φ_0），测试阵面前半空间的能量分布关系。扫描波瓣测试时，（θ，φ）为信号源方向，（θ_0，φ_0）为自变量，则控制 θ_0 步进变化（$\theta_0=0°$ 方位面扫描，$\varphi_0=90°$ 俯仰面扫描），实现波束扫描，如图 4–16 所示。扫描波瓣实际是天线阵面在不同波束指向上对准平面波的响应，考察式（4–32），在测试天线方向上，$f(\theta,\varphi)$ 为定值，$\theta_0=\theta$ 时，波束取最大值。扫描波瓣的自变量为 θ_0，因此和真实波瓣呈对称关系；在近区有较好的符合性，远区副瓣高于真实波瓣。

接收扫描波瓣的测试步骤如下：

（1）采用斜式测试场，被测阵面在地面安装，辅助天线在高塔安装，两者直线距离满足远场条件（根据被测天线副瓣电平确定）；

（2）阵面对准高塔上的辅助天线（尽可能处于较小范围内，否则考虑角度偏差影响），通过接收扫描波瓣确定两者之间方位角、俯仰角度的关系；

（3）辅助天线接标准信号源，发射频率和被测阵面相同，被测阵面工作在点频状态；

（4）在终端计算机控制阵面接收波束在方位面或俯仰面扫描，则阵面接收机输出（数字阵则为 DBF 合成信号幅度）为波瓣幅度。

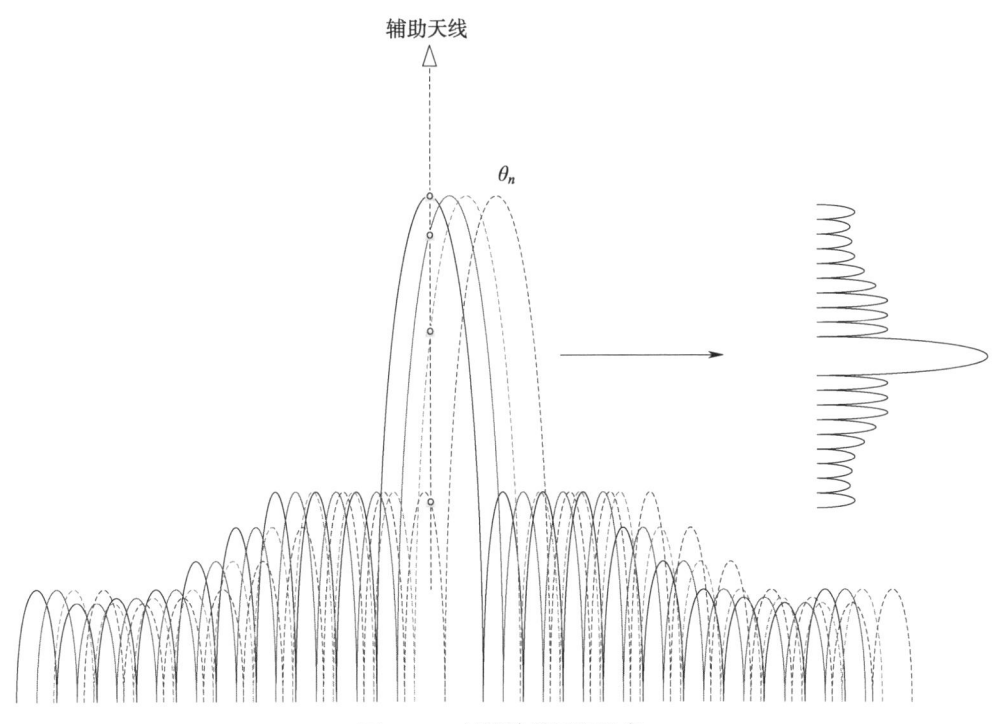

图 4–16 扫描波瓣原理示意

发射扫描波瓣的测试方法如下：
（1）在接收波瓣基础上，对准测试天线和辅助天线；
（2）辅助天线接电缆与合适的衰减器和频谱仪相连，频谱仪设置为零带宽；
（3）控制发射波瓣在方位面或俯仰面按步进移动；
（4）频谱仪输出的幅度变化则为发射波瓣。

当塔上测试设备通过光纤远程连接至雷达主机时，测试系统同步接收角度信息和频谱仪输出幅度信号，则可精确测试出发射波瓣的波束宽度信息；不同步时，则存在较大的角度误差。

数字阵远场测量原理同模拟阵，同样依靠雷达自有设备进行控制扫描。

4.10.2 天线近场测量

天线近场测量是指用一个特性已知的探头，在待测天线近场区扫描，测得扫描平面幅度和相位分布，通过近场/远场变换确定待测天线远场特性的间接测试方法。无源区任何单频电磁波都可表示为沿不同方向传播的一系列平面电磁波之和，只要知道了参与叠加的各个平面波复振幅与传播方向的关系，场的特性就可完全确定。

典型的模拟相控阵天线平面近场测试系统原理如图 4-17 所示。架设前确定扫描口径，确保探头方位和俯仰行程范围满足要求。架设后天线阵面平面和探头扫描平面保持平行，方位和俯仰间距 $dx \leq \dfrac{\lambda}{2}$，$dy \leq \dfrac{\lambda}{2}$；垂直距离 Δz 通常选择为 $3\lambda \sim 5\lambda$，扫描平面比阵面口径略大，一般四周均扩展 Δz 距离，低副瓣测试时，应相应扩展扫描口径。

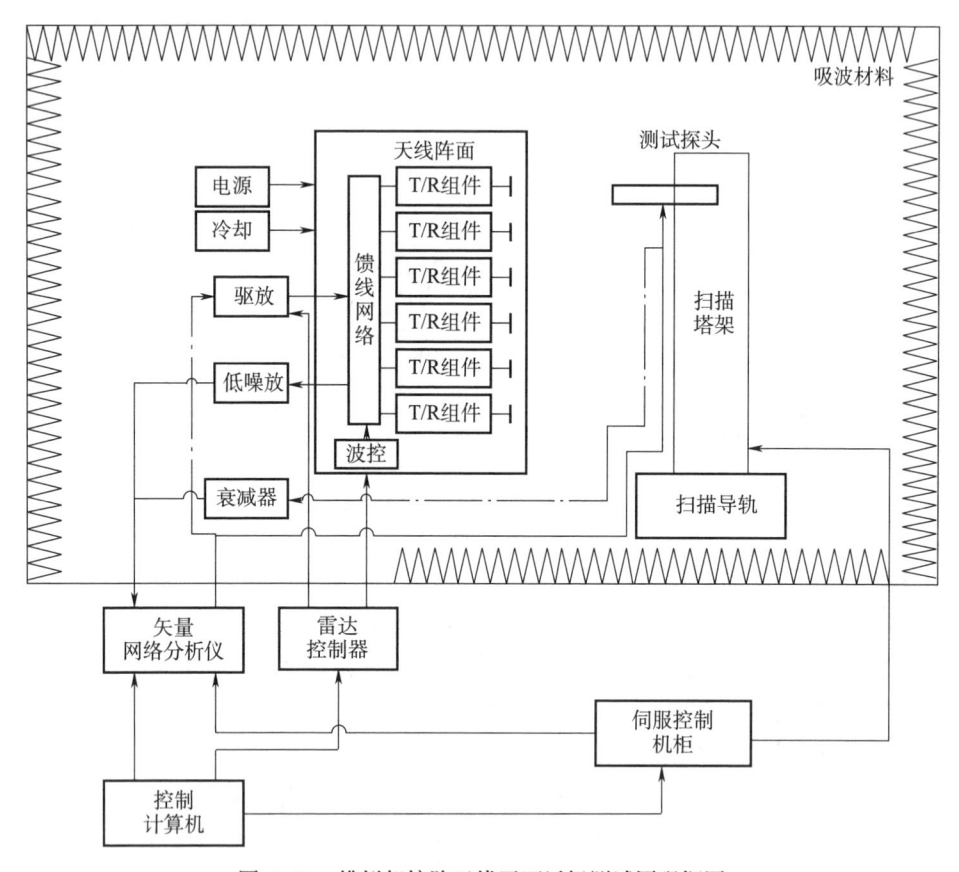

图 4-17 模拟相控阵天线平面近场测试原理框图

接收波瓣测试时，矢量网络分析仪信号输出端接测试探头，天线单元接收后经 T/R 组件和波束形成网络，再经低噪声放大器后接矢量网络分析仪的信号输入端口。调节矢量网络分析仪输出信号功率，使阵面接收信号处于 T/R 组件的接收支路的线性放大区；确定方位向扫描间距 dx 和俯仰扫描间距 dy，以及方位扫描点数 N_x 和俯仰扫描点数 N_y；启动通用测试程序，伺服带动探头到指定位置后将触发信号发送给矢量网络分析仪，测试计算机读取该点的幅度、相位数据；循环测试，直至结束。通过近场 / 远场变换软件计算出远场波瓣，得到阵面的方向性系数、波束宽度、副瓣电平。通过改变探头极化方向，可测得接收交叉极化波瓣，椭圆极化阵面可测试出轴比等数据。

发射波瓣暗室测试前应进行安全评估，例如，全阵面发射时的峰值功率和平均功率能量密度是否达到吸波材料的最大耐功率，发射链路接收到峰值信号是否会造成设备损伤，可划定不可到达高功率区域，以免造成人员伤害。评估完成后，矢网输出点频信号接驱动放大器，驱动阵面T/R组件正常工作；探头输出接合适的衰减器进入矢网，一般控制阵面工作在小占空比状态，启动工作程序进行测试。采集结束后，通过近场/远场变换软件得到阵面的波瓣，计算出阵面的方向性系数、波束宽度、副瓣电平。同理，改变探头极化方向，可测得发射波瓣的交叉极化比，椭圆极化阵面可测得轴比等数据。

数字阵平面近场测试原理如图4-18所示。数字阵接收信号经数字发射/接收单元（DTRU）下变频和数字化，再经过数字波束形成进行加权合成后送入记录仪，通过控制信号脉冲宽度和接收波门信号，控制记录数据量的大小。阵面接收测试信号由监测组件产生，监测组件和DTRU采用相同的本振和时钟。当进行发射测试时，监测组件处于接收状态。

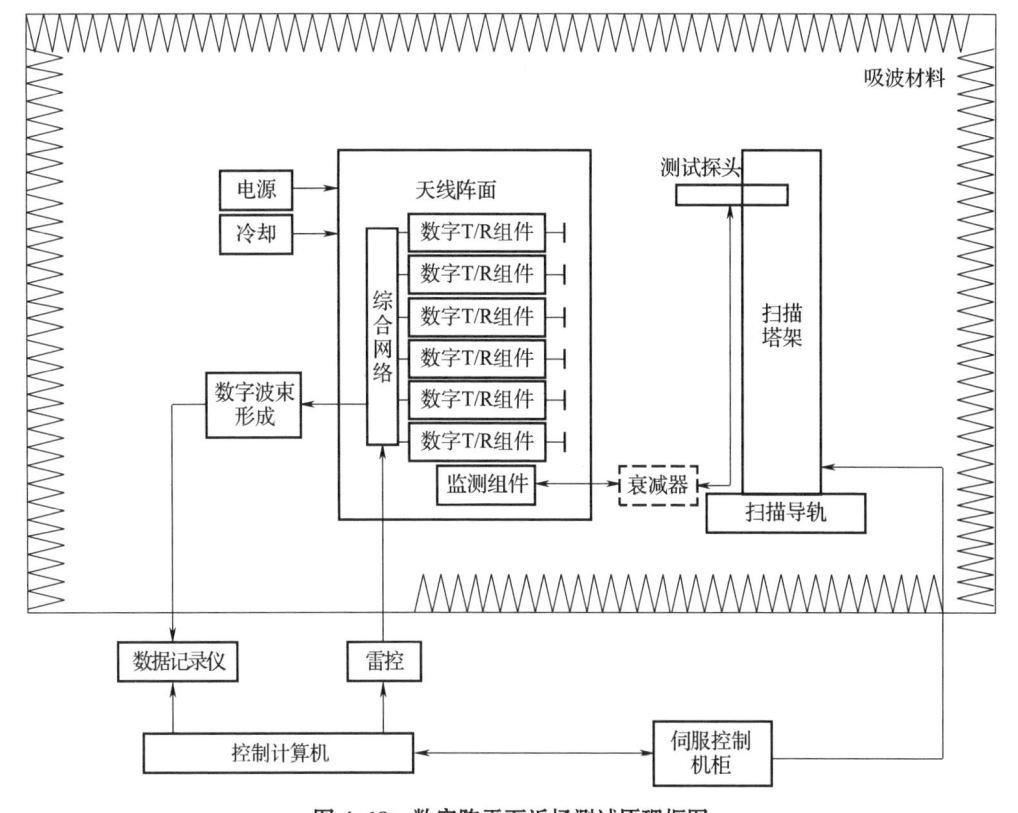

图4-18 数字阵平面近场测试原理框图

第 5 章
接收机分系统测试性设计

5.1 概述

5.1.1 功能和原理

雷达接收机用于将微弱射频回波信号变成数字零中频信号,以满足数字信号处理的需要。雷达接收机的架构有多种类型,如超外差方式、零中频方式、射频直采方式等,其中,超外差式雷达接收机具有灵敏度高、增益高、选择性好、适用性广等优点,应用最为广泛。雷达接收机的共性要求是宽频带、低噪声、大动态和高稳定性。

雷达接收机由接收前端、中频接收、频率源和电源模块组成。不同用途和体制雷达的接收机在变频次数、通道数量、频率源合成方式等方面有不同要求。雷达接收机原理如图 5-1 所示。

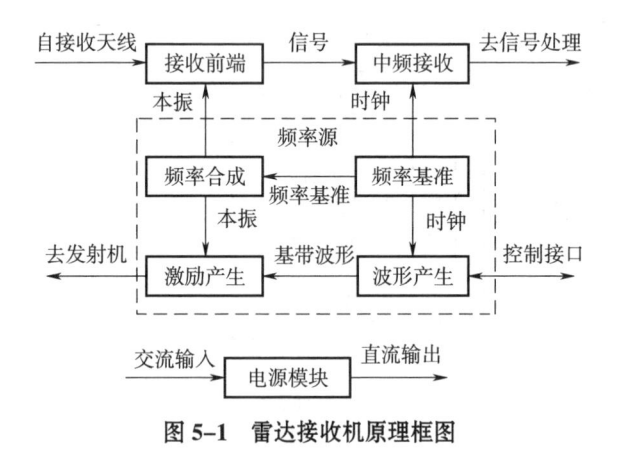

图 5-1 雷达接收机原理框图

对雷达天线接收到的目标回波信号提供选择性高、受干扰尽量小的信号通道,并高保真地传输回波信号是接收前端的主要任务。一般情况下,接收前端应为线性接收通道,对接收信号进行线性放大。中频接收主要在中频频段进行数字化处理。根据雷达的工作频段、回波信号带宽及模数变换器的采样率等因素,可以在低中频、高中频，甚至射频、微波频段进行数字化。

频率源是接收分系统的重要组成部分，主要用于产生频率可变的接收机本振信号、发射机的激励信号和时钟信号。频率源的实现方式主要包括直接模拟式频率源、间接模拟式频率源和直接数字式频率源。频率源以一个高质量振荡器作为频率基准，经过不同的综合方式形成不同输出频率信号。电源模块为接收机的各模块提供直流电源。

5.1.2 技术指标

（1）噪声系数：在输入源阻抗处于 290 K 时，接收机输入端信号噪声比与输出端信号噪声比的比值。

（2）灵敏度：接收机输出端信噪比等于 1 时，接收系统输入端的最小功率 P_s。

（3）带宽：接收机中心频率增益下降到规定值（一般为 3 dB）所对应的频率范围。

（4）动态范围：指接收机输出信号在规定的非线性失真条件下，输出端或输入端的最大信号功率与噪声功率之比。

（5）通道间幅度一致性：指多通道接收机的任意两通道之间输出信号幅度的一致性，一般用两个通道输出信号幅度的相对差值表示。

（6）通道间相位一致性：指多通道接收机的任意两通道之间输出信号相位的一致性，一般用两个通道输出信号相位的相对差值表示。

（7）镜像频率抑制度：镜像频率响应电平相对于信号响应电平的衰减量，以 IR 表示。

（8）隔离度：隔离度衡量的是不同通道之间不同信号彼此不受影响的程度，以信号本身的功率大小与泄漏到其他非通常路径下的端口的功率大小之比来衡量不同端口之间的信号隔离程度，用 IS 表示。

（9）输出功率：输出信号的功率大小，单位为 dBm。

（10）相位噪声：单边带偏离信号载频处单位带宽（取 1 Hz）内调相边带功率与载波功率之比，单位为 dBc/Hz。

5.2 故障模式分析

5.2.1 功能故障模式分析

接收机的功能故障模式分析是从接收机的功能维度对接收机可能出现的故障模式进行分析，该分析方法不涉及接收机的具体组成。由于不同接收机的具体指标不同，因此需要结合接收机的具体指标要求开展接收机的功能故障模式分析。

接收机功能故障模式分析报告是开展接收机测试性需求分析的依据，用于接收机指标的测试性需求分析。

1. 故障模式分析应遵循的原则

1）完整原则

故障模式应覆盖接收机的完整功能和性能指标。

2）细化原则

故障模式分析要细化到各个功能单元。对于多通道接收机，故障模式分析要细化到单个接收通道。控制功能要细化到增益控制或频率控制等具体功能。

3）准确原则

用定量参数表示性能下降类的故障模式，准确的故障模式定义有利于对故障模式影响准确分析。例如，对于本振信号的输出功率下降故障，功率下降5%的故障等级与功率下降50%的故障等级是明显不同的。

4）互不包含原则

同一层级的故障模式之间是平行关系，不能相互包含，不同层级的故障模式不能混淆在一起。

2. 接收机功能故障模式分析示例

接收机功能故障模式分析示例如表5-1所示。该接收机是多通道接收机，表中只列出了接收通道1的部分故障模式。为简化描述，该示例的表格只显示了FMECA报告的故障模式及故障代码信息。

表 5-1 接收机功能故障模式分析示例

序号	故障模式名称	故障代码
1	接收通道1的增益低于指标值	F02-00-01
2	接收通道1的噪声系数高于指标值	F02-00-02
3	接收通道1的输入动态范围低于指标值	F02-00-03
4	接收通道1的镜像频率抑制度低于指标值	F02-00-04
5	通道1和通道2之间的隔离度低于指标值	F02-00-05
6	通道1和通道2之间的幅度一致性误差高于指标值	F02-00-06
7	增益控制功能失效	F02-00-07
8	频率控制功能失效	F02-00-08
9	通信接口不通	F02-00-09
10	通信接口误码率高于指标值	F02-00-0A

注：表中的故障代码是为每个故障模式设定的唯一编码，其中，F02-00是接收分系统的功能故障分类代码，后两位代码是故障模式的序列号，用十六进制表示。表中的指标值是指技术指标范围的上限值或下限值，表中仅列出部分故障模式。

5.2.2 硬件故障模式分析

硬件故障模式分析是从硬件维度对分系统故障模式进行分析。这种分析方法以电路模块、插箱、模块之间的连接电缆和光缆等作为故障模式分析的对象，涉及分系统的具体硬件组成。硬件故障模式分析结果是开展分系统故障检测和故障隔离需求分析的依据。

1. 硬件故障模式分析应遵循的原则

1）完整原则

故障模式分析应覆盖所有的外场可更换单元和部件，包括电路模块、插箱（含 PCB 背板）、电缆、风机组件等。故障模式分析应覆盖被分析对象的所有功能和性能故障。

2）细化原则

对于具有多路输出的模块，故障模式分析要细化到每路输出信号。对于同一路输出信号，要从其不同技术指标分析其故障模式。

避免使用笼统方式定义故障模式。例如，频率合成模块的输出信号故障是笼统的描述方式，而频率合成模块的本振 1 的输出功率低于指标值是细化的描述方式。

3）准确原则

采用准确的定量方式定义故障模式，避免使用模糊方式定义故障模式。例如，输出功率下降就是模糊的定义方式，而输出功率低于指标值或输出功率低于 50% 指标值是准确的定义方式。

准确的故障模式定义有利于 BIT 的精细化设计。具有对输出功率低于 50% 指标值的故障检测能力的 BIT 并不能检测功率下降范围在 50% 指标值和指标值之间的故障。

4）互不包含原则

同一层级的故障模式之间是平行关系，不能相互包含。频率合成模块本振输出 1 的功率低于指标值的故障模式与频率合成模块本振输出 1 的功率低于 50% 指标值的故障模式是包含关系。

不同层级的故障模式不能混淆在一起。例如，接收前端模块内部的放大器功能失效是模块级的故障模式，不是分系统层级的故障模式。

模块的输入信号是其他模块的输出信号，因此输入信号故障不是模块的故障模式。

2. 接收机的硬件故障模式

接收机一般由接收前端、中频接收、频率源、电源模块、插箱（含 PCB 背板）、电缆和光缆、风机组件等部件组成，其典型硬件故障模式如下。

1）接收前端模块的故障模式

接收前端由限幅器、低噪声放大器、混频电路等电路组成。典型故障模式包括：增益低于指标值、噪声系数高于指标值、自动增益控制功能失效等。

2）中频接收模块的故障模式

中频接收包含放大器、增益控制电路、抗混叠滤波器、模数转换电路等。典型故障模式包括：增益低于指标值、IQ通道幅度一致性误差大于指标值、IQ通道相位一致性误差大于指标值、无信号输出等。

3）频率合成模块的故障模式

频率合成模块用于产生本振信号，主要由滤波器、混频器、倍频器、开关等组成。典型故障模式包括：无输出、输出功率低于指标值、输出信号频谱杂散高于指标值、输出信号相位噪声高于指标值、输出信号频率偏移等。

4）频率基准模块的故障模式

频率基准电路模块用于产生系统的频率基准，主要由高稳定晶体振荡器组成。典型故障模式包括：无输出、输出功率低于指标值、输出信号频谱杂散高于指标值、输出信号相位噪声高于指标值等。

5）波形产生模块的故障模式

波形产生模块用于产生中频信号，为激励产生模块提供输入信号。典型故障模式包括：无输出、输出功率低于指标值、输出信号频谱杂散高于指标值、程序加载失败、控制功能失效、通信接口不通、通信接口误码率高于指标值等。

6）激励产生的故障模式

激励产生模块用于将中频信号变频到射频，为发射机提供输入信号，主要由滤波器、混频器、放大器等组成。典型故障模式包括：无输出、输出功率低于指标值、输出信号频谱杂散高于指标值、输出信号相位噪声高于指标值、输出信号频率偏移等。

7）电源模块的故障模式

电源模块典型故障模式包括：无输出电压、输出电压超过正常范围、无输出电流、输出电压纹波高于指标值、模块温度高于指标值、通信接口不通、通信接口误码率高于指标值等。

8）插箱的故障模式

插箱用于电路模块之间的信号连接、电源连接，主要由PCB及连接器组成。典型故障模式包括：射频连接开路、射频连接损耗大、电源开路、电缆连接对机壳短路等。

9）射频电缆的故障模式

射频电缆用于电路模块之间的射频信号连接，其典型故障模式包括：开路、功率损耗大等。

10）风机组件的故障模式

风机组件为接收机提供冷却功能，其典型故障模式包括：风机不转、风机转速超过正常范围等。

3. 硬件故障模式分析示例

接收机为数字接收机，由接收前端、中频接收、频率基准、频率合成、激励产生、电源模块、插箱（含PCB背板）、射频电缆、风机组件等部件组成，其硬件故障模式分析示例见表5-2。

表5-2 接收机硬件故障模式分析示例

部件名称	故障模式名称	故障代码
接收前端	增益低于指标值	F02-01-01
	噪声系数高于指标值	F02-01-02
	自动增益控制功能失效	F02-01-03
中频接收	无信号输出	F02-02-01
	增益低于指标值	F02-02-02
	IQ通道幅度一致性误差大于指标值	F02-02-03
	IQ通道相位一致性误差大于指标值	F02-02-04
频率基准	输出1信号无输出	F02-03-01
	输出1信号频谱杂散高于指标值	F02-03-02
	输出1信号相位噪声高于指标值	F02-03-03
频率合成	输出1功率低于90%指标值	F02-04-01
	输出1频谱杂散高于指标值	F02-04-02
	输出1频率偏移量大于10%指标值	F02-04-03
	输出1相位噪声大于指标值	F02-04-04
波形产生	无输出	F02-05-01
	输出功率低于指标值	F02-05-02
	程序加载失败	F02-05-03
	通信接口不通	F02-05-04
	通信接口误码率高于指标值	F02-05-05
激励产生	无输出	F02-06-01
	输出功率低于指标值	F02-06-02
	输出信号频谱杂散高于指标值	F02-06-03
	输出信号相位噪声高于指标值	F02-06-04
	输出信号频率偏移	F02-06-05

续 表

部件名称	故障模式名称	故障代码
电源模块 1	无输出电压	F02-07-01
	输出 5 V 电压超过正常范围	F02-07-02
	输出 5 V 电压纹波高于指标值	F02-07-03
	模块温度高于指标值	F02-07-04
	通信接口不通	F02-07-05
	通信接口误码率高于指标值	F02-07-06
插箱（含 PCB 背板）	射频连接 1 开路	F02-08-01
	射频连接 1 损耗高于指标值	F02-08-02
	电源连接 1 开路	F02-08-03
	电源连接 1 对机壳短路	F02-08-04
射频电缆 1	开路	F02-09-01
	损耗高于指标值	F02-09-02
风机组件	风机 1 不转	F02-0A-01
	风机 1 转速超过正常范围	F02-0A-02

注：表中的故障代码是为每个故障模式设定的唯一编码，其中 F02 是分系统故障代码，中间两位是模块代码，最后两位代码是故障模式的序列号，所有代码用十六进制表示。表中的指标值是指技术指标范围的上限值或下限值。表中仅为示例，只列出部分故障模式。

5.3　测试性需求分析

接收机测试性需求分析的目的是解决测什么的问题，主要任务是根据接收机的故障模式分析报告，确定用于故障检测和隔离的测试需求，包括机内测试项目、内外协同测试项目、外部测试项目、BIT 类型、测试精度要求等，为 BIT 设计、内外协同测试设计、外部测试设计等提供设计依据。在测试性需求分析中，需要综合分析测试项目设置的必要性、测试成本、测试资源重量和尺寸约束等因素。

接收机测试性需求分析的输入信息包括接收机技术指标、FMECA 报告、总体分配的测试性指标、总体分配的测试项目要求、接收机功能框图、测试设备的重量和尺寸约束及测试成本要求等。

接收机测试性需求分析的输出包括：
（1）接收机 BIT 的测试项目、测试方式和指标要求；
（2）接收机内外协同测试项目和指标要求；

（3）外部测试项目和指标要求。接收机测试性需求分析内容包括指标测试性需求分析、故障检测和隔离需求分析、机内测试项目需求分析、协同测试项目需求分析和外部测试项目需求分析。

5.3.1 指标测试性需求分析

指标测试是指对分系统的功能和性能指标进行测试，测试方式包括机内测试、内外协同测试和外部测试。其中，内外协同测试是将机内测试资源和外部测试资源融为一体的测试技术，通过内外两种测试资源的协同配合，完成分系统指标的自动测试。

指标测试性需求分析的目的是确定分系统的功能和性能指标的测试项目、测试方式和测试精度要求等。

指标测试性需求分析的内容包括：机内测试需求分析、内外协同测试性需求分析、外部测试性需求分析和技术指标的测试要求。指标测试性需求分析的输出是分系统各项技术指标的测试方式和指标测试要求。

1. 需求分析方法

主要从以下几方面开展指标测试性需求分析。

1）机内测试需求分析

用户或系统总体有明确机内测试要求的技术指标应选择为机内测试项目。

对于配置机内射频自动设备的雷达系统，接收机分系统应按照总体射频指标测试方案要求，完成指定的分系统指标测试功能。

噪声系数是接收机的关键指标，对接收机的健康状态评估有较大作用。在数字接收机中，噪声系数的测试资源需求主要是噪声源，其测试成本较低。

机内测试资源不能满足重量约束、尺寸约束和成本约束时，不能选择为机内测试项目。

2）机内测试方式选择

指标机内测试时间较长，一般在启动 BIT 方式下完成。为避免开机启动时间过长，指标测试一般不采用加电 BIT 方式。通信接口功能测试时间短，可采用加电 BIT 方式。若采用周期 BIT 方式，需要把测试时间安排在非正常工作时间。

3）内外协同测试性需求分析

内外协同测试适用于需要内外测试资源协同完成的测试项目。对于不能采用机内测试的测试项目，应优先选择内外协同测试方式。

接收机的部分指标测试需要信号源、频谱分析仪等测试资源，这些测试资源的重量和体积较大，对重量和尺寸有严格要求的雷达不具备将这些测试资源内置到雷达系统中的条件，必须选择外配方式。当雷达进行维护测试时，才把这类测试资源接入系统。

机载火控雷达、机动地面雷达等一般选择内外协同指标测试方式。

4）外部测试性需求分析

外部测试用于机内测试或内外协同测试未覆盖的测试项目及对测试精度有更高要求的指标测试。与内外协同测试方法不同，外部测试具有独立的指标测试能力，外部测试资源与机内测试资源之间无紧密的耦合关系。本振信号的相位噪声测试等一般需要精密的外部测试仪器。

5）指标测试要求分析

指标测试要求包括指标的测试范围和测试精度。针对每项测试项目，分析机内测试、内外协同测试和外部测试的不同指标测试要求，为测试方案的详细设计提供依据。

6）重量和尺寸约束分析

针对机内测试需要配置的信号源、示波器、频谱仪等测试仪器，结合指标测试要求进行测试仪器的选型，分析其重量和尺寸能否满足系统安装要求。

若测试资源为系统总体统一配置，则分系统不需要进行此项分析。

7）分析测试成本约束

根据机内测试配置的硬件和软件资源，评估测试成本，测试成本应满足分系统的成本约束要求。

2. 需求分析示例

以地面雷达接收机为例进行指标测试性需求分析，分析结果如下。

1）机内测试需求分析

噪声系数、动态范围、增益、激励功率、本振功率等选择为机内测试项目。

2）机内测试方式选择

指标机内测试在启动 BIT 方式下完成。

3）内外协同测试性需求分析

中频带宽指标采用内外协同测试。

4）外部测试性需求分析

相位噪声指标采用外部测试。

5）指标测试要求分析

根据接收机的技术指标，确定测试项目的测试范围和测试精度。

6）重量和尺寸约束分析

机内测试信号由频率源产生，测试数据采集和分析由信号处理分系统、测试和健康管理分系统完成。相位噪声测试需要用外部测试仪器，因此定为外部测试。

7）测试成本约束分析

根据机内测试配置的硬件和软件资源清单，评估测试成本。测试成本满足分系统的成本约束要求。

接收机分系统指标测试性需求分析示例见表 5-3。

表 5-3 接收机分系统指标测试性需求分析示例

序号	测试项目	测试项目代码	机内测试 加电BIT	机内测试 周期BIT	机内测试 启动BIT	内外协同测试	外部测试	指标要求
1	噪声系数	T02-00-01	—	—	○	—	—	
2	带宽	T02-00-02	—	—	—	○	—	
3	动态范围	T02-00-03	—	—	○	—	—	
4	通道间幅度一致性	T02-00-04	—	—	○	—	—	
5	通道间相位一致性	T02-00-05	—	—	○	—	—	
6	镜像频率抑制度	T02-00-06	—	—	—	○	—	
7	隔离度	T02-00-07	—	—	—	○	—	
8	时钟功率	T02-00-08	○	○	○	—	—	
9	本振功率	T02-00-09	○	○	○	—	—	
10	激励功率	T02-00-0A	○	○	○	—	—	
11	时钟相位噪声	T02-00-0B	—	—	—	—	○	
12	本振相位噪声	T02-00-0C	—	—	—	—	○	
13	激励相位噪声	T02-00-0D	—	—	—	—	○	

表 5-3 的说明如下：

（1）测试项目代码是为每个测试项目设定的唯一编码，其中 T02 是分系统的测试代码，第一个字母 T 表示测试，分系统代码用两位十六进制数字表示，中间"00"表示该项测试是分系统的指标测试项目，最后两位是指标测试项目的序列号；

（2）"—"表示不可测，"○"表示可测；

（3）指标要求根据实际技术指标要求填写；

（4）表中仅列出了部分指标项目。

5.3.2 故障检测和隔离需求分析

本节介绍硬件故障的检测和隔离需求分析方法。功能类故障可以通过指标测试进行故障检测和隔离。

硬件故障的检测和隔离需求分析是针对接收机硬件 FMECA 报告，对所有故障开展故障检测和隔离需求分析，以确定每个故障的检测方式和故障隔离模糊组要求。通过故障检测和隔离需求分析，把分系统的测试性定量指标要求（故障检测率和故障隔离率）分配到每个故障。

在完成故障检测和隔离要求分配后，通过对分析表格中的数据进行统计分析可以得到不同检测方式的故障检测率、BIT 的故障检测率、内外协同测试的故障检测率、外部测试的故障检测率及不同模糊组的故障隔离率。

将统计分析得到的测试性指标预计值与指标要求值进行对比分析，如果预计值不满足定量指标要求，则需要对故障检测方式和故障隔离模糊组要求进行调整优化，直到满足要求为止。

硬件故障的检测和隔离需求分析输出是每个故障的检测方式要求和故障隔离模糊组要求。

1. 故障检测需求分析方法

故障检测需求分析的目的是把接收机的故障检测率要求分配到每个故障，针对每个故障合理选择故障检测方式。

硬件故障检测方式包括机内测试（加电 BIT、周期 BIT 和启动 BIT）、内外协同测试、外部测试和状态指示灯等，需要结合故障特点合理选择故障检测方式。对于故障率高的故障，应优先采用机内测试方式检测。

故障检测需求分析方法如下。

1）机内测试

接收分系统的 BIT 故障检测率指标要求一般是 95% 以上，因此大部分故障模式都应纳入 BIT 的检测范围。纳入 BIT 检测范围的故障应至少被一种类型 BIT（加电 BIT、周期 BIT 或启动 BIT）检测，同一种故障模式可以采用多种 BIT 检测方式。

加电 BIT 用于分系统加电期间的故障检测，检测的典型故障包括通信接口不通等。

周期 BIT 用于接收机正常工作期间的故障检测。检测的典型故障包括无输出、射频信号输出功率低、电源模块输出电压超过正常范围、电源模块温度高于指标值、射频连接开路、电缆开路、风机不转、风机转速超过正常范围等。

启动 BIT 适用于大多数故障的检测，包括周期 BIT 可检测的故障。检测的典型故障包括通道间幅度一致性误差大于指标值、通道间相位一致性误差大于指标值、自动增益控制功能失效、频率偏移量高于指标值等故障。

2）内外协同测试

内外协同测试用于射频信号频谱杂散高于指标值、频率偏移量高于指标值、通信接口误码率高于指标值等故障的检测，这些故障的检测通常需要使用高精度的测试仪器。但是，部分雷达受机内测试资源的限制，内部不能配置高精度的测试仪器,只能以外部配置仪器的方式使用。这些外部测试资源与机内测试资源融合在一起,具有自动测试能力。

3)外部测试

外部测试用于一般用于相位噪声高于指标值、频谱杂散高于指标值等故障的检测。

4)状态指示灯

状态指示灯一般用于电源模块无输出、通信接口不通、程序加载失败等故障的检测。当这些故障出现时,状态指示灯通过改变指示灯的显示状态实现故障指示。当通信接口发生故障时,状态信息不能上报,状态指示灯可以用于快速定位故障。

硬件故障检测需求分析采用表格,其格式和填写方法见下述测试性需求分析示例。通过表格数据的统计分析可以验证故障检测率的需求分配是否能满足指标要求。

2. 故障隔离需求分析方法

故障隔离需求分析的目的是把分系统的故障隔离要求分配到每个故障,并针对每个故障的故障隔离难度合理选择故障隔离模糊组的大小,故障隔离模糊组的LRU数量一般是1~3个。

在进行故障隔离需求分析之前,需要充分理解分系统的组成框图、信号流及模块之间的接口关系,并掌握分系统的主要故障隔离方法,不能盲目分配故障隔离模糊组的大小。

需求分析方法如下:

1)接收通道的故障隔离模糊组选择

接收通道由接收前端、中频接收等模块组成,噪声系数、IQ通道幅度和相位一致性等故障一般可以隔离到单个LRU模块。由于增益控制功能不仅与接收通道内部的增益控制电路有关,而且与产生增益控制指令的模块有关,因此增益控制功能失效故障一般可以隔离到2个LRU模块。

2)频率源的故障隔离模糊组选择

频率源由频率基准、频率合成、波形产生、激励产生等模块组成,频率源输出的本振信号、时钟信号和发射激励信号可以用频谱仪进行精确测试,各模块输出的射频信号功率可以用BIT检测。输出功率下降类故障可以隔离到单个LRU模块;频谱杂散高、相位噪声大、频率偏移量大等故障可以隔离到2个或3个LRU模块。

3)插箱的故障隔离模糊组选择

插箱主要由PCB及连接器组成,射频连接开路、射频连接损耗大、电源开路、电缆连接对机壳短路等故障可以隔离到3个LRU,故障模糊组包括输出信号的模块、接收信号的模块和插箱。

4）射频电缆的故障隔离模糊组选择

射频连接开路、射频连接损耗大等故障可以隔离到 3 个 LRU，故障模糊组包括输出信号的模块、接收信号的模块和射频电缆。

5）风机组件的故障隔离模糊组选择

风机组件一般由多个风机组合而成，在外场维修时，可以整体替换。对于具有风速实时监测功能的风机组件，风机组件中的每个风扇的速度可以监测，其故障可以隔离到单个 LRU，即风机组件。

6）电源模块的故障隔离模糊组选择

电源模块一般具有输出电压、输出电流、温度等参数的 BIT 测量功能，电源模块故障可以隔离到 1 个 LRU。

硬件故障隔离需求分析可采用表格，其格式和填写方法见下面的测试性需求分析示例。通过表格数据的统计分析可以验证故障隔离率的需求分配是否满足指标要求。

3. 测试性需求分析示例

接收机由接收前端、中频接收模块、频率基准模块、频率合成模块、激励产生模块、电源模块，以及插箱（含 PCB 背板）、射频电缆、风机组件等部件组成。

BIT 定量指标要求如下：

（1）故障检测率 $\geq$ 95%；

（2）故障隔离率 $\begin{cases} \geq 85\%，隔离到 1 个 LRU \\ \geq 95\%，隔离到 3 个 LRU \end{cases}$。

需求分析步骤如下。

（1）故障检测需求分析：按照前述方法开展故障检测需求分析，针对每个故障，选择故障检测方式，首先选择机内测试、内外协同或外部测试，对于机内测试，进一步确定 BIT 类型。

（2）故障隔离需求分析：按照前述方法开展故障隔离需求分析，针对每个故障的特点，合理选择故障隔离模糊组大小。

（3）评估故障检测率：汇总不同检测方式可检测的故障率，用可检测故障率除以总故障率可得到故障检测率。

（4）评估故障隔离率：汇总不同模糊组的可隔离的故障率，用可隔离的故障率除以可检测故障率总和得到故障隔离率。

（5）如果故障检测率和故障隔离率的评估结果不满足分系统的测试性指标要求，则需要重新调整故障检测和故障隔离需求的分配方案。

分析示例见表 5-4，表中的故障率不是产品的真实故障率，仅用于示例说明。示例仅列出了部分故障模式的故障检测和隔离需求分析。

表 5-4 接收分系统硬件故障检测和隔离需求分析示例

(故障率单位: $10^{-6}/h$)

部件名称	故障模式	故障代码	部件故障率	故障模式频数比	故障模式故障率	加电BIT	周期BIT	启动BIT	内外协同测试	外部测试	状态指示灯	隔离到1个LRU	隔离到2个LRU	隔离到3个LRU
接收前端	增益低于指标值	F02-01-01	10	0.3	3	0	0	3	0	0	0	3	0	0
	噪声系数高于指标值	F02-01-02		0.3	3	0	0	3	0	0	0	3	0	0
	自动增益控制功能失效	F02-01-03		0.1	1	0	0	1	0	0	0	1	0	0
频率基准	输出1信号无输出	F02-03-01	10	0.3	3	0	3	3	0	0	3	3	0	0
	输出1信号相位噪声高于指标值	F02-03-03		0.2	2	0	0	0	0	2	0	0	0	0
电源模块	模块温度高于指标值	F03-07-04	10	0.1	1	1	1	1	0	0	1	1	0	0
	通信接口不通	F03-07-05		0.1	1	1	1	1	1	0	0	0	0	0
	通信接口误码率高于指标值	F03-07-06		0.1	1	0	0	0	0	0	0	0	0	0
插箱(含PCB背板)	射频连接1开路	F02-08-01	2	0.1	0.2	0	0.2	0.2	0	0.2	0	0	0.2	0
	射频连接1损耗高于指标值	F02-08-02		0.1	0.2	0	0	0	0	0.2	0	0	0	0
	电源连接1开路	F02-08-03		0.1	0.2	0.2	0.2	0.2	0	0	0	0	0.2	0
	电源连接1对机壳短路	F02-08-04		0.1	0.2	0	0	0	0	0.2	0	0	0	0

注: 表中的故障率不是产品的真实故障率, 仅用于示例说明。

表 5-4 中各栏填写要求如下。

（1）部件名称：填写分系统的电路模块、插箱、电缆、风机模块等部件名称。

（2）故障模式：填写各部件对应的故障模式。

（3）故障代码：填写故障模式对应的代码，该代码已在故障模式分析的时候定义。

（4）部件故障率：填写部件故障率。

（5）故障模式频数比：为单个故障的故障率与部件的故障率之比。

（6）故障模式故障率：为单个故障模式的频数比与部件的故障率之积。

（7）故障检测需求：包括加电 BIT、周期 BIT、启动 BIT、内外协同测试、外部测试和状态指示灯等故障检测方式，将不同测试方式可检测故障的故障率填写到对应的列中，对于不能检测的故障，在对应的栏目填写"0"。

（8）BIT 故障隔离需求：填写不同模糊组的 BIT 可检测故障的故障率，只能选择其中一列填写故障率，其他两列填写"0"。

（9）表中的故障率单位为 $10^{-6}/h$。

5.3.3 机内测试项目需求分析

机内测试项目需求分析的目的是针对为每一个硬件故障分配的 BIT 检测和隔离需求，确定用于故障检测和隔离的 BIT 项目，为机内测试设计提供依据。

测试项目需求分析依赖的输入信息是故障检测和隔离需求分析的输出、分系统指标测试项目和系统测试项目、分系统的组成框图和接口关系。测试项目需求分析的输出是机内测试项目清单。

1. 故障检测的机内测试项目需求分析方法

故障检测的机内测试项目需求分析的步骤如下。

1）分析可以被接收机指标 BIT 项目检测的故障

分系统指标 BIT 项目是通过指标需求分析确定的 BIT 项目。分析方法是针对每个指标 BIT 项目，分析其可检测的故障。

2）分析可以被系统 BIT 项目检测的故障

针对每一个系统 BIT 项目，分析其可检测的故障。对系统 BIT 项目有故障传播影响的分系统故障都可以被系统测试项目检测。

3）分析可以被模块 BIT 项目检测的故障

模块 BIT 项目是模块测试性设计确定的测试项目。分析方法是针对每一个模块 BIT 项目，分析其可检测的硬件故障。

4）分析不能被已有的机内测试项目检测的故障

针对所有已分配了 BIT 检测需求的故障，找出不能被上述三类测试项目检测的故障。然后，针对这些不能检测的故障，增加分系统的 BIT 项目。

故障检测的机内测试项目需求分析示例见表 5-5，表中只列出部分故障的测试项目需求分析。

表 5-5 故障检测机内测试项目需求分析示例

序号	测试项目	测试项目代码	BIT 类型			可检测的故障	
			加电 BIT	周期 BIT	启动 BIT	故障名称	故障代码
1	指标 BIT 项目						
1.1	噪声系数	T02-00-01	—	—	○	增益低于指标值	F02-01-01
			—	—	○	噪声系数高于指标值	F02-01-02
…	…	…	…	…	…	…	…
2	系统 BIT 项目						
…	…	…	…	…	…	…	…
3	模块 BIT 项目						
3.1	电源模块 1：5 V 输出电压	T02-07-01	○	○	○	无输出电压	F02-07-01
						输出 5V 电压超过正常范围	F02-07-02
…	…	…	…	…	…	…	…
4	新增 BIT 项目						
…	…	…	…	…	…	…	…

注："—"表示不可测；"○"表示可测。

2. 故障隔离的机内测试项目需求分析方法

增加机内测试项目可以消除或降低故障隔离模糊，但是，测试项目的增加受到机内测试资源的限制。故障隔离的测试项目需求分析的目标是使用最少的测试资源达到 BIT 故障隔离的模糊组要求。通过人工分析，可以形成故障隔离用的机内测试项目清单。在人工分析的基础上，通过测试性建模分析可实现测试项目优化设计。

接收机故障隔离的机内测试项目需求分析的步骤如下。

1）分析接收通道的测试项目需求

接收通道通过若干级联的模块实现信号放大、混频、滤波和数字化等功能。典型故障隔离方法是逐级测试，从后级至前级依次在每一级模块的输入端口注入相应的测试信号，通过对其输出的数字信号进行分析实现故障隔离。用于接收通道故障隔离的测试项目为从不同输入端口注入测试信号的输出指标测试项目。

2）分析频率源的测试项目需求

频率源中电路模块的故障类型主要是功率下降、频谱杂散大、频率偏移和相位噪声大。为了把这些故障隔离到单个模块，需要测试模块输出信号的功率、频谱和相位噪声。功率的门限检测容易实现，功率定量测试及频谱和相位噪声测试需要功率计、频谱分析仪、相位噪声分析仪等。

需要结合频率源故障隔离的具体需求，确定各模块输出信号的功率、频谱和相位噪声等测试项目需求。

3）分析电源模块的测试项目需求

电源模块的无输出电压、输出电压超过正常范围、模块温度高于指标值等故障可通过电源模块的 BIT 进行故障隔离，电压纹波故障检测需要使用示波器；通信接口不通故障，需要分系统之间的协同测试；通信接口误码率高于指标值故障，一般采用内外协同测试。

需要结合电源模块故障隔离的具体需求，确定其测试项目需求。

4）分析插箱（含 PCB 背板）的测试项目需求

插箱的电源连接开路故障可通过通信接口测试、模块电源指示灯的状态进行故障隔离。插箱的射频连接开路故障可以通过模块输入信号功率进行故障隔离。

需要结合插箱故障隔离的具体需求，确定其测试项目需求。

5）分析风机组件的测试项目需求

风机组件一般具有每个风扇速度的实时监测能力，其测试项目是每个风扇的速度。

基于以上分析，形成用于故障隔离的机内测试项目清单。故障隔离机内测试项目需求分析可采用类似于表 5-5 的分析表格。

5.3.4 协同测试项目需求分析

协同测试项目需求分析的目的包括：针对 5.3.2 节的内外协同测试性需求分析结果，确定内外协同测试项目；针对其他分系统协同测试需求，确定配合其他分系统测试的协同测试项目。

1. 内外协同测试项目需求分析

需求分析步骤如下：

（1）根据表 5-3 的分析结果，得到指标内外协同测试项目；

（2）根据表 5-4 的分析结果，得到需要内外协同测试的故障模式；

（3）根据故障模式的检测需求，确定测试项目。

基于示例表 5-3 和表 5-4，可得到所有内外协同测试项目，见表 5-6。

表 5-6　内外协同测试项目需求分析示例

序号	测试项目	测试项目代码	指标要求
4	带宽	T02-00-02	
5	镜像频率抑制度	T02-00-06	
6	隔离度	T02-00-07	
7	通信接口误码率测试	T02-07-01	

2. 分系统协同测试项目需求分析

根据总体任务书要求，分析需要接收机配合测试的项目。

5.3.5　外部测试项目需求分析

外部测试项目需求分析步骤如下：

（1）根据表 5-3 的分析结果，得到指标外部测试项目；

（2）根据表 5-4 的分析结果，得到需要外部测试的故障模式；

（3）根据故障模式的检测需求，确定外部测试项目。

基于示例表 5-3 和表 5-4 的需求分析，可得到所有外部测试项目，见表 5-7。

表 5-7　外部测试项目需求分析示例

序号	测试项目	测试项目代码	指标要求
1	时钟相位噪声	T02-00-0B	
2	本振相位噪声	T02-00-0C	
3	激励相位噪声	T02-00-0D	
4	频率基准输出 1 信号的相位噪声	T02-03-01	
5	射频连接 1 插入损耗	T02-08-01	
6	电源连接 1 对机壳的电阻值	T02-08-02	

5.4　测试性设计准则

接收机的测试性设计应遵循下列准则。

1. 指标机内测试设计准则

设计准则如下：

（1）应根据指标测试性需求分析确定指标机内测试项目；

（2）指标机内测试一般采用启动 BIT 方式；

（3）用于指标测试的输入信号一般由频率源产生；

（4）在接收机的机内测试方案中应明确测试信号源的技术指标要求；

（5）测试输入信号需要在测试指令的控制下自动切换到分系统的输入端口；

（6）输出测试数据应能自动采集，从不同模块采集的输出测试数据一般送至测试和健康管理分系统集中进行指标的计算和分析。

2. 故障隔离的机内测试设计准则

设计准则如下：

（1）应根据故障隔离需求分析确定用于故障隔离的机内测试项目；

（2）具有从接收前端和中频接收的输入端口注入测试信号的功能。

3. 协同机内测试设计准则

设计准则如下：

（1）应针对阵面分系统、发射机分系统等的协同测试需求，开展分系统协同测试设计；

（2）利用与接收机相连接的信号处理分系统采集输出数据，以节省测试资源；

（3）与其他分系统协同，完成雷达的系统功能测试。

4. 测试点设计准则

设计准则如下：

（1）应针对每个测试项目开展输入信号注入位置设计、输出信号测试点位置设计；

（2）测试点的设置不应影响分系统的正常工作。

5. 观测点设计准则

设计准则如下：

（1）电路模块应设置电源指示灯；

（2）需要软件加载的模块一般应设置软件加载状态指示灯；

（3）应设置工作状态的指示灯；

（4）选择重要信号的特性作为指示灯，如信号输出功率指示等；

（5）指示灯的状态指示方式应符合设计规范。

6. 内外协同测试设计准则

设计准则如下：

（1）需要机内测试资源和外部测试资源协同完成的测试项目应进行内外协同测试设计，并具有自动测试功能；

（2）机内测试软件应提供外部测试资源的接口驱动程序和应用软件；

（3）内外协同的测试功能设计应包括外部测试资源的硬件接口设计。

7. 外部测试设计准则

设计准则如下：

（1）应根据测试性需求分析确定外部测试项目；

（2）外部测试资源的指标应满足外部测试项目的功能、性能和测试精度要求；

（3）分系统应开展外部测试接口设计，为连接外部测试资源提供适当的测试接口；

（4）应根据外部测试需求，开展测试电缆和连接附件的设计。

8. BIT 信息采集设计准则

（1）分系统 BIT 采集到的状态信息应上报给测试和健康管理分系统集中处理；

（2）通过标准总线和通信接口采集硬件状态和软件状态信息。

5.5 指标 BIT 设计

指标机内测试设计的输入要求来自指标测试性需求分析，应根据每项指标的机内测试需求开展机内测试设计。本节介绍噪声系数、动态范围和增益的机内测试方法。

5.5.1 噪声系数测试

噪声系数是判断接收机性能好坏的主要指标之一。当被测接收机输入端匹配阻抗不变，源温度处于 T_0 时，被测接收机输出总噪声功率为 P_1；源温度处于 T_2 时，被测接收机输出总噪声功率为 P_2。P_2 和 P_1 的比值称为 Y 因子：

$$Y = \frac{P_2}{P_1}$$

接收机的噪声系数可表示为

$$NF = \frac{\frac{T_2}{T_0} - 1}{Y - 1}$$

式中，$\frac{T_2}{T_0} - 1$ 称为超噪比，通常用 dB 表示，标记为 ENR。接收机的噪声系数（单位为 dB）可表示为

$$NF = ENR - 10\lg(Y-1)$$

噪声系数的机内测试原理框图见图 5-2。

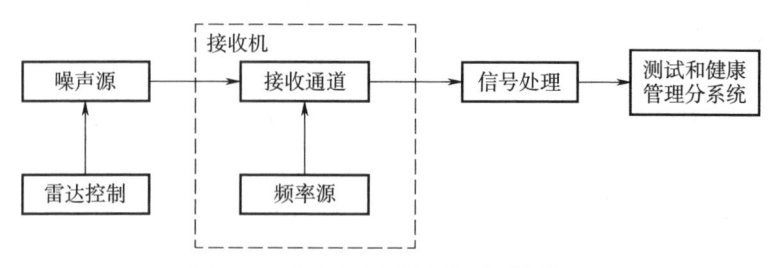

图 5-2 噪声系数的机内测试原理框图

雷达控制分系统负责控制接收机输入噪声功率。接收机输出的数字信号送至信号处理分系统，信号处理分系统把采集的测试数据送至测试和健康管理分系统进行指标计算。

5.5.2 动态范围测试

动态范围和增益测试原理如图 5-3 所示。

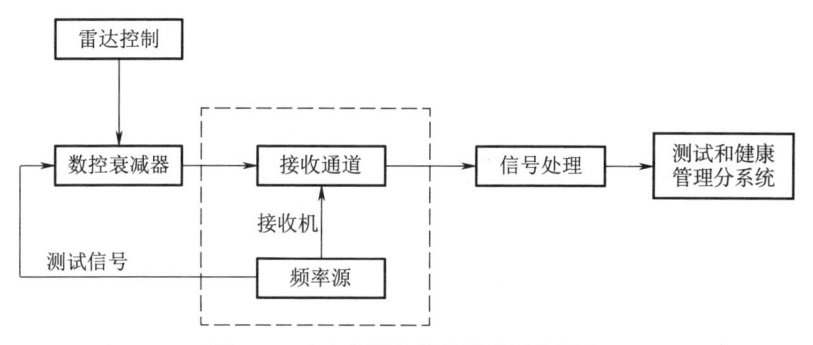

图 5-3 动态范围和增益测试原理框图

频率源提供连续波测试信号，数控衰减器在雷达控制分系统的控制下输出不同功率的测试信号。从最低输入功率开始，逐步提高接收机的输入信号功率，逐点测试每个输入功率对应的输出功率，信号处理分系统把采集的测试数据送至测试和健康管理分系统进行动态范围的计算。

指标计算一般利用最小二乘法拟合输入和输出的对应曲线，然后基于拟合曲线计算接收机动态范围。

测试该项指标的要求如下：
（1）测试信号功率稳定，满足增益精度测试要求；
（2）数控衰减器的控制范围应大于接收机动态范围要求。

5.6 故障隔离的 BIT 设计

5.6.1 接收通道的故障隔离 BIT 设计

接收通道一般包含接收前端和数字中频。接收前端完成低噪声放大、混频滤波、中频放大等功能，数字中频完成中频采样功能。

接收通道故障隔离的机内测试原理如图 5-4 所示。在对接收通道进行故障隔离之前，利用启动 BIT 对接收机进行测试，检测发现接收机无输出 I/Q 信号，利用周期 BIT 的测试结果判断本振信号和时钟信号正常，故障已隔离到接收通道。

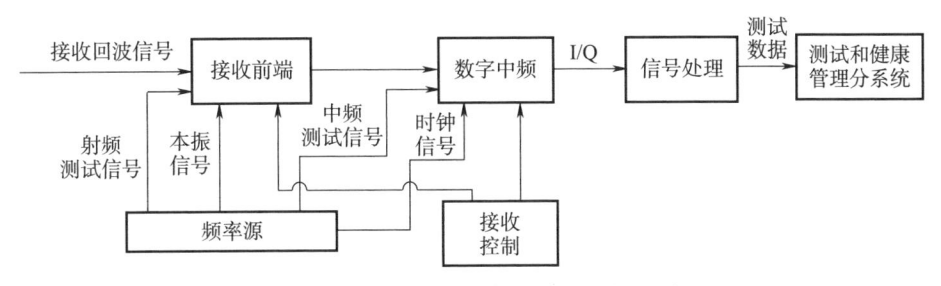

图 5-4 接收通道故障隔离的机内测试原理框图

接收通道的故障隔离步骤如下。

（1）从数字中频模块的输入端口注入中频测试信号进行测试。数字中频模块在接收控制模块的控制下选择中频测试信号输入，数字中频模块将中频测试信号转换为数字信号送给信号处理分系统，信号处理分系统接收测试数据后将其发送给测试和健康管理分系统。如果测试结果不正常，则可判定数字中频模块故障；如果测试结果正常，则转到下一步测试。

（2）从接收前端模块的输入端口注入射频测试信号进行测试。接收前端模块在接收控制模块的控制下选择射频测试信号输入，数字中频模块输入选择接收前端输出，数字中频模块将来自接收前端的中频信号转换为数字信号送给信号处理，信号处理接收测试数据后将其发送给测试和健康管理分系统。如果测试结果不正常，则可以把故障隔离到接收前端或接收前端与数字中频之间的射频电缆。

5.6.2 频率源的故障隔离 BIT 设计

频率源用于产生本振、射频信号和基准时钟信号，还提供测试信号。频率源的主要故障模式包括输出功率低、输出谐波大、输出杂散大、工作频率点不能切换等，可利用频谱仪进行检测。

功率检测是频率源故障隔离的主要测试手段，功率检测电路原理如图 5-5 所示，实物图如图 5-6 所示。

图 5-5 中，利用微带线耦合器从隔离器输出通路上获取检测信号，经检波器检波后的输出信号送至比较器与参考电平比较，当检波器输出电平低于参考电压时，比较器输出高电平，表示出现故障，故障状态信息通过 BIT 总线发送至测试和健康管理分系统处理。该测试方法简单、成本低。

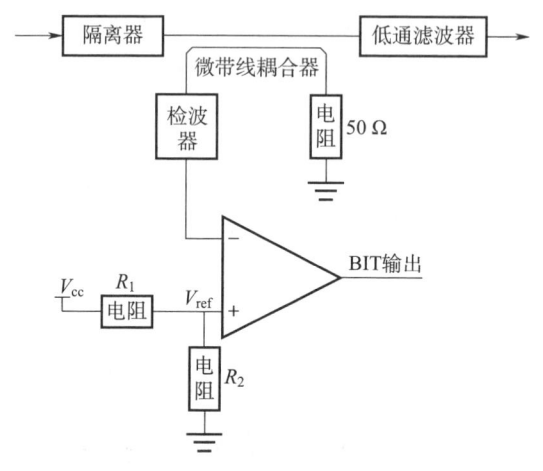

图 5-5 功率检测电路原理图

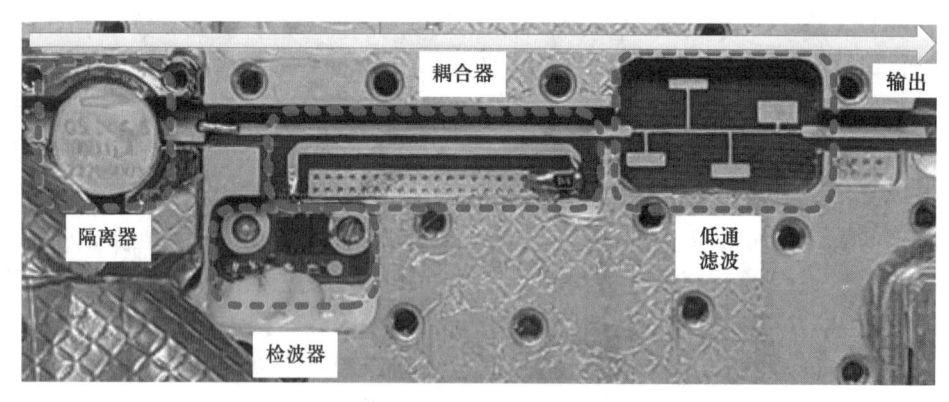

图 5-6 功率检测电路实物图

5.7 协同 BIT 设计

协同 BIT 是指通过分系统的相互配合共同完成机内测试项目。协同机内测试可用于分系统的指标测试和分系统之间的接口功能测试。

接收机分系统的协同机内测试功能包括：模拟相控阵雷达阵面接收通道的幅度和相位一致性测试、发射机的指标测试等，前者的测试原理见 2.8.1 节。

发射机输出信号功率的协同机内测试原理如图 5-7 所示。利用功率耦合器采集发射末级输出信号得到检测信号，该检测信号的测试需要接收机、信号处理等分系统的协同配合。

图 5-7 发射机输出信号功率的协同机内测试原理框图

测试步骤如下：

（1）系统设置到启动 BIT 工作模式；
（2）测试和健康管理分系统选择发射机输出信号测试项目；
（3）输入选择开关选择发射机输出的检测信号；
（4）接收机接收检测信号，信号处理分系统采集接收机输出的数字信号，采集的数据送到测试和健康管理分系统进行指标计算。

5.8 测试点和观测点设计

5.8.1 测试点设计

测试点设计的目的是为机内测试、内外协同测试和外部测试等测试项目确定测试信号注入位置、输出信号测试点位置。测试点设计应遵守测试点设计准则，见 5.4 节。

接收机常用测试点的位置和类型如表 5-8 所示。

表 5-8 接收机常用测试点的位置和类型

测试点位置		测试点类型	
LRU 名称	信息名称	BIT 点	外部测试点
接收前端	回波信号输入	○	○
	本振输入	○	
	中频输出	○	○
中频接收机	时钟输入	○	—
	控制信号输入	○	○
频率基准	时钟信号输出	●	●
频率合成	本振信号输出	●	●
波形产生	控制信号输入	○	○
	数字中频信号输出	●	●
激励产生	数字中频信号输入	○	○
	本振信号输入	○	○
	激励信号输出	●	●
电源	直流电源输出	●	○

注:"●"表示必选;"○"表示可选;"—"表示不适用。

5.8.2 观测点设计

观测点设计的输入要求主要来自故障检测和故障隔离需求分析的状态指示灯需求。状态指示灯用于指示模块的电源状态、输入定时信号状态、光纤信号接收状态等。观测点设计应遵守测试点设计准则,见 5.4 节。

接收机常用指示灯和用途如表 5-9 所示。

表 5-9 接收机常用指示灯和用途

模块名称	指示灯名称	用途
接收前端	电源指示灯	电源状态指示
	STC 代码显示	指示接收机的 STC 码
中频接收	电源指示灯	电源状态指示
	时钟指示灯	指示时钟信号状态
	程序加载状态灯	指示程序加载状态
	定时信号指示灯	指示输入定时信号状态
	光通信指示灯	指示光纤信号接收状态

续　表

模块名称	指示灯名称	用途
频率基准	电源指示灯	电源状态指示
	时钟指示灯	时钟指示
频率合成	电源指示灯	电源状态指示
	频率控制指示灯	频率控制指示
	本振输出指示灯	本振输出指示
波形产生	电源指示灯	电源状态指示
	时钟锁定指示灯	时钟锁定状态指示
	程序加载状态指示灯	程序加载状态指示
	定时接收指示灯	定时接收状态指示
	光通信状态指示灯	光通信状态指示
激励产生	电源指示灯	电源指示
	时钟输入指示灯	时钟输入指示
	本振输入指示灯	本振输入指示
	激励输出指示灯	激励输出指示

5.9　内外协同测试设计

内外协同测试需求来自分系统的指标测试性需求分析。

在接收机指标内外协同测试中，外部测试资源一般包括频谱仪、信号源、噪声系数测试仪等，机内测试资源包括频率源、测试和健康管理系统等。其中，频率源用于提供接收机的输入射频信号，测试和健康管理系统提供仪器测试控制、测试数据处理和显示等功能。

下面以接收机中频带宽测试为例，介绍内外协同测试方法。接收机中频带宽内外协同测试原理如图 5-8 所示。图中虚线内的信号源和频谱仪为外部测试仪器，该仪器通过雷达外部测试总线接口与测试和健康管理分系统连接。在测试和健康管理分系统的控制下，外部测试仪器与机内测试资源配合自动完成接收机中频带宽测试。测试程序是机内测试资源，已经安装到测试和健康管理分系统。

图 5-8 中，频率源在雷达控制分系统控制下产生所需要的本振信号。信号源在测试和健康管理分系统控制下输出接收机的射频输入信号。

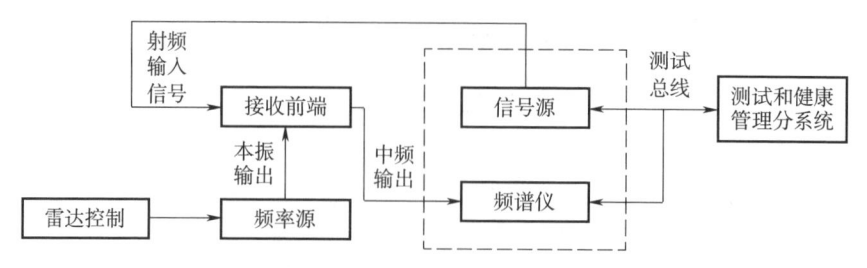

图 5-8　接收机中频带宽内外协同测试原理框图

测试步骤如下：

（1）利用测试总线将外部测试仪器（信号源和频谱仪）连接到雷达系统；

（2）设置雷达进入内外协同测试模式；

（3）选择接收机中频带宽测试项目；

（4）测试和健康管理分系统的测试程序控制信号源按扫频方式工作，频率覆盖范围大于中频带宽 1.5 倍；

（5）测试和健康管理分系统获取频谱仪测试数据，并计算中频带宽指标。

5.10　BIT 信息采集

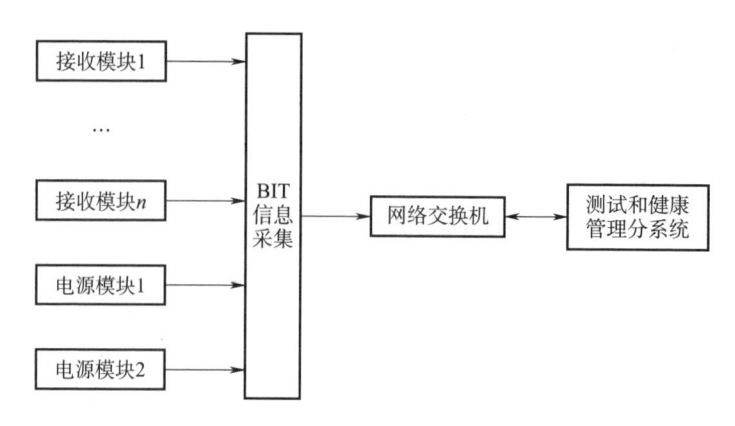

接收机 BIT 信息采集原理如图 5-9 所示。各模块的 BIT 信息送至 BIT 信息采集单元，由其汇总后形成网络报文送至网络交换机，测试和健康管理分系统通过网络交换机获取接收机的 BIT 信息。BIT 信息采集单元的功能可以由专用模块实现，也可以将功能集成到某个接收模块。

图 5-9　接收机 BIT 信息采集原理框图

5.11 外部测试设计

外部测试设计是为了满足测试性需求分析结果中的外部测试需求。外部测试用于机内测试资源未覆盖的测试项目及对测试精度有更高要求的指标测试。外部测试设计内容包括测试仪器选型、测试接口设计和测试接口适配器设计。

1. 测试仪器选型

接收机测试仪器主要包含信号源、频谱仪、噪声系数测试仪、相位噪声测试仪等。应根据指标测试要求，合理选择测试仪器的型号。

2. 测试接口设计

测试接口指雷达系统预留的射频电缆接口、测试数据接口、通信接口等，用于在外部测试设备和被测对象之间建立测试连接。接收机外部测试接口的功能包括测试信号注入、输出信号采集等。外部测试接口可以专用，也可以与产品接口共用。

外部测试接口的物理位置选择主要取决于外部测试项目的测试需求，应根据外部测试设备的接口信号要求开展接口兼容性设计。

3. 测试接口适配器设计

测试接口适配器用于外部测试设备和被测对象之间的适配连接。应根据外部测试项目需求，选择适配器、电缆等，必要时可开展专用适配器的设计。

第6章

电真空发射机分系统测试性设计

6.1 概述

6.1.1 功能和原理

雷达发射机是为雷达系统提供符合要求的射频发射信号,将低频的交流能量转换为射频能量,经馈线系统传输到天线并辐射到空间的设备。雷达发射机一般分为连续波发射机和脉冲发射机,最常用的是脉冲雷达发射机。电真空发射机的放大器功能由电真空器件完成,常用的放大器有速调管、行波管、回旋管、磁控管等。速调管发射机原理如图6-1所示。

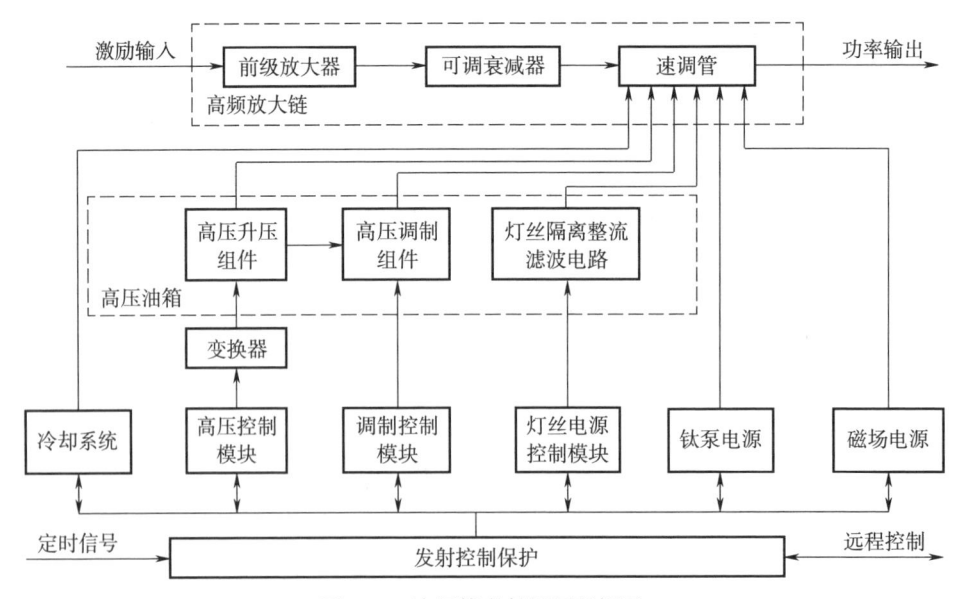

图6-1 速调管发射机原理框图

发射机的高频放大链由前级放大器、可调衰减器和速调管(末级放大器)组成,激励输入的射频小信号经过高频放大链将信号放大至符合雷达指标要求的射频大功率信号,其中可调衰减器用于调节末级放大器的输入,避免信号输入过大，导致输出功率异常。灯丝电源为末级放大器提供加热，便于电子逃逸。高压升压组件和高压调制组件为末级放大器提供同步的高压调制脉冲。钛泵电源保证末级放大器的真空度。磁场电源负责为末级放大器的磁场线圈提供稳定电流，保证电子束的会聚。冷却系统为发射机内部各个发射模块提供环控支撑。发射控制保护完成发射机的控制、故障保护、BIT信息汇总上报及定时信号的分发控制。

6.1.2 技术指标

电真空发射机的主要指标如下。

1. 工作频率 f

f 为发射机输出的射频信号的频率。发射机一般在一定的频率范围内工作，有最低频率 f_L、最高频率 f_H、中心频率 $f_0 = \frac{f_L + f_H}{2}$ 等。

2. 工作带宽 BW

BW 为发射机可以正常工作的频率范围。工作带宽一般可分为绝对工作带宽 BW=f_H-f_L 和相对工作带宽 $\frac{BW}{f_0}$。

3. 脉冲宽度 τ

发射机一般工作在周期性的脉冲条件下，在一个脉冲周期中的 τ 时间内持续输出射频功率，其余时间则没有输出射频功率。

4. 脉冲重复频率 PRF

PRF 为在一定时间（通常是1s）内射频脉冲重复的次数，由此脉冲重复周期定义为 $T = \frac{1}{PRF}$。

5. 脉冲占空比（或工作比）D

脉冲占空比（或工作比）即脉冲宽度 τ 占脉冲周期 T 的百分比，$D = \frac{\tau}{T} \times 100\% = \tau \times PRF \times 100\%$。

6. 功率 P

P 表示发射机输出的射频信号的功率。常用峰值功率 $\hat{P}$ 表示在脉冲持续期间射频信号的功率，平均功率 $\bar{P} = \hat{P} \times D$ 表示在整个脉冲周期内的平均射频信号功率。

7. 工作效率 η

发射机的工作效率为其总的射频输出功率占其总供电功率的百分比，表征供电功率转化为射频输出功率的能力。

8. 带内幅度平坦度 ΔA

ΔA 指发射机在工作频带范围内不同工作频率点上输出的最大峰值功率与最

小峰值功率的比值，通常用 dB 作为单位。

9. 脉冲包络上升沿时间 t_r

t_r 通常简称脉冲上升沿，有时也简称为脉冲前沿，指在发射机输出射频脉冲检波包络电平从零电平升起时从脉冲幅度的 10% 升至脉冲幅度的 90% 所持续的时间。

10. 脉冲包络下降沿时间 t_f

t_f 通常简称脉冲下降沿，有时也简称为脉冲后沿，指在发射机输出射频脉冲检波包络电平从脉冲顶部降落时从脉冲幅度的 90% 降至脉冲幅度的 10% 所持续的时间。

11. 脉冲包络顶降 Droop

射频输出脉冲包络的顶部不是平坦的，通常有一定的降落趋势。趋势线起始处的功率与趋势线结束处的功率之比称为脉冲包络顶降，$\text{Droop}=10\times\lg\left(\dfrac{P_1}{P_2}\right)$，通常用 dB 作为单位，其中 P_1 和 P_2 分别为脉冲包络趋势线起始处的和结束处的功率。

12. 信号频谱杂散

信号频谱杂散是指最高杂波谱线电平与主谱线电平之间的比值，通常用 dBc 作为单位。

13. 二次谐波

二次谐波是指频率为 $2\times f$ 的谱线电平与频率为 f 的主谱线电平之间的比值，通常用 dBc 作为单位。

14. 相位噪声

相位噪声指在偏离发射机的输出信号频谱主频线一定的频率（如 1 kHz）处，单位频率内的杂波信号幅值与主频线信号幅值之间的比值，通常用 dBc/Hz@1 kHz 作为单位。

6.2 故障模式分析

6.2.1 功能故障模式分析

电真空发射机分系统的功能故障模式分析是从电真空发射机分系统的功能维度对发射机分系统故障模式进行分析，该分析方法不涉及分系统的具体组成。由于不同电真空发射机的具体指标影响因素不同，因此需要结合电真空发射机的具体指标要求开展分系统的功能故障模式分析。

电真空发射机分系统功能故障模式分析报告是开展发射机分系统测试性需求

分析的依据，用于电真空发射机分系统指标的测试性需求分析。

1. 故障模式分析应遵循的原则

1）完整原则

故障模式应覆盖分系统的完整功能和性能指标。

2）细化原则

故障模式分析要细化到每个模块的每个通道，如高压调制组件模块要细化到每一个调制组件模块。

3）准确原则

用定量参数表示性能下降类的故障模式。准确的故障模式定义有利于对故障模式影响准确分析。例如，对于发射功放输出功率下降故障，功率下降5%的故障等级与功率下降50%的故障等级是明显不同的。

4）互不包含原则

同一层级的故障模式之间是平行关系，不能相互包含，不同层级的故障模式不能混淆在一起。

2. 电真空发射机分系统功能故障模式分析示例

调速管发射机分系统功能故障模式分析示例见表6-1。

表 6-1 速调管发射机分系统功能故障模式

序号	故障模式名称	故障代码
1	无输出功率	F05-00-01
2	输出功率低于指标值	F05-00-02
3	输出信号脉冲包络上升沿时间大于指标值	F05-00-03
4	输出信号脉冲包络下降沿时间大于指标值	F05-00-04
5	输出信号脉冲包络顶降大于指标值	F05-00-05
6	输出信号频谱杂散大于指标值	F05-00-06
7	输出信号二次谐波大于指标值	F05-00-07
8	输出信号相位噪声大于指标值	F05-00-08
9	工作效率低于指标值	F05-00-09

注：表中的故障代码是为每个故障模式设定的唯一编码，其中，F05-00是发射机分系统的功能故障分类代码，后两位代码是故障模式的序列号，用十六进制表示。表中的指标值是指技术指标范围的上限值或下限值，表中仅列出部分故障模式。

6.2.2 硬件故障模式分析

硬件故障模式分析是从硬件维度对分系统故障模式进行分析。这种分析方法以电路模块、部件、连接电缆等作为故障模式分析的对象，涉及分系统的具体硬件组成。硬件故障模式分析结果是开展分系统故障检测和故障隔离需求分析的依据。

1. 故障模式分析应遵循的原则

1）完整原则

故障模式分析应覆盖电真空发射机的所有组件和模块，覆盖被分析的组件和模块的所有功能故障。

2）细化原则

故障模式分析要细化到单路接口，应避免使用笼统的方式定义故障模式。例如，高压电源的故障模式不能直接描述为高压电源故障，需要细分为高压过压故障、高压欠压故障和高压过流故障。

故障模式要细化到每一个组件的每一项功能。例如，高压油箱内部安装有高压组件、灯丝电源末级及油温传感器等，不能笼统地定义为油箱故障，需要细化到每一个功能项。

3）准确原则

采用准确的定量方式定义故障模式，避免使用模糊方式定义故障模式。例如，对于高压电压故障，需要明确高压电压过压还是高压电压欠压。

4）互不包含原则

同一层级的故障模式之间是平行关系，不能相互包含，不同层级的故障模式不能混淆在一起。模块的输入信号是其他模块的输出信号，因此输入信号故障不是模块的故障模式。

2. 硬件故障模式分析示例

以图 6-1 的速调管发射机为例，主要故障模式如下。

1）前级放大器的故障模式

故障模式包括：无输出功率、输出功率低于指标值、输出信号脉冲包络上升沿时间大于指标值、输出信号频谱杂散大于指标值等。

2）速调管的故障模式

故障模式包括：无输出功率、输出功率低于指标值、管体过流、灯丝开路、真空度低于指标值等。

3）高压电源的故障模式

高压电源包含高压控制模块、变换器和高压升压组件，故障模式包括：无输出、输出过压、输出欠压、输出过流等。

4）调制器的故障模式

调制器包含调整控制模块和高压调制组件，故障模式包括：无调制定时故障、调制电源无输出、调制电源输出电压低、调制脉冲前沿过大、调制脉冲后沿过大、调制脉冲顶降过大、调制高压脉冲前后沿抖动过大等。

5）灯丝电源的故障模式

故障模式包括：无输出电压、输出过压、输出欠流等。

6）钛泵电源的故障模式

故障模式包括：无输出电压、输出欠压、输出过压、输出过流等。

7）磁场电源的故障模式

故障模式包括：无输出电压、输出过压、输出欠流、去磁电源无输出等。

8）发射控制保护的故障模式

故障模式包括：发射机本地控制失效、发射机远程控制失效、发射机致命故障保护失效、定时保护失效、定时信号无输出、发射机BIT信息不能上报等。

9）冷却系统的故障模式

故障模式包括：水冷流量低、风冷风量低、油箱过温等。

10）机柜的故障模式

为了保障人身安全，发射机设置有门开关，以确保在机柜门打开时发射机切断高压，故障模式包括：门开关功能失效。

硬件故障模式分析示例（速调管发射机故障模式）见表6-2。

表6-2 速调管发射机故障模式

部件名称	故障模式名称	故障代码
前级放大器	无输出功率	F05-01-01
	输出功率低于指标值	F05-01-02
	输出信号脉冲包络上升沿时间大于指标值	F05-01-03
	输出信号频谱杂散大于指标值	F05-01-04
速调管	无输出功率	F05-02-01
	输出功率低于指标值	F05-02-02
	管体过流	F05-02-03
	灯丝开路	F05-02-04
	真空度低于指标值	F05-02-05
高压电源	无输出	F05-03-01
	输出电压低于指标值	F05-03-02
	输出过压	F05-03-03
	输出欠压	F05-03-04
	输出过流	F05-03-05

注：表中的故障代码是为每个故障模式设定的唯一编码，其中F05是发射机分系统故障代码，中间两位是模块代码，最后两位代码是故障模式的序列号，所有代码用十六进制表示。表中仅为示例，只列出部分故障模式。

6.3 测试性需求分析

测试性需求分析的任务是根据故障模式分析报告，确定用于故障检测和隔离的测试需求，包括机内测试项目、外部测试项目、BIT 类型、测试精度要求等，为 BIT 设计、外部测试设计等提供设计依据。测试项目需求分析方法参考第 3 章。

6.3.1 指标测试性需求分析

指标测试是指对发射机分系统的功能和性能指标进行测试，测试方式包括机内测试和外部测试。机内测试通过机内测试设备实现，外部测试通过外部测试仪器和外部测试设备实现。

指标测试用于功能故障的检测，指标测试性需求分析的目的是确定发射分系统的功能和性能指标的测试项目、测试方式和测试精度要求等。

指标测试性需求分析的内容包括：机内测试需求分析、外部测试性需求分析和技术指标的测试要求分析。指标测试性需求分析的输出是发射机分系统各项技术指标的测试方式和指标测试要求。

1. 指标测试性需求分析方法

主要从以下几方面开展指标测试性需求分析。

1）机内测试需求分析

部分用户在研制要求中明确提出分系统的技术指标测试要求，这些指标应选择为机内测试项目。系统总体根据系统的测试性需求提出分系统的指标测试需求，这些指标应选择为机内测试项目。

对于配置机内射频自动设备的雷达系统，总体负责制定射频指标测试的总体测试方案，发射机分系统应按照总体射频指标测试方案要求，完成指定的分系统指标测试功能。

发射机的指标测试性需求来源于分系统的研制任务书，任务书提出的各项功能及性能要求均为需要测试的项目，其中包括用户要求的测试项目及基于系统测试性设计确定的测试项目。

2）机内测试方式选择

指标机内测试时间较长，一般在启动 BIT 方式下完成。

3）外部测试性需求分析

外部测试用于机内测试未覆盖的测试项目。

4）指标测试要求分析

指标测试要求包括指标的测试范围和测试精度。针对每项测试项目，分析机内测试和外部测试的不同指标测试要求,为测试方案的详细设计提供依据。

5)重量和尺寸约束分析

在明确了任务书中各项测试要求对应的测试项目后,需要分析各项约束条件对测试项目设计的影响。

6)分析测试成本约束

根据机内测试配置的硬件和软件资源清单评估测试成本,测试成本应满足发射分系统的成本约束要求。

2. 需求分析示例

以速调管发射机为例,其原理框图见图 6-1。

1)机内测试需求分析

总体下达的分系统研制任务书中明确指定的测试项目包括发射机输出功率等,该项目列为机内测试项目。

2)机内测试方式选择

指标机内测试在启动 BIT 方式下完成。

3)外部测试性需求分析

需要外部测试的项目包括发射输出信号的频谱性能、射频检波包络波形性能、相位噪声测试等。

4)指标测试要求分析

根据雷达的技术指标,确定测试项目的测试范围和测试精度。

5)重量和尺寸约束分析

本产品采用总体统一配置的机内射频测试设备,包括功率计和频谱仪等射频测试仪器。

6)测试成本约束分析

根据机内测试配置的硬件和软件资源清单评估测试成本,测试成本满足分系统的成本约束要求。

速调管发射机指标测试性需求分析结果见表 6-3。

表 6-3 速调管发射机指标测试性需求分析

序号	测试项目	测试项目代码	加电 BIT	周期 BIT	启动 BIT	外部测试	指标要求
1	输出功率	T05-00-01	—	○	○	—	
2	载波中心频率	T05-00-02	—	○	○	—	
3	脉冲宽度	T05-00-03	—	○	○	—	
4	脉冲重复频率	T05-00-04	—	○	○	—	

续 表

序号	测试项目	测试项目代码	机内测试 加电BIT	机内测试 周期BIT	机内测试 启动BIT	外部测试	指标要求
5	脉冲包络上升沿时间	T05-00-05	—	○	○	—	
6	信号频谱杂散	T05-00-06	—	○	○	—	
7	二次谐波	T05-00-07	—	○	○	—	
8	工作效率	T05-00-08	—	○	○	—	
9	相位噪声	T05-00-09	—	—	—	○	

表 6-3 的说明如下。

（1）测试项目代码：测试项目代码是为每个测试项目设定的唯一编码，其中 T05 是电真空发射机的测试代码，第一个字母 T 表示测试，分系统代码用两位十进制数字表示，中间"00"表示该项测试是分系统的指标测试项目，最后两位是指标测试项目的序列号；

（2）"—"表示不可测，"○"表示可测；

（3）指标要求根据实际技术指标要求填写；

（4）表中仅列出了部分指标项目。

6.3.2 故障模式检测和隔离需求分析

硬件故障的检测和隔离需求分析是针对发射机分系统硬件 FMECA 报告，对所有故障开展故障检测和隔离需求分析，以确定每个故障的检测方式和故障隔离模糊组要求。通过故障检测和隔离需求分析，把发射机分系统的测试性定量指标要求（故障检测率和故障隔离率）分配到每个故障。

在完成故障检测和隔离要求分配后，通过对分析表格中的数据进行统计分析可以得到不同检测方式的故障检测率、BIT 的故障检测率、外部测试的故障检测率及不同模糊组的故障隔离率。

将统计分析得到的测试性指标预计值与指标要求值进行对比分析，如果预计值不满足定量指标要求，则需要对故障检测方式和故障隔离模糊组要求进行调整优化，直到满足要求为止。

硬件故障的检测和隔离需求分析输出是每个故障的检测方式要求和故障隔离模糊组要求。

1. 故障检测需求分析方法

故障检测需求分析的目的是把分系统的故障检测率要求分配到每个故障，针对每个故障合理选择故障检测方式。

硬件故障检测方式包括机内测试（加电 BIT、周期 BIT 和启动 BIT）、外部测试和状态指示灯等，需要结合故障特点合理选择故障检测方式。对于故障率高的故障，应优先采用机内测试方式检测。

2. 测试性需求分析示例

速调管发射机的原理框图见图 6-1。

测试性需求分析步骤如下。

（1）故障检测需求分析：针对每个故障，选择故障检测方式，首先选择机内测试。对于机内测试，进一步确定 BIT 类型。

（2）故障隔离需求分析：针对每个故障的特点，合理选择故障隔离模糊组大小。

（3）评估故障检测率：汇总不同检测方式的可检测的故障率，用可检测故障率除以总故障率可得到故障检测率。

（4）评估故障隔离率：汇总不同模糊组的可隔离的故障率，用可隔离的故障率除以可检测故障率总和得到故障隔离率。

（5）如果故障检测率和故障隔离率的评估结果不满足发射机分系统的测试性指标要求，则需要重新调整故障检测和故障隔离需求的分配方案。

分析示例见表 6-4，表中的故障率不是产品的真实故障率，仅用于示例说明。

表 6-4 中各栏填写要求如下。

（1）部件名称：填写发射机分系统的电路模块、插箱、电缆、风机模块等部件名称。

（2）故障模式：填写各部件对应的故障模式。

（3）故障代码：填写故障模式对应的代码，该代码已在故障模式分析的时候定义。

（4）部件故障率：填写部件故障率。

（5）故障模式频数比：为单个故障的故障率与部件的故障率之比。

（6）故障模式故障率：为单个故障模式的频数比与部件的故障率之积。

（7）故障检测需求：包括加电 BIT、周期 BIT、启动 BIT、外部测试和状态指示灯等故障检测方式，将不同测试方式可检测故障的故障率填写到对应的列中，对于不能检测的故障，在对应的栏目填写"0"。

（8）BIT 故障隔离需求：填写不同模糊组的 BIT 可检测故障的故障率，只能选择其中一列填写故障率，其他两列填写"0"。

（9）表中的故障率单位为 10^{-6}/h。

表 6-4 发射机分系统硬件故障检测和隔离需求分析示例

（故障率单位：$10^{-6}/h$）

部件名称	故障模式	故障代码	部件故障率	故障模式频数比	故障模式故障率	加电BIT	周期BIT	启动BIT	内外协同测试	外部测试	状态指示灯	隔离到1个LRU	隔离到2个LRU	隔离到3个LRU
前级放大器	无输出功率	F05-01-01	10	0.5	5	0	5	5	0	0	5	5	0	0
	输出功率低于指标值	F05-01-02		0.2	2	0	2	2	0	0	2	2	0	0
	输出信号脉冲包络上升沿时间大于指标值	F05-01-03		0.1	1	0	1	1	0	0	0	1	0	0
	输出信号频谱杂散大于指标值	F05-01-04		0.2	2	0	2	2	0	0	0	2	0	0
速调管	无输出功率	F05-02-01	20	0.5	10	0	10	10	0	0	10	10	0	0
	输出功率低于指标值	F05-02-02		0.2	4	0	4	4	0	0	4	4	0	0
	管体过流	F05-02-03		0.1	2	0	2	2	0	2	0	2	0	0
	灯丝开路	F05-02-04		0.1	2	0	2	2	0	0	2	2	0	0
	真空度低于指标值	F05-02-05		0.1	2	0	0	0	0	0	0	0	0	0
高压电源	无输出	F05-03-01	10	0.5	5	0	5	5	0	0	5	5	0	0
	输出电压低于指标值	F05-03-02		0.2	2	0	2	2	0	0	2	2	0	0
	输出过压	F05-03-03		0.1	1	1	1	1	0	0	0	1	0	0
	输出大压	F05-03-04		0.1	1	1	1	1	0	0	0	1	0	0
	输出过流	F05-03-05		0.1	1	1	1	1	0	0	0	0	1	0

注：表中的故障率不是产品的真实故障率，仅用于示例说明。

6.4 测试性设计准则

测试性设计准则用于指导分系统测试性设计，包括通用准则和专用准则。其中，通用准则是各类雷达共用的测试性设计准则；专用准则是面向某型产品制定的专用测试性设计准则，需要针对特定产品的测试性需求制定。发射机测试性设计准则的内容主要包括指标 BIT 设计准则、故障隔离的 BIT 设计准则、测试点和观测点设计准则和外部测试设计准则。

1. 指标 BIT 设计准则
（1）BIT 项目应根据指标测试性需求分析结果进行设置；
（2）BIT 容差应考虑环境变化的影响；
（3）BIT 采集到的状态信息应能上报给测试和健康管理分系统。

2. 故障隔离的 BIT 设计准则
BIT 项目应根据故障隔离需求分析结果进行设置。

3. 测试点和观测点设计准则
（1）测试点的设计应能满足故障检测和故障隔离的需要；
（2）人工测试点应设置在各个部件的前面板等易于测试的位置；
（3）测试点应设置在故障检测的敏感位置；
（4）测试点的设置应对发射机正常性能没有影响；
（5）测试点的设置应对系统正常性能没有影响；
（6）模块的电源状态应设置指示灯；
（7）前级放大器模块的输入和输出应设置功率状态指示灯。

4. 外部测试设计准则
（1）功率适配原则：外部测试接口端的输出功率要与测试仪表的耐受功率相匹配。
（2）安全性原则：外部测试接口的输出电压应在安全电压范围内。
（3）可达性原则：外部测试接口应设置在容易接触的位置。
（4）简洁原则：尽量采用共用接口，减少专用接口。

6.5 指标 BIT 设计

6.5.1 脉冲功率测试

发射机脉冲功率的测试包括峰值功率测试与平均功率测试，常用的功率检测仪器是功率计。根据测试需求的不同，可以选择不同类型的功率检测探头。如果发射脉冲信号的占空比固定，则选择平均功率探头，通过峰值功率和平均功率换算公式可计算出峰值功率。根据被测试发射机的工作波段、最小脉宽和最小工作比等参数选择相应的功率计及功率探头。脉冲功率检测原理如图6-2所示。

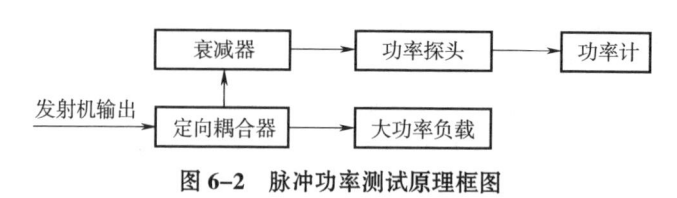

图6-2 脉冲功率测试原理框图

发射机的输出信号经定向耦合器耦合和衰减器后，送至功率探头。由于功率探头的功率耐受有一定要求，因此必须合理选择衰减器的大小，使定向耦合器输出的功率经衰减器衰减后满足功率探头的最大耐受功率要求。

在功率测试之前，需要对功率计进行设置，设置项目包括对功率衰减的补偿设置、功率计工作波段设置、测量单位设置等。完成设置后，需要对功率计进行校准，以使功率测量获得更高的测量精度。

对于低成本的功率检测要求，可以将衰减后的发射信号进行检波变成低频信号，经信号放大调理后送入A/D变换进行采集，通过分析计算得到功率值。

6.5.2 载波中心频率和频谱参数测试

雷达工作频率的测量一般使用频谱仪，载波中心频率测试原理如图6-3所示。一般的频谱仪耐受功率为20 dBm以下，因此衰减器应将定向耦合器输出的射频信号衰减到20 dBm以下。

图6-3 载波中心频率测试原理框图

对于频谱仪，在测量前需要设置合适的频带范围和分辨率带宽，在设置峰值保持后，选择主瓣的峰值，对应的频点即为雷达发射机输出功率信号的中心频点。

发射机频谱参数也采用频谱仪进行测试。

6.5.3 脉冲波形参数测试

脉冲检波包络波形参数测试原理如图6-4所示。

```
发射机输出 → 定向耦合器 → 衰减器 → 检波器 → 示波器
                    ↓
                大功率负载
```

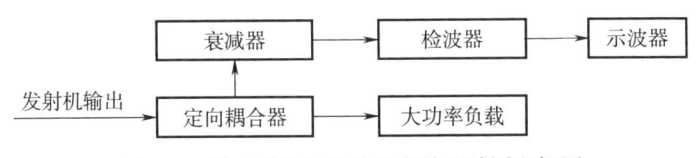

图 6-4 脉冲检波包络波形参数测试原理框图

衰减器的选择应满足检波器的功率耐受要求。为了获得真实的波形，在检波器输出端需要进行 50 Ω 阻抗匹配，多数示波器均有内置 50 Ω 匹配负载，在进行检波波形测试时，需要将信号输出设置为 50 Ω，如果示波器本身不具备内置 50 Ω 匹配负载，则需要在检波器和示波器输入接口之间外接 50 Ω 匹配负载。

利用示波器可以测试脉冲重复周期、频率、脉冲宽度、脉冲上升沿、下降沿及脉冲边沿抖动等脉冲信号参数。

6.6 故障隔离的 BIT 设计

6.6.1 前级放大器

前级放大器主要由隔离器、前级电源、前级功放、定向耦合器等组成，其组成框图如图 6-5 所示。

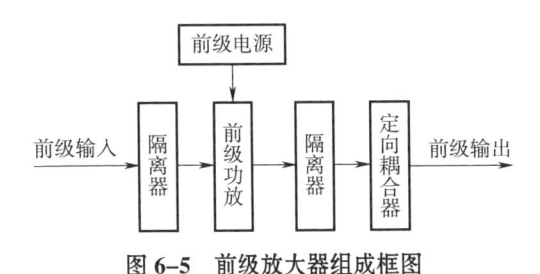

```
                   前级电源
                      ↓
前级输入 → 隔离器 → 前级功放 → 隔离器 → 定向耦合器 → 前级输出
```

图 6-5 前级放大器组成框图

为了隔离前级放大器的故障，需要检测前级激励输入信号、前级电源输出信号和前级功放输出信号。

前级电源的输出测试包含输出电压及输出电流的测试：电压检测方法是分压后进行 A/D 采样；电流检测方法是通过电流传感器，将电流信号变换为电压信号，然后进行 A/D 采样。常用的电流传感器包括霍尔传感器、精密电阻等。对电源的输出状态的检测要求是简单、检测电路尺寸小。

前级输入信号和前级输出信号的检波后电压检测电路原理如图 6-6 所示。

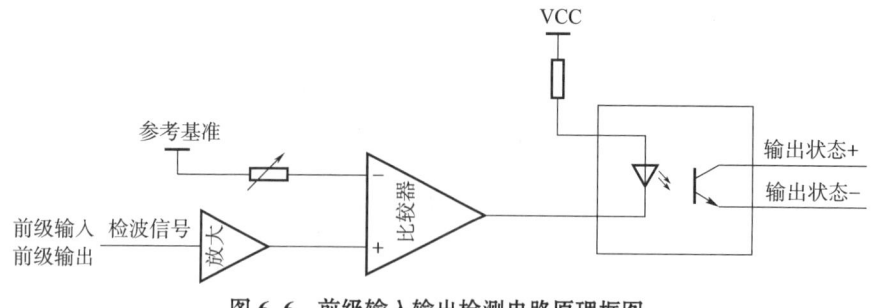

图 6-6 前级输入输出检测电路原理框图

前级输入输出检波信号经过放大器放大后输入比较器，通过调节比较器的参考基准电压设置参考基准。由于高功率设备内部存在较严重的电磁干扰，因此检测输出信号通过光耦合器变换为 OC 门通断状态，该状态信号传输为电流传输方式，具有较强的抗干扰能力。

6.6.2 高压电源

1. 高压电压检测

真空管发射机高压电源一般输出负高压，电源正端通过收集极接机壳，负端通过调制器调制为脉冲后加在阴极或直接加在阴极上。可以使用分压方法将高压变为低压信号送 A/D 采样电路进行采样，在采样电路前需要增加过压保护电路。

2. 高压电流检测

一般通过霍尔器件完成电流采样。

3. 温度检测

温度传感器一般采用温度继电器或热敏电阻。温度继电器根据自身设定的温度门限提供温度是否超过门限的状态，但不能获取实际的温度数值。利用热敏电阻可以获取温度数值，热敏电阻温度采样电路原理图见图 6-7。

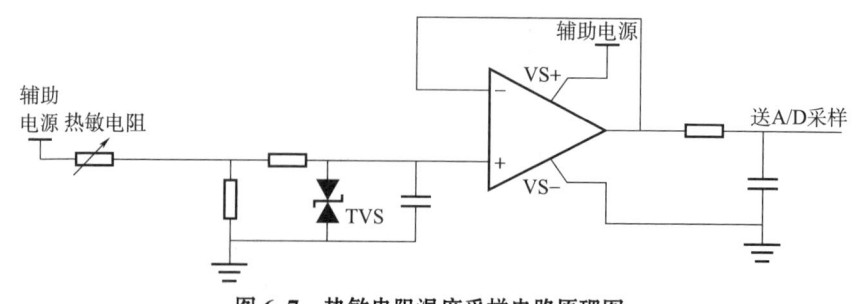

图 6-7 热敏电阻温度采样电路原理图

热敏电阻生产厂家提供温度与电阻值的对应关系表，称为 R-T 表。基于 R-T 表，通过软件可以把采样电压值换算成电阻值，进而换算为实际温度值。

6.6.3 调制器

为了隔离调制器故障,需要检测调制器输出信号的电压和电流。

1. 调制脉冲电压检测

调制器输出是高压脉冲信号,可以采用电容耦合方式进行检测。在靠近调制脉冲高压端位置安装一个 4~8 cm 的金属片,通过分布电容耦合输出信号。由于输出电压较高,因此需要留出足够绝缘距离,一般为 5~10 cm。耦合出的调制电压信号可以通过示波器观测脉冲波形。采样/保持电路完成峰值电压采样,采样信号送至 A/D 电路。采样保持器的采样建立时间应远小于调制脉冲宽度,且需要对采样/保持控制信号进行滤波,防止采样误触发。

调制脉冲电压检测电路原理如图 6-8 所示。

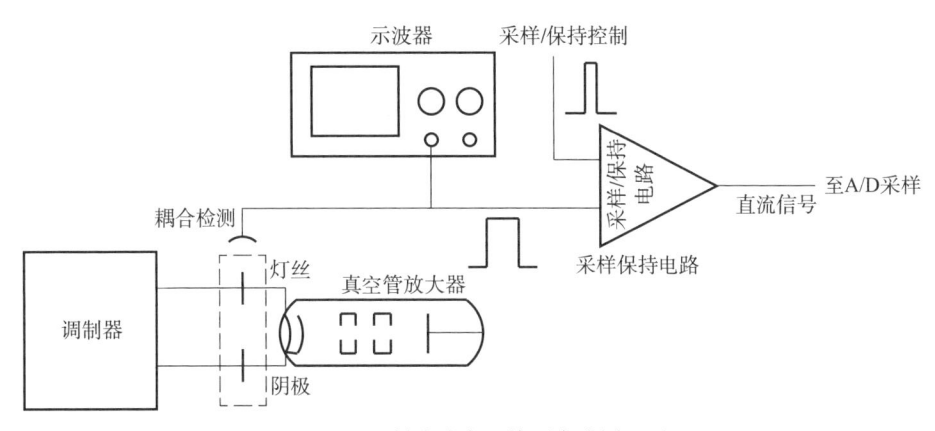

图 6-8 调制脉冲电压检测电路原理图

2. 调制脉冲电流检测

采用电流互感器可以检测输出调制脉冲电流信号。在电流互感器次级线圈上串接电阻,可以将电流信号变换为电压信号,通过电压检测电路和 A/D 转换器得到脉冲电流的数值。

6.6.4 灯丝电源

1. 灯丝电压检测

灯丝电源是悬浮于高电位上的电源,对于高电位的电压及电流检测,需要考虑高电位隔离的问题。灯丝电源原理框图见图 6-9。

灯丝电源电压检测有低电位区检测方式和高电位区检测方式,检测方式与检测性能和成本要求有关。

当采用高电位区检测方式时,通过电压/频率(V/F)变换电路把检测电压信

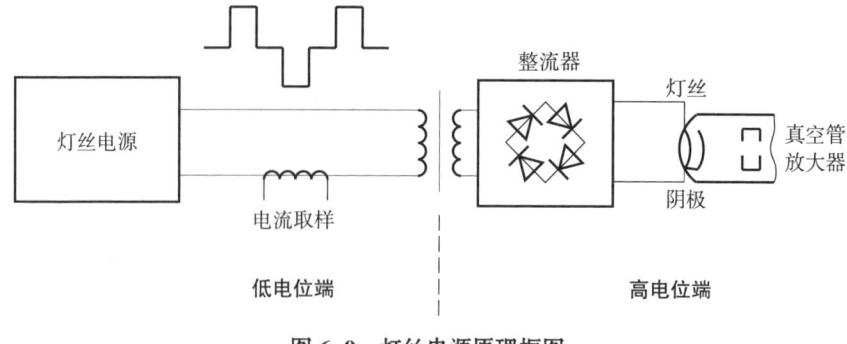

图 6-9　灯丝电源原理框图

号转换为与之呈线性关系的频率信号，然后通过具有高绝缘度的光纤送至低电位端。通过频率/电压（F/V）变换电路把频率信号转换成电压信号。基于 V/F 变换的高电位采样原理框图见图 6-10。

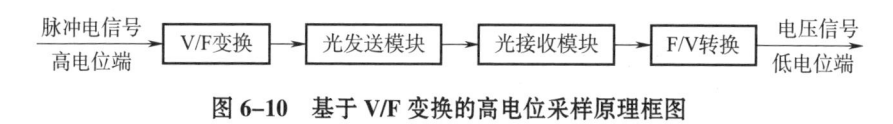

图 6-10　基于 V/F 变换的高电位采样原理框图

2. 灯丝电流检测

灯丝电源是稳流电源，灯丝电流是灯丝电源最重要的指标，灯丝电流的精确与否，直接影响到真空管放大器的工作性能，因此对于灯丝电流的检测精度要求相对较高。灯丝电流可以通过在初级回路设置电流霍尔传感器采样初级电流，由于灯丝变压器的匝数比确定，次级电流与初级电流的比例关系也确定，且基本呈线性关系，为了获取较高精度的电流检测，在灯丝电源调试时，可以通过实际使用的负载（即真空管放大器）对电流检测进行校正，获取偏离系数，这样就可以实现较高精度的电流检测。

6.6.5　磁场电源

磁场电源属于稳流电源，检测方式同灯丝电源的初级检测方法。

6.7　测试点和观测点设计

6.7.1　测试点设计

测试点设计的目的是为机内测试和外部测试等测试项目确定测试信号注入位置和输出信号采样点位置。测试点设计应遵守测试点设计准则，见 6.4 节。

电真空发射机的测试点一般设置在发射机各 LRU 模块的接口位置，电真空发射机常用测试点的位置和类型如表 6–5 所示。

表 6–5　电真空发射机常用测试点的位置和类型

测试点位置		测试点类型	
模块名称	信号名称	BIT 点	外部测试点
前级放大器	高频信号输入	○	○
	高频信号输出	○	●
灯丝电源控制模块	交流电输入	○	—
	灯丝电流变压器原边输出	●	○
钛泵电源	交流电输入	○	—
	高压直流电压输出	●	○
发射控制保护	发射机状态信号输入	○	○
	发射机控制保护信号输出	○	—
	定时信号输出	●	○
调制控制模块	交流电输入	○	—
	调制触发信号输入	○	○
	调制触发信号输出	○	○
高压控制模块	交流电输入	○	—
	使能信号输入	○	—
	控制信号输出	—	○
逆变器	交流电输入	○	—
	控制信号输入	○	—
	逆变电流输出	○	○
速调管	高频输入	○	○
	高频功率输出	●	●
	高压调制脉冲输入	○	●
	总流检测	—	○
	管体电流检测	—	○

注："●" 为必选；"○" 为可选；"—" 为不选或不适用。

6.7.2　观测点设计

观测点设计的输入要求主要来自故障检测和故障隔离需求分析的状态指示灯

需求。状态指示灯一般用于指示模块的电源状态、输入功率状态、输出功率状态、故障状态等。

发射机常用指示灯和用途如表 6-6 所示。

表 6-6 发射机常用指示灯和用途

模块名称	指示灯名称	用途
高压电源	电源指示灯	指示模块电源状态
	工作指示灯	指示模块工作状态
	故障指示灯	指示模块故障状态
前级放大器	输出功率指示灯	指示模块输出功率状态
	输入功率指示灯	指示模块输入功率状态
	电源指示灯	指示模块电源状态
调制器	电源指示灯	指示模块电源状态
	工作指示灯	指示模块工作状态
	故障指示灯	指示模块故障状态
灯丝电源	电源指示灯	指示模块电源状态
	工作指示灯	指示模块工作状态
	故障指示灯	指示模块故障状态
钛泵电源	电源指示灯	指示模块电源状态
	工作指示灯	指示模块工作状态
	故障指示灯	指示模块故障状态
磁场电源	电源指示灯	指示模块电源状态
	工作指示灯	指示模块工作状态
	故障指示灯	指示模块故障状态

6.8 BIT 信息采集

BIT 信息的采集由发射控保单元完成，发射控保单元采集各类 BIT 信息，按照接口协议要求把 BIT 信息发送到测试和健康管理分系统。BIT 信息采集原理框图如 6-11 所示。

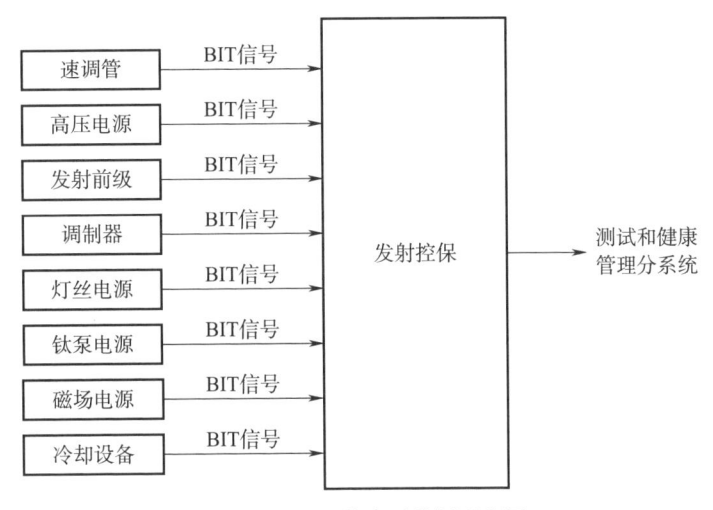

图 6-11 BIT 信息采集原理框图

6.9 外部测试设计

外部测试性设计是针对发射机在研制、生产及使用维护过程中所需要的外部测试项目而进行的测试性设计。外部测试项目用于测试发射机的功能、性能参数及故障隔离。

6.9.1 外部测试接口设计

外部测试接口的设计应遵守功率适配原则、安全性原则、可达性原则和简洁原则。

1. 功率适配原则

外部测试接口端的输出功率要与测试仪表的耐受功率相匹配。当测试功放输出射频信号时，需要在测试端口串联具有相应功率耐受能力及合适衰减倍数的衰减器，以确保被测信号的幅度在测试仪器的容许范围以内。

2. 安全性原则

外部测试接口的输出电压应在安全电压范围内。外部测试接口耦合出的功率一般小于 20 dBm，确保不会对测试人员造成辐射伤害，也不会对仪表造成过功率损坏。

3. 可达性原则

外部测试接口应设置在容易接触的位置。外部测试接口一般设置在被测件的面板上，易于观察、连接与断开。

4. 简洁原则

应尽量采用共用接口，减少专用接口，功率测试、频谱测试和信号波形测试应共用测试接口。

速调管外部测试接口原理如图 6-12 所示。为确保测试安全，将检测传感器安装在油箱中。可以测试的信号包括调制电压波形、总流波形、管体电流等。耦合信号的强度必须满足示波器及人体的安全电压值。

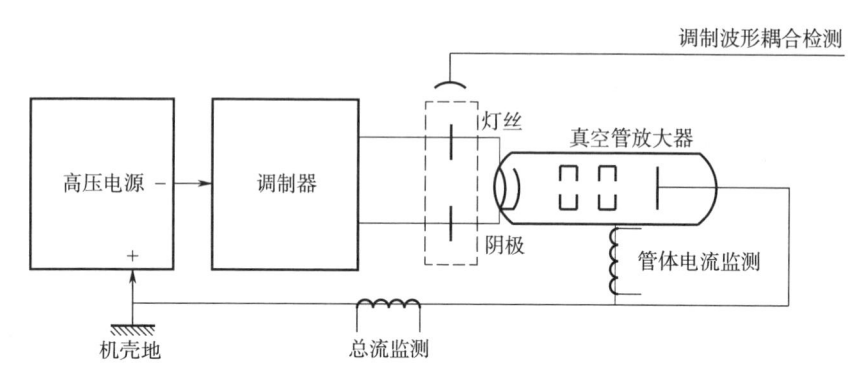

图 6-12 速调管外部测试接口原理框图

高压逆变器外部测试接口原理如图 6-13 所示。在逆变器的输出回路中设置电流波形监测点，逆变电流通过电流互感器耦合，引出到逆变器面板上的测试接口。

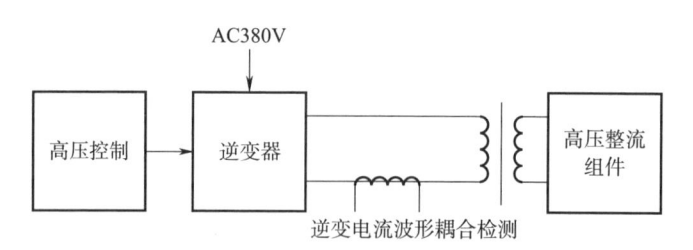

图 6-13 高压逆变器外部测试接口原理框图

6.9.2 外部测试资源设计

外部测试资源设计包括外部测试仪器的选型和测试附件的设计等。测试仪器的选型可参考 2.9 节内容，测试附件设计包括测试电缆、功率衰减器、检波器等设计。

电真空发射机外部测试项目、测试资源要求和测试方式见表 6-7。

表 6-7 电真空发射机外部测试项目、测试资源要求和测试方式

测试项目	测试资源要求	测试方式
脉冲功率	功率计或功率分析仪	直接测试
脉冲宽度	示波器或功率分析仪	直接测试
脉冲前后沿	示波器或功率分析仪	直接测试
顶部波动	示波器或功率分析仪	直接测试
脉冲重复频率	示波器或功率分析仪	直接测试
脉冲前沿抖动	示波器或功率分析仪	直接测试
带宽	信号源和频谱分析仪	直接测试
频谱杂波	频谱分析仪	直接测试
发射机效率	电压表、卡钳表、功率计	间接测试
前级输入激励	功率计或功率分析仪	直接测试
前级电源电压	电压表	直接测试
前级电源电流	电流表	直接测试
调制电压波形	示波器	直接测试
总流电流波形	示波器	直接测试
管体电流	示波器	直接测试
灯丝原边电流	万用表或示波器	直接测试
定时输入信号	示波器	直接测试
定时输出信号	示波器	直接测试
调制触发输入信号	示波器	直接测试
调制触发输出信号	示波器	直接测试

注：间接测试是指需要通过计算处理得到测试结果的测试方法。

第7章

固态发射机分系统测试性设计

7.1 概述

7.1.1 功能和原理

在通常情况下，固态发射机的作用是把脉冲射频信号进行逐级放大，最后通过馈线送至雷达天线辐射出去进行目标探测。固态发射机使用功率晶体管作为射频功率放大器件。

固态雷达发射机可以分为三类：固态集中式发射机、模拟阵固态分布式发射机和数字阵固态分布式发射机。分布式发射机用于相控阵雷达，其组成和工作原理参考天线阵面分系统。

固态集中式发射机一般由脉冲保护电路、前双工器、前级功放组件 A、前级功放组件 B、后双工器、前级监控单元、双工控制单元、前级电源、功率分配器、末级功放组件、功率合成器、定向耦合器、高功率隔离器、发射控制保护、开关电源等组成。一般情况下，前双工器和后双工器会集成到一个插件上，构成双工单元。固态集中式发射机原理如图 7-1 所示。

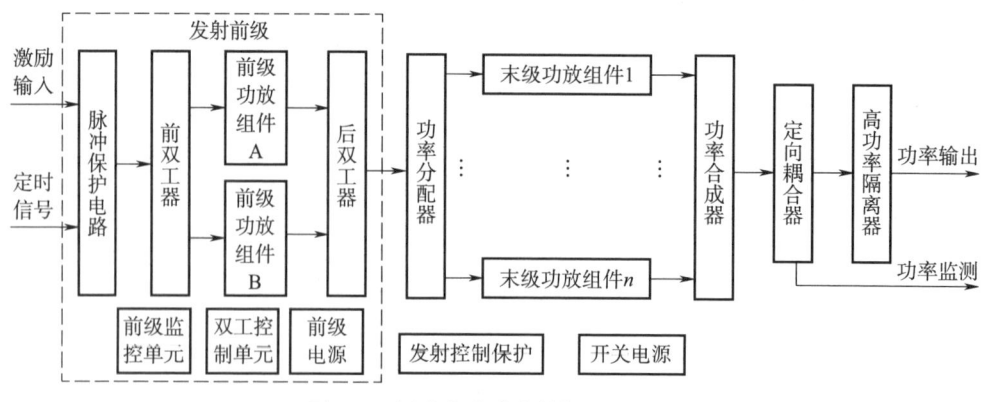

图 7-1 固态集中式发射机原理框图

来自雷达频率源的射频激励输入信号送到发射前级进行功率放大，放大后的信号送入 1∶n 功率分配器。1∶n 功率分配器将信号平均分成 n 路，分别送入 n

个末级功放组件进行进一步的功率放大。n 个末级功放组件的输出功率在 $n:1$ 功率合成器中进行合成后,经过定向耦合器和高功率隔离器后输出总的发射功率。

由于发射前级处在整个发射机放大链的最前端,一旦发射前级出现故障,则整个雷达都不能正常工作,因此对它的可靠性要求很高。发射前级通常采用双工工作方式,又称为双工前级。前级功放组件 A 正常工作时,前级功放组件 B 处于热备份状态。如果前级功放组件 A 出现故障,双工控制单元会将前后双工器自动切换到热备份的前级功放组件 B,并上报故障信息。发射前级输入端设置了脉冲保护电路,脉冲保护电路的作用是防止脉冲宽度过宽或工作比过大的射频脉冲进入固态发射机,避免固态发射机中的功率晶体管因超出其正常工作范围而损坏。前级监控单元负责监控发射前级的输入信号、输出信号、前级功放组件 A 和前级功放组件 B 的状态,双工控制单元按照设定的逻辑对双工单元中的前后双工器进行双工切换,前级电源为发射前级的各个单元提供供电。

发射控制保护负责接收、执行雷达控制指令,并监测发射机的工作状态。开关电源为发射机末级功放组件提供大功率供电,具有过压、过流、过热等自保护功能。

定向耦合器的作用是耦合出很少一部分输出功率(如十万分之一),用于 BITE 监测发射机的工作状态和提供外部测试端口。高功率隔离器的作用是防止发射机输出端的天馈线与发射机阻抗匹配不佳而反射太多的功率,避免影响各个末级功放组件的正常工作。

7.1.2 技术指标

固态发射机的大部分技术指标与电真空发射机的技术指标相同,详见第 6 章。对于具有多个发射通道的分布式固态发射机,需要增加发射通道幅度不一致性和发射通道相位不一致性的指标。

1. 发射通道幅度不一致性

发射通道幅度不一致性是指在同一个工作频率下,同种类型的多个发射通道的输出信号功率相互之间偏离的程度,通常用分贝(dB)作为单位。

2. 发射通道相位不一致性

发射通道相位不一致性是指在同一个工作频率下,同种类型的多个发射通道的输出信号相位相互之间偏离的程度,通常用度(°)作为单位。

7.2 故障模式分析

7.2.1 功能故障模式

发射机的功能故障模式分析是从发射机的功能维度对发射机故障模式进行分

析。由于不同固态发射机的具体指标和组成都不相同，因此需要结合固态发射机的具体指标要求开展发射机的功能故障模式分析。

发射机功能故障模式分析报告是开展发射机测试性需求分析的依据。

1. 故障模式分析应遵循的原则

1）完整原则

故障模式分析应覆盖发射机的完整功能和性能指标。

2）细化原则

故障模式分析要细化到单个通道。例如，对于多通道发射机，故障模式分析要细化到单个发射通道。

3）准确原则

用定量参数表示性能下降类的故障模式，准确的故障模式定义有利于对故障模式影响的准确分析。例如，对于功放输出功率下降故障，功率下降5%的故障等级与功率下降50%的故障等级是明显不同的。

4）互不包含原则

同一层级的故障模式之间是平行关系，不能相互包含，不同层级的故障模式不能混淆在一起。

2. 发射机功能故障模式分析示例

固态集中式发射机典型功能故障模式分析示例如表7-1所示，为简化描述，该表格只显示了FMEA报告的部分故障模式及故障代码信息。

表7-1 固态集中式发射机典型功能故障模式

序号	故障模式名称	故障代码
1	无输出功率	F05-00-01
2	输出功率小于指标值	F05-00-02
3	输出信号脉冲包络上升沿时间大于指标值	F05-00-03
4	输出信号脉冲包络下降沿时间大于指标值	F05-00-04
5	输出信号脉冲包络顶降大于指标值	F05-00-05
6	输出信号频谱杂散大于指标值	F05-00-06
7	输出信号二次谐波大于指标值	F05-00-07
8	输出信号相位噪声大于指标值	F05-00-08
9	工作效率小于指标值	F05-00-09

注：表中的故障代码是为每个故障模式设定的唯一编码，其中，F05-00是发射机的功能故障分类代码，第一个字母F表示故障，最后两位代码是故障模式的序列号。表中的指标值是指技术指标范围的上限值或下限值，表中仅列出部分故障模式。

7.2.2 硬件故障模式

硬件故障模式分析是从硬件维度对发射机故障模式进行分析,这种分析方法以电路模块、插箱、模块之间的连接电缆等硬件作为故障模式分析的对象,与发射机的具体硬件组成有关。硬件故障模式分析结果是开展发射机故障检测和故障隔离需求分析的依据。

1. 故障模式分析应遵循的原则

1)完整原则

故障模式分析应覆盖所有的外场可更换单元和部件,包括电路模块、插箱(含 PCB 背板)、电缆等。故障模式分析应覆盖被分析对象的所有硬件故障。

2)细化原则

故障模式分析要细化到单路信号或接口。对于具有多路输出的模块,故障模式分析要细化到每路输出信号。对于同一路输出信号,要从其不同技术指标分析它的故障模式。

避免使用笼统方式定义故障模式。例如,前级功放组件的输出信号故障是笼统的描述方式,而前级功放组件 A 的输出功率小于指标值是细化的描述方式。

3)准确原则

采用准确的定量方式定义故障模式,避免使用模糊方式定义故障模式。例如,输出功率下降就是模糊的定义方式,而输出功率小于指标值或输出功率小于指标值 3 dB 是准确的定义方式。

4)互不包含原则

同一层级的故障模式之间是平行关系,不能相互包含,不同层级的故障模式不能混淆在一起。

模块的输入信号是关联模块的输出信号,因此输入信号故障不是本模块的故障模式。

2. 硬件故障模式分析示例

以图 7-1 所示的固态集中式发射机为例,主要的硬件故障模式如下。

1)脉冲保护电路的故障模式

故障模式主要包括:脉冲保护电路失效。

2)双工单元的故障模式

故障模式主要包括:前双工器切换失效、后双工器切换失效。

3)前级功放组件

故障模式主要包括:无输出功率、输出功率小于指标值、输出信号脉冲包络上升沿时间大于指标值、输出信号频谱杂散大于指标值等。

4）前级监控单元

故障模式主要包括：BIT 功能失效、通信接口不通。

5）双工控制单元

故障模式主要包括：控制切换失效。

6）前级电源

故障模式主要包括：输出电压超出指标范围、输出电流过流。

7）功率分配器

故障模式主要包括：功率分配器输出通道无输出。

8）末级功放组件

故障模式主要包括：输出功率小于指标值。

9）功率合成器

故障模式主要包括：功率合成器失效。

10）定向耦合器

故障模式主要包括：定向耦合器无输出。

11）高功率隔离器

故障模式主要包括：高功率隔离器失效。

12）发射控制保护

故障模式主要包括：指令接收失效、指令执行失效、保护功能失效、BIT 功能失效。

13）开关电源

故障模式主要包括：输出电压超出指标范围、输出电流过流。

固态集中式发射机典型硬件故障模式分析及示例见表 7-2。

表 7-2 固态集中式发射机典型硬件故障模式

部件名称	故障模式名称	故障代码
脉冲保护电路	脉冲保护电路失效	F05-01-01
双工单元	前双工器切换失效	F05-02-01
	后双工器切换失效	F05-02-02
前级功放组件	无输出功率	F05-03-01
	输出功率小于指标值	F05-03-02
	输出信号脉冲包络上升沿时间大于指标值	F05-03-03
	输出信号频谱杂散大于指标值	F05-03-04
前级监控单元	BIT 功能失效	F05-04-01
	通信接口不通畅	F05-04-02

续 表

部件名称	故障模式名称	故障代码
双工控制单元	控制切换失效	F05-05-01
前级电源	输出电压超出指标范围	F05-06-01
	输出电流过流	F05-06-02
功率分配器	功率分配器输出通道无输出	F05-07-01
末级功放组件	输出功率小于指标值	F05-08-01
功率合成器	功率合成器失效	F05-09-01
定向耦合器	定向耦合器无输出	F05-10-01
高功率隔离器	高功率隔离器失效	F05-11-01
发射控制保护	指令接收失效	F05-12-01
	指令执行失效	F05-12-02
	保护功能失效	F05-12-03
	BIT 功能失效	F05-12-04
开关电源	输出电压超出指标范围	F05-13-01
	输出电流过流	F05-13-02

注：表中的故障代码是为每个故障模式设定的唯一编码，其中 F05 是发射机故障代码，第一个字母 F 表示故障，中间两位是模块代码，最后两位代码是故障模式的序列号。表中仅为示例，只列出部分故障模式。

7.3 测试性需求分析

发射机测试性需求分析的主要任务是根据发射机的故障模式分析报告，确定用于故障检测和隔离的测试需求，包括发射机机内测试项目、外部测试项目、BIT 类型、测试精度要求等，为机内测试设计、外部测试设计等提供设计依据。

发射机测试性需求分析的输入信息包括发射机技术指标、发射机 FMEA 报告、总体分配的测试性指标、总体分配的测试项目要求、发射机功能框图、测试设备的重量和尺寸约束，以及测试成本要求等。

发射机测试性需求分析内容包括指标测试性需求分析、故障检测和隔离需求分析等。

发射机测试性需求分析的输出包括：

（1）机内测试项目、测试方式和指标要求；

（2）外部测试项目、测试方式和指标要求。

关于测试项目需求分析方法，可参考第 3 章。

7.3.1 指标测试性需求分析

指标测试是指对发射机的性能指标进行测试，测试方式包括发射机机内测试和外部测试。机内测试主要通过机内安装的仪器仪表或检测装置实现，通过 BIT 接口上报 BIT 信息。外部测试则通过外接仪器仪表实现发射机性能指标的测试。

指标测试性需求分析的内容包括：机内测试需求分析、外部测试性需求分析和性能指标的测试要求分析。指标测试性需求分析的输出是发射机各项技术指标的测试方式和指标测试要求。

1. 需求分析方法

主要从以下几方面开展指标测试性需求分析。

1）机内测试需求分析

固态发射机的指标测试性需求来源于发射机的研制任务书。任务书提出的各项性能要求均为需要测试的项目，其中包括用户要求的测试项目及基于系统测试性设计而确定的测试项目。

对于配置机内射频自动设备的雷达系统，总体负责制定射频指标测试的总体测试方案，发射机应按照总体射频指标测试方案要求，完成指定的发射机指标测试功能。

机内测试资源若不能满足重量约束、尺寸约束和成本约束，则不能选择为机内测试项目。

2）机内测试方式选择

指标机内测试时间较长，一般在启动 BIT 方式下完成。

3）内外协同测试性需求分析

内外协同测试适用于需要内外测试资源协同完成的测试项目。对于不能采用机内测试的测试项目，应优先选择内外协同测试方式。例如，通信误码率一般采用内外协同测试。

4）外部测试性需求分析

外部测试适用于机内测试未覆盖的测试项目。

5）指标测试要求分析

指标测试要求包括指标的测试范围和测试精度。针对每项测试项目，分析机内测试和外部测试的不同指标测试要求。

6）重量和尺寸约束分析

在明确了任务书中各项测试要求对应的测试项目后，需要根据发射机的实际测试环境分析各项约束条件对测试项目设计的影响。

针对机内测试需要配置的信号源、功率计、示波器、频谱仪等测试仪器，结合指标测试要求进行测试仪器的选型，分析其重量和尺寸能否满足系统安装要求。

若测试资源为系统总体统一配置，则发射机不需要进行此项分析。

7）分析测试成本约束

根据机内测试配置的硬件和软件资源评估测试成本，测试成本应满足发射机的成本约束要求。

2. 需求分析示例

固态集中式发射机的原理框图见图7-1。

1）机内测试需求分析

总体下达的发射机研制任务书中明确指定的测试项目包括发射机输出功率等，该项目可列为机内测试项目。

2）机内测试方式选择

指标机内测试在启动BIT方式下完成。

3）外部测试性需求分析

需要外部测试的项目包括发射输出信号的频谱性能、射频检波包络波形性能和相位噪声等。

4）指标测试要求分析

根据实际雷达的技术指标，确定测试项目的测试范围和测试精度。

5）重量和尺寸约束分析

根据机内测试配置的硬件资源清单，评估测试设备重量和尺寸，测试设备重量和尺寸应满足发射机的重量和尺寸约束要求。

6）测试成本约束分析

根据机内测试配置的硬件和软件资源清单评估测试成本，测试成本应满足发射机的成本约束要求。

固态发射机指标测试性需求分析结果汇总表见表7-3。

表7-3 固态发射机指标测试性需求分析

序号	测试项目	测试项目代码	加电BIT	周期BIT	启动BIT	内外协同测试	外部测试	指标要求
1	输出功率	T05-00-01	—	○	○	—	○	
2	载波中心频率	T05-00-02	—	—	—	—	○	
3	脉冲宽度	T05-00-03	—	—	○	—	○	
4	脉冲重复频率	T05-00-04	—	—	○	—	○	

续 表

序号	测试项目	测试项目代码	加电BIT	周期BIT	启动BIT	内外协同测试	外部测试	指标要求
5	脉冲包络上升沿时间	T05-00-05	—	—	○	—	○	
6	信号频谱杂波	T05-00-06	—	—	—	—	○	
7	脉冲包络顶降	T05-00-07	—	—	○	—	○	
8	二次谐波	T05-00-08	—	—	—	—	○	
9	工作效率	T05-00-09	—	—	—	—	○	
10	相位噪声	T05-00-10	—	—	—	—	○	

表 7-3 的说明如下：

（1）测试项目代码：测试项目代码是为每个测试项目设定的唯一编码，其中 T05 是固态发射机的测试代码，第一个字母 T 表示测试，发射机代码用随后的两位十进制数字表示，中间的"00"表示该项测试是发射机的指标测试项目，最后两位是指标测试项目的序列号；

（2）"—"表示不可测，○表示可测；

（3）指标要求根据实际技术指标要求填写；

（4）表中仅列出了部分指标项目。

7.3.2 故障检测和隔离需求分析

硬件故障的检测和隔离需求分析是针对发射机硬件 FMEA 分析报告，对所有故障开展故障检测和隔离需求分析，以确定每个故障的检测方式和故障隔离模糊组要求。通过故障检测和隔离需求分析，把发射机的测试性定量指标要求（故障检测率和故障隔离率）分配到每个故障。

在完成故障检测和隔离要求分配后，通过对分析表格中的数据进行统计分析可以得到不同检测方式的故障检测率、机内测试的故障检测率、外部测试的故障检测率及不同模糊组的故障隔离率。

将统计分析得到的测试性指标预计值与指标要求值进行对比分析，如果预计值不满足定量指标要求，则需要对故障检测方式和故障隔离模糊组要求进行调整优化，直到满足要求为止。

硬件故障的检测和隔离需求分析输出是确定每个故障的检测方式要求和故障隔离模糊组要求，需求分析步骤如下。

（1）故障检测需求分析：针对每个故障，选择故障检测方式，首先选择机内测试，对于机内测试，进一步确定 BIT 类型。

（2）故障隔离需求分析：针对每个故障的特点，合理选择故障隔离模糊组大小。

（3）评估故障检测率：汇总不同检测方式的可检测的故障率，用可检测故障率除以总故障率可得到故障检测率。

（4）评估故障隔离率：汇总不同模糊组的可隔离的故障率，用可隔离的故障率除以可检测故障率总和得到故障隔离率。

（5）如果故障检测率和故障隔离率的评估结果不满足发射机的测试性指标要求，则需要重新调整故障检测和故障隔离需求的分配方案。

分析示例见表 7-4，表中的故障率不是产品的真实故障率，仅用于示例说明。

表 7-4 中各栏填写要求如下。

（1）部件名称：填写发射机的电路模块、插箱、电缆、风机模块等部件名称。

（2）故障模式：填写各部件对应的故障模式。

（3）故障代码：填写故障模式对应的代码，该代码已在故障模式分析的时候定义。

（4）部件故障率：填写部件故障率。

（5）故障模式频数比：为单个故障的故障率与部件的故障率之比。

（6）故障模式故障率：为单个故障模式的频数比与部件的故障率之积。

（7）故障检测需求：包括加电 BIT、周期 BIT、启动 BIT、内外协同测试、外部测试和状态指示灯等故障检测方式，将不同测试方式下可检测故障的故障率填写到对应的列中，对于不能检测的故障，在对应的栏目填写"0"。

（8）BIT 故障隔离需求：填写不同模糊组的 BIT 可检测故障的故障率，只能选择其中一列填写故障率，其他两列填写"0"。

（9）表中的故障率单位为 $10^{-6}/h$。

7.4 测试性设计准则

测试性设计准则用于指导发射机测试性设计，包括通用准则和专用准则。其中，通用准则是各类雷达共用的测试性设计准则；专用准则是面向某型产品制定的专用测试性设计准则，需要针对特定产品的测试性需求制定。发射机测试性设计准则的内容主要包括指标 BIT 设计准则、故障隔离的 BIT 设计准则、测试点和观测点设计准则和外部测试设计准则。

表 7-4 固态发射机硬件故障检测和隔离需求分析示例

（故障率单位：10^{-6}/h）

部件名称	故障模式	故障代码	部件故障率	故障模式频数比	故障模式故障率	故障检测需求 加电BIT	周期BIT	启动BIT	内外协同测试	外部测试	状态指示灯	BIT故障隔离需求 隔离到1个LRU	隔离到2个LRU	隔离到3个LRU
脉冲保护电路	脉冲保护电路失效	F05-01-01	1	1	1	0	1	1	0	1	0	1	0	0
双工单元	前双工器切换失效	F05-02-01	1	0.2	0.2	0	0.2	0.2	0	0.2	0	0.2	0	0
	后双工器切换失效	F05-02-02		0.8	0.8	0	0.8	0.8	0	0.8	0.8	0.8	0	0
前级功放组件	无输出功率	F05-03-01	10	0.7	7	0	7	7	0	7	7	7	0	0
	输出功率小于指标值	F05-03-02		0.1	1	0	1	1	0	1	1	1	0	0
	输出信号脉冲包络上升沿时间大于指标	F05-03-03		0.1	1	0	0	0	0	1	0	1	0	0
	输出信号频谱杂散大于指标	F05-03-04		0.1	1	0	0	0	0	1	0	1	0	0
前级监控单元	BIT功能失效	F05-04-01	5	0.8	4	0	4	4	4	4	4	4	0	0
	通信接口不通	F05-04-02		0.2	1	1	1	1	1	1	1	1	0	0
双工控制单元	控制切换故障	F05-05-01		1	1	0	1	1	0	1	1	1	0	0
前级电源	输出电压超出指标范围	F05-06-01	3	0.8	2.4	2.4	2.4	2.4	0	2.4	2.4	2.4	0	0
	输出电流过流	F05-06-02		0.2	0.6	0.6	0.6	0.6	0	0.6	0.6	0.6	0	0

续 表

部件名称	故障模式	故障代码	部件故障率	故障模式频数比	故障模式故障率	加电BIT	周期BIT	启动BIT	内外协同测试	外部测试	状态指示灯	隔离到1个LRU	隔离到2个LRU	隔离到3个LRU
功率分配器	功率分配器输出通道无输出	F05-07-01	1	1	1	0	1	1	0	1	0	1	0	0
末级功放组件	输出功率小于指标值	F05-08-01	8	1	8	0	8	8	0	8	1	8	0	0
功率合成器	功率合成器失效	F05-09-01	2	1	2	0	2	2	0	2	0	2	0	0
定向耦合器	定向耦合器无输出	F05-10-01	1	1	1	0	1	1	0	1	0	1	0	0
高功率隔离器	高功率隔离器失效	F05-11-01	1	1	1	0	1	1	0	1	0	1	0	0
发射控制保护	指令接收失效	F05-12-01	3	0.1	0.3	0.3	0.3	0.3	0	0.3	0	0.3	0	0
	指令执行失效	F05-12-02		0.6	1.8	1.8	1.8	1.8	0	1.8	0	1.8	0	0
	保护功能失效	F05-12-03		0.2	0.6	0	0.6	0.6	0	0.6	0	0.6	0	0
	BIT功能失效	F05-12-04		0.1	0.3	0	0.3	0.3	0	0.3	0	0.3	0	0
开关电源	输出电压超出指标范围	F05-13-01	3	0.8	2.4	2.4	2.4	2.4	0	2.4	2.4	2.4	0	0
	输出电流过流故障	F05-13-02		0.2	0.6	0.6	0.6	0.6	0	0.6	0.6	0.6	0	0

注：表中的故障率不是产品的真实故障率，仅用于示例说明。

1. 指标 BIT 设计准则

（1）BIT 项目应根据指标测试性需求分析结果进行设置；
（2）BIT 容差应考虑环境变化的影响；
（3）BIT 采集到的状态信息应能上报给测试和健康管理分系统。

2. 故障隔离的 BIT 设计准则

BIT 项目应根据故障隔离需求分析结果进行设置。

3. 测试点和观测点设计准则

（1）测试点的设计应能满足故障检测和故障隔离的需要；
（2）外部测试点应设置在各个部件的前面板等易于测试的位置；
（3）测试点应设置在故障检测的敏感位置；
（4）测试点的设置应对发射机正常性能没有影响；
（5）测试点的设置应对系统正常性能没有影响；
（6）模块的电源状态应设置指示灯；
（7）前级放大器模块的输入和输出应设置功率状态指示灯。

4. 外部测试设计准则

（1）功率适配原则：外部测试接口端的输出功率要与测试仪表的耐受功率相匹配；
（2）安全性原则：外部测试接口的输出电压应在安全电压范围内；
（3）可达性原则：外部测试接口应设置在容易接触的位置；
（4）简洁原则：尽量采用共用接口，减少专用接口。

7.5 指标 BIT 设计

指标机内测试设计的输入要求来自指标测试性需求分析，应根据每项指标的机内测试需求开展机内测试设计。

7.5.1 输出功率测试

功率测试方法包括功率计测试、功率检测模块测试和基于接收机协同的功率测试。基于功率计的功率测试具有测试精度高的优点，但是测试费用较高。基于功率检测模块的功率测试方法适用于功率的门限检测，测试费用低，测试电路尺寸小。基于接收机协同的功率测试适用于启动 BIT 方式，测试费用低。在启动 BIT 方式下，从发射机输出端口耦合的检测信号被送到接收机输入端，利用接收机对发射机的输出功率进行定量测试，具有较高的测试精度，且测试成本低。

关于基于功率计的功率测试方法，可参考电真空发射机的脉冲功率测试内容。下面介绍发射机输出功率的另外两种测试方法。

1. 基于功率检测模块的功率测试

基于功率检测模块的功率测试原理如图 7-2 所示。

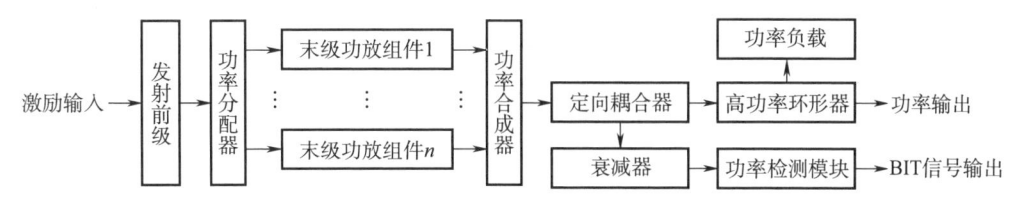

图 7-2　基于功率检测模块的功率测试原理图

功率合成器输出经定向耦合器得到检测信号，检测信号经过衰减器衰减后送到功率检测模块。

功率检测模块用于功率门限检测，由输入电路、线性检波器、电压保持电路、电压比较器、电平参考电路、隔离放大器、状态指示电路和通信接口电路等组成。功率门限检测电路原理如图 7-3 所示。

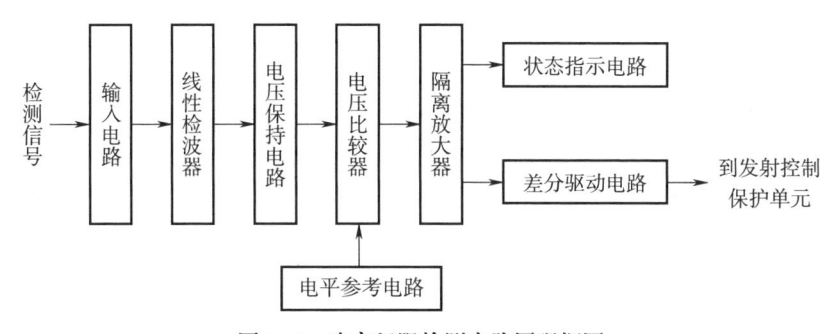

图 7-3　功率门限检测电路原理框图

输入电路用于对来自发射机输出的检测信号进行缓冲与隔离。线性检波器用于获取射频脉冲信号的包络信号。电平保持电路用于在一定的时间内（通常略大于一个脉冲周期）将脉冲检波信号的幅度保持在与功率对应的直流电平，该信号送入电压比较器的一端，比较器另一端连接可调节的电平参考电路。若输出功率达到指标要求，则电压比较器输出高电平；否则，电压比较器输出低电平。为了使比较器的输出具有较强的电流驱动能力，需要用隔离放大器进行放大。隔离放大器的一路输出经差分驱动电路送到发射控制保护单元，由该单元汇总后上报给测试和健康管理分系统。隔离放大器的另一路输出送到状态指示电路，用于指示输出功率状态。

2. 基于接收机协同的功率测试

基于接收机协同的功率测试原理如图 7-4 所示。固态发射机的输出信号经定向耦合器得到检测信号，该信号经衰减后送到接收机输入端口。接收机对检测信号的功率进行测试，测试数据被信号处理接收后送到测试和健康管理分系统进行功率计算。此种测试方法只能在启动 BIT 下进行。

固态发射机 → 定向耦合器 → 衰减器 → 接收机 → 信号处理 → 测试和健康管理分系统

图 7-4 基于接收机协同的功率测试原理框图

7.5.2 输出信号频谱和脉冲包络波形测试

固态发射机的输出信号频谱和脉冲包络波形可以采用射频信号机内自动测试设备进行测试，测试方法见第 2 章和第 6 章内容。

7.6 故障隔离的 BIT 设计

7.6.1 发射前级 BIT

发射前级的前端是脉冲保护电路，脉冲保护电路的保护作用是通过逻辑控制电路来实现的。逻辑控制电路在射频脉冲到来之前（如提前 10 μs）先接收到雷达工作的状态信号，内含将要发射的射频脉冲宽度、重复频率等信息，同时也接收雷达主控送来的定时信号。逻辑控制电路产生与定时信号同步、比射频脉冲前沿提前一点、宽度比预定射频脉冲稍宽一点的保护脉冲送到前双工器的保护开关，这样就能保证射频输入脉冲宽度不会超过功率晶体管的额定值。逻辑控制与保护电路在保护脉冲后沿处产生一定持续时间的禁止脉冲送到前双工器的保护开关，这样就能保证发射机的射频输入脉冲工作比不会超过功率晶体管的额定值。

发射前级处于发射机的前端，一旦发生故障将影响整个发射机的工作。为了提高可靠性，发射前级采用双通道冗余工作方式。当一个通道出现故障时，能自动切换到处于热备份状态的另一通道。自动切换控制依赖于前级监控单元对相关测试点的状态监测结果。发射前级 BIT 原理如图 7-5 所示。

在前双工器的脉冲保护电路输出端口，以及后双工器、前级功放组件 A 和前级功放组件 B 的输出端口均设置功率测试点，利用功率检测模块对功率电平进行检测。检测结果送到前级监控单元，前级监控单元根据功率检测结果产生通道切换控制信号送到双工控制单元，并把故障信息上报给发射控制保护单元。

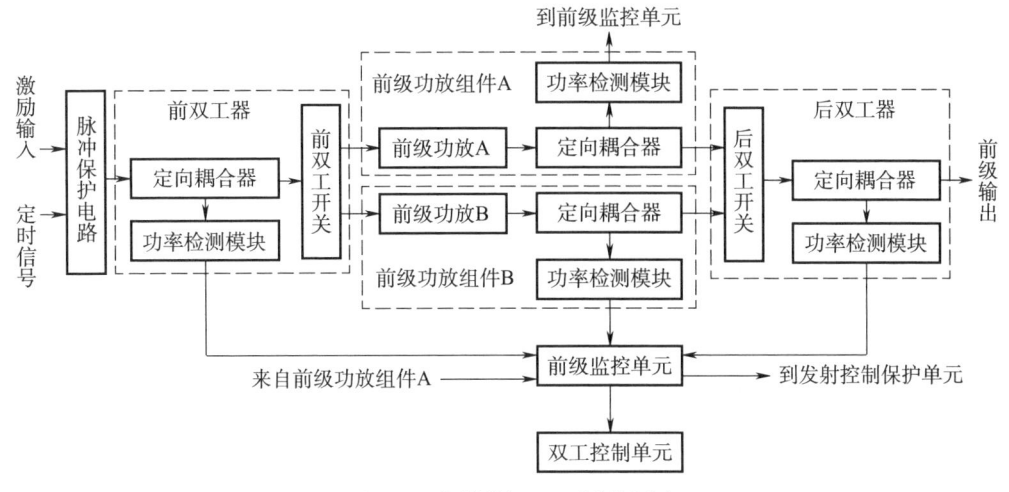

图 7-5 发射前级 BIT 原理框图

7.6.2 末级功放组件 BIT

末级功放组件位于固态发射机放大链的末端，如图 7-1 所示。当其中一个或多个末级功放组件发生故障时，会导致发射机总输出功率下降。当总输出功率低于指标值时，指标 BIT 将发出故障信号。

为了把故障隔离到单个末级功放组件，需要在每个末级功放组件的输出端口设置功率测试点。末级功放组件 BIT 原理如图 7-6 所示。

图 7-6 末级功放组件 BIT 原理框图

末级功放组件的 BIT 信号汇总到发射控制保护单元，将汇总后的数据发送到测试和健康管理分系统。

7.7 测试点和观测点设计

7.7.1 测试点设计

测试点设计的目的是为机内测试和外部测试等测试项目确定测试信号注入位置、输出信号采样点位置。测试点设计应遵守测试点设计准则，见 7.4 节。

固态发射机的测试点一般设置在发射机各模块的接口位置。固态集中式发射机常用测试点的位置和类型如表 7-5 所示。

表 7-5　固态集中式发射机常用测试点的位置和类型

测试点位置		测试点类型	
模块名称	输入或输出信号名称	BIT 点	外部测试点
脉冲保护电路	射频输入信号	●	●
	脉冲状态输入信号	○	○
	脉冲定时输入信号	○	○
	带保护的射频输出信号	○	○
前双工器	输入射频检测信号	○	○
	输出射频信号	○	●
前级功放组件 A	输入射频信号	○	●
	输出射频信号	○	●
	过热检测输出信号	○	—
前级功放组件 B	输入射频信号	○	●
	输出射频信号	○	●
	过热检测输出信号	○	—
后双工器	输入射频检测信号	○	●
	输出射频信号	●	●
前级监控单元	前级状态信号输入	●	○
	前级控制信号输出	●	○
	前级保护信号输出	○	○
	BIT 上报信号输出	●	—
双工控制单元	射频信号状态输入	●	○
	前后双工器控制信号输出	○	○
前级电源	输入交流电	○	○
	输出直流电	●	○
功率分配器	输入射频信号	○	—
	输出射频信号	—	—
末级功放组件	输入射频信号	○	○
	输出射频信号	●	○

续 表

测试点位置		测试点类型	
模块名称	输入或输出信号名称	BIT 点	外部测试点
功率合成器	输入射频信号	—	—
	输出射频信号	○	—
定向耦合器	输入射频信号	—	—
	输出射频信号	—	—
	输出射频检测信号	●	●
高功率隔离器	输入射频信号	—	—
	输出射频信号	—	○
发射控制保护	发射机状态信号输入	○	—
	发射机控制信号	○	—
	BIT 上报信号	●	—
开关电源	输出电压	●	○
	输出过流信号	●	○

注:"●"为必选;"○"为可选;"—"为不选或不适用。

7.7.2 观测点设计

观测点设计的输入要求主要来自故障检测和故障隔离需求分析的状态指示灯需求。状态指示灯用于指示模块的输入功率状态、输出功率状态、过热状态、手动控制状态、自动控制状态、电源输出状态和通信状态等。

发射机常用观测点和用途如表 7-6 所示。

表 7-6 发射机常用观测点和用途

模块名称	观测点	用途
前级监控单元	输出功率指示灯	输出功率状态指示
	激励输入指示灯	激励输入状态指示
	定时信号指示灯	定时信号状态指示
	发射机本控指示灯	发射机本控状态指示
	发射机遥控指示灯	发射机遥控状态指示
双工控制单元	手动控制指示灯	手动控制状态指示
	自动控制指示灯	自动控制状态指示
	A 路前级功放工作指示灯	A 路前级功放工作状态指示
	B 路前级功放工作指示灯	B 路前级功放工作状态指示

续 表

模块名称	观测点	用途
前级功放组件	A 路前级功放过热指示灯	A 路前级功放过热状态指示
	B 路前级功放过热指示灯	B 路前级功放过热状态指示
前后双工器	输出功率指示灯	输出功率状态指示
	激励输入指示灯	激励输入状态指示
前级电源	输出电压指示灯	输出电压指示
开关电源	输出电压指示灯	输出电压指示
	电源故障指示灯	电源故障指示
末级功放组件	输出功率指示灯	输出功率状态指示
	过热指示灯	过热状态指示
定向耦合器	输出功率耦合监测指示灯	输出功率耦合监测指示

7.8　BIT 信息采集

BIT 信息的采集由发射控制保护单元完成，它负责采集各类 BIT 信息，按照接口协议要求把 BIT 信息发送到测试和健康管理分系统。BIT 信息采集原理框图如 7-7 所示。

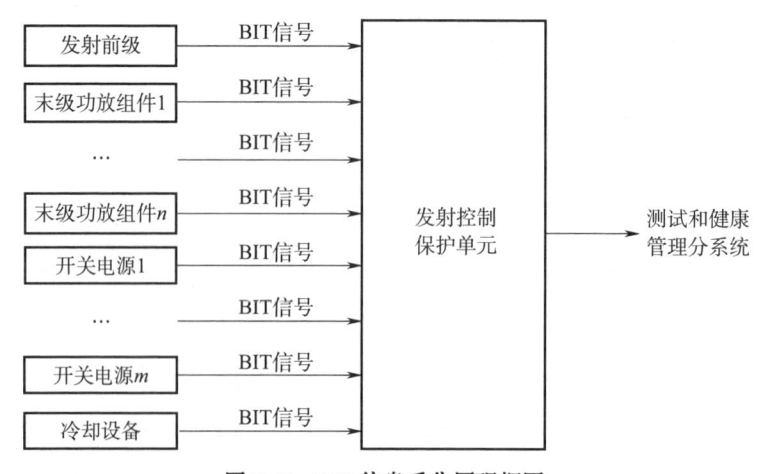

图 7-7　BIT 信息采集原理框图

7.9 外部测试设计

外部测试性设计是针对发射机在研制、生产及使用维护过程中所需要的外部测试项目而进行的测试性设计。

7.9.1 外部测试接口设计

外部测试接口的设计应遵守功率适配原则、安全性原则、可达性原则和简洁原则，详见 7.4 节。

外部测试接口测试原理如图 7-8 所示。

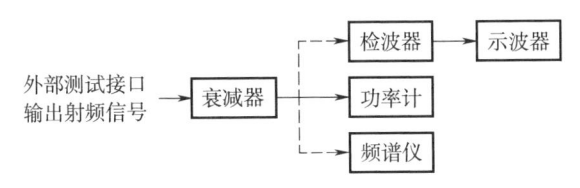

图 7-8 外部测试接口测试原理框图

被测试的射频信号通过测试附件连接到示波器、功率计和频谱仪等外部测试仪器，需要的测试附件包括衰减器、检波器和测试电缆等。

外部测试仪器可以测试发射机和射频模块的主要指标参数，包括功率、频率、带宽、脉冲宽度、脉冲重复频率、脉冲前沿、脉冲后沿、脉冲顶降、频谱杂散、二次谐波、相位噪声、功放效率等。

依据功率适配原则，测试仪器的输入端口需要串联一个具有相应功率耐受能力及合适衰减倍数的衰减器，以确保被测信号保持在测试仪器的容许输入范围以内。依据安全性原则，外部测试接口耦合出的功率量级一般小于 10 dBm，防止对测试人员造成辐射伤害。依据可达性原则，外部测试接口一般设置在被测件的面板上，易于观察、易于连接与断开。依据共用接口原则，功率测试和频谱测试、信号波形测试这三种常用测试可设置共用接口，根据具体测试需求连接相应的测试仪器。

7.9.2 外部测试资源设计

外部测试资源设计包括外部测试仪器的选型和测试附件的设计等。其中，测试仪器的选型可参考 2.9 节，测试附件设计包括测试电缆、功率衰减器、检波器等设计。

固态发射机外部测试项目、测试资源要求和测试方式见表 7-7。

表 7-7　固态发射机外部测试项目、测试资源要求和测试方式

序号	测试项目	测试资源要求	测试方式
1	脉冲功率	功率计或功率分析仪	直接测试
2	脉冲宽度	示波器或功率分析仪	直接测试
3	脉冲前后沿	示波器或功率分析仪	直接测试
4	顶部波动	示波器或功率分析仪	直接测试
5	脉冲重复频率	示波器或功率分析仪	直接测试
6	脉冲前沿抖动	示波器或功率分析仪	直接测试
7	带宽	信号源和功率计	直接测试
8	频谱杂波	频谱分析仪	直接测试
9	频谱二次谐波	频谱分析仪	直接测试
10	发射机效率	电压表、卡钳表、功率计	间接测试
11	前级输入激励	功率计或功率分析仪	直接测试
12	前级电源电压	电压表	直接测试
13	前级电源电流	卡钳电流表	直接测试
14	末级功放组件输出功率	功率计或功率分析仪	直接测试
15	开关电源电压	电压表	直接测试
16	开关电源电流	卡钳电流表	直接测试

注：间接测试是指需要通过计算处理得到测试结果的测试方法。

第 8 章

伺服分系统测试性设计

8.1 概述

8.1.1 功能和原理

伺服分系统的功能如下：
（1）实现雷达天线自动化架撤功能，包括自动调平、天线展收控制等；
（2）根据输入指令驱动天线阵面旋转、随动及跟踪，并实时输出角度位置数据。

雷达伺服分系统原理如图 8-1 所示。

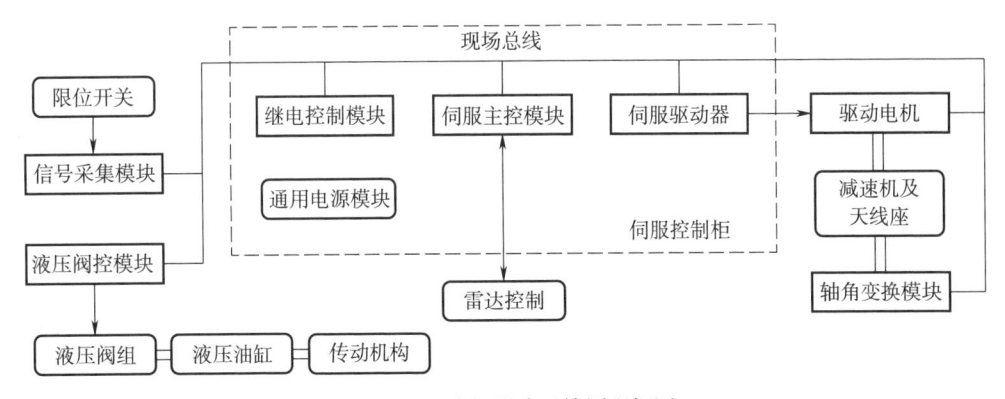

图 8-1 雷达伺服分系统原理框图

雷达伺服分系统接收雷达控制指令，产生机电液驱动信号，并采集反馈信号，形成闭环控制系统。随着伺服分系统自动化程度的提高，系统需要更多的传感器、状态监测点和驱动控制装置，且分布位置较为分散。系统复杂度的提高对伺服分系统测试性设计提出了更高的要求。目前，雷达伺服分系统采用基于现场总线的模块化设计为测试性设计提供了一个很好的软硬件平台。现场总线的抗干扰能力强，并且采用实时和多主的通信方式，系统控制数据和 BIT 信息都通过现场总线传递。

8.1.2 技术指标

伺服分系统的主要技术指标如下。

（1）天线转速不稳定度：天线转速相对标准值的偏离程度，天线转速不稳定度主要影响雷达探测范围。

（2）天线最大角速度：天线运动过程中的最大角速度，天线最大角速度主要影响雷达角跟踪性能。

（3）天线最大角加速度：天线运动过程中的最大角加速度，天线最大角加速度主要影响雷达角跟踪性能。

（4）阶跃响应：在输入端突加信号后的响应，反映系统的时域响应特性，包含超调量、过渡过程时间、振荡次数等指标。

（5）跟踪误差：由动态滞后及其变化、角闪烁、目标起伏等因素引起的误差。跟踪误差主要影响精密跟踪雷达的测角精度，由系统误差和随机误差两部分组成。

（6）跟踪带宽：系统的频域响应特性，伺服带宽的大小将影响伺服系统的稳定裕度、跟踪精度和过渡过程品质。

（7）测角精度：一般包含方位和俯仰的测角精度。

8.2 故障模式分析

8.2.1 功能故障模式分析

伺服分系统的功能故障模式分析是从分系统的功能维度对伺服分系统可能出现的故障模式进行分析，不涉及伺服分系统的具体组成。由于不同雷达系统中伺服分系统的指标并不完全相同，因此需要结合伺服分系统的具体指标要求开展功能故障模式分析。

伺服分系统功能故障模式分析报告是开展伺服分系统测试性需求分析的依据，用于指导伺服分系统指标的测试性需求分析。

1. 故障模式分析应遵循的原则

1）完整原则

故障模式应覆盖分系统的完整功能和性能指标。

2）细化原则

故障模式分析要细化到每一个模块的每一个通道。信号采集模块要细化到每一个采集通道，阀控模块要细化到每一路输出通道。

3）准确原则

用定量参数表示性能下降类的故障模式，准确的故障模式定义有利于对故障模式影响进行准确分析。

4）互不包含原则

同一层级的故障模式之间是平行关系，不能相互包含，不同层级的故障模式不能混淆在一起。

2. 伺服分系统功能故障模式分析示例

伺服分系统功能故障模式分析示例见表 8-1。

表 8-1 伺服分系统功能故障模式分析示例

序号	故障模式	故障代码
1	天线转速不稳定度高于指标值	F08-00-01
2	天线最大角速度低于指标值	F08-00-02
3	天线最大角加速度低于指标值	F08-00-03
4	阶跃响应高于指标值	F08-00-04
5	跟踪误差高于指标值	F08-00-05
6	跟踪带宽低于指标值	F08-00-06
7	测角精度低于指标值	F08-00-07
8	天线转速不受控制	F08-00-08
9	方位角度无输出	F08-00-09

注：表中的故障代码是为每个故障模式设定的唯一编码，其中 F08-00 是伺服分系统的功能故障分类代码，后两位代码是故障模式中的序列号，用十六进制表示。表中的指标值是指技术指标范围的上限值或下限值，表中仅列出部分故障模式。

8.2.2 硬件故障模式分析

硬件故障模式分析是从硬件维度对分系统故障模式进行分析。这种分析方法以电路模块、传感器、连接电缆等作为故障模式分析的对象，涉及分系统的具体硬件组成。硬件故障模式分析结果是开展分系统故障检测和故障隔离需求分析的依据。

1. 故障模式分析应遵循的原则

1）完整原则

故障模式分析应覆盖所有的外场可更换单元和部件，包括伺服各功能模块、传感器等。

2）细化原则

故障模式分析要细化到单路接口。例如，阀控模块输出故障模式分析要细化到某一路输出接口的过流、短路还是开路故障。

要避免使用笼统的方式定义故障模式，例如，笼统地用通信接口故障表示模块的所有通信接口故障。

3）准确原则

采用准确的定量方式定义故障模式，避免使用模糊方式定义故障模式。

4）互不包含原则

同一层级的故障模式之间是平行关系，不能相互包含，不同层级的故障模式不能混淆在一起。模块的输入信号是其他模块的输出信号，因此输入信号故障不是模块的故障模式。

2. 伺服分系统的硬件故障模式分析示例

伺服分系统由主控模块、伺服驱动器、轴角变换模块、继电控制模块、信号采集模块、液压阀控模块等模块组成。各功能模块功能独立，通过现场总线互联，这种分布式设计便于故障的定位和修复。

各模块的主要故障模式如下。

1）主控模块的故障模式

主控模块是伺服分系统的核心控制模块，提供CAN总线、RS422/485、以太网等接口。系统通过该模块完成伺服速度、位置、液压控制、通信等功能。另外，主控模块监控各个功能模块的通信状态，将各功能模块的BIT信息汇总后发送到测试和健康管理分系统。主控模块由处理器、接口电路、电源芯片等电路组成。典型故障模式包括：通信接口不通、通信接口误码率高于指标值、芯片温度高于指标值、保存参数错误等。

2）伺服驱动器的故障模式

伺服驱动器用于伺服分系统的运动控制。伺服驱动模块一般包含速度回路控制，由主控模块完成位置回路控制，伺服驱动模块通过总线接收主控模块命令并回送故障信息。伺服驱动器由处理器、驱动电路、接口电路、电源芯片等电路组成。典型故障模式包括：通信接口不通、功率模块温度高于指标值、输出过流、电机测角反馈故障等。

3）轴角变换模块的故障模式

轴角变换模块具有轴角数字输出功能。轴角变换模块通过总线接收主控模块参数设置命令并回送角度和故障信息。轴角变换模块由处理器、轴角数字转换电路、接口电路、电源芯片等电路组成。典型故障模式包括：通信接口不通、编码器解码粗通道异常、编码器解码精通道异常、芯片温度高于指标值、保存参数错误等。

4）继电控制模块的故障模式

继电控制模块具有继电器输出控制功能，该模块采用定时接收控制命令方式，若超时接收不到命令，则出现通信故障，关闭所有输出。模块通过总线定时发送模块状态和 BIT 信息。继电控制模块由处理器、接口电路、继电器、电源芯片等电路组成。典型故障模式包括：通信接口不通、继电器输出不受控、芯片温度高于指标值等。

5）信号采集模块的故障模式

信号采集模块具有开关信号、模拟信号采集功能，模块通过总线发送数据和 BIT 信息。信号采集模块由处理器、接口电路、电源芯片等电路组成。典型故障模式包括：通信接口不通、数字信号采集故障、模拟信号采集故障、芯片温度高于指标值等。

6）液压阀控模块的故障模式

液压阀控模块具有多路开关阀或比例阀控制功能。模块通过总线定时接收控制命令，若超时接收不到命令，则出现通信故障，关闭所有输出。模块通过总线定时发送模块状态和 BIT 信息。液压阀控模块由处理器、接口电路、驱动电路、电源芯片等电路组成，典型故障模式包括：通信接口不通、输出短路、输出开路、输出过流、芯片温度高于指标值等。

伺服分系统硬件故障模式分析示例如表 8-2 所示。

表 8-2 伺服分系统硬件故障模式分析示例

设备名称	故障模式名称	故障代码
主控模块	通信接口不通	F08-01-01
	通信接口误码率高于指标值	F08-01-02
	CPU 芯片温度高于指标值	F08-01-03
	保存参数错误	F08-01-04
伺服驱动器	通信接口不通	F08-02-01
	功率模块温度高于指标值	F08-02-02
	输出过流	F08-02-03
	电机测角反馈故障	F08-02-04
轴角变换模块	通信接口不通	F08-03-01
	编码器解码粗通道异常	F08-03-02
	编码器解码精通道异常	F08-03-03
	芯片温度高于指标值	F08-03-04
	保存参数错误	F08-03-05

续 表

设备名称	故障模式名称	故障代码
继电控制模块	通信接口不通	F08-04-01
	芯片温度高于指标值	F08-04-02
	第 n 路输出不受控	F08-04-03
信号采集模块	通信接口不通	F08-05-01
	芯片温度高于指标值	F08-05-02
	第 n 路数字信号采集故障	F08-05-03
	第 n 路模拟信号采集故障	F08-05-04
液压阀控模块	通信接口不通	F08-06-01
	芯片温度高于指标值	F08-06-02
	第 n 路输出过流	F08-06-03
	第 n 路输出短路	F08-06-04
	第 n 路输出开路	F08-06-05

注：表中的故障代码是为每个故障模式设定的唯一编码，其中 F08 是分系统故障代码，中间两位是模块代码，最后两位代码是故障模式的序列号，所有代码用十六进制表示。表中的指标值是指技术指标范围的上限值或下限值。表中仅为示例，只列出部分故障模式。

8.3 测试性需求分析

伺服分系统测试性需求分析的目的是解决测什么的问题。主要任务是根据伺服分系统的故障模式分析报告，确定用于故障检测和隔离的测试需求，包括机内测试项目、内外协同测试项目、外部测试项目、BIT 类型、测试精度要求等，为 BIT 设计、内外协同测试设计、外部测试设计等提供设计依据。

伺服分系统测试性需求分析的输入信息包括伺服分系统的技术指标、FMECA 报告、总体分配的测试性指标、总体分配的测试项目要求、分系统功能框图、测试设备的重量和尺寸约束，以及测试成本要求等，需要综合上述各项因素，分析各类测试项目设置的合理性和必要性。

伺服分系统测试性需求分析的输出包括：

（1）伺服分系统 BIT 项目和指标要求；

（2）伺服分系统内外协同测试项目和指标要求；

（3）伺服分系统外部测试项目和指标要求。

伺服分系统测试性需求分析内容包括指标测试性需求分析、故障模式检测和隔离需求分析、机内测试项目需求分析、协同测试项目需求分析和外部测试项目需求分析。

8.3.1 指标测试性需求分析

指标测试是指对伺服分系统的功能和性能指标进行测试，测试方式包括机内测试、内外协同测试和外部测试。内外协同测试是将机内测试资源和外部测试资源融为一体的自动测试技术。内外协同测试通过内外两种测试资源的协同配合，完成分系统指标自动测试。与外部测试不同，内外协同测试需要对内外测试资源进行一体化的硬件设计和软件设计。

指标测试用于功能故障的检测，指标测试结果是开展分系统故障诊断、健康评估和状态预测的主要依据。指标测试性需求分析的目的是确定分系统的功能和性能指标的测试项目、测试方式和测试精度要求等。

指标测试性需求分析的内容包括：机内测试需求分析、内外协同测试性需求分析、外部测试性需求分析和技术指标的测试要求。指标测试性需求分析的输出是分系统各项技术指标的测试方式和指标测试要求。

1. 需求分析方法

主要从以下几方面开展指标测试性需求分析。

1）机内测试需求分析

部分用户会在研制要求中明确提出分系统的技术指标测试要求，这些指标应选择为机内测试项目。系统总体根据系统的测试性需求提出的分系统指标测试需求，这些指标应选择为机内测试项目，如伺服分系统的天线转速不稳定度、天线最大角速度和角加速度等指标。

2）机内测试方式选择

指标机内测试时间较长，一般在启动 BIT 方式下完成。为避免开机启动时间过长，指标测试一般不采用加电 BIT 方式。

3）内外协同测试性需求分析

内外协同测试适用于需要内外测试资源协同完成的测试项目。对于不能采用机内测试的测试项目，应优先选择内外协同测试方式。

4）外部测试性需求分析

外部测试用于机内测试或内外协同测试未覆盖的测试项目，以及对测试精度有更高要求的指标测试。与内外协同测试方法不同，外部测试具有独立的指标测试能力，外部测试资源与机内测试资源之间无紧密的耦合关系。伺服分系统的测角精度测试中需要用到高精度测角仪,且不需要与其他机内测试资源配合使用,因此一般作为外部测试。

5）指标测试要求分析

指标测试要求包括指标的测试范围和测试精度。针对每项测试项目,分析机内测试、内外协同测试和外部测试的不同指标测试要求,为测试方案的详细设计提供依据。

6）重量和尺寸约束分析

主要分析用于机内测试的测试设备是否满足系统对分系统的重量和尺寸约束要求。机内测试资源不能满足重量约束、尺寸约束和成本约束时不能选择为机内测试项目。

7）分析测试成本约束

根据机内测试配置的硬件和软件资源评估测试成本,测试成本应满足分系统的成本约束要求。

2. 需求分析示例

以常规地面雷达伺服分系统为例进行指标测试性需求分析,分析结果如下。

1）机内测试需求分析

天线最大角速度和角加速度、阶跃响应、跟踪误差、跟踪带宽是总体指定的测试项目,因此应选择为机内测试项目。

2）机内测试方式选择

指标机内测试在启动 BIT 方式下完成。

3）外部测试性需求分析

测角精度测试需要使用高精度经纬仪或测角仪进行测试,系统自身不具备测角精度测试能力,确定为外部测试项目。

4）指标测试要求分析

根据雷达伺服分系统的指标要求,指标测试范围包括天线最大角速度、天线最大角加速度、阶跃响应、跟踪误差、跟踪带宽、测角精度,测试精度应符合伺服分系统任务书指标要求。

5）重量和尺寸约束分析

机内测试中测试数据采集和分析由伺服分系统内部资源完成,未采用通用测试仪器或专用测试设备,伺服分系统不需要进行此项分析。

6）测试成本约束分析

根据机内测试配置的硬件和软件资源清单,评估测试成本,测试成本满足分系统的成本约束要求。

伺服分系统指标测试性需求分析结果汇总表见表 8-3。

表 8-3 伺服分系统指标测试性需求分析示例

序号	测试项目	测试项目代码	加电BIT	周期BIT	启动BIT	内外协同测试	外部测试	指标要求
1	天线最大角速度	T08-00-01	—	—	○	—	—	
2	天线最大角加速度	T08-00-02	—	—	○	—	—	
3	阶跃响应	T08-00-03	—	—	○	—	—	
4	跟踪误差	T08-00-04	—	—	○	—	—	
5	跟踪带宽	T08-00-05	—	—	○	—	—	
6	测角精度	T08-00-06	—	—	—	—	○	

表 8-3 的说明如下。

（1）测试项目代码：测试项目代码是为每个测试项目设定的唯一编码，其中 T08 是伺服分系统的测试代码，第一个字母 T 表示测试，分系统代码用两位十进制数字表示，中间"00"表示该项测试是分系统的指标测试项目，最后两位是指标测试项目的序列号；

（2）"○"为可用项；"—"为不适用；

（3）指标要求根据实际技术指标要求填写；

（4）表中仅列出了部分指标项目。

8.3.2 故障模式检测和隔离需求分析

本节介绍伺服分系统硬件故障的检测和隔离需求分析方法，功能类故障可以通过指标测试进行故障检测和隔离。

硬件故障的检测和隔离需求分析依据伺服分系统硬件 FMECA 报告，对所有故障开展检测和隔离需求分析，以确定每个故障的检测方式和故障隔离模糊组的大小。通过故障检测和隔离需求分析，把分系统的测试性定量指标要求（故障检测率和故障隔离率）分配到每个故障。

在完成故障检测和隔离要求分配后，通过对分析表格中的数据进行统计分析可以得到不同检测方式的故障检测率、BIT 的故障检测率、内外协同测试的故障检测率、外部测试的故障检测率及不同模糊组的故障隔离率。

将统计分析得到的测试性指标预计值与指标要求值进行对比分析，如果预计值不满足定量指标要求，则需要对故障检测方式和故障隔离模糊组要求进行调整优化，直到满足要求为止。

硬件故障的检测和隔离需求分析输出是每个故障的检测方式要求和故障隔离模糊组要求。

1. 故障检测需求分析方法

故障检测需求分析的目的是把伺服分系统的故障检测率要求分配到每个故障，针对每个故障合理选择故障检测方式。

硬件故障检测方式包括机内测试（加电 BIT、周期 BIT 和启动 BIT）、内外协同测试、外部测试和状态指示灯等，需要结合故障特点合理选择故障检测方式。对于故障率高的故障，应优先采用机内测试方式检测。

故障检测方式的适应范围如下。

1）机内测试

伺服分系统的 BIT 故障检测率指标要求一般是 95% 以上，因此大部分故障模式都应纳入 BIT 的检测范围。纳入 BIT 检测范围的故障应至少被一种类型 BIT （加电 BIT、周期 BIT 或启动 BIT）检测，同一种故障模式可以采用多种 BIT 检测方式。

加电 BIT 用于分系统加电期间的故障检测。检测的典型故障是 Flash 保存参数错误，是 Flash 用户数据存储区故障导致的程序初始化数据读取错误。

周期 BIT 用于伺服分系统正常工作期间的故障检测。检测的典型故障包括芯片温度超过指标值、编码器解码通道异常、驱动器输出过流、驱动器电机测角反馈故障等。

启动 BIT 一般用于伺服分系统指标测试。

2）内外协同测试

内外协同测试用于信号采集故障、继电输出不受控等故障的检测，这些故障的检测通常需要机内和机外两种测试资源。

3）外部测试

外部测试用于通信接口误码率高于指标值等故障的检测，这些故障的检测通常需要使用专用仪器。部分雷达受机内测试资源的限制，内部不能配置仪器，只能以外部配置仪器的方式使用。

4）状态指示灯

状态指示灯一般用于电源模块无输出、通信接口不通、模块死机等故障的检测。当这些故障出现时，状态指示灯通过改变指示灯的显示状态实现故障指示。当通信接口发生故障时，状态信息不能上报，状态指示灯可以用于快速定位故障。模块使用指示灯用于 CPU 的心跳状态显示，若 CPU 正常工作，则每隔一段时间将指示灯的状态反转，形成指示灯闪烁的现象；当停止闪烁时，则表示出现了 CPU 停止工作的故障。

硬件故障检测需求分析采用表格，其格式和填写方法见下述测试性需求分析示例。通过表格数据的统计分析可以验证故障检测率的需求分配是否能满足指标要求。

2. 故障隔离需求分析方法

故障隔离需求分析的目的是把分系统的故障隔离要求分配到每个故障，并针对每个故障的故障隔离难度合理选择故障隔离模糊组的大小，故障隔离模糊组的 LRU 数量一般是 1~3 个。

在进行故障隔离需求分析之前，需要充分理解伺服分系统的组成框图、信号流及模块之间的接口关系，并掌握分系统的主要故障隔离方法，不能盲目分配故障隔离模糊组的大小。

需求分析方法如下。

1）主控模块的故障隔离模糊组选择

主控模块负责完成伺服分系统的主要处理功能，同时完成与伺服各功能模块及上位机的通信。通信接口不通故障可能的原因包括自身接口故障和外部电缆故障，可以隔离到 2 个 LRU 模块。对于保存参数错误、CPU 芯片温度高于指标值等故障，可以隔离至单个 LRU 模块。

2）伺服驱动器的故障隔离模糊组选择

伺服驱动器负责完成电机驱动及速度闭环控制。通信接口不通、功率模块温度高于指标值、输出过流等故障可隔离至单个 LRU 模块。电机测角反馈故障的原因包括驱动器接口、电缆、电机测角故障，故障可以隔离到 3 个 LRU。

3）轴角变换模块的故障隔离模糊组选择

轴角变换模块负责完成方位、俯仰角度的获取，通信接口不通、编码器解码粗通道异常、编码器解码精通道异常、芯片温度高于指标值、保存参数错误等故障，可以隔离至单个 LRU 模块。

4）继电控制模块的故障隔离模糊组选择

继电控制模块负责完成继电器输出控制功能，通信接口不通、芯片温度高于指标值等故障可以隔离至单个 LRU 模块。输出不受控故障需要借助外部测试仪器进行故障定位。

5）信号采集模块的故障隔离模糊组选择

信号采集模块负责完成数字信号、模拟信号采集功能。通信接口不通、芯片温度高于指标值等故障可以隔离至单个 LRU 模块。数字、模拟信号采集故障需要借助外部测试仪器进行故障定位。

6）液压阀控模块的故障隔离模糊组选择

液压阀控模块负责完成多路开关阀或比例阀控制功能。通信接口不通、芯片温度高于指标值、输出过流、输出短路、输出开路等故障可以隔离至单个 LRU 模块。

硬件故障隔离需求分析可以用表格，其格式和填写方法见下面的测试性需求分析示例。通过表格数据的统计分析可以验证故障隔离率的需求分配是否满足指标要求。

3. 测试性需求分析示例

伺服分系统由主控模块、伺服驱动器、轴角变换模块、继电控制模块、信号采集模块、液压阀控模块等组成，BIT 定量指标要求如下。

（1）故障检测率：≥95%；

（2）故障隔离率 $\begin{cases} ≥85\%，隔离到 1 个 LRU \\ ≥98\%，隔离到 3 个 LRU \end{cases}$。

需求分析步骤如下。

（1）故障检测需求分析：按照前述方法开展故障检测需求分析，针对每个故障，选择故障检测方式，首先选择机内测试、内外协同或外部测试，对于机内测试，进一步确定 BIT 类型。

（2）故障隔离需求分析：按照前述方法开展故障隔离需求分析，针对每个故障的特点，合理选择故障隔离模糊组大小。

（3）评估故障检测率：汇总不同检测方式的可检测的故障率，用可检测故障率除以总故障率可得到故障检测率。

（4）评估故障隔离率：汇总不同模糊组的可隔离的故障率，用可隔离的故障率除以可检测故障率总和得到故障隔离率。

（5）如果故障检测率和故障隔离率的评估结果不满足分系统的测试性指标要求，则需要重新调整故障检测和故障隔离需求的分配方案。

分析示例见表 8-4，表中的故障率不是产品的真实故障率，仅用于示例说明。

表 8-4 中各栏填写要求如下。

（1）部件名称：填写分系统的电路模块等部件名称。

（2）故障模式：填写各部件对应的故障模式。

（3）故障代码：填写故障模式对应的代码。

（4）部件故障率：填写部件故障率。

（5）故障模式频数比：为单个故障的故障率与部件的故障率之比。

（6）故障模式故障率：为单个故障模式的频数比与部件的故障率之积。

（7）故障检测需求：包括加电 BIT、周期 BIT、启动 BIT、内外协同测试、外部测试和状态指示灯等故障检测方式，将不同测试方式可检测故障的故障率填写到对应的列中，对于不能检测的故障，在对应的栏目填写"0"。

（8）BIT 故障隔离需求：填写不同模糊组的 BIT 可检测故障的故障率，只能选择其中一列填写故障率，其他两列填写"0"。

（9）表中的故障率单位为 $10^{-6}/h$。

表 8-4 伺服分系统硬件故障检测和隔离需求分析示例

(故障率单位：$10^{-6}/h$)

部件名称	故障模式	故障代码	部件故障率	故障模式频数比	故障模式故障率	加电BIT	周期BIT	启动BIT	内外协同测试	外部测试	状态指示灯	隔离到1个LRU	隔离到2个LRU	隔离到3个LRU
主控模块	通信接口不通	F08-01-01	10	0.4	4	0	4	4	0	0	4	0	4	0
	通信接口误码率高于指标值	F08-01-02		0.1	1	0	0	0	0	1	0	0	0	0
	CPU芯片温度高于指标值	F08-01-03		0.2	2	0	2	2	0	0	0	2	0	0
	保存参数错误	F08-01-04		0.3	3	3	0	0	0	0	0	3	0	0
伺服驱动器	通信接口不通	F08-02-01	20	0.2	4	0	4	4	0	0	3	4	0	0
	功率模块温度高于指标值	F08-02-02		0.3	6	0	6	6	0	0	0	6	0	0
	输出过流	F08-02-03		0.4	8	0	8	8	0	0	0	8	0	0
	电机测角反馈故障	F08-02-04		0.1	2	0	2	2	0	0	0	0	0	2
轴角变换模块	通信接口不通	F08-03-01	12	0.3	3.6	0	3.6	3.6	0	0	3.6	3.6	0	0
	编码器解码粗通道异常	F08-03-02		0.2	2.4	0	2.4	2.4	0	0	0	2.4	0	0
	编码器精通道异常	F08-03-03		0.2	2.4	0	2.4	2.4	0	0	0	2.4	0	0
	芯片温度高于指标值	F08-03-04		0.2	2.4	0	2.4	2.4	0	0	0	2.4	0	0
	保存参数错误	F08-03-05		0.1	1.2	1.2	0	0	0	0	0	1.2	0	0

续表

部件名称	故障模式	故障代码	部件故障率	故障模式频数比	故障模式故障率	加电BIT	周期BIT	启动BIT	内外协同测试	外部测试	状态指示灯	隔离到1个LRU	隔离到2个LRU	隔离到3个LRU
继电控制模块	通信接口不通	F08-04-01	8	0.5	4	0	3.2	3.2	0	0	4	4	0	0
	芯片温度高于指标值	F08-04-02		0.4	3.2	0	3.2	3.2	0	0	0	3.2	0	0
	第 n 路输出不受控	F08-04-03		0.1	0.8	0	0	0	1.6	0	0	0	0	0
信号采集模块	通信接口不通	F08-05-01	6	0.5	3.0	0	3.0	3.0	0	0	3.0	3.0	0	0
	芯片温度高于指标值	F08-05-02		0.3	1.8	0	1.8	1.8	0	0	0	1.8	0	0
	第 n 路数字信号采集故障	F08-05-03		0.1	0.6	0	0	0	0.6	0	0	0	0	0
	第 n 路模拟信号采集故障	F08-05-04		0.1	0.6	0	0	0	0.6	0	0	0	0	0
液压阀控模块	通信接口不通	F08-06-01	8	0.2	1.6	0	1.6	1.6	0	0	1.6	1.6	0	0
	芯片温度高于指标值	F08-06-02		0.2	1.6	0	1.6	1.6	0	0	0	1.6	0	0
	第 n 路输出过流	F08-06-03		0.2	1.6	0	1.6	1.6	0	0	0	1.6	0	0
	第 n 路输出短路	F08-06-04		0.2	1.6	0	1.6	1.6	0	0	0	1.6	0	0
	第 n 路输出开路	F08-06-05		0.2	1.6	0	1.6	1.6	0	0	0	1.6	0	0
故障率汇总			64		64	4.2	56	56	2.8	1	19.2	46.2	4	3
故障检测率和故障隔离率的评估/%						6.6	86.2	0	4.4	1.6	30	88.4	6.6	5.0

注：表中的故障率和故障率不是产品的真实故障率，仅用于示例说明。

（10）故障率汇总：填写部件的总故障率、不同检测方式的可检测故障的总故障率、不同模糊组的可隔离故障的总故障率。

（11）故障检测率和故障隔离率的评估：填写不同检测方式的故障检测率和不同模糊组的故障隔离率。

故障检测率为三种类型 BIT（加电 BIT、周期 BIT 和启动 BIT）可检测故障的故障率与总故障率之比。基于表 8-4 的故障率分配，BIT 故障检测率为 95.3%，BIT 故障隔离率为 90.1%（隔离到 1 个 LRU）、96.7%（隔离到 2 个 LRU）、100%（隔离到 3 个 LRU），故障检测率和故障隔离率的分配结果满足分系统的测试性指标要求。

8.3.3　机内测试项目需求分析

机内测试项目需求分析的目的是针对为每一个硬件故障分配的 BIT 检测和隔离需求，确定用于故障检测和隔离的 BIT 项目，为机内测试设计提供依据。

测试项目需求分析依赖的输入信息是故障检测和隔离需求分析的输出、分系统指标测试项目和系统测试项目、分系统的组成框图和接口关系。测试项目需求分析的输出是机内测试项目清单。

伺服分系统故障的机内检测方法包括伺服分系统功能及指标的机内测试和伺服分系统所用模块功能的机内测试。

故障检测的机内测试项目需求分析的步骤如下。

1）分析可以被伺服分系统指标 BIT 项目检测的故障

伺服分系统指标 BIT 项目是通过指标需求分析确定的 BIT 项目。分析方法是针对每一项指标 BIT 项目，分析其可检测的硬件故障。

2）分析可以被雷达系统 BIT 项目检测的故障

雷达系统机内测试项目是系统测试性设计确定的测试项目，由系统总体负责设计。分析方法是针对每一项系统 BIT 项目，分析其可检测的硬件故障。对系统 BIT 项目有故障传播影响的分系统故障都可以被该系统测试项目检测。

3）分析可以被模块 BIT 项目检测的故障

模块 BIT 项目是模块测试性设计确定的测试项目。分析方法是针对每一个模块 BIT 项目，分析其可检测的硬件故障。

4）分析不能被已有的机内测试项目检测的故障

针对所有已分配了 BIT 检测需求的故障，找出不能被上述三类测试项目检测的故障。然后，针对这些不能检测的故障，增加分系统的 BIT 项目，包括指标 BIT 项目和模块 BIT 项目。对于不合理的 BIT 检测需求分配，则要重新调整 BIT 检测需求分配。

故障检测的机内测试项目需求分析示例见表 8-5，表中的故障来自表 8-4。

表 8-5　机内测试项目需求分析示例

序号	测试项目	测试项目代码	BIT 类型			可检测的故障	
			加电 BIT	周期 BIT	启动 BIT	故障名称	故障代码
1	分系统指标 BIT 项目						
1.1	天线转速不稳定度	T08-00-01	—	○	○	伺服驱动器：输出过流	F08-02-03
						伺服驱动器：电机测角反馈故障	F08-02-04
						轴角编码器：通信接口不通	F08-03-01
						轴角变换模块：编码器解码粗通道异常	F08-03-02
						轴角变换模块：编码器解码精通道异常	F08-03-03
…	…	…	…	…	…	…	…
2	模块 BIT 项目						
2.1	液压阀控模块：输出口状态	T08-06-01	—	○	○	液压阀控模块：第 n 路输出过流	F08-06-03
						液压阀控模块：第 n 路输出短路	F08-06-04
						液压阀控模块：第 n 路输出开路	F08-06-05
2.2	伺服驱动器：温度	T08-02-01	—	○	○	伺服驱动器：功率模块温度高于指标值	F08-02-02
…	…	…	…	…	…	…	…
3	新增 BIT 项目						

续 表

序号	测试项目	测试项目代码	BIT 类型 加电BIT	BIT 类型 周期BIT	BIT 类型 启动BIT	可检测的故障 故障名称	可检测的故障 故障代码
3.1	调平时间	T08-00-10	—	—	○	主控模块：通信接口误码率高于指标值	F08-01-02
						阀控模块：第 n 路输出短路	F08-06-04
						阀控模块：第 n 路输出开路	F08-06-05
…	…	…	…	…	…	…	…

注："—"表示不可测；"○"表示可测。

8.3.4 协同测试项目需求分析

协同测试包含两种类型，即分系统协同测试和内外协同测试。

1. 分系统协同测试性需求分析

伺服性能指标为阶跃响应、跟踪误差、跟踪带宽，需要接收机送出的误差信号形成闭环完成测试，见表 8-6。

表 8-6　分系统协同测试项目需求分析示例

序号	测试项目	测试项目代码	指标要求
1	阶跃响应	T08-00-04	
2	跟踪误差	T08-00-05	
3	跟踪带宽	T08-00-06	

2. 内外协同测试性需求分析

内外协同测试适用于需要内外测试资源协同完成的自动测试项目。继电控制模块输出信号、信号采集模块的输入信号采集需要采用内外协同测试方法，见表 8-7。

表 8-7　内外协同测试项目需求分析示例

序号	测试项目	测试项目代码	指标要求
1	继电控制模块输出	T08-04-01	
2	信号采集模块的输入数字信号	T08-05-01	
3	信号采集模块的输入模拟信号	T08-05-02	

8.3.5 外部测试项目需求分析

外部测试需求包括指标测试的外部测试需求，以及故障检测和隔离的外部测试需求。

外部测试用于机内测试或内外协同测试未覆盖的测试项目及对测试精度有更高要求的指标测试。与内外协同测试方法不同，外部测试具有独立的指标测试能力，外部测试资源与机内测试资源之间无紧密的耦合关系。

伺服分系统测角精度指标需要外接高精度仪器进行测试，是外部测试项目，见表8-8。

表8-8 外部测试项目需求分析示例

序号	测试项目	测试项目代码	指标要求
1	测角精度	T08-00-07	

8.4 测试性设计准则

伺服分系统的测试性设计应遵循下列准则。

1. 指标机内测试设计准则

设计准则如下：

（1）应根据指标测试性需求分析确定指标机内测试项目；

（2）在分系统的机内测试方案中应明确用于闭环的外部误差信号的技术指标要求；

（3）测试输入信号需要在测试指令的控制下自动切换到分系统的输入端口；

（4）输出测试数据应能自动采集，从不同模块采集的输出测试数据一般送至伺服主控模块进行指标的计算和分析。

2. 故障隔离的机内测试设计准则

设计准则如下：

（1）在有CPU的模块中，板内资源应尽可能地通过CPU检测，测试结果上报给分系统BIT主机；在无CPU的模块中，板内资源应能通过总线控制器访问；

（2）大功率元器件，要有过热保护电路，过热状态要能检测；

（3）应把伺服分系统使用的主要低压电源送至雷达机内自动测试设备集中测试；

（4）对于涉及安全的故障检测，主控模块应协调各功能模块完成相应保护功能。例如，在轴角变换模块检测到天线角度数据错误时，应对电机驱动模块的速度输入置零；液压阀控模块、继电控制模块中出现接收数据超时错误时，应关闭所有控制输出；在检测到天线失速时，断开功率电源并抱闸。

3．协同机内测试设计准则

设计准则如下：

（1）与接收机分系统协同，完成伺服分系统的部分指标测试；

（2）接收机误差信号带宽应满足伺服跟踪带宽需要。

4．测试点设计准则

设计准则如下：

（1）应针对每个BIT项目开展输出信号的测试点位置设计，以确定被测试信号或测试数据的采样点物理位置；

（2）测试点的设置不应影响分系统的正常工作。

5．观测点设计准则

设计准则如下：

（1）在条件允许的情况下，每个模块设置一个工作正常指示灯、一个或多个电源指示灯和一个故障指示灯；

（2）应设置接口通信状态的指示灯。

6．外部测试设计准则

设计准则如下：

（1）应根据测试性需求分析确定外部测试项目；

（2）外部测试资源的指标应满足外部测试项目的功能、性能和测试精度要求；

（3）分系统应开展外部测试接口设计，为连接外部测试资源提供适当的测试接口；

（4）应根据外部测试需求，开展测试电缆或其他必需的连接附件的设计。

7．BIT信息采集设计准则

（1）分系统BIT采集到的状态信息应上报给测试和健康管理分系统集中处理；

（2）通过标准总线和通信接口采集硬件状态和软件状态信息。

8．软件测试性设计准则

（1）应对软件启动和软件运行期间的工作状态进行监测；

（2）软件状态监测应能检测初始化故障、进程死机、线程死机、软件异常终止等。

8.5 指标 BIT 设计

指标机内测试设计的输入要求来自指标测试性需求分析，应根据每项指标的机内测试需求开展机内测试设计。

8.5.1 天线转速不稳定度

天线转速不稳定度测试系统如图 8-2 所示。

图 8-2 天线转速不稳定度测试系统

天线转速不稳定度由伺服主控模块自动测试，转速信号由软件设定，天线角度由轴角变换模块采集。天线（方位）按设定转速 ω_{in}（r/min）作圆周扫描，待天线转速稳定后，测量天线转动 n 周所需的时间 T（s），则天线平均转速不稳定度 ε 按式（8-1）和式（8-2）计算。

天线平均转速：

$$\omega = \frac{360n}{T}(°/s) = \frac{60n}{T}\ (r/min) \tag{8-1}$$

天线转速不稳定度：

$$\varepsilon = \left| \frac{\omega - \omega_{in}}{\omega_{in}} \right| \times 100\% \tag{8-2}$$

8.5.2 天线最大角速度和角加速度

天线最大角速度和角加速度测试系统图如图 8-3 所示。天线最大角速度和角加速度由伺服主控模块自动测试，引导角度由软件设定，天线角度由轴角变换模块采集，引导回路的闭环校正由主控模块实现。

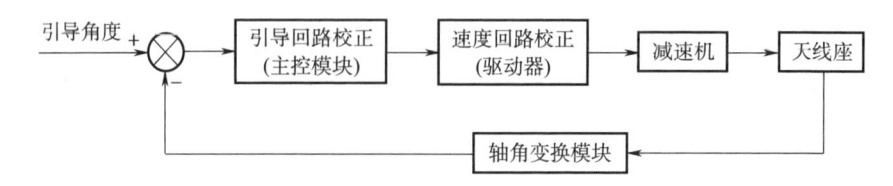

图 8-3 天线最大角速度和角加速度测试系统图

伺服分系统引导回路输入角度阶跃信号，天线角位置 θ 及角速度 ω 随时间变化的示意图如图 8-4 所示。

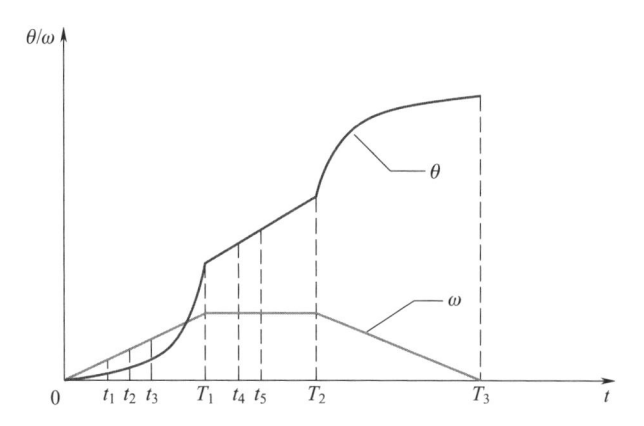

图 8-4 天线角位置及角速度随时间变化示意图

天线在大角度转动过程中，经过匀加速（$0 \sim T_1$）、恒速（$T_1 \sim T_2$）和减速（$T_2 \sim T_3$）过程。因此，在匀加速阶段，以时间间隔 Δt 记录编码器数据 $\theta(t_1)$、$\theta(t_2)$、$\theta(t_3)$；在恒速阶段，以时间间隔 Δt 记录编码器数据 $\theta(t_4)$、$\theta(t_5)$。最大角速度 ω_{max} 和角加速度 $\dot{\omega}_{max}$ 按式（8-3）和式（8-4）计算：

$$\omega_{max} = \frac{\theta(t_5) - \theta(t_4)}{\Delta t} \tag{8-3}$$

$$\dot{\omega}_{max} = \frac{\frac{\theta(t_3) - \theta(t_2)}{\Delta t} - \frac{\theta(t_2) - \theta(t_1)}{\Delta t}}{\Delta t} = \frac{\theta(t_3) + \theta(t_1) - 2\theta(t_2)}{\Delta t^2} \tag{8-4}$$

在测试、计算过程中，为了减小测量误差，取 $\Delta t > 50$ ms 为宜。

8.6 故障隔离的 BIT 设计

8.6.1 伺服驱动器的故障隔离机内测试设计

伺服驱动器电流通过霍尔电流传感器采样，并采用数字滤波处理，以便得到稳定的电流。电机测角反馈一般采用专用解算电路将角度信号转换成数字量，在出现断线或角度异常时能送出相应故障信息。

8.6.2 主控模块的故障隔离机内测试设计

主控模块保存有伺服分系统工作时设定的参数，如果参数错误会造成伺服分系统故障。主控模块存储参数检测采用对保存数据进行 CRC 的方法实现，在保存数据前先进行 CRC，在每次程序启动时，读取数据并再次进行 CRC 并判断和保存的校验值是否一致，如果不一致则报故障并采用默认参数。

伺服主控模块上报数据的通信接口需要上位机配合完成通信接口故障定位。

8.7 测试点和观测点设计

8.7.1 测试点设计

测试点的设计应满足故障检测和故障隔离的需要。BIT 点的设置通常根据故障模式分析结果确定，但要防止由于测试点的引入而干扰电路的正常工作。人工测试点一般设置在模块内部印制电路板、模块外部面板及连接器上，一般包括输入接口、输出接口、通信接口等，印制板上的测试点应当尽量布设在 PCB 单面，并与周边器件之间留有一定安全距离，测试点应有明显标志。表 8-9 所列出的是伺服分系统常用测试点。

表 8-9 伺服分系统常用测试点

序号	测试点的名称		测试点类型	
	模块名称	信号名称	BIT 点	人工测试点
1	主控模块	通信接口	●	○
2		CPU 温度	●	—
3		伺服参数	●	—
4	伺服驱动器	输出电流	●	○
5		电机角度传感器	●	○
6		功率模块温度	●	—
7		通信接口	●	○
8	轴角变换模块	通信接口	●	○
9		模块参数	●	—
10		CPU 温度	●	—
11		测角信号	●	○
12	继电控制模块	通信接口	●	○
13		CPU 温度	●	—
14		继电器输出	○	●

续 表

序号	测试点的名称		测试点类型	
	模块名称	信号名称	BIT 点	人工测试点
15	阀控模块	通信接口	●	○
16		阀控输出	●	○
17		CPU 温度	●	—
18	信号采集模块	通信接口	●	○
19		CPU 温度	●	—
20		信号输入	○	●

注："●"为必选；"○"为可选；"—"为不适用。

8.7.2 观测点设计

伺服分系统观测点一般包括各模块的电源指示灯、工作指示灯、通信指示灯、输入输出指示灯和故障指示灯。在实际应用中可以根据指示灯的闪烁频率或闪烁方式定义不同的状态和故障模式，指示灯设置在模块易观察位置。

伺服分系统常用观测点如表 8-10 所示。

表 8-10　伺服分系统常用观测点

序号	模块名称	观察点	功能
1	主控模块	电源指示灯	指示模块加电状态
		工作指示灯	指示软件运行状态
		通信指示灯	指示模块通信状态
		故障指示灯	指示模块故障状态
2	阀控模块	电源指示灯	指示模块加电状态
		工作指示灯	指示软件运行状态
		通信指示灯	指示模块通信状态
		故障指示灯	指示模块故障状态
		输出指示灯	指示输出通断状态
3	伺服驱动模块	电源指示灯	指示模块加电状态
		工作指示灯	指示软件运行状态
		通信指示灯	指示模块通信状态
		故障指示灯	指示模块故障状态

续 表

序号	模块名称	观察点	功能
4	继电控制模块	电源指示灯	指示模块加电状态
		工作指示灯	指示软件运行状态
		通信指示灯	指示模块通信状态
		故障指示灯	指示模块故障状态
		输出指示灯	指示输出的通断状态
5	信号采集模块	电源指示灯	指示模块加电状态
		工作指示灯	指示软件运行状态
		通信指示灯	指示模块通信状态
		故障指示灯	指示模块故障状态
		输入指示灯	指示数字输入口的电平状态

8.8 分系统协同测试

分系统协同测试需求来自分系统的指标测试性需求分析，阶跃响应、跟踪误差、跟踪带宽测试需要接收机和伺服分系统之间的协同。

8.8.1 阶跃响应

阶跃响应测试原理如图 8-5 所示。

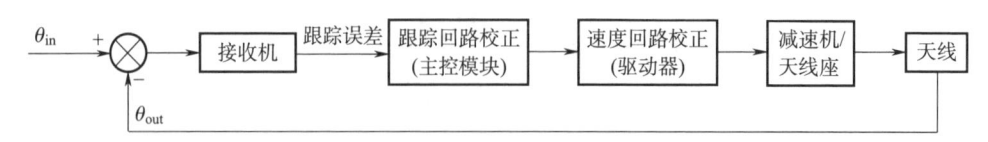

图 8-5 阶跃响应测试原理图

阶跃响应由伺服主控模块自动测试，主控模块读取接收机跟踪误差用于跟踪回路闭环，天线角度由轴角变换模块采集，跟踪回路的闭环校正由主控模块实现。

天线方位或俯仰偏移固定目标（如塔信源）2 mrad 左右（偏移幅度在接收机误差信号的线性范围内），伺服分系统置于跟踪方式，即向跟踪回路输入一个阶跃信号，跟踪回路输出天线角度 θ_0 的阶跃响应如图 8-6 所示。

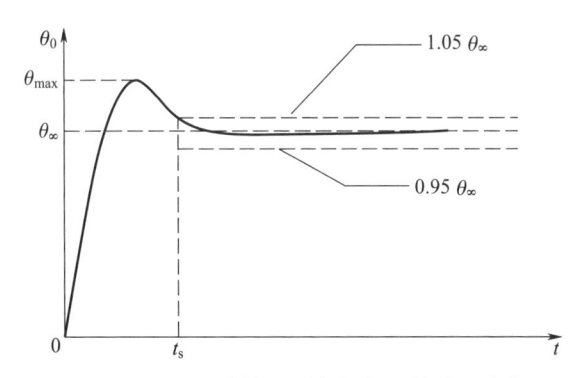

图 8-6　跟踪回路输出天线角度 θ_0 的阶跃响应

超调量为

$$\sigma = \left| \frac{\theta_{max} - \theta_\infty}{\theta_\infty} \right| \times 100\% \qquad (8-5)$$

过渡过程时间 t_s 的定义：$0.95|\theta_\infty| \leqslant |\theta_0(t)| \leqslant 1.05|\theta_\infty|$，$t \in [t_s, \infty)$。
振荡次数 N 的定义：t_s 时刻之前，$\theta_0(t)$ 穿越 θ_∞ 次数的一半。

8.8.2　跟踪误差

跟踪误差测试原理如图 8-5 所示。跟踪误差由伺服主控模块自动测试，主控模块读取接收机跟踪误差用于跟踪回路闭环，天线角度由轴角变换模块采集，跟踪回路的闭环校正由主控模块实现。

伺服分系统一般为 2 阶无静差系统，目标加速度引起的动态滞后占跟踪误差中的主要部分。跟踪误差不计动态滞后，以跟踪固定目标或匀角速度运动目标计算跟踪误差，跟踪时间大于 20 s。

伺服分系统跟踪目标过程中，记录误差信号 $e(nT)$，其中 T 为采样周期（或采样周期的整数倍）；$n=1$，2，$\cdots$，N。

系统误差 δ 按误差 $e(nT)$ 的平均值计算：

$$\delta = \frac{1}{N} \sum_{n=1}^{N} e(nT) \qquad (8-6)$$

随机误差 σ 按误差 $e(nT)$ 与平均值之差的均方根值计算：

$$\sigma = \sqrt{\frac{1}{N} \sum_{n=1}^{N} [e(nT) - \delta]^2} \qquad (8-7)$$

跟踪误差 Δ 按系统误差 δ 和随机误差 σ 的均方根值计算：

$$\Delta = \sqrt{\delta^2 + \sigma^2} \qquad (8-8)$$

8.8.3　跟踪带宽

跟踪带宽测试原理如图 8-7 所示。

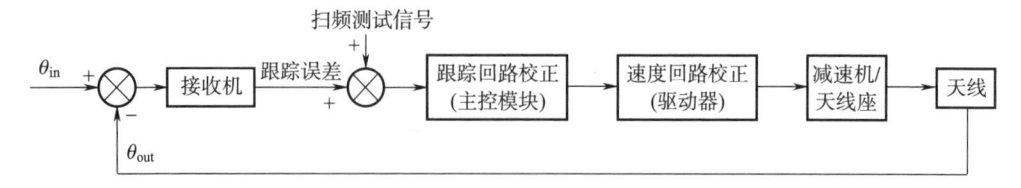

图 8-7 跟踪带宽测试原理图

跟踪带宽由伺服主控模块自动测试，主控模块读取接收机跟踪误差用于跟踪回路闭环，天线角度由轴角变换模块采集，跟踪回路的闭环校正由主控模块实现，扫频信号由软件模拟产生。

雷达跟踪固定目标（如塔信源），将一个频率 ≤ 0.1 Hz、幅值适当的正弦信号与跟踪误差信号相加，作为伺服分系统跟踪回路的输入信号，控制天线方位或俯仰在目标约 2 mrad 的范围来回摆动（摆动幅度小于接收机误差信号的线性范围），然后逐步提高正弦信号的频率并保持正弦信号幅值不变，记录每一频率下的误差信号的幅值，并与正弦信号幅值比较。当在某一频率下，误差信号的幅值为正弦信号幅值的 0.707 倍时，该频率即为伺服分系统跟踪回路带宽的测试值。

8.9 BIT 信息采集

各模块通过现场总线将 BIT 信息发送给伺服主控模块，由该模块汇总后上报给雷达测试和健康管理系统。常用的现场总线有 CAN 总线、Modbus 总线等，CAN 总线是一种支持分布式控制的现场总线，支持多种工作方式，目前在雷达伺服系统中应用较多。

伺服分系统的 BIT 信息采集原理如图 8-8 所示。

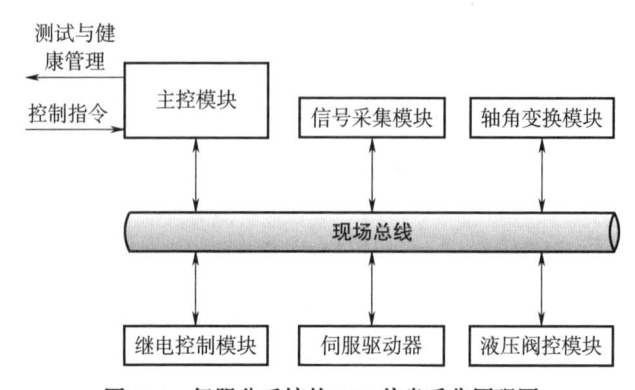

图 8-8 伺服分系统的 BIT 信息采集原理图

8.10 外部测试设计

外部测试设计是为了满足测试性需求分析结果中的外部测试需求。外部测试用于机内测试资源未覆盖的测试项目及对测试精度有更高要求的指标测试。与内外协同测试方法不同,外部测试具有独立的指标测试能力,外部测试资源与机内测试资源之间无紧密的耦合关系。外部测试依赖的测试资源包括测试设备、测试仪器、测试接口等。下面介绍伺服测角精度的外部测试方法。

测角精度测试原理如图 8-9 所示。

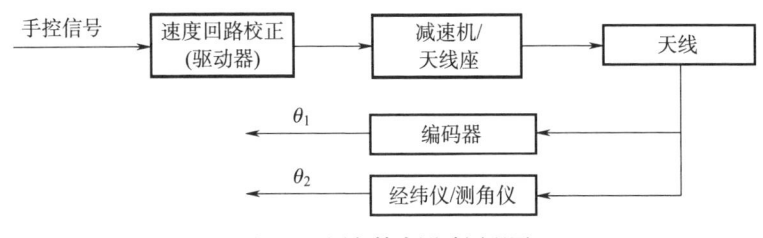

图 8-9 测角精度测试原理图

方位、俯仰测角精度测试分别以经纬仪(精度 ≤ 1″)和测角仪(精度 1″~5″)为测量基准。经纬仪尽量安装在方位旋转中心,以减小测量误差;测角仪安装在俯仰支臂上或其他能俯仰转动的物体上,测角仪刻度线与俯仰轴尽量保持平行,以减小测量误差。天线座应提供安装经纬仪和测角仪的工装,并提供工装安装位置。

方位由任意位置开始,转动一周,测量点数 $N \geq 18$,顺时针、逆时针转动各测试一次。

方位测试:由起始位置开始,经纬仪对准远处(距离以 2~4 km 为宜)一固定目标,记录经纬仪和方位编码器读数;方位顺时针或逆时针转动一个角度,调整经纬仪使其重新对准固定目标,记录经纬仪和方位编码器读数。

俯仰测量范围一般为 0°~75°,测量点数 $N \geq 12$,向上、向下转动各测试一次,测量起始位置分别为 0°、75° 左右。

俯仰测试:由起始位置开始,记录测角仪和俯仰编码器读数;俯仰向上或向下转动一个角度,记录测角仪和俯仰编码器读数。

经纬仪(或测角仪)测量数据:$X_1, X_2, \cdots, X_N$;方位(或俯仰)编码器测量数据:$Y_1, Y_2, \cdots, Y_N$。

误差平均值:

$$P = \frac{1}{N} \sum_{i=1}^{N} (X_i \pm Y_i)$$

测角误差:

$$\delta = \sqrt{\frac{1}{N-1} \sum_{i=1}^{N} [(X_i \pm Y_i) - P]^2}$$

以上两个公式中,当经纬仪(或测角仪)测量数据与方位(或俯仰)编码器测量数据同向变化(一起增加或减小)时,取"-"号;反向变化(一增加一减小)时,取"+"号。

测试中,保证天线同方向转动,当天线停在每一测量位置时,天线不得出现反向位移,导致影响测量准确性。俯仰测试时,应在每一测量位置锁紧天线俯仰轴,保证测量数据稳定。

第 9 章

热控分系统测试性设计

9.1 概述

9.1.1 功能和原理

热控分系统是雷达的重要保障系统，其主要任务是对 T/R 组件、电源、DBF 分系统等发热电子设备进行温度控制，确保其在合适的温度范围内工作，保证雷达发热器件的正常工作和长期可靠性。

不同的雷达系统对热控分系统的功能要求有所不同。目前，雷达热控分系统多采用液冷方式对雷达发热电子设备进行冷却。对于液冷系统来说，热控分系统一般需要完成系统稳压、冷却液增压、冷却液降温、冷却液过滤、电子设备冷却等功能。

热控分系统原理如图 9-1 所示。

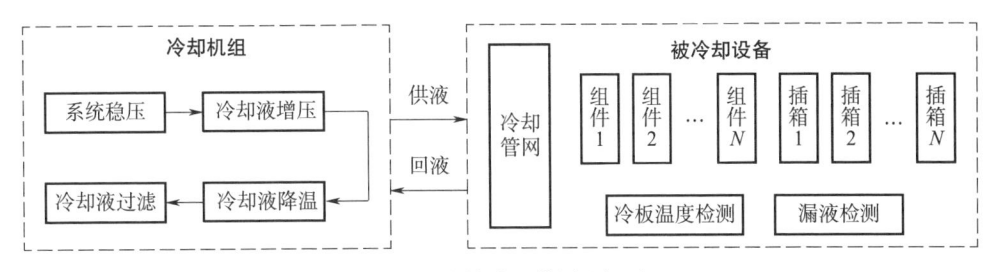

图 9-1 热控分系统原理框图

冷却机组对稳压处理后的冷却液进行增压，再进行散热降温，经过过滤后，通过冷却管网为雷达的各种组件、插箱等发热电子设备提供温度、流量、压力、洁净度等均满足设计要求的循环冷却液，发热电子设备得到冷却，热量传递到冷却液，升温后的冷却液回到冷却机组，再次进行循环。图 9-1 中，组件、插箱等发热电子设备统称为被冷却设备，分布在阵面、转台等位置，这些被冷却设备中的冷板与冷却管网、冷板温度检测、漏液检测等部件或功能单元共同实现发热电子设备的冷却功能。

9.1.2 技术指标

雷达热控分系统技术指标定义如下。

（1）供液流量：冷却机组单位时间内供给雷达发热电子设备的流体量。当流体量以体积表示时称为体积流量，一般以 m^3/h 或 L/min 表示；当流体量以质量表示时称为质量流量，一般以 t/h 或 kg/s 表示。

（2）供（回）液温度：冷却机组供给雷达发热电子设备的流体温度，称为供液温度；从雷达发热电子设备返回冷却机组的流体温度，称为回液温度。供（回）液温度均以 ℃ 表示。

（3）供（回）液压力：冷却机组供给雷达发热电子设备的流体压力，称为供液压力；从雷达发热电子设备返回冷却机组的流体压力，称为回液压力。供（回）液压力一般均以 MPa 表示。

（4）换热量：冷却机组的换热能力，即通过冷却液循环能从雷达发热电子设备带走的热量，定义为

$$P = \rho \times Q \times c_p \times (t_回 - t_供)/3\,600 \tag{9-1}$$

式中，P 为换热量，单位 kW；ρ 为冷却液对应定性温度的密度，单位为 kg/m^3；Q 为冷却液流量，单位为 m^3/h；c_p 为冷却液对应定性温度的比定压热容，单位为 kJ/（kg·℃）；定性温度为 $t_供$、$t_回$ 的算术平均值，$t_回$ 为回液温度（单位为 ℃），$t_供$ 为供液温度（单位为 ℃）。

（5）储液箱液位：表征储液箱内冷却液的液位高低。

（6）冷却液冰点：在没有过冷的情况下，冷却液开始结晶的温度。可根据《发动机冷却液冰点测定法》（SH/T 0090—1991）测定，以 ℃ 表示。

（7）冷板温度：发热电子设备，如组件、插箱等的液冷冷板温度，表征冷板的冷却效果，以 ℃ 表示。

9.2 故障模式分析

9.2.1 功能故障模式分析

热控分系统的功能故障模式分析是从分系统的功能维度对热控分系统可能出现的故障模式进行分析，不涉及热控分系统的具体组成。由于不同雷达系统中热控分系统的指标并不完全相同，因此需要结合热控分系统的具体指标要求开展功能故障模式分析。

热控分系统功能故障模式分析报告是开展热控分系统测试性需求分析的依

据，用于指导热控分系统指标的测试性需求分析。

1. 故障模式分析应遵循的原则

1）完整原则

故障模式应覆盖分系统的所有功能和性能指标。

2）细化原则

故障模式分析要细化到各个独立功能，且要考虑到在实际应用中各功能在硬件设备上的部署情况。例如，对于散热单元，若所有散热单元集中控制，则故障模式划分只需要细化到风机、压缩机等独立功能模块就可以了；若采用分布式控制，不同散热单元的控制由不同的硬件设备完成，则故障模式还需要进一步细化至单个散热单元。

3）准确原则

用定量参数表示性能下降或超高类的故障模式，准确的故障模式定义有利于对故障模式影响进行准确分析。

4）互不包含原则

同一层级的故障模式之间是平行关系，不能相互包含，不同层级的故障模式不能混淆在一起。

2. 热控分系统功能故障模式分析示例

热控分系统功能故障模式分析示例见表9-1。

表 9-1 热控分系统功能故障模式分析示例

序号	故障模式	故障代码
1	供液流量低于80%指标值	F09-00-01
2	供液流量低于50%指标值	F09-00-02
3	回液温度高于120%指标值	F09-00-03
4	回液温度高于150%指标值	F09-00-04
5	回液压力高于指标值	F09-00-05
6	冷板温度高于指标值	F09-00-06
7	漏液故障	F09-00-07
8	通信功能失效	F09-00-08

注：表中的故障代码是为每个故障模式设定的唯一编码，其中F09-00是热控分系统的功能故障分类代码，后两位代码是故障模式中的序列号，用十六进制表示。表中的指标值是指技术指标范围的上限值或下限值，表中仅列出部分故障模式。

9.2.2 硬件故障模式

硬件故障模式分析是从硬件维度对热控分系统的故障模式进行分析。这种分析方法以单元、单元之间的连接管路、电缆等作为故障模式分析的对象，涉及热控分系统的具体硬件组成。

硬件故障模式分析结果是开展分系统故障检测和故障隔离需求分析的依据。

1. 故障模式分析应遵循的原则

1）完整原则

故障模式分析应覆盖所有的外场可更换单元和部件，包括水泵、风机、传感器、管路等。故障模式分析应覆盖被分析的单元和部件等的所有功能故障。

2）细化原则

故障模式分析要细化到单个外场可更换单元或部件，例如，对于具有多个散热模块的散热单元，故障模式分析要细化到散热模块1、散热模块2等。

对于外场可更换单元或部件，要从其不同故障特征分析其故障模式。例如，对于水泵，需要从是否开机运行、运行过程中有无过载保护等特征分析其故障模式。

要避免使用笼统的方式定义故障模式，例如，笼统地用过载保护故障表示所有设备的过载保护故障。

3）准确原则

采用准确的定量方式定义故障模式，避免使用模糊方式定义故障模式。例如，供液流量低是模糊的定义方式，而供液流量低于80%指标值是准确的定义方式。

4）互不包含原则

同一层级的故障模式之间是平行关系，不能相互包含，不同层级的故障模式不能混淆在一起。例如，冷却机组供电电压、电流等是配电系统的输出信号，因此供电故障不是供液单元的故障模式。

2. 热控分系统的硬件故障模式分析示例

热控分系统的组成框图（示例）见图9-2，一般由供液单元、散热单元、储液单元、过滤器、控保单元、冷板温度检测单元、漏液检测单元等组成。

供液单元用于冷却液的增压与输送；散热单元用于完成冷却液与外界环境的换热，将雷达耗散热量排放到最终大气环境中；储液单元用于存储冷却液，并同时完成系统的稳压功能；过滤器用于冷却液的过滤，确保进入电子设备的冷却液的洁净度（戴天翼，2009）；控保单元承担着各功能单元的控制和保护作用及各功能单元运行数据、报警信息的采集和处理，还负责与雷达总控进行通信，接收总控的开关机命令，并上传功能单元的运行参数及状态，发送报警、联锁信号等；冷板温度检测单元用于采集组件、插箱等电子设备冷板的温度状态并上传；漏液检测单元则用于对冷板、管路等设备漏液与否的状态进行采集，并将报警信号上传。

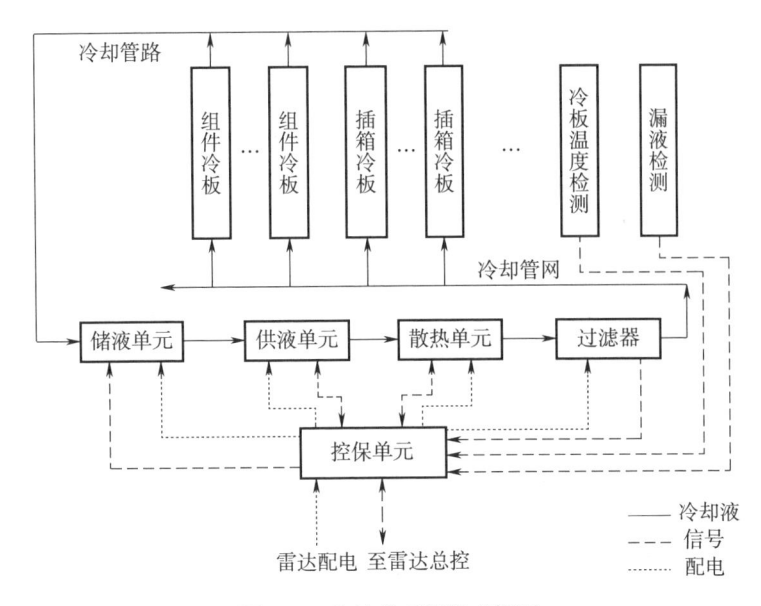

图 9-2 热控分系统组成框图

各单元的主要故障模式如下。

1）供液单元的故障模式

供液单元主要由水泵、运行模式切换阀、入口压力表、出口压力表及相应的管路、阀门、电缆等组成。典型故障模式包括：水泵无法运行、切换阀门故障、电缆松动等。

2）散热单元的故障模式

散热单元主要由风机、板式换热器、风冷换热器、压缩机、膨胀阀、氟电磁阀及相应的管路、阀门、电缆等组成。典型故障模式包括：风机无法运行、压缩机无法运行、氟高压保护、氟低压保护、膨胀阀故障、电磁阀故障、电缆松动等。

3）储液单元的故障模式

储液单元主要由储液箱、加液泵、液位开关、阀门、电缆等组成。典型故障模式包括：液位低、加液泵无法运行、液位开关故障、电缆松动等。

4）过滤器的故障模式

过滤器主要由滤筒、滤芯、滤前压力传感器、滤后压力传感器及相应的管路、阀门、电缆等组成。典型故障模式包括：滤芯堵塞、压力传感器故障等。

5）控保单元的故障模式

控保单元主要由空气开关、交流接触器、中间继电器、热过载继电器、开关电源、电控板及若干线缆、电连接器等组成。

典型故障模式包括：空气开关跳闸或未送合、交流接触器故障、中间继电器故障、开关电源故障、电控板故障、电缆松动、电连接器故障等。

6）冷却管网的故障模式

冷却管网主要由主供回液管路、分配管路及水接头等组成，典型故障模式包括：管路漏液、水接头漏液等。

7）冷板的故障模式

冷板主要用于将被冷却设备耗散热量带出，其典型故障模式包括：冷板过温、冷板漏液等。

8）冷板温度检测单元的故障模式

冷板温度检测单元主要由温度继电器、数据采集模块、通信模块、电缆等组成。典型故障模式包括：检测状态异常、电缆松动、通信模块损坏等。

9）漏液检测单元的故障模式

漏液检测单元主要由漏液传感器、漏液检测器、数据采集模块、通信模块、电缆等组成。典型故障模式包括：检测状态异常、电缆松动、通信模块损坏等。

10）冷却液的故障模式

冷却液是液冷系统的循环介质，其典型故障模式包括：冰点过高、洁净度超标等。

热控分系统硬件故障模式分析示例见表 9-2。

表 9-2　热控分系统硬件故障模式分析示例

部件名称	故障模式名称	故障代码
供液单元	水泵无法运行	F09-01-01
	水泵过载	F09-01-02
	水泵异响	F09-01-03
	常规阀门故障	F09-01-04
	制冷阀门故障	F09-01-05
	电缆松动	F09-01-06
散热单元	压缩机无法运行	F09-02-01
	氟高压保护	F09-02-02
	氟低压保护	F09-02-03
	风机无法运行	F09-02-04
	膨胀阀故障	F09-02-05
	氟电磁阀故障	F09-02-06
	电缆松动	F09-02-07

续 表

部件名称	故障模式名称	故障代码
储液单元	液位低	F09-03-01
	液位传感器故障	F09-03-02
	加液泵无法运行	F09-03-03
过滤器	滤芯压差高	F09-04-01
	滤前压力传感器故障	F09-04-02
	滤后压力传感器故障	F09-04-03
控保单元	空气开关跳闸或未送合	F09-05-01
	开关电源故障	F09-05-02
	电控板故障	F09-05-03
	流量传感器故障	F09-05-04
	温度传感器故障	F09-05-05
	压力传感器故障	F09-05-06
	通信电缆松动	F09-05-07
冷却管网	管路漏液	F09-06-01
	水接头漏液	F09-06-02
冷板	冷板过温	F09-07-01
	冷板漏液	F09-07-02
冷板温度检测单元	检测状态异常	F09-08-01
	电缆松动	F09-08-02
	通信模块损坏	F09-08-03
漏液检测单元	检测状态异常	F09-09-01
	电缆松动	F09-09-02
	通信模块损坏	F09-09-03
冷却液	冰点过高	F09-10-01
	洁净度超标	F09-10-02

注：表中的故障代码是为每个故障模式设定的唯一编码，其中 F09 是热控分系统的故障代码，中间两位是单元代码，最后两位代码是故障模式的序列号，所有代码用十六进制表示。表中的指标值是指技术指标范围的上限值或下限值。表中仅为示例，只列出部分故障模式。

分析注意事项：

（1）当控保单元有多个传感器、空气开关等器件时，应逐一列出所有器件的故障模式；

（2）当冷板温度检测单元、漏液检测单元有多个检测通道时，应逐一列出所有检测通道的故障模式；

（3）当供液单元、散热单元中有多个水泵、风机等设备时，应逐一列出每个设备的故障模式。

9.3 测试性需求分析

热控分系统测试性需求分析目的是解决测什么的问题。主要任务是根据热控分系统的故障模式分析报告，确定用于故障检测和隔离的测试需求，包括机内测试项目、内外协同测试项目、外部测试项目、BIT类型、测试精度要求等，为BIT设计、内外协同测试设计、外部测试设计等提供设计依据。

热控分系统测试性需求分析的输入信息包括热控分系统的技术指标、FMECA报告、总体分配的测试性指标、总体分配的测试项目要求、分系统功能框图、测试设备的重量和尺寸约束及测试成本要求等，需要综合上述各项因素，分析测试项目设置的合理性和必要性。

热控分系统测试性需求分析的输出包括：

（1）热控分系统BIT的测试项目、测试方式和指标要求；

（2）热控分系统内外协同测试项目和指标要求；

（3）热控分系统外部测试项目和指标要求。

热控分系统测试性需求分析内容包括指标测试性需求分析、故障检测和隔离需求分析、测试项目需求分析和协同测试性需求分析。

9.3.1 指标测试性需求分析

指标测试是指对热控分系统的功能和性能指标进行测试，测试方式包括机内测试、内外协同测试和外部测试。内外协同测试是将机内测试资源和外部测试资源融为一体的测试技术，通过内外两种测试资源的协同配合，完成分系统指标测试。与外部测试不同，内外协同测试需要对内外测试资源进行一体化的硬件设计和软件设计。

指标测试用于功能故障的检测。指标测试结果是开展分系统故障诊断、健康评估和状态预测的主要依据。指标测试性需求分析的目的是确定分系统的功能和性能指标的测试项目、测试方式和测试精度要求等。

指标测试性需求分析的内容包括：机内测试需求分析、内外协同测试性需求分析、外部测试性需求分析和技术指标的测试要求。指标测试性需求分析的输出是分系统各项技术指标的测试方式和指标测试要求。

1. 需求分析方法

主要从以下几方面开展指标测试性需求分析。

1）机内测试需求分析

部分用户在研制要求中明确提出分系统的技术指标测试要求，这些指标应选择为机内测试项目。系统总体根据系统的测试性需求提出的分系统指标测试需求，这些指标应选择为机内测试项目，如热控分系统的供液温度、流量、换热量等指标。

对于产品中影响关键任务完成和涉及使用安全的功能部件，应进行及时的性能监测，对安全有重要影响的应适时给出报警信号。例如，液冷系统的漏液故障一旦在高集成度的阵面中发生，冷却液将有可能造成电子设备打火、短路等设备故障，因此应进行实时的漏液故障检测并给出报警信息。

2）机内测试方式选择

热控分系统的指标有可能会直接影响到整机的关键任务完成，因此热控指标测试一般优先采用加电 BIT 方式，并进行周期 BIT。

3）内外协同测试性需求分析

内外协同测试适用于需要内外测试资源协同完成的测试项目。对于不能采用机内测试的测试项目，应优先选择内外协同测试方式。

4）外部测试性需求分析

外部测试用于机内测试或内外协同测试未覆盖的测试项目，以及对测试精度有更高要求的指标测试。与内外协同测试方法不同，外部测试具有独立的指标测试能力，外部测试资源与机内测试资源之间无紧密的耦合关系。像热控分系统的冷却液洁净度，一般需要用到颗粒计数器等作为测试源，因此一般作为外部测试。

5）指标测试要求分析

指标测试要求包括指标的测试范围和测试精度。针对每项测试项目，分析机内测试、内外协同测试和外部测试的不同指标测试要求，为测试方案的详细设计提供依据。

6）重量和尺寸约束分析

主要分析用于机内测试的测试设备是否满足系统对分系统的重量和尺寸约束要求。

机内测试资源不能满足重量约束、尺寸约束和成本约束时，不能选择为机内测试项目。

7）分析测试成本约束

根据机内测试配置的硬件和软件资源，评估测试成本，测试成本应满足分系统的成本约束要求。

2. 需求分析示例

以常规地面雷达热控分系统为例进行指标测试性需求分析，分析结果如下。

1）机内测试需求分析

供液温度、供液流量、冷板温度、漏液故障等指标是总体指定的测试项目，因此应选择为机内测试项目。

2）机内测试方式选择

根据热控分系统设备的特点，指标机内测试在加电 BIT 和周期 BIT 方式下完成。

3）外部测试性需求分析

需要外部测试的项目：冷却液冰点、洁净度。

4）指标测试要求分析

根据雷达热控的指标要求，确定测试项目的测试范围和测试精度。

5）重量和尺寸约束分析

测试数据采集和分析由热控分系统内部资源完成，未采用通用测试仪器，满足系统的重量和尺寸约束要求。

6）测试成本约束分析

根据机内测试配置的硬件和软件资源清单，评估测试成本，测试成本满足分系统的成本约束要求。

热控分系统指标测试性需求分析示例见表 9-3。

表 9-3 热控分系统指标测试性需求分析示例

序号	测试项目	测试项目代码	加电 BIT	周期 BIT	启动 BIT	内外协同测试	外部测试	指标要求
1	供液流量低于 80% 指标值	T09-00-01	○	○	—	—	—	
2	供液流量低于 50% 指标值	T09-00-02	○	○	—	—	—	
3	回液温度高于 120% 指标值	T09-00-03	○	○	—	—	—	
4	回液温度高于 150% 指标值	T09-00-04	○	○	—	—	—	

续 表

序号	测试项目	测试项目代码	测试方式 加电BIT	测试方式 周期BIT	测试方式 启动BIT	内外协同测试	外部测试	指标要求
5	回液压力高于指标值	T09-00-05	○	○	—	—	—	
6	冷板温度高于指标值	T09-00-06	○	○	—	—	—	
7	漏液故障	T09-00-07	○	○	—	—	—	
8	通信功能失效	T09-00-08	○	○	—	—	—	

表 9-3 的说明如下：

（1）测试项目代码是为每个测试项目设定的唯一编码，其中 T09 是热控分系统的测试代码，第一个字母 T 表示测试，分系统代码用两位十进制数字表示，中间"00"表示该项测试是分系统的指标测试项目，最后两位是指标测试项目的序列号；

（2）"—"表示不可测，"○"表示可测；

（3）指标要求根据实际技术指标要求填写；

（4）表中仅列出了部分指标项目。

9.3.2　故障模式检测和隔离需求分析

本节介绍热控分系统硬件故障的检测和隔离需求分析方法，功能类故障可以通过指标测试进行故障检测和隔离。

硬件故障的检测和隔离需求分析依据热控分系统硬件 FMECA 报告，对所有故障开展故障检测和隔离需求分析，以确定每个故障的检测方式和故障隔离模糊组。通过故障检测和隔离需求分析，把分系统的测试性定量指标要求（故障检测率和故障隔离率）分配到每个故障。

在完成故障检测和隔离要求分配后，通过对分析表格中的数据进行统计分析可以得到不同检测方式的故障检测率、BIT 的故障检测率、内外协同测试的故障检测率、外部测试的故障检测率及不同模糊组的故障隔离率。

将统计分析得到的测试性指标预计值与指标要求值进行对比分析，如果预计值不满足定量指标要求，则需要对故障检测方式和故障隔离模糊组要求进行调整优化，直到满足要求为止。

硬件故障的检测和隔离需求分析输出是每个故障的检测方式要求和故障隔离模糊组要求。

1. 故障检测需求分析方法

故障检测需求分析的目的是把热控分系统的故障检测率要求分配到每个故障，针对每个故障合理选择故障检测方式。

硬件故障检测方式包括机内测试（加电 BIT、周期 BIT 和启动 BIT）、内外协同测试、外部测试和状态指示灯等，需要结合故障特点合理选择故障检测方式。故障率高的故障应优先采用机内测试方式检测。

1）机内测试

热控分系统的 BIT 故障检测率指标要求一般是 70% 以上，因此大部分故障模式都应纳入 BIT 的检测范围。纳入 BIT 检测范围的故障应至少被一种类型 BIT（加电 BIT、周期 BIT 或启动 BIT）检测，同一种故障模式可以采用多种 BIT 检测方式。

加电 BIT 用于热控分系统加电期间的故障检测，检测的典型故障包括通信功能失效、液位低等；周期 BIT 用于热控分系统正常工作期间的故障检测，检测的典型故障包括供液流量低于指标值、供液温度超过指标值、水泵无法运行等；启动 BIT 在热控分系统中一般不常用。

2）外部测试

外部测试用于冷却液冰点、洁净度等故障的检测。

3）状态指示灯

状态指示灯一般用于通信接口不通、漏液检测状态异常等故障的检测。当这些故障出现时，状态指示灯通过改变指示灯的显示状态实现故障指示。

硬件故障检测需求分析采用表格，其格式和填写方法见下述测试性需求分析示例。通过表格数据的统计分析可以验证故障检测率的需求分配是否能满足指标要求。

2. 故障隔离需求分析方法

故障隔离需求分析的目的是把分系统的故障隔离要求分配到每个故障，并针对每个故障的故障隔离难度合理选择故障隔离模糊组的大小，故障隔离模糊组的 LRU 数量一般是 1~3 个。

在进行故障隔离需求分析之前，需要充分理解分系统的组成框图、信号流及各单元、模块之间的接口关系，并掌握分系统的主要故障隔离方法，不能盲目分配故障隔离模糊组的大小。

需求分析方法如下。

1）供液单元的故障隔离模糊组选择

供液单元主要负责完成热控分系统的增压供液功能，因此与流量、压力指标、功能异常相关的故障均可以定位至供液单元。例如，对供液单元中的水泵、阀门等均有独立式状态监测，则故障可以隔离到单个 LRU，即单个水泵、阀门等。

2）散热单元的故障隔离模糊组选择

散热单元主要负责将冷却液中携带的雷达器件发热量传递到最终热沉，因此当出现供液温度异常等故障时，可定位至散热单元故障。如对散热单元中的风机、压缩机、膨胀阀等均有独立式状态监测，则故障可以隔离到单个LRU，即单个风机、压缩机、膨胀阀。

3）储液单元的故障隔离模糊组选择

储液单元负责完成冷却液的存储、加补液等功能，当出现液位低、加液泵故障时，可以直接隔离到储液单元内对应的单个LRU。

4）过滤器的故障隔离模糊组选择

过滤器一般具有压差检测的功能，因此过滤器压差高故障可以直接隔离到单个LRU。

5）控保单元的故障隔离模糊组选择

控保单元主要负责完成各个功能单元的开关机控制、状态检测及保护报警等功能。当出现空气开关故障、开关电源故障、电控板故障、传感器故障等，均可以隔离到单个LRU。

6）冷却管网的故障隔离模糊组选择

冷却管网主要负责冷却液的输送与分配。发生管路漏液可能的原因包括法兰漏液和管件漏液，可以隔离到2个LRU部件。水接头的漏液包括水接头公头漏液和母头漏液，可以隔离到2个LRU部件。

7）冷板的故障隔离模糊组选择

冷板主要负责将发热电子设备耗散热量带出。冷板过温可能的原因包括冷板流道堵塞、器件发热异常，可以隔离到2个LRU部件。

8）冷板温度检测单元的故障隔离模糊组选择

冷板温度检测单元负责完成冷板温度状态的采集、数据转换及上传等功能，因此出现温度检测状态异常、通信故障时可以定位至冷板温度检测单元。其中，通信故障可以隔离至1个通信模块。温度检测状态异常时，每个冷板均可以进行温度检测，其故障也可以隔离到单个LRU，即单块冷板。

9）漏液检测单元的故障隔离模糊组选择

漏液检测单元负责完成漏液信息的采集、数据转换及上传等功能，因此出现漏液检测状态异常、通信故障时可以定位至漏液检测单元。渗漏液故障一般通过漏液检测装置采用加电BIT和周期BIT进行检测。由于雷达组件数量众多，又是高集成度安装，漏液检测往往只能定位至某个区域，不能隔离到单个LRU。

10）冷却液的故障隔离模糊组选择

冷却液用于整个液冷系统的循环，因此冷却液的故障均可以直接隔离到冷却液。

硬件故障隔离需求分析可以用表格,其格式和填写方法见下述测试性需求分析示例。通过表格数据的统计分析可以验证故障隔离率的需求分配是否满足指标要求。

3. 测试性需求分析示例

热控分系统由供液单元、散热单元、储液单元、过滤器、控保单元、冷板温度检测单元、漏液检测单元等组成,BIT 指标要求如下。

(1)故障检测率:≥ 70%;

(2)故障隔离率 $\begin{cases} \geqslant 80\%,隔离到 1 个 LRU \\ \geqslant 95\%,隔离到 3 个 LRU \end{cases}$。

需求分析步骤如下。

(1)故障检测需求分析:按照前述方法开展故障检测需求分析,针对每个故障,选择故障检测方式,首先选择机内测试、内外协同或外部测试,对于机内测试,进一步确定 BIT 类型。

(2)故障隔离需求分析:按照前述方法开展故障隔离需求分析,针对每个故障的特点,合理选择故障隔离模糊组大小。

(3)评估故障检测率:汇总不同检测方式的可检测的故障率,用可检测故障率除以总故障率可得到故障检测率。

(4)评估故障隔离率:汇总不同模糊组的可隔离的故障率,用可隔离的故障率除以可检测故障率总和得到故障隔离率。

(5)如果故障检测率和故障隔离率的评估结果不满足分系统的测试性指标要求,则需要重新调整故障检测和故障隔离需求的分配方案。

分析示例见表 9-4,表中的故障率不是产品的真实故障率,仅用于示例说明。

表 9-4 中各栏填写要求如下。

(1)部件名称:填写分系统的供液单元、散热单元、储液单元、过滤器、控保单元等部件名称。

(2)故障模式:填写各部件对应的故障模式。

(3)故障代码:填写故障模式对应的代码,该代码已在故障模式分析的时候定义。

(4)部件故障率:填写部件故障率。

(5)故障模式频数比:为单个故障的故障率与部件的故障率之比。

(6)故障模式故障率:为单个故障模式的频数比与部件的故障率之积。

(7)故障检测需求:包括加电 BIT、周期 BIT、启动 BIT、内外协同测试、外部测试和状态指示灯等故障检测方式,将不同测试方式可检测故障的故障率填写到对应的列中,对于不能检测的故障,在对应的栏目填写"0";

表 9-4 热控分系统硬件故障检测和隔离需求分析示例

（故障率单位：$10^{-6}/h$）

部件名称	故障模式	故障代码	部件故障率	故障模式频数比	故障模式故障率	故障检测需求 加电BIT	周期BIT	启动BIT	内外协同测试	外部测试	状态指示灯	BIT故障隔离需求 隔离到1个LRU	隔离到2个LRU	隔离到3个LRU
供液单元	水泵无法运行	F09-01-01	37	0.2	10	10	10	0	0	0	10	10	0	0
	水泵过载	F09-01-02		0.2	10	10	10	0	0	0	10	10	0	0
	水泵异响	F09-01-03		0.1	5	0	0	0	0	0	0	0	0	0
	常规阀门故障	F09-01-04		0.2	5	0	0	0	0	0	0	0	0	0
	制冷阀门故障	F09-01-05		0.2	5	0	0	0	0	0	0	0	0	0
	电缆松动	F09-01-06		0.1	2	0	0	0	0	0	0	0	0	0
散热单元	压缩机无法运行	F09-02-01	52	0.2	20	20	20	0	0	0	20	20	0	0
	氟高压保护	F09-02-02		0.1	5	5	5	0	0	0	0	0	0	5
	氟低压保护	F09-02-03		0.2	5	5	5	0	0	0	0	0	0	5
	风机无法运行	F09-02-04		0.2	10	10	10	0	0	0	10	10	0	0
	膨胀阀故障	F09-02-05		0.1	5	0	0	0	0	0	0	0	0	0
	氟电磁阀故障	F09-02-06		0.1	5	0	0	0	0	0	0	0	0	0
	电缆松动	F09-02-07		0.1	2	0	0	0	0	0	0	0	0	0

续 表

部件名称	故障模式	故障代码	部件故障率	故障模式频数比	故障模式故障率	加电BIT	周期BIT	启动BIT	内外协同测试	外部测试	状态指示灯	隔离到1个LRU	隔离到2个LRU	隔离到3个LRU
储液单元	液位低	F09-03-01	13	0.6	1	1	1	0	0	0	1	1	0	0
	液位传感器故障	F09-03-02		0.2	2	2	2	0	0	0	0	2	0	0
	加液泵无法运行	F09-03-03		0.2	10	10	10	0	0	0	10	10	0	0
过滤器	滤芯压差高	F09-04-01	9	0.6	5	5	5	0	0	0	0	5	0	0
	滤前压力传感器故障	F09-04-02		0.2	2	2	2	0	0	0	0	2	0	0
	滤后压力传感器故障	F09-04-03		0.2	2	2	2	0	0	0	0	2	0	0
控保单元	空气开关跳闸或未送合	F09-05-01	36	0.2	5	5	5	0	0	0	5	5	0	0
	开关电源故障	F09-05-02		0.2	10	10	10	0	0	0	10	10	0	0
	电控板故障	F09-05-03		0.2	10	10	10	0	0	0	10	10	0	0
	流量传感器故障	F09-05-04		0.2	5	5	5	0	0	0	0	5	0	0
	温度传感器故障	F09-05-05		0.05	2	2	2	0	0	0	0	2	0	0
	压力传感器故障	F09-05-06		0.05	2	2	2	0	0	0	0	2	0	0
	通信电缆松动	F09-05-07		0.1	2	0	0	0	0	0	0	0	0	0

续 表

部件名称	故障模式	故障代码	部件故障率	故障模式频数比	故障模式故障率	故障检测需求 加电BIT	周期BIT	启动BIT	内外协同测试	外部测试	状态指示灯	BIT故障隔离需求 隔离到1个LRU	隔离到2个LRU	隔离到3个LRU
冷却管网	管路漏液	F09-06-01	2	0.4	1	1	1	0	0	0	0	0	1	0
冷却管网	水接头漏液	F09-06-02		0.6	1	1	1	0	0	0	0	0	1	0
冷板	冷板过温	F09-07-01	3	0.3	1	1	1	0	0	0	0	0	1	0
冷板	冷板漏液	F09-07-02		0.7	2	0	0	0	0	0	0	2	0	0
温度检测单元	检测状态异常	F09-08-01	5	0.4	2	2	2	0	0	0	2	2	0	0
温度检测单元	电缆松动	F09-08-02		0.2	2	0	0	0	0	0	0	0	0	0
温度检测单元	通信模块损坏	F09-08-03		0.4	1	1	1	0	0	0	1	1	0	0
漏液检测单元	检测状态异常	F09-09-01	5	0.4	2	2	2	0	0	0	2	2	0	0
漏液检测单元	电缆松动	F09-09-02		0.2	2	0	0	0	0	0	0	0	0	0
漏液检测单元	通信模块损坏	F09-09-03		0.4	1	1	1	0	0	0	1	1	0	0
冷却液	冰点过高	F09-10-01	3	0.2	2	0	0	0	0	1	0	0	0	0
冷却液	洁净度超标	F09-10-02		0.8	1	0	0	0	0	1	0	0	0	0
故障率汇总			165		165	125	125	0	0	2	92	112	3	10
故障检测和故障隔离率的评估						75.8	75.8	0.0	0.0	1.2	55.8	89.6	2.4	8.0

注：表中的故障率不是产品的真实故障率，仅用于示例说明。

（8）BIT 故障隔离需求：填写不同模糊组的 BIT 可检测故障的故障率，只能选择其中一列填写故障率，其他两列填写 "0"。

（9）表中的故障率单位为 $10^{-6}/h$。

（10）故障率汇总：填写部件的总故障率、不同检测方式的可检测故障的总故障率、不同模糊组的可隔离故障的总故障率。

（11）故障检测率和故障隔离率的评估：填写不同检测方式的故障检测率和不同模糊组的故障隔离率。

故障检测率为三种类型 BIT（加电 BIT、周期 BIT 和启动 BIT）可检测故障的故障率与总故障率之比。基于表 9-4 中的故障率分配，故障检测率为 75.8%，故障隔离率为 89.6%（隔离到 1 个 LRU）、92%（隔离到 2 个 LRU）和 100%（隔离到 3 个 LRU）。故障检测率和故障隔离率的分配结果满足分系统的测试性指标要求。

9.3.3 机内测试项目需求分析

机内测试项目需求分析的目的是针对为每一个硬件故障分配的 BIT 检测和隔离需求，确定用于故障检测和隔离的 BIT 项目，为机内测试设计提供依据。

测试项目需求分析依赖的输入信息是故障检测和隔离需求分析的输出、分系统指标测试项目和系统测试项目、分系统的组成框图和接口关系。测试项目需求分析的输出是机内测试项目清单。

热控分系统故障的机内检测方法包括热控分系统功能及指标机内测试和热控分系统所用模块功能的机内测试，其中热控分系统指标机内测试是检测分系统故障的主要方法。

故障检测的机内测试项目需求分析的步骤如下。

1）分析可以被热控分系统指标 BIT 项目检测的故障

热控分系统指标 BIT 项目是通过指标需求分析确定的 BIT 项目。分析方法是针对每一项指标 BIT 项目，分析其可检测的硬件故障。

2）分析可以被雷达系统 BIT 项目检测的故障

雷达系统机内测试项目是系统测试性设计确定的测试项目，由系统总体负责设计。分析方法是针对每一项系统 BIT 项目，分析其可检测的硬件故障。对系统 BIT 项目有故障传播影响的分系统故障都可以被该系统测试项目检测。

3）分析可以被模块 BIT 项目检测的故障

模块 BIT 项目是模块测试性设计确定的测试项目。分析方法是针对每一个模块 BIT 项目，分析其可检测的硬件故障。

4）分析不能被已有的机内测试项目检测的故障

针对所有已分配了 BIT 检测需求的故障，找出不能被上述三类测试项目检测的故障。然后，针对这些不能检测的故障，增加分系统的 BIT 项目，包括指标 BIT 项目和模块 BIT 项目。对于不合理的 BIT 检测需求分配，则要重新调整 BIT 检测需求分配。

故障检测的机内测试项目需求分析示例见表 9-5，表中的故障来自表 9-4。

表 9-5 故障检测机内测试项目需求分析示例

序号	测试项目	测试项目代码	BIT 类型			可检测的故障	
			加电 BIT	周期 BIT	启动 BIT	故障名称	故障代码
1	分系统指标 BIT 项目						
1.1	供液流量	T09-00-01	○	○	—	供液单元：水泵无法运行	F09-01-01
						过滤器：滤芯压差高	F09-04-01
						控保单元：流量传感器故障	F09-05-04
...	...	...	...	...	...	...	...
2	单元 BIT 项目						
2.1	散热单元：压缩机无法运行	T09-02-01	○	○	—	散热单元：压缩机无法运行	F09-02-01
			○	○	—	散热单元：氟高压保护	F09-02-02
			○	○	—	散热单元：氟低压保护	F09-02-03
			○	○	—	控保单元：空气开关跳闸或未送合	F09-05-01
			○	○	—	控保单元：电控板故障	F09-05-03
...	...	...	...	...	...	...	...
3	新增 BIT 项目						
...	...	...	...	...	...	...	...

注："—"表示不可测，"○"表示可测。

9.3.4 外部测试项目需求分析

外部测试需求包括指标测试的外部测试需求，以及故障检测和隔离的外部测试需求。

外部测试用于机内测试或内外协同测试未覆盖的测试项目。与内外协同测试方法不同，外部测试具有独立的指标测试能力，外部测试资源与机内测试资源之间无紧密的耦合关系。

热控分系统冷却液的测试需要从系统中对冷却液取样，再采用冰点仪、颗粒计数器等测试仪器仪表进行测试，是典型的外部测试项目应用。外部测试项目需求分析示例见表9-6。

表9-6 外部测试项目需求分析示例

序号	测试项目	测试项目代码	指标要求
1	冷却液冰点过高	T09-08-01	
2	冷却液洁净度超标	T09-08-02	

9.4 测试性设计准则

热控分系统的测试性设计应遵循下列准则：

1. 指标机内测试设计准则

设计准则如下：

（1）应根据指标测试性需求分析确定指标机内测试项目；

（2）指标机内测试采用启动BIT方式；

（3）输出测试数据应能自动采集，从不同模块采集的输出测试数据一般送至测试和健康管理分系统集中进行指标的计算和分析。

2. 故障隔离的机内测试设计准则

设计准则如下：

（1）应根据故障隔离需求分析确定用于故障隔离的机内测试项目；

（2）在分系统工作状态下，应根据周期BIT的测试需求，自动采集反映各项热控设备工作状态的数据特征参数；

（3）从各模块采集的工作状态数据送至测试和健康管理分系统，用于故障诊断。

3. 测试点设计准则

设计准则如下：

（1）应针对每个BIT项目开展输出信号的测试点位置设计，以确定被测试信号或测试数据的采样点物理位置；

（2）尽可能将测试点布置在设备的面板上，或者在不拆卸模块和元器件的情况下保证测试点可达，测试点的设置集中分组，并且有明显标记；

（3）测试点的设置不应影响分系统的正常工作；

（4）人工测试点的设置应考虑测试安全。

4. 观测点设计准则

设计准则如下：

（1）分系统中的电路模块应设置电源指示灯；

（2）需要软件加载的模块一般应设置软件加载状态指示灯；

（3）在条件允许的情况下，每个模块设置一个工作正常指示灯、一个或多个电源指示灯和一个故障指示灯；

（4）指示灯的状态指示方式应符合设计规范。

5. 外部测试设计准则

设计准则如下：

（1）应根据测试性需求分析确定外部测试项目；

（2）外部测试资源的指标应满足外部测试项目的功能、性能和测试精度要求；

（3）分系统应开展外部测试接口设计，为连接外部测试资源提供适当的测试接口；

（4）应根据外部测试需求，开展测试电缆、测试光缆或其他必需的连接附件的设计。

6. BIT 信息采集设计准则

（1）冷却机组应能实时监测、显示及上报机组的各项参数及机组的工作状态及故障信息，供液压力应同时有机械表头指示；

（2）对于流量、温度等重要的热控参数，采用取多次测量结果的平均值、延时报警等措施减少虚警；

（3）冷却机组的故障设置两级门限，一级门限发出报警信号，二级门限发出联锁信号；

（4）分系统 BIT 采集到的状态信息应上报给测试和健康管理分系统集中处理；

（5）通过标准总线和通信接口采集硬件状态和软件状态信息。

7. 软件测试性设计准则

（1）应对软件启动和软件运行期间的工作状态进行监测；

（2）软件状态监测应能检测初始化故障、进程死机、线程死机、软件异常终止等。

9.5 指标 BIT 设计

指标机内测试设计的输入要求来自指标测试性需求分析，应根据每项指标的机内测试需求开展机内测试设计。

9.5.1 测试原理

热控分系统的机内指标测试原理如图 9-3 所示。

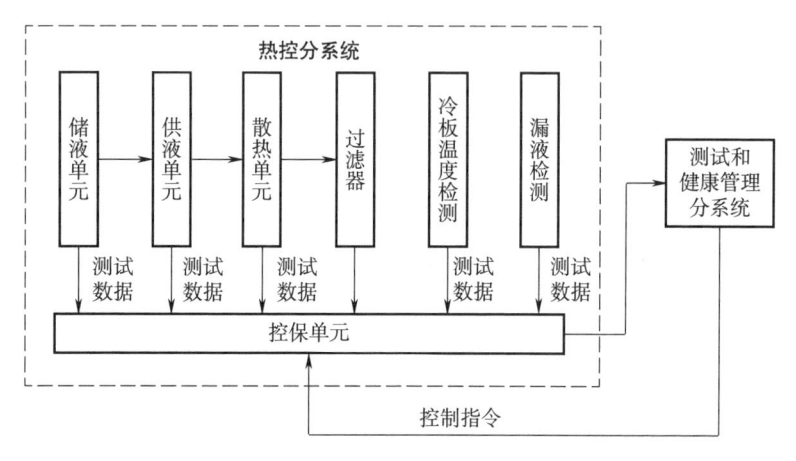

图 9-3 热控分系统机内指标测试原理框图

指标机内测试采用启动 BIT 方式。控保单元负责采集来自各功能单元的测试数据，汇总后上报给测试和健康管理分系统处理。

9.5.2 供液流量指标测试

按结构原理进行分类，常用的流量计有容积式流量计、差压式流量计、浮子流量计、涡轮流量计、电磁流量计、质量流量计等（朱小良等，2012）。涡轮流量计精度高、重复性好、抗干扰能力好、结构紧凑，因此雷达热控系统多选用涡轮流量计进行供液流量的测试。

在需要检测流量的管路上安装涡轮流量计，信号变送器采集其发出的脉冲信号，并转换为 4~20 mA 的电流信号，传输到控保单元内，经处理后转换成数字信号的流量数据，并通过控保单元将流量测试数据自动上报给测试和健康管理分系统。

供液流量测试框图如图 9-4 所示。

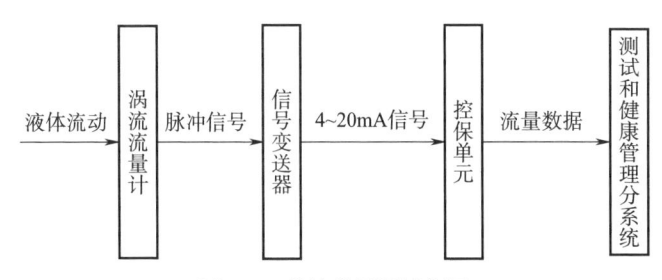

图 9-4 供液流量测试框图

9.5.3 供液温度指标测试

常用的温度仪表有热电偶、热电阻、红外测温仪等形式（Kaveh Azar，1997）。液冷系统的供液温度多采用铂电阻式温度传感器进行测试。

将温度传感器探头安装于管路上，与管路内部液体相接触。铂电阻传感器根据所接触的液体温度，其电阻值发生变化，再根据电阻值与温度的对应关系，转换为温度数据，并通过控保单元将温度测试数自动上报给测试和健康管理分系统。供液温度测试框图如图 9-5 所示。

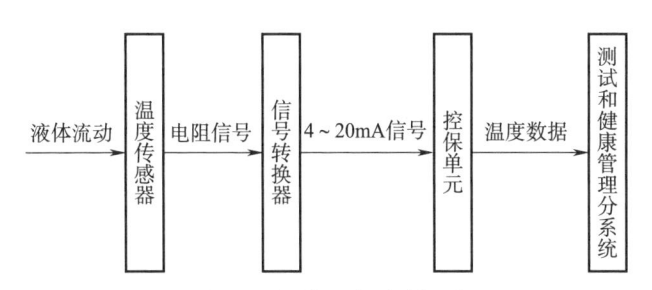

图 9-5 供液温度测试框图

9.5.4 冷板温度指标测试

在组件、插箱等液冷冷板上布置温度继电器，可实时检测冷板的温度状态。常用的温度继电器采用双金属片原理，当温度达到限定值时动作，以通断触点的信号形式来反映温度状态，信号可通过冷板温度检测单元上传。

9.5.5 漏液故障测试

雷达阵面或插箱采用液冷方式，存在大量的冷板、水管和水接头。为防止实际使用过程中出现意外漏液，对电子设备造成重大损坏，有必要在出现漏液的时候，采用相应的检测设备及时发现故障并报警。

在可能出现漏液的位置安装漏液检知带，利用电极间电阻的检测方式，当有漏液滴到检知带上时，由于液体的作用，检知带电阻值发生变化，漏液检测器可检测出漏液信号，将报警信号采集后上传。漏液故障测试框图见图9-6。

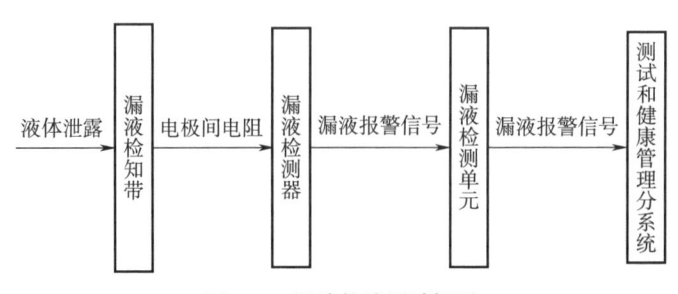

图9-6 漏液故障测试框图

9.6 故障隔离的 BIT 设计

9.6.1 供液单元的故障隔离机内测试设计

供液单元内的供液泵是整个液冷系统的关键设备，担负着增压和输送冷却液的功能。供液泵主要由电机和泵体两部分组成：其中，电机作为驱动装置，将机械能转化为运动能，并传递给液体；液体则由泵的进口处进入泵体，在泵体内完成增压的过程后，从泵的出口将高压液体送出。

对被检测的供液泵，同时收集其控保链路、供液压力、流量的信号，经判断后，给出供液泵的工作状态。供液泵状态测试框图见图9-7。

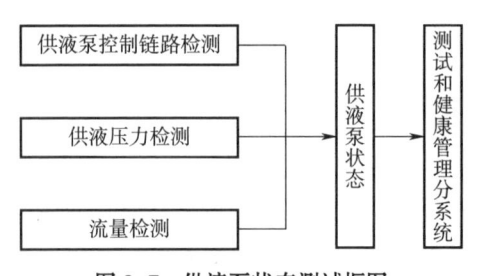

图9-7 供液泵状态测试框图

9.6.2 过滤器滤芯压差 BIT 设计

液冷系统内设置有过滤器，用于过滤系统内的杂质。在使用过程中，过滤器滤芯拦截杂质后，其过滤性能将逐步下降，过滤器内部滤芯需更换或通过清洗维护。因此，有必要进行过滤器前后的压差检测。

在过滤器的进液口和出液口位置安装压力传感器，检测过滤器前后的压力，两者的差值即为过滤器滤芯的压差，见图 9-8。

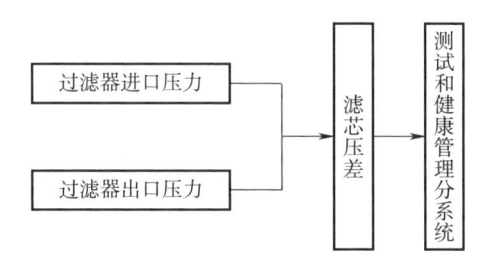

图 9-8　过滤器滤芯压差测试框图

9.6.3　液位检测

液冷系统在运行过程中，有可能会出现冷却液的损耗。当储液箱内的冷却液过少时，会影响液体正常的循环运行，因此需要进行储液箱的液位检测，及时了解系统冷却液的容量是否正常。

浮球液位开关结构简单，性能可靠，因此一般采用浮球开关来进行液位检测，其输出信号为开关量。

9.7　测试点和观测点设计

9.7.1　测试点设计

结合热控分系统的工作原理及故障隔离的要求，选择合适的测试点。

控保单元负责热控分系统及内部功能单元的开关机、运行控制、报警保护等，并接收总体对热控分系统的开关机命令，上传热控分系统的运行状态、故障信息等。因此，主要是由控保单元实现分系统的对外接口功能。

同时，供液单元、散热单元、储液单元、过滤器、控保单元、冷板温度检测单元、漏液检测单元等都设计有状态上报功能，因此每个单元将作为状态监测的测试输出点。

根据上述设计思路，热控分系统常用的测试点如表 9-7 所示。

表 9-7 热控分系统常用测试点

序号	测试点的名称 LRU 名称	信号名称	BIT 点	人工测试点
1	供液单元	状态监测信息	●	○
2	散热单元	状态监测信息	●	○
3	储液单元	状态监测信息	●	○
4	过滤器	状态监测信息	●	○
5	控保单元	状态监测信息	●	○
5	控保单元	流量	●	○
5	控保单元	供液温度	●	○
5	控保单元	回液温度	●	○
5	控保单元	供液压力	●	○
5	控保单元	回液压力	●	○
5	控保单元	液位	●	○
6	冷板温度检测单元	状态监测信息	●	○
7	漏液检测单元	状态监测信息	●	○
8	冷却液	状态监测信息	—	—

注："●"为必选；"○"为可选；"—"为不适用。

9.7.2 观测点设计

热控分系统测试性设计中关于观测点的设计，主要有各功能模块的指示灯、水系统和氟系统的压力表、视液镜等。其中，指示灯可以指示工作状态、故障状态等信息，压力表可以直观指示所处位置的压力信息，视液镜可以观察到水箱的液位情况。通过以上观测点的设置，可进行人工观察，快速甄别虚假故障，提高故障定位效率。

热控分系统常用的观测点如表 9-8 所示。

表 9-8 热控分系统常用观测点

序号	LRU 名称	观测点	说明
1	供液单元	供液泵出口压力表	指示供液泵出口压力值
2	散热单元	氟高压表	指示氟系统高压压力值
		氟低压表	指示氟系统低压压力值
3	储液单元	视液镜	指示储液箱液位状态
4	控保单元	电源指示灯	指示通电与否
		状态指示灯	指示各设备状态、工作模式等
		故障指示灯	指示各设备是否发生故障
5	冷板温度检测单元	电源指示灯	指示通电与否
		通信指示灯	指示通信功能是否正常
		故障指示灯	指示本单元是否发生故障
6	漏液检测单元	电源指示灯	指示通电与否
		通信指示灯	指示通信功能是否正常
		故障指示灯	指示本单元是否发生故障

9.8 BIT 信息采集

热控分系统 BIT 设计是以控保单元中的电控板为 BIT 的信息采集中心，收集并整理热控分系统各组成单元的 BIT 信息，上报给雷达状态管理系统。

热控分系统的设备主要由供液单元、散热单元、储液单元、过滤器、控保单元、冷板温度检测单元、漏液检测单元组成。其中，供液单元、散热单元、储液单元、过滤器等安装相应的流量、压力、温度等传感器，相关信息由控保单元采集并转换成数字信号，按约定的格式形成 BIT 报文，通过网络接口上报给测试和健康管理分系统。冷板温度检测单元和漏液检测单元则分别采集冷板温度信息和漏液信息，并在内部经过处理后转换成 BIT 报文，通过网络接口上报给测试和健康管理分系统。

热控分系统的 BIT 信息采集原理如图 9-9 所示。

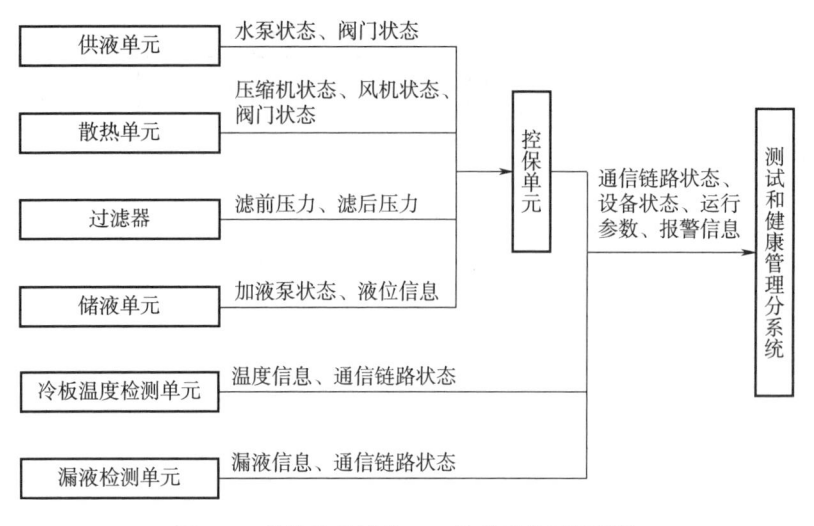

图 9-9 热控分系统的 BIT 信息采集原理框图

9.9 外部测试设计

外部测试设计是为了满足测试性需求分析结果中的外部测试需求。外部测试用于机内测试资源未覆盖的测试项目或对测试精度有更高要求的指标测试。与内外协同测试方法不同，外部测试具有独立的指标测试能力，外部测试资源与机内测试资源之间无紧密的耦合关系。

外部测试依赖的测试资源包括测试仪器、测试接口等，外部测试设计内容包括测试仪器选型和测试接口设计。

1. 测试仪器选型

热控分系统外部测试需要用到的测试仪器主要是冷却液冰点测试需要使用的冰点仪及冷却液洁净度测试需要使用的颗粒计数器，选型需要综合测试需求、重量要求、成本要求、交互界面要求等因素。

为确保雷达所用冷却液的冰点满足要求，避免低温冻裂风险，一般需要在入冬前对装机冷却液进行冰点检测。手持式冰点仪体积小巧、操作简便，可作为雷达随机仪表配备使用。

颗粒计数器一般无法满足军用装备环境适应性要求，且较为昂贵，因此冷却液洁净度的测试一般不在现场完成，而多采用对装机冷却液取样后送检分析的方式进行外部测试。雷达常用的冷却液为乙二醇水溶液，颗粒计数器选型时应选择适用该介质的型号，并优先选择具备存储和打印功能的，方便记录和传输检测数据。

2. 测试接口设计

冷却液的冰点测试和洁净度测试，均需要在系统中取样后进行，因此需要在系统中明确冷却液取样口，一般可将液冷放液口兼作取样口。应多点取样，取样点涵盖冷却液流动循环和相对静置区域（如冗余备份的散热单元等），并且应采用洁净容器盛放，避免影响测试结果。

第 10 章
数字电路模块的测试性设计

数字电路在雷达系统中有着广泛的应用。数字电路模块的测试性设计不仅为信号处理等分系统机内测试功能的实现提供必要条件，也为数字电路模块在生产和维修中的快速故障定位提供必要的测试条件。

边界扫描测试技术是应用于数字电路模块故障检测和故障隔离的主要手段之一。边界扫描测试能够实现 CPU、FPGA、存储器等芯片测试及芯片之间的互连测试。关于边界扫描测试技术的详细内容请参见本书第 11 章。

运行于数字电路模块的软件一般由硬件驱动软件、操作系统软件和应用软件组成。硬件驱动软件提供外部接口硬件驱动功能，操作系统提供处理器资源管理、存储管理、设备管理和任务调度等功能，应用软件为面向具体应用软件。关于软件测试性设计，请参见本书第 14 章。

本章介绍数字电路模块的故障模式分析、测试性需求分析、测试性设计准则、BIT 设计、BIT 信息采集、测试点和观测点设计、外部测试设计等。

10.1 概述

10.1.1 组成和原理

数字电路模块一般由 CPU、FPGA、DDR、Flash、高速总线交换芯片、光电收发组件、DC-DC 电源模块等芯片和组件组成，其中 CPU 芯片提供计算、处理功能，FPGA 提供 CPU 芯片之间的高速通信及对外接口等，DC-DC 电源模块为其他芯片提供多种直流电源。

图 10-1 为含 CPU 的数字电路模块示例，用于高速计算和处理，包含 4 个 CPU 芯片，CPU 芯片之间通过 FPGA 实现高速通信，CPU 通过 SRIO、PCIE、千兆网等高速总线交换芯片实现与背板总线通信。

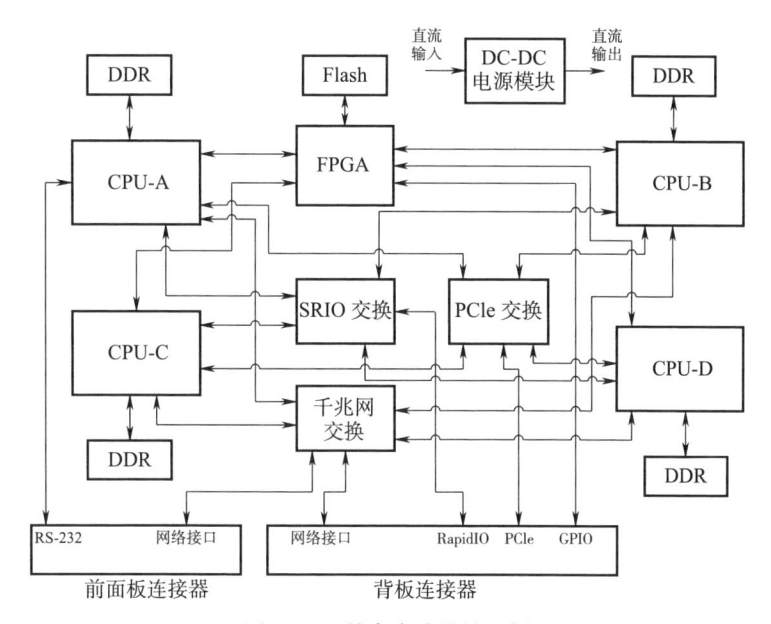

图 10–1 数字电路模块示例

10.1.2 技术指标

数字电路模块一般包括下列技术指标。

1. CPU 处理器

处理器型号、主频；

2. 存储器

（1）DDR 存储器的容量大小、读写速率；

（2）Flash 存储器的容量大小、读写速率；

（3）EEPROM 存储器的容量大小、读写速率。

3. 内部接口

总线类型、接口数量、数据传输速率。

4. 外部接口

（1）电接口：接口类型、接口数量、数据传输速率；电接口类型包括 SRIO 高速总线接口、网络接口、USB 接口、RS232、RS485 等总线接口及其他接口。

（2）光接口：接口类型、接口数量、数据传输速率。

5. 测试接口

用于模块测试、数据下载的通信接口等。

6. 供电电源

电压、电流、电压纹波等指标。

10.2 故障模式分析

数字电路模块的故障模式包括硬件故障模式和软件故障模式。本章仅介绍硬件故障模式分析方法,关于软件故障模式分析,请参见本书第 14 章。

1. 故障模式分析应遵循的原则

1)完整原则

故障模式分析应覆盖数字电路模块的各类元器件故障,包括电源模块故障、CPU 芯片故障、FPGA 芯片故障、存储芯片故障、内部接口芯片故障、外部接口芯片故障、光电接口模块故障、时序电路芯片故障、PCB 故障、连接器故障、电阻故障、电容故障和电感故障等。

2)细化原则

对于存在多路输出接口的模块或芯片,故障模式分析应细化到每一路接口。例如,对于具有多路输出的电源模块,故障模式分析应细化每一路输出(5 V 输出、3.3 V 输出等)。对于具有多路输出的 SRIO 总线交换芯片,故障模式分析应细化每一路 SRIO 总线。对于具有多路接口的千兆网络芯片,故障模式应细化每一路千兆网络接口。

3)准确原则

用具体参数描述性能故障模式,例如数据传输误码率。

2. 硬件故障模式分析示例

数字电路模块硬件故障可以分为元器件故障和互连故障。元器件故障包括:芯片功能失效、芯片接口故障、芯片性能下降、电阻故障、电容故障、电感故障、连接器故障等。互连故障是指元器件之间的电连接故障和光连接故障。

以图 10-1 数字电路模块为示例,对数字电路模块故障模式进行分析。故障模式分析示例见表 10-1,表中仅列出了部分故障模式。

表 10-1 数字电路模块故障模式分析示例

序号	元器件名称	故障模式名称	故障代码
1	DC-DC 电源模块	无输出电压	F0101
2		5 V 输出电压超过门限值	F0102
3		5 V 输出电压纹波高于指标值	F0103
4		……	

续 表

序号	元器件名称	故障模式名称	故障代码
5	CPU-A 芯片	不能复位	F0201
6		DDR 存储器读故障	F0202
7		DDR 存储器写故障	F0203
8		与 FPGA 芯片接口不通	F0204
9		与 SRIO 交换芯片接口不通	F0205
10		与千兆网交换芯片接口不通	F0206
11		……	
12	FPGA 芯片	FPGA 程序加载失败	F0301
13		芯片温度高于指标值	F0302
14		与 CPU-A 芯片接口不通	F0303
15		与 CPU-B 芯片接口不通	F0304
16		与 CPU-C 芯片接口不通	F0305
17		与 CPU-D 芯片接口不通	F0306
18		……	
19	DDR 存储器 A	读写故障	F0401
20	Flash 存储器	读写故障	F0501
21	SRIO 交换芯片	与 CPU-A 芯片接口不通	F0601
22		与 CPU-B 芯片接口不通	F0602
23		与背板连接器 RapidIO 接口不通	F0603
24		与背板连接器 RapidIO 接口误码率高于指标值	F0604
25		……	
26	千兆网交换芯片	与 CPU-A 芯片接口不通	F0701
27		与 CPU-B 芯片接口不通	F0702
28		与背板连接器网络接口不通	F0703
29		与前面板连接器网络接口不通	F0704
30		……	

续 表

序号	元器件名称	故障模式名称	故障代码
31	PCB	与 CPU-A 芯片连接开路	F0801
32		与 FPGA 芯片连接开路	F0802
33		与 DDR 存储器连接开路	F0803
34		……	

注：表中的故障代码是为模块的每个故障模式设定的唯一编码，F 后面前两位代码是元器件代码，后两位代码是故障模式的序列号，全部用十六进制表示。

10.3 测试性需求分析

数字电路模块测试性需求分析目的是通过故障检测需求分析得到机内测试项目、外部测试项目、状态指示灯等要求，为 BIT 设计、外部设计、测试点设计等提供设计输入。

数字电路模块测试性需求分析的主要输入信息包括：
（1）数字电路模块的功能、性能指标要求；
（2）数字电路模块的功能框图和电路图；
（3）数字电路模块的故障模式分析报告；
（4）数字电路模块的测试性要求；
（5）分系统分配给模块的测试性要求。

数字电路模块测试性需求分析的输出包括：
（1）机内测试设计要求；
（2）内外协同测试要求；
（3）外部测试设计要求；
（4）状态指示灯的设计需求。

10.3.1 故障检测和故障隔离需求分析

依据模块 FMECA 报告，对所有故障开展故障检测和隔离需求分析，以确定每个故障的检测方式和故障隔离模糊组大小。通过故障检测和隔离需求分析，把模块的测试性定量指标要求（故障检测率和故障隔离率）分配到每个故障。

在完成故障检测和隔离要求分配后，通过对分析表格中的数据进行统计分析可以得到不同检测方式的故障检测率、BIT 的故障检测率、外部测试的故障检测率及不同大小模糊组的故障隔离率。

将统计分析得到的测试性指标预计值与指标要求值进行对比分析，如果预计值不满足定量指标要求，则需要对故障检测方式和故障隔离模糊组要求进行调整优化，直到满足要求为止。

硬件故障的检测和隔离需求分析输出是每个故障的检测方式要求和故障隔离模糊组要求。

1. 故障检测需求分析方法

故障检测需求分析的目的是把数字电路模块的故障检测率要求分配到每个故障，针对每个故障合理选择故障检测方式。

硬件故障检测方式包括机内测试（加电 BIT、周期 BIT 和启动 BIT）、内外协同测试、外部测试和状态指示灯等，需要结合故障特点合理选择故障检测方式。对于故障率高的故障，应优先采用机内测试方式检测。

1）机内测试

加电 BIT 用于模块加电时的故障检测，检测的典型故障包括程序加载失败、通信接口不通等。程序加载失败是模块硬件故障导致的 CPU 程序加载失败或 FPGA 程序加载失败。

周期 BIT 用于数字电路模块正常工作期间的故障检测。检测的典型故障包括光链路无输出信号、芯片温度超过指标值、电源模块输出电压超过正常范围、电源模块温度高于指标值等。

启动 BIT 适用于大多数故障的检测，包括周期 BIT 可检测的故障，检测的典型故障包括通信接口不通等故障。

2）内外协同测试

内外协同测试用于通信接口误码率高于指标值等故障的检测，这些故障的检测需要使用外部测试仪器。外部测试仪器与机内测试资源融合在一起，具有自动测试能力。

3）外部测试

外部测试用于电压纹波高于指标值等故障的检测，外部测试也可用于通信接口误码率高于指标值等故障的检测。

4）状态指示灯

状态指示灯一般用于通信接口不通、程序加载失败等故障的指示。

硬件故障检测需求分析采用表格，其格式和填写方法见测试性需求分析示例，通过表格数据的统计分析可以验证故障检测率的需求分配是否能满足指标要求。

2. 故障隔离需求分析方法

故障隔离需求分析的目的是把模块的故障隔离要求分配到每个故障，并针对每个故障的故障隔离难度合理选择故障隔离模糊组的大小。模块的故障隔离目标是将故障隔离到元器件，即车间可更换单元（SRU）。故障隔离模糊组的 SRU 数量一般是 1~3 个，对于部分故障，模糊组的大小可能大于 3 个 SRU。

在进行故障隔离需求分析之前，需要了解数字电路模块的组成、原理和接口关系。

需求分析方法如下。

1）DC-DC 电源模块的故障隔离需求分析

DC-DC 电源模块的工作状态监测对于故障隔离有重要作用，因此需要把无输出电压、输出电压超过门限值等故障隔离到 1 个 SRU。

2）CPU 芯片的故障隔离需求分析

CPU 不能复位故障可以通过 BIT 隔离到 1 个 SRU；DDR 存储器读写故障可以通过 BIT 隔离到 2 个 SRU；与 FPGA 芯片接口不通、与 SRIO 交换芯片接口不通、与千兆网交换芯片接口不通等故障可以通过 BIT 隔离到 2 个或 3 个 SRU。

3）FPGA 芯片的故障隔离需求分析

FPGA 温度高于指标值故障可以通过 BIT 隔离到 1 个 SRU；FPGA 程序加载失败、与 CPU 芯片接口不通故障可以通过 BIT 隔离到 2 个或 3 个 SRU。

4）存储器的故障隔离需求分析

DDR 存储器读写故障、Flash 存储器读写故障可以通过 BIT 隔离到 2 个 SRU。

5）SRIO 交换芯片的故障隔离需求分析

与 CPU-A 芯片接口不通、与 CPU-B 芯片接口不通、与背板连接器 RapidIO 接口不通等故障可以通过 BIT 隔离到 2 个 SRU。

6）千兆网交换芯片的故障隔离需求分析

与 CPU-A 芯片接口不通、与 CPU-B 芯片接口不通、与背板连接器网络接口不通、与前面板连接器网络接口不通等故障可以通过 BIT 隔离到 2 个 SRU。

7）PCB 的故障隔离需求分析

与 CPU-A 芯片连接开路、与 FPGA 芯片连接开路、与 DDR 存储器连接开路等故障可以通过边界扫描测试隔离到 2 个 SRU。

硬件故障隔离需求分析可以用表格，其格式和填写方法见测试性需求分析示例。通过表格数据的统计分析可以验证故障隔离率的需求分配是否满足指标要求。

3. 测试性需求分析示例

以图 10-1 所示的数字电路模块为示例，对模块进行故障检测和故障隔离需求分析，故障模式来自表 10-1。

模块的 BIT 定量指标要求为：故障检测率 ≥ 95%，故障隔离率 ≥ 95%（隔离到不大于 3 个 SRU)。

需求分析步骤如下。

(1) 故障检测需求分析：按照前述方法开展故障检测需求分析，针对每个故障，选择故障检测方式，首先选择机内测试、内外协同测试或外部测试，对于机内测试，进一步确定 BIT 类型。

(2) 故障隔离需求分析：按照前述方法开展故障隔离需求分析，针对每个故障的特点，合理选择故障隔离模糊组大小。

(3) 评估故障检测率：汇总不同检测方式的可检测的故障率，用可检测故障率除以总故障率得到故障检测率。

(4) 评估故障隔离率：汇总不同大小模糊组的可隔离的故障率，用可隔离的故障率除以可检测故障率总和得到故障隔离率。

(5) 如果故障检测率和故障隔离率的评估结果不满足模块的测试性指标要求，则需要重新调整故障检测和故障隔离需求的分配方案。

分析结果见表 10-2，表中各栏填写要求如下。

(1) 元器件名称：填写集成电路芯片、电源模块等元器件名称。

(2) 故障模式：填写各元器件对应的故障模式。

(3) 故障代码：填写故障模式对应的代码，该代码已在故障模式分析的时候定义。

(4) 元器件故障率：填写各元器件故障率。

(5) 故障模式频数比：为单个故障的故障率与元器件的故障率之比。

(6) 故障模式故障率：为单个故障模式的频数比与元器件的故障率之积。

(7) 故障检测需求：包括加电 BIT、周期 BIT、启动 BIT、内外协同测试、外部测试和状态指示灯等故障检测方式。将不同测试方式可检测故障的故障率填写到对应的列中，对于不能检测的故障，在对应的栏目填写 "0"。

(8) BIT 故障隔离需求：填写不同大小模糊组的 BIT 可检测故障的故障率，只能选择其中一列填写故障率，其他两列填写 "0"。

(9) 表中的故障率单位为 $10^{-7}/h$。

故障检测率为三种类型 BIT (加电 BIT、周期 BIT 和启动 BIT) 可检测故障的故障率与总故障率之比。

10.3.2 机内测试项目需求分析

机内测试项目需求分析的目的是针对为每个故障分配的 BIT 故障检测和隔离需求，确定用于故障检测和隔离的 BIT 项目，为机内测试设计提供依据。

测试项目需求分析依赖的主要输入信息是故障检测和隔离需求分析的输出，测试项目需求分析的输出是机内测试项目清单。

表 10-2 数字电路模块故障检测和隔离需求分析示例

(故障率单位：10^{-7}/h)

元器件名称	故障模式	故障代码	元器件故障率	故障模式频数比	故障模式故障率	加电BIT	周期BIT	启动BIT	内外协同测试	外部测试	状态指示灯	隔离到1个SRU	隔离到2个SRU	隔离到3个SRU
DC-DC电源模块	无输出电压	F0101	2	0.5	1	1	1	1	0	0	1	1	0	0
	5 V 输出电压超过门限值	F0102		0.1	0.2	0.2	0.2	0.2	0	0	0.2	0.2	0	0
	5 V 输出电压纹波高于指标值	F0103		0.1	0.2	0	0	0	0	0.2	0	0	0	0
	…	…												
CPU-A芯片	不能复位	F0201	1	0.1	0.1	0.1	0	0	0	0	0.1	0.1	0	0
	DDR 存储器读故障	F0202		0.1	0.1	0.1	0	0.1	0	0	0	0	0.1	0
	DDR 存储器写故障	F0203		0.1	0.1	0.1	0	0.1	0	0	0	0	0.1	0
	与 FPGA 芯片接口不通	F0204		0.1	0.1	0.1	0	0.1	0	0	0	0	0.1	0
	与 SRIO 交换芯片接口不通	F0205		0.1	0.1	0.1	0	0.1	0	0	0	0	0.1	0
	与千兆网交换芯片接口不通	F0206		0.1	0.1	0.1	0	0.1	0	0	0	0	0.1	0
	…	…												
FPGA芯片	FPGA 程序加载失败	F0301	1	0.1	0.1	0.1	0	0	0	0	0.1	0.1	0	0
	芯片温度高于指标值	F0302		0.1	0.1	0.1	0.1	0.1	0	0	0	0.1	0.1	0
	与 CPU-A 芯片接口不通	F0303		0.1	0.1	0.1	0	0.1	0	0	0	0	0.1	0
	…	…												

续 表

元器件名称	故障模式	故障代码	元器件故障率	故障模式频数比	故障模式故障率	故障检测需求					BIT 故障隔离需求		
						加电BIT	周期BIT	启动BIT	内外协同测试	外部测试	状态指示灯	隔离到1个SRU	隔离到2个SRU	隔离到3个SRU
DDR存储器A	读写故障	F0401	1	1	1	1	0	1	0	0	0	0	1	0
Flash存储器	读写故障	F0501	1	1	1	1	0	1	0	0	0	0	1	0
SRIO交换芯片	与CPU-A芯片接口不通	F0601		0.2	0.2	0.2	0	0.2	0	0	0	0	0.2	0
	与背板连接器RapidIO接口不通	F0603	1	0.1	0.1	0.1	0	0.1	0	0.1	0	0	0.1	0
	与背板连接器RapidIO接口误码率高于指标值	F0604		0.1	0.1	0	0	0	0	0	0	0	0	0
	…	…												
千兆网交换芯片	与CPU-A芯片接口不通	F0701		0.2	0.2	0.2	0	0.2	0	0	0	0	0.2	0
	与背板连接器网络接口不通	F0703	1	0.1	0.1	0.1	0	0.1	0	0	0	0	0.1	0
	…	…												
PCB	CPU与存储器的互连不通	F0801		0.1	0.1	0.1	0	0.1	0	0	0	0	0.1	0
	SRIO交换芯片与背板连接器的互连不通	F0802	1	0.1	0.1	0.1	0	0.1	0	0	0	0	0.1	0
	…	…												

注：表中的故障率不是产品的真实故障率，仅用于示例说明。

分析步骤如下：

1）分析电源模块的测试需求

确定电源模块的 BIT 项目及适用的 BIT 类型，建立测试项目与可检测故障之间的映射关系。

2）分析存储器的测试需求

确定存储器的 BIT 项目及适用的 BIT 类型，建立测试项目与可检测故障之间的映射关系。

3）分析各类芯片接口测试需求

确定芯片接口的 BIT 项目及适用的 BIT 类型，建立测试项目与可检测故障之间的映射关系。

4）分析 PCB 互连测试需求

确定 PCB 互连的 BIT 项目及适用的 BIT 类型，建立测试项目与可检测故障之间的映射关系。

5）分析其他测试需求

在上述分析的基础上，填写机内测试项目需求分析表。表 10-3 是模块的机内测试项目需求示例，表中的故障模式与表 10-2 对应。

表 10-3　机内测试项目需求分析示例

序号	测试项目	测试项目代码	加电 BIT	周期 BIT	启动 BIT	故障名称	故障代码
1	电源模块测试						
1.1	5 V 输出电压	T0101	○	○	○	无输出电压、5 V 输出电压超过门限值	F0102 F0103
2	存储器测试						
2.1	DDR 读写测试	T0201	○	—	○	读写故障	F0401
2.2	Flash 读写测试	T0202	○	—	○	读写故障	F0501
3	FPGA 芯片接口测试						
3.1	与 CPU 的接口测试	T0301	○	○	○	与 CPU-A 芯片接口不通	F0303
3.2	…						
4	SRIO 交换芯片接口测试						
4.1	与 CPU 的接口测试	T0401	○	—	○	与 CPU-A 芯片接口不通	F0601

续 表

序号	测试项目	测试项目代码	BIT 类型			可检测的故障	
			加电BIT	周期BIT	启动BIT	故障名称	故障代码
4.2	与背板连接器的接口测试	T0402	○	—	○	与背板连接器RapidIO 接口不通	F0603
5	千兆网交换芯片接口测试							
5.1	与 CPU 的接口测试	T0501	○	—	○	与 CPU-A 芯片接口不通	F0701
5.2	与背板连接器的接口测试	T0502	○	—	○	与背板连接器网络接口不通	F0703
6	PCB 的互连测试							
6.1	CPU 与存储器的互连测试	T0601	—	—	○	CPU 与存储器的互连不通	F0801
6.2	SRIO 交换芯片与背板连接器的互连测试	T0602	—	—	○	SRIO 交换芯片与背板连接器的互连不通	F0802
	...							

注：表中的测试代码是为模块的每个测试项目设定的唯一编码，T 后面前两位代码是测试类别代码，后两位代码是某个类别的测试项目序列号，用十六进制表示。表中"—"表示不可测，"○"表示可测。

10.4 测试性设计准则

10.4.1 机内测试设计准则

设计准则如下：

（1）数字电路模块（以下简称模块）机内测试设计的主要测试手段是 CPU 自测试和边界扫描测试，应充分利用这两种测试手段实现故障检测和故障隔离；

（2）应根据测试性需求分析得到的机内测试项目开展加电 BIT、周期 BIT 和启动 BIT 的设计；

（3）优先利用模块自带的 CPU 芯片和嵌入 CPU 功能的 FPGA 芯片运行自测试程序，必要时，可以增加测试专用芯片；

（4）CPU 自测试项目包括 CPU 初始化测试、CPU 外部接口芯片的初始化测试、CPU 功能测试、CPU 的外部存储器测试、CPU 与其他芯片的内部通信接口测试等；

（5）模块应提供外部接口测试程序，该程序支持多个模块的外部接口协同测试；

（6）模块应为上一级分系统的机内测试设计提供完整的自测试程序；

（7）模块提供用于其功能自测试的软面板，软面板运行于上位机，具有测试控制和测试结果显示功能，并能通过网络接口或其他接口进行测试控制；

（8）模块应提供边界扫描测试接口，边界扫描控制器利用该接口可以控制和访问模块上所有具有边界扫描测试功能的芯片。

10.4.2　测试点设计准则

设计准则如下：

（1）应针对每个机内测试项目和外部测试项目的测试需求，开展测试点设计，以确定被测试信号的采样点物理位置、与测试仪器（示波器、数字多用表等）的连接方式、PCB上测试焊盘的尺寸大小等；

（2）提供下列信号的测试点：电源模块的输出电压、边界扫描测试接口信号、时钟信号、FPGA程序加载完成指示信号；

（3）测试点应尽可能位于前面板上；

（4）测试点的设置应充分考虑在测试操作时的可达性；

（5）测试点应具有名称或符号；

（6）测试点应在不拆卸元器件情况下即可达到；

（7）在元器件安装面和焊接面四周及中心位置设计地桩或地孔，并有标记，地桩高度 4 mm。

10.4.3　观测点设计准则

设计准则如下：

（1）模块面板提供下列信号状态的指示灯，包括电源模块的输入电压和输出电压、CPU程序加载状态、FPGA芯片的程序加载状态、通信接口的数据传输状态和用户自定义的工作指示灯；

（2）PCB提供关键信号状态的指示灯，如时钟信号、通信信号灯。

10.4.4　元器件选择原则

由于元器件自身的可测试性对模块测试性设计有重要影响，因此在选择元器件时，应优先选用具有自测试功能的芯片或组件。

选择原则如下：

（1）优先选用具有边界扫描测试功能的集成电路芯片；

（2）对于具有高速接口的集成电路，优先选用支持高速差分边界扫描标准的芯片；

（3）优先选用具有温度检测和电源电压检测功能的 FPGA 芯片；

（4）优先选用具有电压检测功能的电源模块；

（5）优先选用具有光功率检测功能的光模块。

10.4.5 外部测试设计准则

设计准则如下：

（1）应根据测试性需求分析确定外部测试项目；

（2）应针对外部测试项目，提出测试资源需求；

（3）模块应为连接外部测试设备提供适当的测试接口。

10.5 BIT 设计

机内测试设计的输入要求来自机内测试项目需求分析，应根据每个测试项目的机内测试需求逐一开展设计。本节结合示例介绍数字电路模块的机内测试原理。

10.5.1 FPGA 芯片接口测试

被测电路来自图 10-1 所示的数字电路模块，FPGA 芯片用于 4 个 CPU 芯片之间的数据交换，测试原理框图见图 10-2。

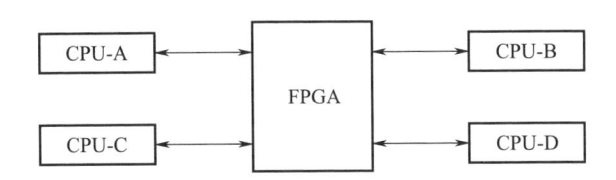

图 10-2 FPGA 芯片接口测试原理框图

图 10-2 中任意两个 CPU 之间均可以进行数据交换。测试子项目包括：CPU-A 和其他 3 片 CPU 的接口测试、CPU-B 和其他 3 片 CPU 的接口测试、CPU-C 和其他 3 片 CPU 的接口测试、CPU-D 和其他 3 片 CPU 的接口测试，每个 CPU 都有机内测试程序，测试结果通过网络接口或其他接口传送到模块插箱中的系统管理模块。

FPGA 芯片接口测试一般采用加电 BIT 和启动 BIT 的测试方式：当采用加电 BIT 时，测试时间应满足系统初始化时间的限制要求；在启动 BIT 的测试方式下，测试和健康管理分系统可以选择关注的测试项目进行测试。

10.5.2　SRIO 交换芯片接口测试

SRIO 交换芯片接口测试采用机内协同测试方法，该方法利用模块之间的协同测试实现模块的背板接口测试。

被测电路来自图 10-1 的数字电路模块，SRIO 交换芯片用于将 4 个 CPU 芯片的 SRIO 接口连接到背板连接器。

测试原理框图见图 10-3。图中的模块 B 和模块 C 用于配合被测模块的 SRIO 接口测试。其中，被测模块的 CPU-A 和 CPU-B 的 SRIO 接口与模块 B 的 SRIO 接口连接，被测模块的 CPU-C 和 CPU-D 的 SRIO 接口与模块 C 的 SRIO 接口连接，被测模块、模块 B 和模块 C 位于同一模块插箱。当背板连接器的 SRIO 接口与多个模块连接时，需要多个与之连接的模块配合测试。

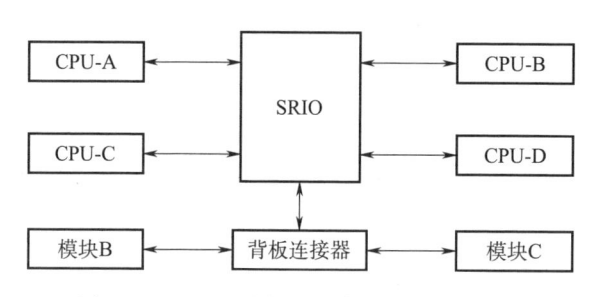

图 10-3　SRIO 交换芯片接口测试原理框图

测试子项目包括：CPU-A 与模块 B 之间的 SRIO 接口测试、CPU-B 与模块 B 之间的 SRIO 接口测试、CPU-C 与模块 C 之间的 SRIO 接口测试、CPU-D 与模块 C 之间的 SRIO 接口测试。SRIO 交换芯片接口测试可采用加电 BIT、周期 BIT 和启动 BIT 的测试方式。测试结果通过网络接口或其他接口传送到模块插箱中的系统管理模块。

10.5.3　PCB 的互连测试

PCB 的互连测试采用基于边界扫描测试方法，该方法基于集成电路芯片的边界扫描测试接口对芯片引脚互连功能进行测试，可以检测开路和短路故障，并具有存储器的测试能力。

使用前面介绍的两种测试方法的前提条件是 CPU 可以执行测试程序，但是边界扫描测试方法不受该条件限制，只要边界扫描测试链路是正常的，就可以使用该方法。

采用边界扫描测试方法的前提条件包括：被测芯片支持边界扫描测试标准、被测芯片按照边界扫描测试要求进行测试接口连接、具有边界扫描测试控制器和边界扫描测试软件。

被测电路来自图 10-1 所示的数字电路模块。该模块上的 CPU 芯片、FPGA 芯片和 SRIO 交换芯片均支持边界扫描测试标准，并按照边界扫描测试要求进行了测试接口连接。

基于边界扫描测试的 PCB 互连测试原理框图见图 10-4。CPU、FPGA 和 SRIO 交换等三类芯片被连接成三个边界扫描测试链路，它们通过边界扫描测试路由器连接到边界扫描测试控制器。测试和健康管理分系统可以控制边界扫描测试控制器，并获取边界扫描测试结果。

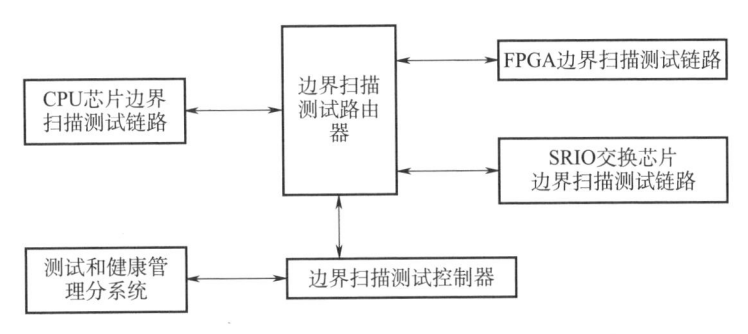

图 10-4 基于边界扫描测试的 PCB 互连测试原理框图

边界扫描控制器负责产生边界扫描测试信号和解析边界扫描测试结果。每个模块插箱配置一个边界扫描控制器，该控制器可以控制插箱中每一个数字电路模块的边界扫描测试，边界扫描测试采用启动 BIT 的工作方式。

10.5.4 电压、温度和状态信号测试

根据机内测试项目需求分析，数字电路模块上的电源模块电压和芯片温度是需要进行机内测试的模拟信号，此外，CPU 芯片的复位信号、FPGA 程序加载状态等数字信号也需要进行机内测试。有些电源模块和芯片具有电压和温度的自测试功能，当电源模块和芯片不具有自测试功能时，则可采用专用测试芯片完成模拟信号的测试。

基于 BMC 监测芯片的电压、温度和状态信号测试原理框图见图 10-5。图中的 BMC 监测芯片为模块专用测试芯片，芯片功能包括模拟信号检测、数字信号检测和控制信号输出。当模块出现电源故障和高温故障时，能快速对模块断电，防止模块损坏。

被检测的模拟信号包括电源电压、芯片温度，被检测的数字信号包括 CPU 芯片的复位状态、FPGA 程序加载状态等。模拟信号输入 BMC 芯片的模拟信号输入接口，数字信号输入 BMC 芯片的数字信号输入接口。

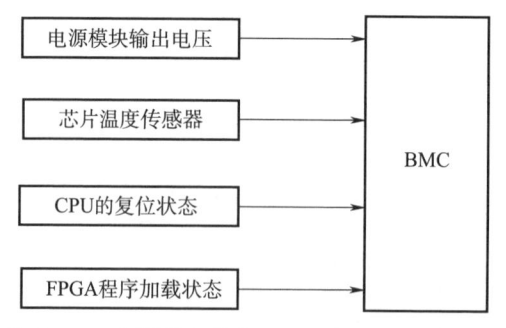

图 10-5 基于 BMC 监测芯片的电压、温度和状态信号测试原理框图

BMC 芯片采用独立直流电源，与 CPU 和 FPGA 等芯片不使用同一个直流电源。温度信号的检测需要使用温度传感器，部分芯片自带温度传感器。BMC 芯片的主要指标如下。

（1）处理器和存储器：内嵌 ARM 核处理器、内嵌 Flash 和 SRAM。
（2）通信接口：以太网、I^{2}C 接口、SPI 接口。
（3）多路模拟信号输入通道。
（4）多路数字信号输入通道。

10.6 BIT 信息采集

数字电路模块的机内测试通过多种测试手段实现，其测试结果通过多种方式上报到测试和健康分系统处理。模块 BIT 信息采集原理框图见图 10-6。

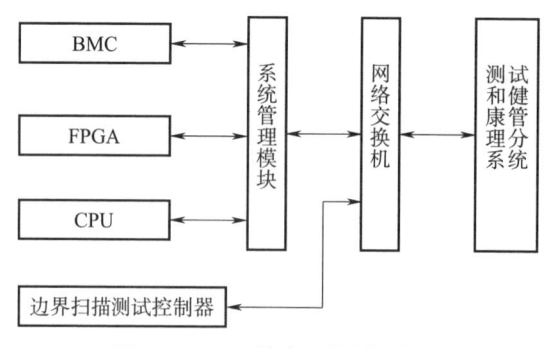

图 10-6 BIT 信息采集原理框图

通过插箱背板监测总线，将模块的 BMC 监测芯片、FPGA、CPU 等测试结果送到系统管理模块，汇总后的测试结果通过网络送至测试和健康管理分系统。边界扫描测试结果通过网络直接送至测试和健康管理分系统。

此外，模块软硬件版本、生产批次、通电时长和物理位置（模块在插箱的槽位号）等信息也需要上报给测试和健康管理分系统。

10.7　测试点和观测点设计

10.7.1　测试点设计

测试点设计的目的是为模块机内测试和外部测试提供测试信号的采集点位置，确定外部测试仪器与测试点的接口方式等测试要求。

模块测试点设计应遵守模块测试点设计准则，此外，机内测试和外部测试的测试点设计应满足下列要求：

（1）提供外部边界扫描测试设备的测试接口；

（2）应在边界扫描链路上设置测试接口，以便用示波器观测边界扫描测试的控制信号、输入数据和输出数据；

（3）为模块输出的高速数字信号提供测试接口，该接口用于高速示波器的探头连接，以测试高速信号的完整性；

（4）为模块内部时钟信号提供测试接口，该接口用于高速示波器的探头连接，以测试时序信号的时序关系。

10.7.2　观测点设计

观测点设计的输入要求来自故障检测和故障隔离需求分析的状态指示灯需求。指示灯一般用于电源模块无输出、通信接口不通、程序加载失败等故障的检测。观测点的位置一般设置在模块面板上，应按照观测点设计准则开展观测点设计。

10.8　外部测试设计

数字电路模块的外部测试设计需求来自测试性需求分析。外部测试需求主要包括高速数字信号的完整性测试、数据传输误码率测试、电源纹波测试、光模块输出功率的精确测试等。

外部测试依赖的测试资源包括示波器、误码率测试仪、任意波形发生器、光功率计等。外部测试设计的主要内容包括测试仪器选型、外部测试接口设计和指标测试方法。数字电路模块的外部测试接口设计的主要内容是外部测试点设计，需要按照外部测试点的设计准则和要求开展外部测试点设计。

本节重点介绍测试仪器选型和高速数字信号的完整性测试方法。关于高速数字电路模块的测试方法，请参考相关资料。

10.8.1 测试仪器选型

1. 示波器

高性能示波器用于高速数字信号的完整性测试，应具有抖动和眼图分析能力，主要指标包括实时采样率、带宽、存储深度、触发功能、串行解码功能等。用于电源纹波测试的示波器应具有较强的低频电压纹波测试能力。

1）实时采样率、带宽

实时采样率和带宽决定了可分析的数字信号最高数据率，选择方法可参考 2.9.2 节内容（测试仪器选型）。

2）触发功能的选择要求

具有多种触发方式、支持长码型触发，满足复杂故障的快速定位要求。

3）串行解码功能要求

具有把串行数据波形分解为测试人员容易理解的二进制、十六进制或 ASCI 协议信息，支持多种串行总线标准，支持低速串行协议（I^2C、SPI、UART-RS232、CAN）触发。

2. 误码率测试仪

误码率是评价高速信号接收性能的重要指标之一，测试该指标需要使用误码测试仪。误码测试仪的主要功能如下：

（1）产生抖动非常小、波形非常好的信号；

（2）接收性能测试；

（3）测量误码率；

（4）具备多种抖动产生能力，如正弦波抖动 SJ、周期性抖动 PJ、码间干扰抖动 ISI、随机抖动 RJ；

（5）具有快速眼图和模板测试功能；

（6）码型捕获；

（7）抖动容限（容忍度）测试。

3. 任意波形发生器

产生幅度可变、抖动参数可变、上升和下降时间可变的测试信号，用于数字电路模块的高速信号接收接口的幅度灵敏度测试。

10.8.2 高速信号的完整性测试

信号完整是指信号无损害，完整性好的数字信号应有干净的、快速的上升沿、稳定和有效的逻辑电平、极小的时间偏差和抖动。

典型的信号完整性问题如下。

（1）幅度问题：包括振铃、跌落和欠幅。

（2）上升沿畸变：包括过冲、振铃、变慢。

（3）反射：信号在阻抗失配的地方因信号反射而引起幅度变化。

（4）地弹：由于芯片的电流过大或地层阻抗过大，引起地层电压波动。

（5）串扰：由于互感或互容的存在，一条导线上传输的信号能量耦合到相邻导线上所引起的干扰。

（6）抖动：信号的实际边沿与理想边沿的时间差。产生抖动的主要原因：噪声、串扰和时间不稳定性。

眼图是一种快速鉴定信号完整性的捷径，可以在单一窗口中显示所有的信号边沿，看上去类似于眼睛观察到的结果。抖动引起横向模糊，噪声引起垂直模糊。眼图是用统计的方法描述信号的完整性，是测量高速信号的主要方法，眼图测试是高速数字信号的统计域测量手段。

数字信号抖动参数包括平均值、标准偏差、最大值、最小值、峰峰值。用于描述抖动的图形包括抖动眼图和直方图，直方图可以较准确地描述测量值的概率密度函数。

抖动容限、抖动频谱、总线接收器的灵敏度、眼图、误码率等指标是高速数字电路模块的常见测试项目。

图10-7是高速数字电路接收端口的信号完整性测试原理框图。其中，被测单元为高速数字电路模块。测试项目包括：接收端口的幅度灵敏度、抖动、眼图、上升时间和下降时间。

图 10-7 高速数字电路接收端口的信号完整性测试原理框图

任意波形发生器产生幅度可变、抖动参数可变、上升和下降时间可变的测试信号。当测试幅度灵敏度时，将任意波形发生器的输出信号幅度设置为接收端口的灵敏度要求指标。当测试信号抖动参数时，需要调整任意波形发生器的输出信号抖动参数。

示波器的探头连接到接收端口的输出端，用于测试接收信号的眼图和抖动参数。

第 11 章
基于边界扫描测试的测试性设计

11.1 概述

11.1.1 发展背景

1985年，Philips、Siemens等公司为了解决超大规模集成电路的测试问题，成立了欧洲联合测试行动组织（Joint European Test Action Group，JETAG），提出了边界扫描测试技术。通过在芯片引脚与内核电路之间设置的测试电路对芯片进行测试，提高了芯片的可控性和可观测性，为复杂数字电路提供了新的测试手段。后来，由于其他地区的一些公司的加入，JETAG改名为JTAG。1990年，电气电子工程师学会（Institute of Electrical and Electronics Engineers，IEEE）发布了边界扫描测试标准，标准号为IEEE 1149.1（最新版本为IEEE 1149.1—2013）。同年，提出了边界扫描描述语言（boundary scan description language，BSDL）标准，后来成为IEEE 1149.1b标准的一部分。边界扫描测试标准已得到众多集成电路制造商的支持。

11.1.2 边界扫描测试标准

1. IEEE 1149.1 标准

IEEE 1149.1标准规定了基于边界扫描测试的集成电路可测性设计要求。通过在集成电路芯片内部设置测试寄存器实现电路的可测试性功能。基于IEEE 1149.1标准的边界扫描芯片结构如图11-1所示。

IEEE 1149.1标准将硬件单元分成四类：测试访问端口（test access port，TAP）、指令寄存器（instruction register，IR）、数据寄存器（data register，DR）组和TAP控制器。

测试存取端口是内外交互的接口，即通常用作编程使用的JTAG接口。指令寄存器和数据寄存器用来控制和完成相关的边界扫描测试操作，其工作状态由TAP控制器负责控制。TAP控制器用于产生工作时序信号，能通过测试存取端口接收控制信号。

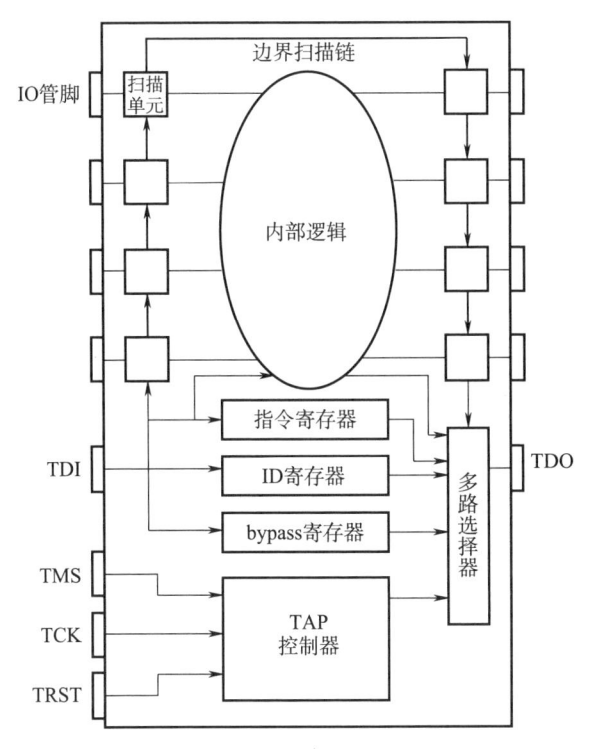

图 11-1 基于 IEEE 1149.1 的边界扫描芯片结构

1）测试存取端口

测试存取接口包括 5 个集成电路引脚，其中，4 个是强制引脚，即测试数据输入（test data in，TDI）、测试数据输出（test data out，TDO）、TMS、TCK；1 个是可选引脚，即测试复位（test reset，TRST）输入信号。TRST 是低电平有效的复位信号，能使测试逻辑异步复位。复位操作在 TAP 控制器的控制下完成。

TAP 接口引脚功能如下。

（1）TCK：测试时钟信号，边界扫描各项测试操作均是以 TCK 为时钟进行同步控制。

（2）TMS：测试模式选择输入信号，通过 TAP 控制器解析，产生相应的控制信号。

（3）TDI：测试数据输入信号，测试数据和指令信息可通过 TDI 串行输入边界扫描芯片。

（4）TDO：测试数据输出信号，测试数据通过 TDO 输出。

（5）TRST：测试复位输入信号，当逻辑"0"输入 TRST 时，边界扫描逻辑强制复位。

2）指令寄存器

指令寄存器由串行移位寄存器和并行锁存器组成，其长度由芯片的边界扫描测试指令长度决定，不同芯片厂商的芯片指令长度不同。指令寄存器的状态由TAP控制器控制，其主要功能是根据指令信息选择相应的数据寄存器。

3）数据寄存器

数据寄存器由旁路寄存器（bypass register，BR）、边界扫描寄存器（boundary-scan register，BSR）和芯片标志寄存器（identification register，IDR）组成。芯片厂商可以根据芯片需求设置其他专用的数据寄存器。

旁路寄存器是一个只有1位的移位寄存器，用于将不需要进行边界扫描测试的芯片短路。

边界扫描寄存器由配置在内核电路和芯片引脚之间的边界扫描单元（boundary scan cell，BSC）组成。BSR负责测试数据的输入、输出、移位与锁存等边界扫描测试操作。

芯片标志寄存器是一个32位寄存器，存储芯片厂商代码、芯片型号代码和芯片版本代码，能够通过它来验证安装在电路模块上的芯片是否正确。

4）TAP控制器

TAP控制器是边界扫描测试的核心控制部分，其基本功能是为指令寄存器和数据寄存器提供时钟信号和控制信号，完成捕获、移位和更新等操作。

5）测试指令

边界扫描测试指令包括两类：一类是IEEE 1149.1规定的测试指令，另一类是芯片厂商自定义的指令。IEEE 1149.1规定的强制指令是芯片厂商必须实现和提供的，包括：旁路（BYPASS）指令、采样/预装（SAMPLE/PRELOAD）指令和外测试（EXTEST）指令。芯片厂商自定义的指令包括：芯片标志代码（IDCODE）指令、用户代码（USERCODE）指令、内测试（INTEST）指令、内建自测试（RUNBIST）指令、高阻态（HIGHZ）指令等。

2. IEEE 1149.4标准

为解决模数混合信号集成电路测试问题，IEEE组织于1999年发布了IEEE 1149.4标准（最新版本为IEEE 1149.4—2024）。IEEE 1149.4是对IEEE 1149.1的扩展，其中数字部分与IEEE 1149.1标准兼容，扩展部分主要是规定了模拟信号可测性。

支持IEEE 1149.4标准的边界扫描结构由边界扫描测试接口（TAP、ATAP）、边界扫描测试控制部件、测试总线接口电路（test bus interface circuit，TBIC）和边界扫描测试单元组成。

3. IEEE 1149.6标准

2003年，IEEE技术标准委员会颁布了IEEE 1149.6—2003（最新版本为

IEEE 1149.6—2015），该标准的主要任务是解决集成电路高速差分交流耦合信号的测试问题。IEEE 1149.6 标准兼容 IEEE 1149.1 标准的数字电路测试和 IEEE 1149.4 标准的模拟电路测试，该标准在 IEEE 1149.1 的基础上扩充了高速差分交流耦合信号的测试模式。

IEEE 1149.6 标准兼容 IEEE 1149.1 所有测试指令。为满足交流耦合的测试需要，该标准新增加两条专门用于交流测试的指令：EXTEST_PULSE 和 EXTEST_TRAIN。该指令使用与 IEEE 1149.1 相同的边界扫描寄存器的数据和控制单元，能够生成和采集交流测试信号。对于支持 IEEE 1149.6 标准的集成电路，直流耦合互连部分采用 IEEE 1149.1 标准测试指令完成边界扫描测试，交流耦合部分采用专用的交流外测试指令与测试结构完成测试。

4. IEEE 1149.7 标准

IEEE 1149.7 标准（最新版本为 IEEE 1149.7—2022）兼容了 IEEE 1149.1 的全部内容，其扩展内容包括多内核调试、电源管理等，解决了多内核和多芯片的测试与调试问题。

该标准规定了新一代 JTAG 测试接口，即 compact JTAG 接口，简称 CJTAG 接口。该接口提供了一个可扩展的功能集合，由六个层级组成，分别是 T0~T5。在 CJTAG 接口中，原 TCK、TMS、TDI 和 TDO 信号分别变为 TCKC、TMSC、TDIC 和 TDOC。

在 IEEE 1149.7 标准的 6 层模型中，T0 层为符合 IEEE 1149.1 的边界扫描结构，T1~T3 层为拓展协议单元，增加了内核调试命令和多内核同步机制，新增了四线星型结构，可以直接对单个芯片测试与调试，提高了测试效率。T4 层和 T5 层采用两线机制，分别为 TMSC 和 TCKC，这种结构易于对单个芯片进行调试。

11.1.3 边界扫描测试功能

边界扫描测试功能主要包括以下几方面。
（1）互连测试：用来测试电路模块的芯片互连是否正确。
（2）簇测试：用于非边界扫描芯片的测试。
（3）存储器测试：用于测试 Flash、DDR 等存储器的功能。

互连测试用于检测电路模块的开路、短路等故障，所有边界扫描芯片都支持互连测试。

11.1.4 边界扫描测试算法

边界扫描测试算法有经典算法、智能算法等。

1. 经典算法

经典算法包括走步"1"算法、走步"0"算法、改良计数序列算法和计数补偿算法（Wagner 算法）等。其优点是测试向量生成简单、容易编码；缺点是测试时间长、故障诊断能力差。

2. 智能算法

智能算法包括粒子群算法、遗传算法等，通过对边界扫描测试向量的优化，可减少测试向量数目和缩短测试时间。

11.1.5 边界扫描描述语言

边界扫描描述语言（BSDL）由实体、组件和组件体三个部分组成。

1. 实体

实体是 BSDL 文件的主体部分，主要描述芯片输入和输出通道的边界扫描设计参数和属性，这些参数和属性分别来自预定义的标准组件和组件体。BSDL 数据格式文件一般包含下列元素：实体描述、通用参数、逻辑通道描述、使用声明、引脚映射、扫描通道标识、指令寄存器描述、寄存器访问描述及边界寄存器描述。

2. 组件

组件用于定义专门的边界扫描单元。一般的做法是在相关的 BSDL 组件体中，设置单元描述，并在组件中定义这些结构单元的名称。

3. 组件体

组件体的用途是描述在组件中定义的边界扫描单元的功能。

11.2 边界扫描测试性设计

1. 边界扫描链路连接方式

边界扫描链路有三种连接方式：串行方式、并行方式和独立路径方式。

1）串行方式

串行方式边界扫描链路如图 11-2 所示。所有芯片的 TMS 引脚和 TCK 引脚连在一起，前一级的 TDO 输出引脚接到下一级的 TDI 输入引脚。

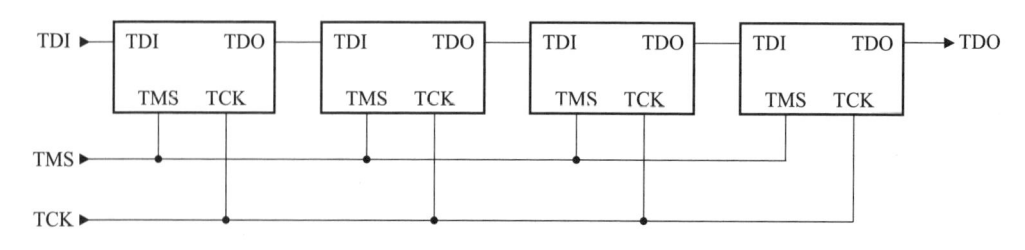

图 11-2　串行方式边界扫描链路

2）并行方式

并行方式边界扫描链路如图 11-3 所示。图中，两个串行方式连接的扫描链被并连在一起，TCK 信号与各芯片 TCK 引脚连在一起。在两个串行扫描链中，TMS 信号是独立的。当使用并行方式时，需要确保在任何时间内只能有一个串行扫描链有数据输出。

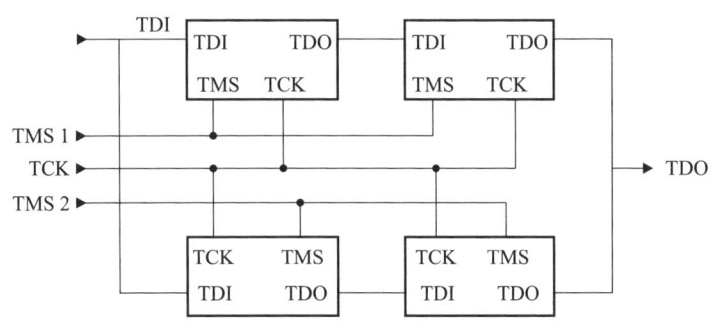

图 11-3　并行方式边界扫描链路

3）独立路径方式

独立路径方式边界扫描链路如图 11-4 所示。所有芯片的 TMS 和 TCK 分别连在一起，每个芯片的 TDI 和 TDO 各自独立。

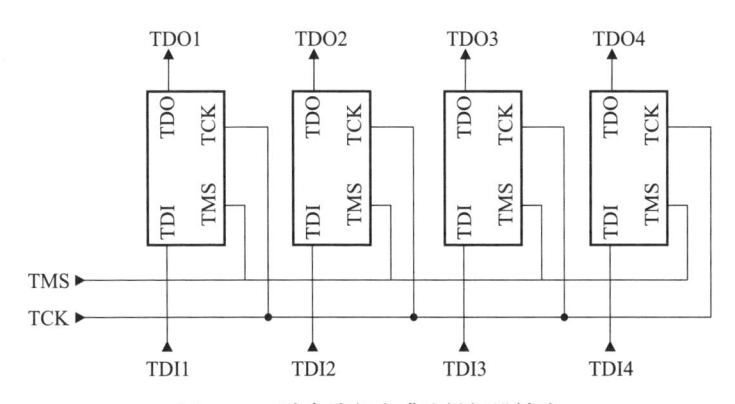

图 11-4　独立路径方式边界扫描链路

2. 边界扫描链路的设计要求

（1）CPU 芯片采用单独的边界扫描链路，方便使用第三方调试和仿真工具；

（2）不同逻辑系列的芯片（如 ECL 和 TTL）采用独立边界扫描链路；

（3）对于不同电压等级的芯片，通过电压转换可以连接成一个边界扫描链路，如图 11-5 所示。

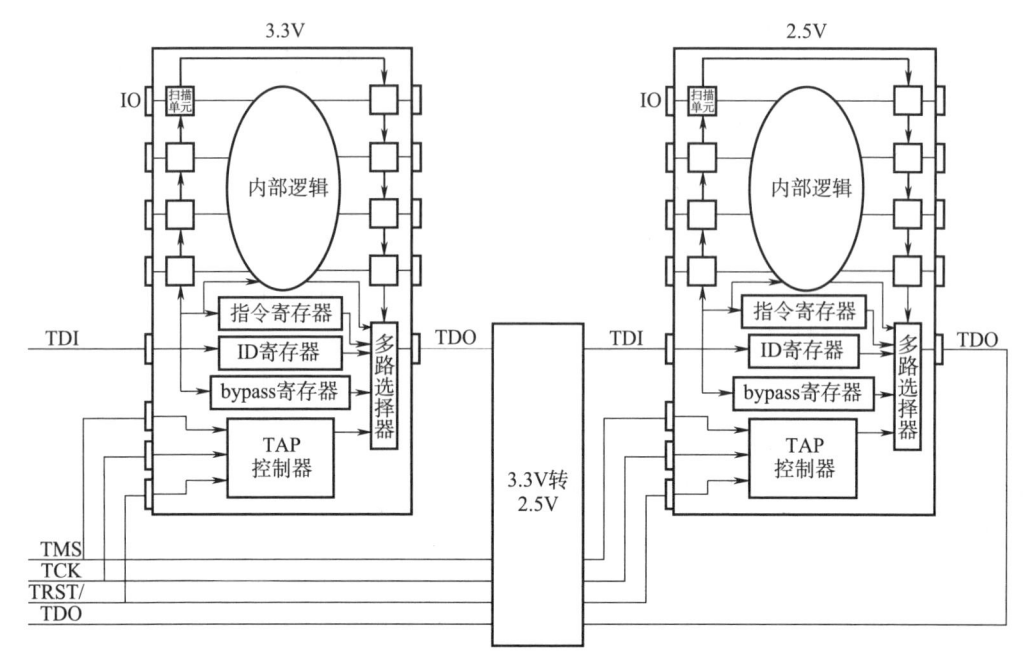

图 11-5　不同电压等级的转换

3. 芯片选择

芯片选择和使用要求如下：

（1）尽量选择符合 IEEE 1149.1 标准和 IEEE 1149.6 标准的芯片。

（2）检查所选边界扫描芯片的 BSDL 文件是否有设计警告，在设计时应予以重视。

4. 非边界扫描芯片与边界扫描芯片的连接要求

非边界扫描芯片与边界扫描芯片的连接要求如下。

1）非边界扫描芯片的控制信号连接要求

尽量把非边界扫描芯片的控制信号连接到边界扫描芯片上，以便边界扫描芯片能对这些信号进行控制。

2）存储器连接要求

尽可能把存储器地址引脚、数据引脚和控制引脚连接到边界扫描芯片，控制引脚应受边界扫描单元控制。若非边界扫描芯片的输出信号用于控制存储器，则这些输出信号应能被边界扫描单元禁止，防止信号冲突。

11.3 边界扫描测试和诊断软件设计

实现基于边界扫描测试的故障诊断需要具备三个条件：
（1）被测试的电路模块或系统已按照边界扫描测试性设计要求开展了测试性设计；
（2）具有边界扫描测试和诊断软件；
（3）具有边界扫描测试控制器。

边界扫描测试和诊断软件及边界扫描测试控制器的使用方式包括：集成到电子装备中，成为装备的组成部分；集成到数字电路模块测试系统中使用；作为独立的测试设备使用。

本节介绍边界扫描测试和诊断软件的总体设计、软件功能设计和软件工作流程。

11.3.1 软件总体设计

1. 软件架构

边界扫描测试和诊断软件架构分为硬件驱动层、应用层和表示层，如图11-6所示。

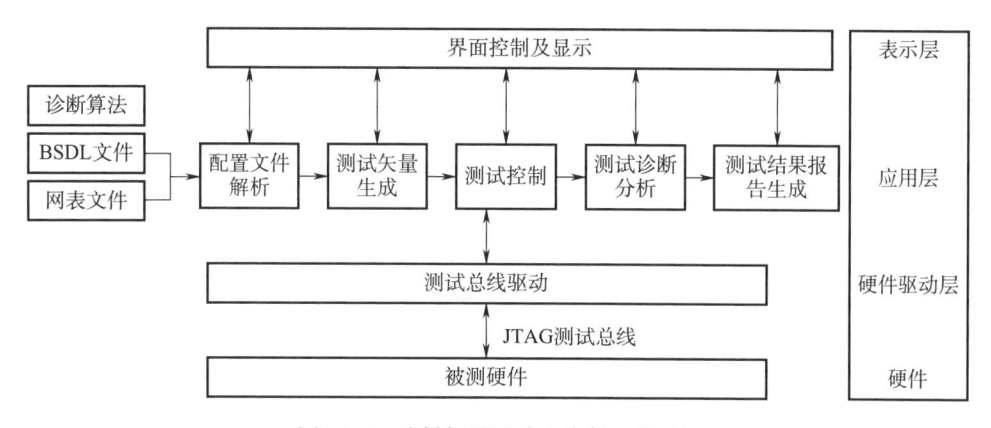

图 11-6 边界扫描测试和诊断软件架构

其中，测试总线驱动完成 JTAG 测试总线控制与数据获取；应用层完成配置文件解析、测试矢量生成、测试控制、测试诊断分析和测试结果报告生成等功能；表示层为用户提供交互界面，完成工程开发、测试矢量操作、测试操作及结果查看等功能。

在应用层中，配置文件解析完成 BSDL 文件、网表文件等的解析；测试控制依据测试矢量产生测试时序，实现对被测电路模块的边界扫描测试；测试诊断分析完成故障检测和隔离；测试报告结果生成输出边界扫描测试结果。

功能如下：

1）测试总线驱动

测试总线驱动用于完成不同计算机接口的硬件驱动，典型硬件驱动程序包括 USB 接口驱动、以太网接口驱动、PCI 总线接口驱动等。边界扫描测试和诊断软件支持不同硬件驱动程序的动态配置。

2）配置文件解析

配置文件解析模块用于 BSDL 文件和网表文件的解析与信息提取。通过配置文件解析可以提取被测电路模块的边界扫描链组成、边界扫描寄存器特性和芯片互连关系等信息。

3）测试矢量生成

测试矢量生成利用配置文件解析提取的信息，依据一定的测试矢量生成算法，生成边界扫描测试矢量集。

不同测试算法产生的测试矢量集的测试时间和故障定位能力不同。在实际应用中，需要根据被测电路模块的网络数目进行选取。

4）测试控制

测试控制模块的功能是把软件产生的测试数据加载到被测电路模块中，并获取被测电路模块的响应数据。

5）测试诊断分析

测试诊断分析将读取的响应向量与期望测试响应矢量相比较，自动判断芯片之间的连接关系是否正确，并进行故障定位。诊断使用算法包括走步"1"算法、走步"0"算法、改良计数序列算法和计数补偿算法等。

6）测试结果报告生成

测试结果报告生成将边界扫描测试结果、测试诊断分析结论等相关信息进行综合后输出测试报告文件。

2. 软件界面设计

边界扫描测试和诊断软件界面布局分为导航区、测试视图区和信息输出区，如图 11-7 所示。

1）导航区

导航区包含工程管理、工作链显示、功能快捷入口等子界面。工程管理界面用于边界扫描测试工程的配置文件管理，工作链显示界面用于显示边界扫描链信息，功能快捷入口界面用于功能场景导航。

第 11 章 基于边界扫描测试的测试性设计

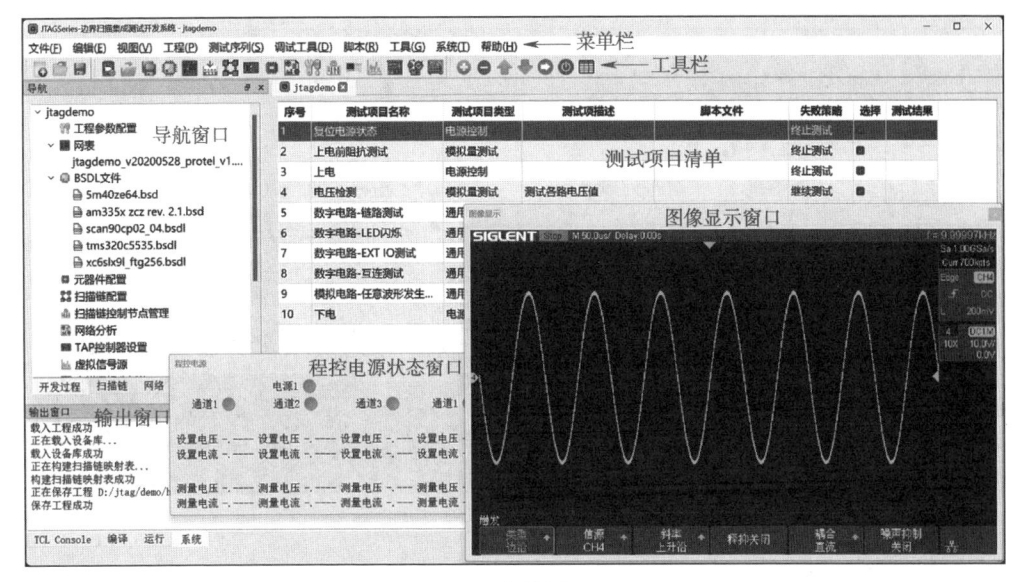

图 11-7 软件界面布局

工程管理界面显示的文件包括网表文件、BSL 文件（定义边界扫描芯片清单）、BSDL 文件。工作链显示界面用于显示边界扫描工作链信息。

功能快捷入口界面显示各个功能场景的快捷打开入口，包括 JTAG 加载、网络测试及开发调试等相关功能入口。

2）测试视图区

测试视图区是多功能场景复用区域，包括测试工程项目查看、测试脚本编辑与调试、项目测试结果分析等。

测试脚本编辑与调试界面支持编辑各种文本文件、边界扫描测试脚本，同时支持测试脚本的调试与结果分析。

项目测试结果分析可查看当前边界扫描测试工程执行后的测试结果，可直观查看测试结果，如图 11-8 所示。

3）信息输出区

信息输出区用于输出各种测试操作的反馈结果，如控制器初始化、网表文件及 BSDL 文件读取、边界扫描测试响应数据、边界扫描测试结果输出等。

11.3.2 软件功能设计

1. 项目管理

边界扫描测试和诊断软件支持不同测试对象建立测试工程，被测对象包括系统、数字模块等。软件支持测试工程下建立多个子测试项目功能，支持测试文件的增加与删除。

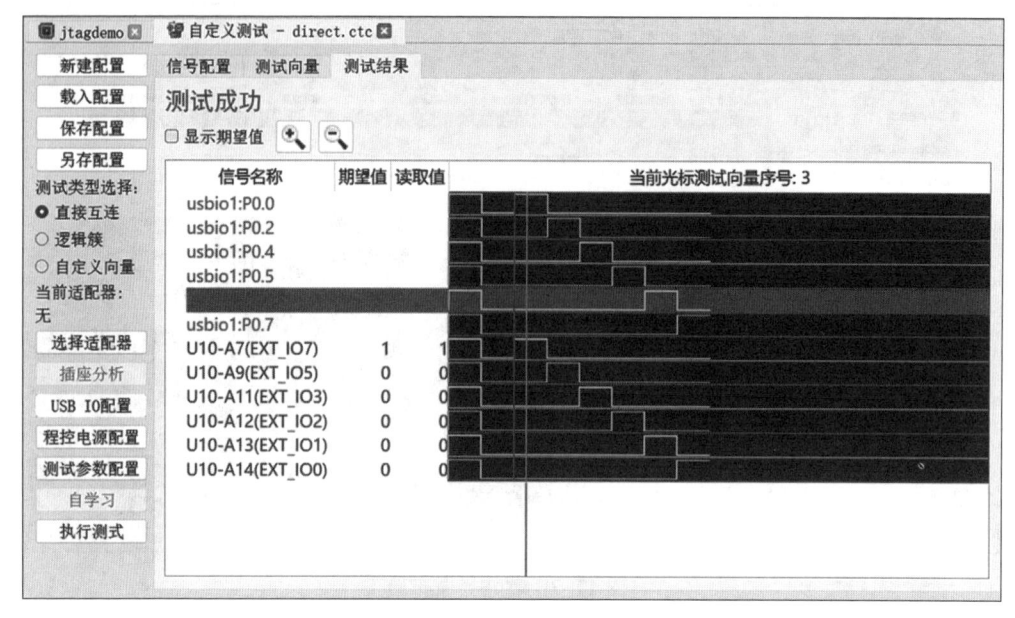

图 11-8 测试结果界面

2. 测试模式设计及选择

测试模式分为边界扫描链路测试、互连测试、存储器测试、自定义测试等，用户可以根据需要选择测试模式。

3. 文件解析

文件解析功能支持芯片 BSDL 文件和网表文件的解析。通过 BSDL 文件解析，获取被测芯片边界扫描信息，如测试指令、测试扫描单元等信息。通过网络表文件解析，获取网络节点名、芯片位号和引脚号等信息。

4. 测试矢量生成

利用被测对象的边界扫描测试及网络连接信息，选择适当的测试矢量生成算法，按照标准文件格式生成边界扫描测试矢量集。

5. 数据管理

软件数据管理支持指令、参数、矢量等数据的加载、响应数据的采集与存储、数据分析等功能。数据加载将测试指令、测试矢量、测试参数配置等信息送至边界扫描控制器。采集与存储用于实现对边界扫描测试响应数据的收集与保存。

6. 故障诊断

故障诊断分为故障数据提取和故障分析。其中，故障数据提取的主要任务是对测试响应数据进行分析以获取故障诊断信息。故障分析的主要任务：根据文件解析模块获取的链路完整性信息，与测试响应数据进行比较，判断测试链路是否有故障；根据测试矢量分析测试响应矩阵，与期望的测试响应数据进行比较，判断是否存在开路、短路等故障。

7. 测试报告生成

根据边界扫描测试结果，按照规定格式生成测试报告。

11.3.3 软件工作流程设计

边界扫描测试和诊断软件工作流程如图 11-9 所示，具体如下：

（1）打开软件控制管理界面，完成对边界扫描控制器种类、TCK 时钟频率数值的设定；

（2）打开或新建边界扫描测试工程，导入与被测模块相关的网表文件、BSDL 文件等，完成文件解析，获取与边界扫描相关的芯片互连、BS 芯片信息等；

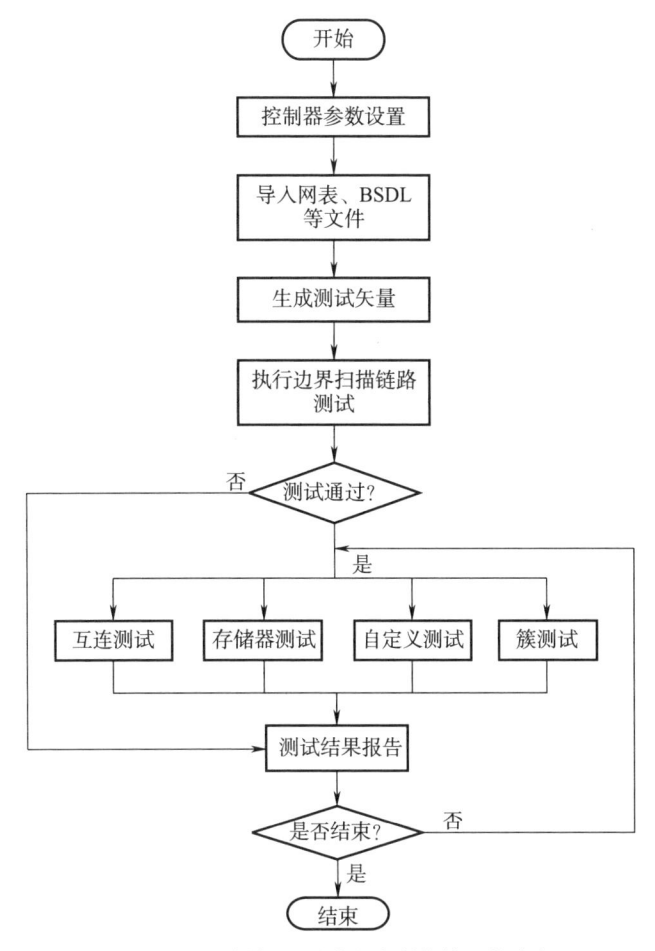

图 11-9 边界扫描测试和诊断软件工作流程

（3）根据具体的测试目的，选择对应测试生成算法，生成用于边界扫描链路测试的矢量集，以及互连测试、存储器测试等相关的测试集；

（4）判断被测模块的边界扫描链路是否连接正常，如果不正常，则输出测试结果报告并结束，如果正常，则依据用户实际需求进行下一步的测试；

（5）依据用户测试需求加载对应的测试矢量文件，完成对被测对象的互连测试、存储器测试、自定义测试等相关测试内容；

（6）生成测试报告，如果测试结束，则退出软件，如果继续测试，则将步骤跳转到步骤（5）；

（7）测试结束。

11.4 边界扫描测试控制器设计

边界扫描测试控制器是实现边界扫描测试的硬件设备，其功能是将边界扫描软件生成的测试指令和测试数据转换成符合标准的边界扫描测试信号，发送给被测电路，并对被测电路的 TDO 串行输出测试响应信号进行采集，采集数据发送到上位机进行处理。

边界扫描测试控制器的原理如图 11-10 所示。

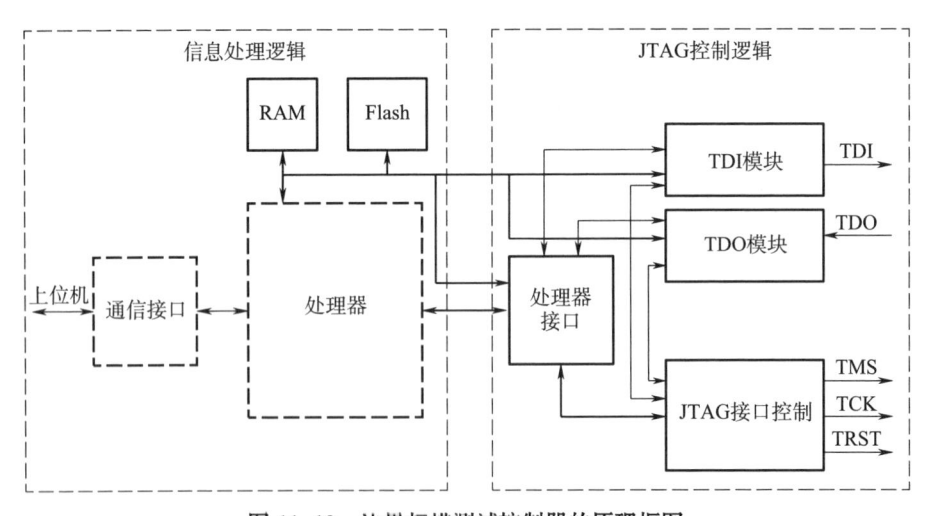

图 11-10　边界扫描测试控制器的原理框图

按照功能划分，主要包含两部分：信息处理逻辑和 JTAG 控制逻辑。它包括上位机接口、一个或多个 JTAG 测试接口，每个 JTAG 测试接口包括 TDI、TDO、TMS、TCK 和 TRST 等信号。上位机接口类型包括 USB 接口、以太网接口、PCI

总线接口等。

边界扫描测试控制器的 JTAG 测试接口用于连接被测电路的 JTAG 接口，一般需要提供多个 JTAG 测试接口。

当边界扫描测试控制器接收数据时，信息处理逻辑接收和解析来自上位机的测试数据包，经处理后发送给 JTAG 控制逻辑。当边界扫描测试控制器发送数据时，JTAG 控制逻辑接收测试响应数据，经数据打包后发送给上位机软件。

JTAG 控制逻辑用于边界扫描测试矢量数据发送，对 TDO 端口的测试响应数据进行实时采集，完成初步处理后送信息处理逻辑，其包括 4 个功能模块，具体如下。

（1）JTAG 接口控制：用于控制 TDI 模块和 TDO 模块工作状态，并根据测试矢量信息产生符合标准的 TMS 信号、TRST 信号和 TCK 信号。

（2）TDI 模块：用于把测试矢量序列转换成串行数据，并发送给被测电路。

（3）TDO 模块：用于测试响应信号的实时采集，经串并变换后送给处理器分析处理。

（4）处理器接口：用于实现处理器和 JTAG 控制逻辑之间的数据传输控制，以及 JTAG 控制逻辑内部各模块的工作状态监测等功能。

11.5 边界扫描测试技术的应用

边界扫描测试技术已广泛应用于数字电路模块的脱机测试，并在数字电路模块的机内测试和测试性试验的故障注入方面得到应用。关于边界扫描测试技术在数字电路模块机内测试方面的应用，请参考第 10 章。本节介绍边界扫描测试技术在数字电路模块脱机测试和测试性试验中的应用。

11.5.1 基于边界扫描测试的数字电路模块测试

边界扫描测试技术可用于数字电路模块的开路、短路和固定电平等故障的检测和隔离。对于包含 CPU 的被测电路模块，当 CPU 不能正常工作时，模块机内测试程序无法执行，不能使用机内测试程序进行故障检测和隔离。在此情况下，边界扫描测试不受 CPU 不能正常工作的限制，可以用于故障检测和隔离。

边界扫描测试系统组成框图如图 11-11 所示，主要由主控计算机、边界扫描测试控制器和边界扫描测试软件组成。

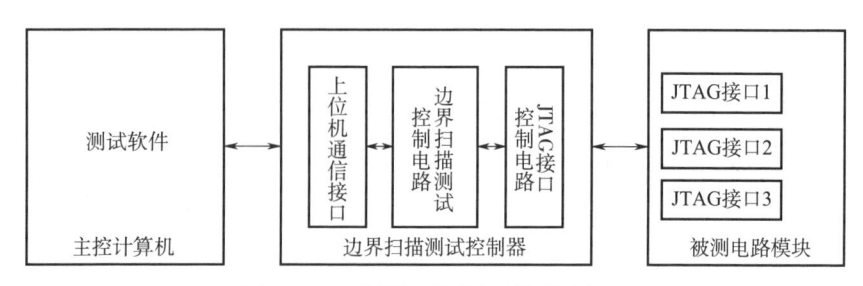

图 11–11　边界扫描测试系统组成框图

主控计算机用于边界扫描测试和诊断软件的运行。软件分为测试开发环境、测试执行环境和被测电路模块的测试程序集。测试开发环境和测试执行环境是通用软件，由专业公司提供。测试程序集是面向被测电路开发的应用程序。针对每个被测电路模块，可以定义一个测试工程，该测试工程包含被测电路的所有子功能的测试程序。

边界扫描测试控制器的功能是接收主控计算机的测试数据，将测试数据转换为被测电路的测试信号，通过 JTAG 测试接口注入被测电路模块，同步采集被测电路的 TDO 输出测试响应，采集数据发送到上位机进行处理。

11.5.2　基于边界扫描测试的故障注入

在电子装备测试性试验中，需要在被测试电路模块上进行故障注入。随着 BGA 等高密度封装技术的应用，对数字电路模块进行故障注入的难度越来越大，注入故障后不能完成电路状态恢复的风险非常高。

基于边界扫描测试的故障注入技术具有安全性好、故障注入速度快、不受被测电路复杂封装的限制等优点，可以较好地解决数字电路模块的故障注入难题。基于边界扫描测试的故障注入原理如图 11–12 所示。

故障注入的基本原理是利用边界扫描测试功能，使芯片引脚产生固定高电平或固定低电平状态，用于模拟产生固定高电平故障或固定低电平故障。

故障注入过程如下：上位机根据待故障注入的芯片引脚代码自动生成测试数据，边界扫描测试控制器负责把测试数据转换为测试信号，在测试信号控制下，待注入故障的芯片引脚对应的扫描单元状态被设置为高电平或低电平，在执行外测试指令（EXTEST 指令）后，扫描单元内的状态值（1 或 0）输出到芯片引脚，从而产生固定高电平故障或固定低电平故障。

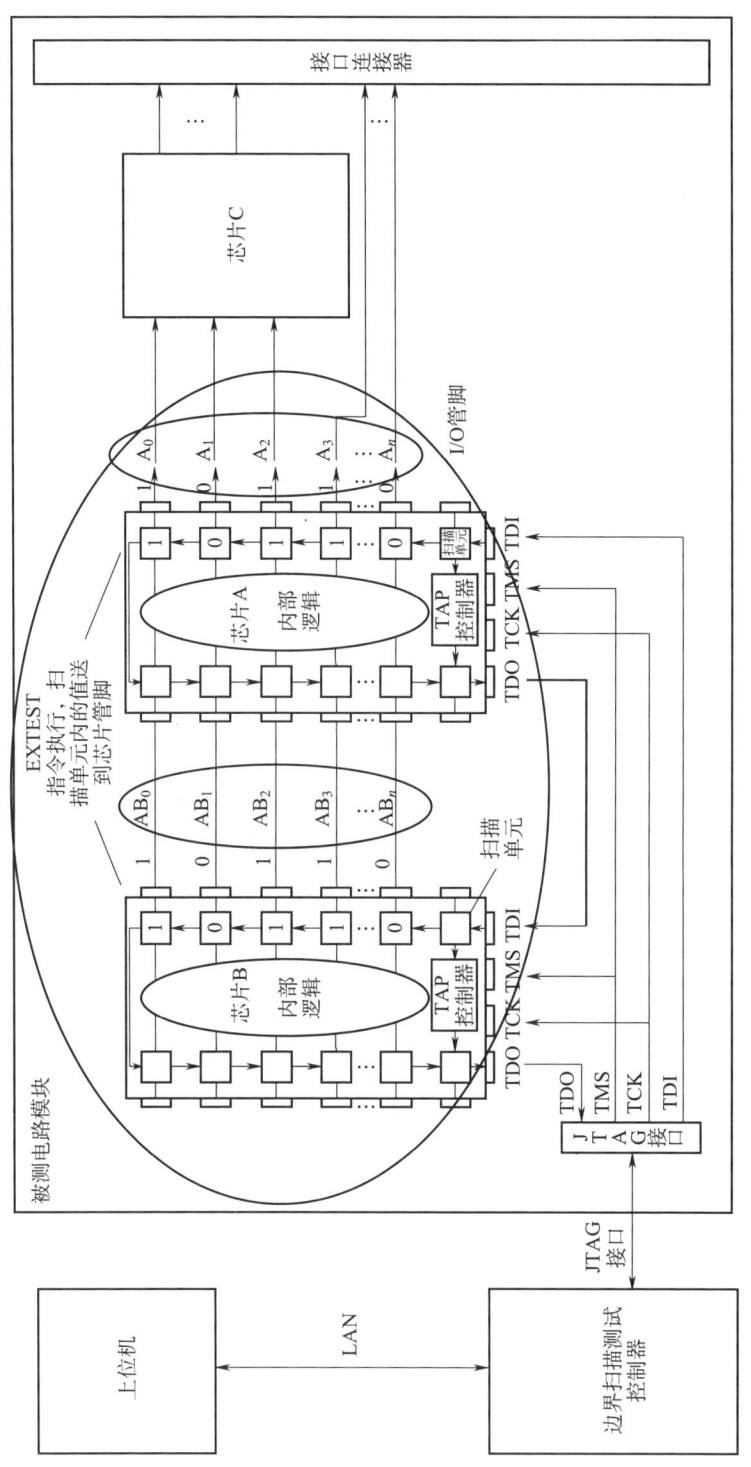

图 11-12 基于边界扫描测试的故障注入原理框图

11.6 边界扫描测试系统产品简介

11.6.1 JTAGSeries 边界扫描测试系统

JTAGSeries 边界扫描测试系统是由深圳市网元科技有限公司（www.jtagseries.com）开发的产品，该产品支持 IEEE 1149.1、IEEE 1149.6 等边界扫描测试标准，支持差分信号的互连测试、数字电路模块的边界扫描机内测试和系统的边界扫描机内测试。

产品具有边界扫描测试的开发环境和执行环境，主要功能包括：链路测试、互连测试、存储器测试、Flash 测试等。JTAGSeries 边界扫描测试系统软件界面如图 11-13 所示。

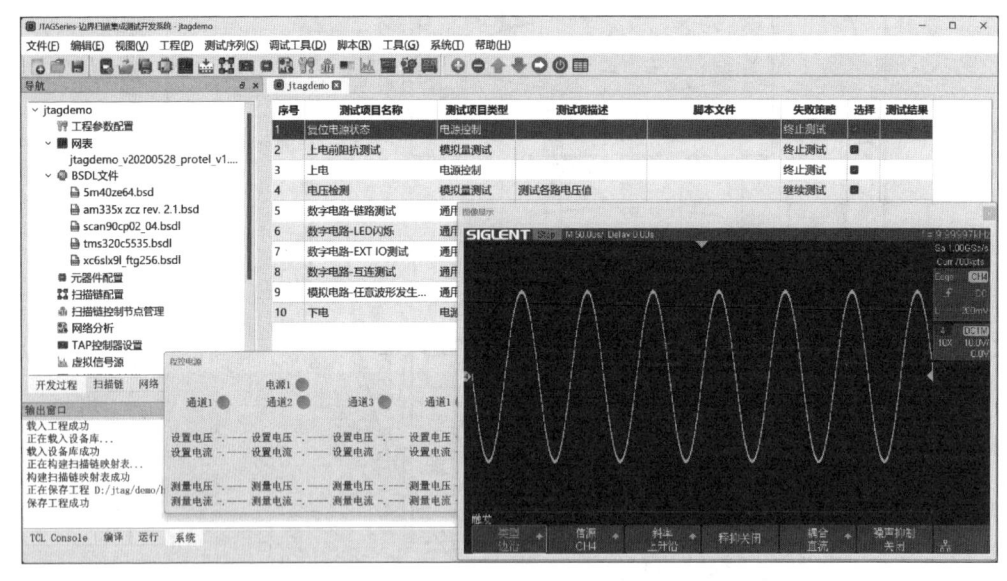

图 11-13 JTAGSeries 边界扫描测试系统软件界面

11.6.2 ScanWorks 边界扫描测试系统

ScanWorks 边界扫描测试系统是 ASSET InterTech 公司的产品，其系统组成如图 11-14 所示。

ScanWorks 测试系统包括边界扫描测试软件和接口适配器。其中，接口适配器用于边界扫描测试控制。产品主要功能包括链路测试、互连测试、存储器测试、Flash 测试等。

图 11-14 ScanWorks 边界扫描测试系统组成

第 12 章

电源模块的测试性设计

12.1 概述

电源是雷达系统中不可缺少的组成部分，没有高质量的电源，难以保证雷达的正常工作。雷达系统包含各种电源模块，如为固态发射机供电的发射电源、为真空管发射机供电的高压电源、为有源相控阵雷达 T/R 组件供电的阵面电源、为信号处理机和接收机供电的机箱电源等。这些电源品种规格均不同，指标要求各异。

随着微电子技术和现代雷达技术的发展，尤其是固态有源相控阵雷达技术的广泛应用，雷达系统对电源的要求也有所提高：要求电源模块具有更高的效率和功率密度，以减小雷达设备的体积和质量，改善雷达的机动性；要求电源模块具有更高的可靠性和维修性，以提高雷达装备的可用性。早期雷达系统中的电源多采用工频变压整流器和线性稳压器，而自 20 世纪 80 年代以来，体积小、效率高的开关电源在雷达系统中得到了广泛的应用。当前，雷达系统中的电源大都为高效的开关电源，线性电源的使用已大为减少，主要应用于一些小功率的场合。例如，在部分开关电源输出级联一级 LDO（低压差线性稳压器）以降低电源输出纹波噪声来满足特定电路的供电需求，或在板卡上用 LDO 来获得多路低压小电流供电。

12.1.1 功能和原理

电源模块承担着为雷达各主要设备提供稳定的能源供应，维持系统正常运行的重要功能。下面以雷达中两种典型的电源模块为例介绍其工作原理，一种是为固态发射机供电的发射电源模块，另一种是为信号处理机供电的平台电源模块。

1. 发射电源模块

发射电源主要为固态发射机或有源阵面 T/R 组件发射通道提供稳定可靠的低压大电流供电。并且大多雷达发射单元相对于发射电源呈现为脉冲负载特性，雷达工作时，发射单元需要发射电源能够提供足够大的峰值电流和具有较高的电压稳定度。发射电源模块输入供电取决于雷达设备的使用环境，地面和舰载平台通常采用 50 Hz、三相交流 380 V 供电，机载平台通常采用 270 V 直流或 400 Hz、三相交流 200 V 供电。输出电压取决于发射单元中射频放大器的功放管类型，电压值通常均在数十伏以内。

图 12-1 给出了雷达发射电源模块的典型原理框图。该开关电源模块采用三相交流 380 V 输入，整流后采用无源功率因数校正技术，提高电源的输入功率因数。DC/DC 变换器采用移相全桥零电压软开关拓扑，该电路具有所用元器件少、电路简单、稳压范围宽、变压器原边电流尖峰小、开关管能实现 ZVS 软开关、开关损耗小、效率高等特点。主开关管使用场效应晶体管，开关频率高，可减小电源模块的体积和质量。电源模块主要包含 EMI 滤波器、整流滤波及防冲电路、DC/DC 全桥变换器、驱动电路、控制保护及均流电路及 BIT 电路等组成部分。

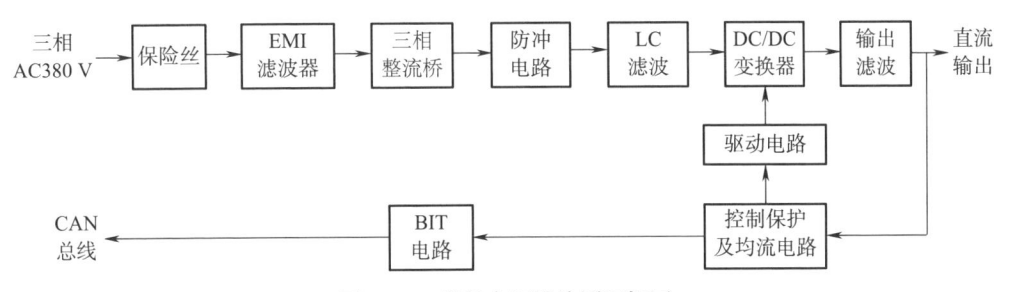

图 12-1 发射电源模块原理框图

三相交流 380 V 输入经 EMI 滤波、三相整流桥整流、LC 滤波后变成 520 V 左右的直流电压，加到由 4 只高压 MOSFET 管组成的全桥逆变器两端，全桥逆变器在控制电路作用下，将该直流电压逆变成幅值为 520 V 的极性交变的方波电压脉冲，再经高频开关变压器变压、高频全波整流、输出滤波及控制保护的控制，输出稳定的直流电压。

1) 输入 EMI 滤波和整流滤波

输入 EMI 滤波器对电源传输线上的电磁干扰进行滤波，防止电源模块内部的干扰信号通过电源线对外界形成电磁干扰，同时也阻止电网上的干扰信号通过电源模块输入线进入电源模块内部。

三相交流 380 V 输入经过保险丝、EMI 滤波器后，再进行整流和滤波，得到一个电压为 520 V 左右的脉动直流电压。采用 LC 滤波电路对脉动的直流电压进行滤波，以提高电源的功率因数，减小交流损耗。在启动时采用防冲电路是为了减小上电时电容器充电形成的浪涌电流。

2) DC/DC 变换器

DC/DC 变换器采用移相全桥 ZVS-PWM 变换器，将整流滤波后 520 V 左右的高压直流电转换为高频高压的方波交流电压。移相全桥 ZVS-PWM 变换器采用移相控制方式，每个桥臂的两个开关管互补导通，两个桥臂的导通角相差一个相位，即移相角，通过调节移相角的大小来调节输出电压。移相全桥 ZVS-PWM 变换器利用变压器的漏感（或原边串联电感）与开关管的寄生电容（或外接电容）的谐振来实现零电压开关，其简化电原理图见图 12-2。该变换器的特点是：超前桥臂可以在很宽的负载范围内实现零电压软开关，滞后桥臂可以在一定的负载范围内实现零电压软开关。其中，高频变压器将高频高压的交流方波电压进行隔离和降压处理，输出低压的交流方波电压。输出全波整流及输出滤波电路将低压的交流方波电压进行全波整流后，再进行滤波，得到所需的直流电压。

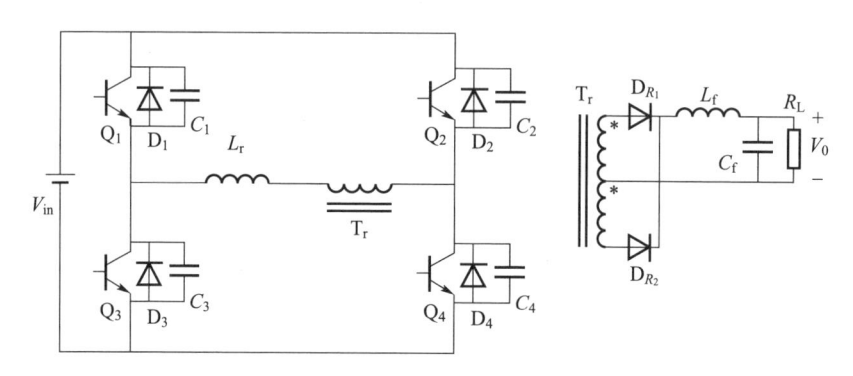

图 12-2 ZVS-PWM 全桥变换器原理框图

3）驱动电路

驱动电路是将控制保护电路产生的驱动脉冲信号先经驱动放大器进行功率放大，再经驱动变压器生成隔离的驱动脉冲信号，用来驱动全桥电路中的 4 只 MOSFET 功率开关管 Q1~Q4。

4）控制保护及均流电路

开关电源的控制保护电路以移相控制器为核心，产生移相全桥 ZVS-PWM 变换器主回路开关管的驱动控制信号。并且通过采样输出电压、电流及模块内部温度等信号，对电源的工作状态进行检测、控制和保护。

有源相控阵雷达发射电源或阵面一次电源大都采用多电源模块并联冗余运行，为此，电源模块设计有均流电路，以保证并联工作的电源模块能够平均分担负载电流，使得每个电源模块的输出电流基本相同。均分负载电流的作用是使系统中的每个模块均有效地分担功率，各模块处于最佳工作状态，以保证电源系统稳定、可靠、高效地工作。

5）BIT 电路

发射电源模块的 BIT 电路由采样电路、监控电路组成，采样电路对开关电源的输出电压、输出电流、温度等模拟信号进行采集，监控电路将采集的模拟信号先进行模数转换，再对采集的信息进行处理，并通过 CAN 总线将这些状态信息上报。

2. 平台电源模块

平台电源模块主要为雷达信号处理设备正常工作提供稳定可靠的供电。平台电源模块的主要功能是将交流 220 V 外部供电，转换为信号处理机箱中各功能模块所需的供电电压。电源模块遵循 VITA62 标准，外形尺寸为标准 6U 模块，输出 48 V/12 V/3.3 V 三路电压，电源模块具有通过 I^{2}C 总线报送电源电压、电流、温度信息的功能，并且拆装方便。

图 12-3 给出了平台电源模块典型原理框图。该开关电源模块采用单相交流 220 V 输入，整流后采用有源功率因数校正电路，有效地解决了常规整流滤波后电流谐波大所导致的低功率因数的问题，减小开关电源对电网的低次谐波污染，并且提高了模块效率。DC/DC 变换器采用 LLC 软开关拓扑，该电路具有所用元器件少、电路简单、变压器原边开关管能实现 ZVS 软开关、副边整流管能实现 ZCS 软开关、开关损耗小、效率高等特点。因此，LLC 变换器便于高频化和小型化，从而提高效率及功率密度，减小电源模块的体积和质量。电源模块主要包含了 EMI 滤波器、整流电路、有源 PFC 电路、DC/DC 变换器、防反灌电路及电源监控子模块等组成部分。

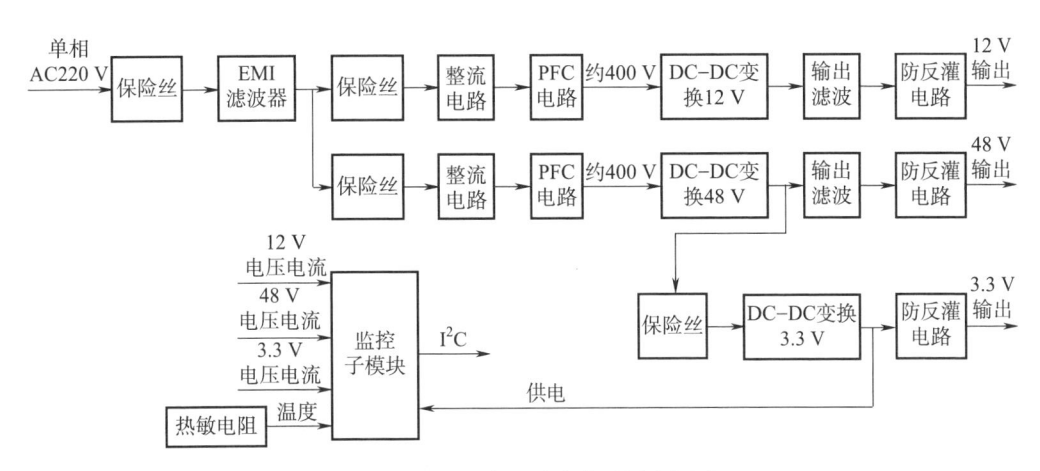

图 12-3 平台电源模块典型原理框图

单相交流 220 V 输入经 EMI 滤波、再分别经整流、有源 PFC 变换、DC/DC 变换器隔离变换、输出滤波、防反灌电路得到 12 V、48 V 两路输出。电源模块中的 48 V 和 12 V 两路电源均采用了 PFC+DC/DC 隔离变换的电路架构，由于 3.3 V 电源输出功率较小，因此采用 48 V 到 3.3 V 的 DC-CD 变换器产生 3.3 V 电源输出。

1）输入 EMI 滤波

输入 EMI 滤波器对电源传输线上的电磁干扰进行滤波，防止电源模块内部的干扰信号通过电源线对外界形成电磁干扰，同时也阻止电网上的干扰信号通过电源模块输入线进入电源内部。

2）整流和有源 PFC 电路

单相交流 220 V 输入经过 EMI 滤波器后，再进行整流，得到一个电压为 300 V 左右的脉动直流电压。再经有源功率因数校正电路变换，得到 400 V 左右的直流电压。有源 PFC 电路的作用是通过功率变换处理，使输入电流的波形跟随输入电压的波形。一般情况下是使交流输入电流成为与交流输入电压同相位的正弦波形，从而其使功率因数接近于 1，有源 PFC 电路提高了电源的输入功率因数，降低了电源对电网的低次谐波污染。典型 Boost 有源 PFC 电路原理如图 12-4 所示。

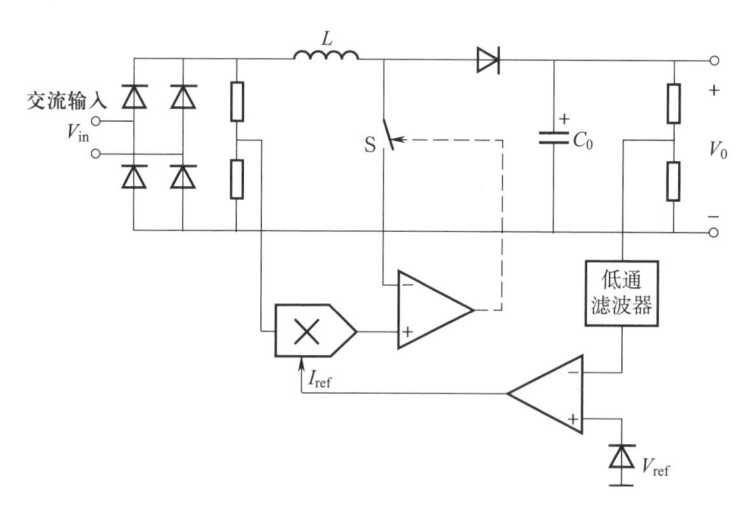

图 12-4　Boost 有源 PFC 电路原理框图

3）DC/DC 变换器

DC/DC 变换器采用 LLC 谐振变换器，将有源 PFC 电路变换得到的 400 V 左右的高压直流电变换为所需的低压稳定直流电。LLC 谐振变换器一般通过调节开关频率实现输出电压的调整。LLC 变换器利用 MOSFET 开关管的特性，可以实现主电路中开关管在全负载范围内的 ZVS 开通，变压器副边整流二极管在全负载范围内的 ZCS 关断。另外，LLC 变换器电路结构简单，副边整流不需要滤波电感，滤波电路简单，主电路中开关管、整流管等器件的电压、电流应力低，因此，其电路中的导通损耗和关断损耗也较小，电路整体效率优于移相全桥电路。LLC 变换器还可方便地实现谐振电感和励磁电感的磁集成设计，从而减小体积，提高变换器的功率密度。LLC 谐振变换器原理如图 12-5 所示。

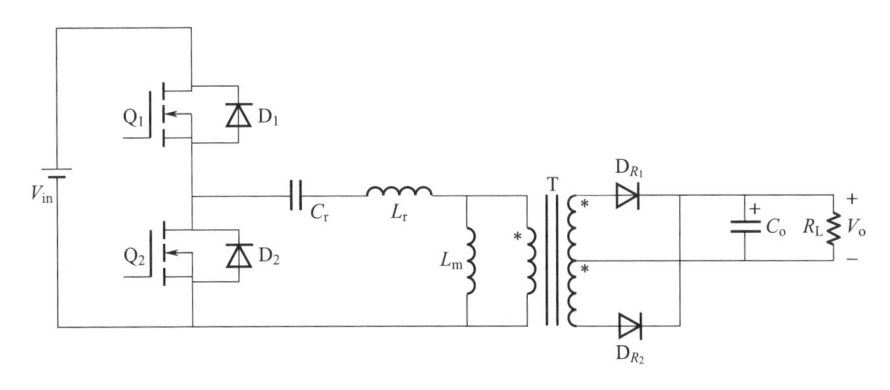

图 12-5　LLC 谐振变换器原理框图

4）输出防反灌电路

电源模块三路输出均设计有防反灌电路，相当于各路输出均串接了一个理想二极管，当模块向外提供电流时，防反灌 MOSFET 管导通，以降低 MOSFET 管的损耗；否则，MOSFET 管将关断，以防止外部电压、电流对电源造成损伤，避免影响整个系统的正常运行。

防反灌电路实现从输入端到输出端单向导通的功能，类似于理想二极管，在开机、热插拔、单路故障等情况下均可防止电流倒灌，起保护作用。防反灌电路主要包括提供电流通道的 MOSFET 管和控制 MOSFET 管工作状态的控制电路，其简化原理如图 12-6 所示。

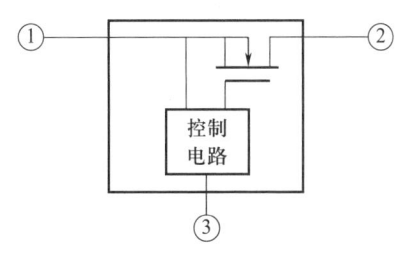

图 12-6　防反灌电路原理框图

5）均流及保护电路

为了保障雷达信号处理设备稳定可靠地供电，平台电源模块各路输出均设计有冗余并联均流电路，保证并联工作的电源模块能够共同平均分担负载电流。平台电源模块同时支持热插拔功能，可在线更换故障电源模块，进一步提高系统供电可靠性。电源模块内部设计有输出过压保护、短路保护、过流保护及过温保护等功能，以便在特定情况下保护后端负载和电源模块本身。

6）电源监控子模块

电源监控子模块由采样电路、监控电路组成，采样电路完成对 3 路电源的输出电压、输出电流、温度等模拟信号的采集，监控电路将采集的模拟信号先进行模数转换，再对采集的信息进行处理，并通过 I^2C 总线将这些状态信息上报。

12.1.2　技术指标

电源模块的主要技术指标包括以下几种。

1. 输入参数

输入参数主要包括输入电压、交流或直流、相数、频率、输入电流、功率因数、谐波含量等。

2. 输出参数

输出参数主要包括输出功率、输出电压、输出电流、输出电压纹波和噪声、电压调整率、负载调整率、效率、输出特性等。

3. 安全性指标

安全性指标主要包括绝缘电阻和抗电强度两项。

4. 保护功能

保护功能有过流保护、过压保护、过热保护等。

5. 开关机功能

遥控/本控开关机、不同输出电压轨的上电和下电时序要求。

6. BIT 功能

状态监测、状态指示等。

12.2 故障模式分析

电源模块作为雷达装备中的基本供电单元,各品种电源模块的功能、性能指标及内部电路拓扑结构均有所不同,不同种类电源模块一旦发生故障,表现出的故障模式也有所差异。例如,部分功能单一的电源模块就不含遥控开关机及监控通信功能,此类电源模块就不会出现遥控开关机功能故障及通信故障这两种故障模式;直流输入的线性稳压电源由于输入与输出之间本身就没有电气隔离,因此这类电源模块也就不存在输入与输出间绝缘故障这种故障模式。而雷达装备中各类电源模块发生概率最高的是电源无输出和输出电压过低这两种故障模式。

雷达平台电源典型的故障模式如表 12-1 所示。

表 12-1 雷达平台电源模块典型故障模式

序号	故障模式名称	序号	故障模式名称
1	通信故障	7	模块温度过高
2	无输出	8	绝缘故障
3	输出电压过高	9	电压调整率超差
4	输出电压过低	10	负载调整率超差
5	输出过流	11	开关机功能故障
6	输出电压纹波和噪声过大		

12.3 测试性需求分析

12.3.1 指标测试需求

电源模块在雷达装备中大都设计成现场可更换单元（LRU）。雷达平台电源模块的性能指标测试可以通过机内测试和外部测试实现。机内测试是通过电源模块内置的电源监控系统进行测试并经通信接口外送测试结果，外部测试是基于通用电源自动测试设备进行测试以获取电源模块的性能指标测试结果。机内测试的优点在于进行指标测试时不需要添加外部测试设备，上级分系统只需通过通信接口就可获取电源模块工作时的输出电压、输出电流、模块内部温度等信息，从而获知电源模块的工作状态。外部测试的优点在于外置的测试设备可以模拟更多的测试场景，可测试电源模块全部的功能和性能指标。

从装备使用情况看，用户比较关心的是：电源模块是否可以工作、电源输出电压是否满足指标要求、电源输出电流是否正常、电源工作温度是否正常等。以雷达平台电源模块为例，电源模块研制任务书中明确要求模块上报电源各路输出电压、输出电流、模块内部散热器温度和模块状态信息。为满足任务书要求，该电源模块内部就需要设计电源监控电路，采集电源模块的各路输出电压、输出电流和内部散热器温度等信息，经处理后将信息通过通信接口上报。

模块内部监控获取的输出电压的精度、带宽一般都不能满足输出电压纹波和噪声测试要求，通过模块内部电源监控来测试该项指标，不经济也不合理。电源纹波指标超差可能导致负载板卡工作不稳定，因此可以通过后端负载板卡的工作状态来间接判断电源输出纹波指标是否超差，所以该项测试采用通用电源自动测试设备进行外部测试。

如果需要对电压调整率、电流调整率、功率因数和效率四项指标进行机内测试，不但要增加输入电源模拟设备和负载模拟设备，电源模块内部监控系统对电压、电流采集的精度，以及带宽和数量的需求也将大幅提升，不经济也不合理。另外，当这些指标超差到影响负载工作时，一般都会在输出电压、模块温度上产生变化，所以这些项目测试采用通用电源自动测试设备进行外部测试。

绝缘电阻的测试，是在不通电的情况下，采用兆欧表对电源模块进行外部测试。过流保护、过压保护、过热保护三项保护功能均需相应的模拟设备来模拟保护动作触发的条件，机内测试不经济也不合理，因此这些项目测试也采用通用电源自动测试设备进行外部测试。

电源模块测试性设计的主要目标是以较小的测试成本改善和提高模块的测试

性，使电源模块的故障检测和故障隔离更容易、更快速，为使用和维修服务。为此，需研究模块的关键故障模式与指标测试之间的关系，确定合理的指标测试需求，从而优化模块测试性设计。为满足电源模块所在系统的测试性和维修性要求提供保障条件，提高电源模块的使用可靠性。综合考量对电源模块主要指标进行BIT的需求、可行性和经济性，确定平台电源模块指标测试性需求分析结果汇总表，见表12-2。

表12-2　平台电源模块指标测试性需求分析结果汇总表

序号	测试项目	加电BIT	周期BIT	启动BIT	外部测试
1	输出电压	○	○	○	○
2	输出电流	○	○	○	○
3	内部散热器温度	○	○	○	○
4	输出电压纹波和噪声	—	—	—	○
5	功率因数	—	—	—	○
6	电压调整率	—	—	—	○
7	负载调整率	—	—	—	○
8	效率	—	—	—	○
9	绝缘电阻	—	—	—	○
10	过流保护	—	—	—	○
11	过压保护	—	—	—	○
12	过热保护	—	—	—	○
13	通信功能	○	○	○	○
14	开关机功能	—	—	○	○

注："○"为选项；"—"为非选项。

12.3.2　故障模式检测需求

测试性设计的目标是要提高被测对象故障检测和隔离能力，也就是说测试性设计与分析工作都是针对被测对象的故障进行的，因此，首先需要掌握被测对象是否经常出现故障、可能出现哪些故障、故障影响程度及危害度大小等情况。在此基础上才能有针对性地对测试性进行设计，提高测试的有效性。基于使用电源模块的上级分系统FMECA结果，综合考虑故障率、故障严酷度、平均修复时间（MTTR）、测试成本、机内测试和外部测试等因素，确定每种故障模式的故障检测和故障隔离需求。对于电源模块无输出、输出电压过低这类发生概率大且影响装备工作的故障模式，应尽量采用机内测试，快速检测并隔离。

下面以平台电源模块为例进行故障检测和隔离需求分析。

（1）电源模块通过通信接口与上级分系统通信，传送模块相关信息；对于通信故障这种故障模式，采用加电 BIT、周期 BIT 和启动 BIT 进行检测。

（2）电源模块监控电路采集各路输出电压，并通过通信接口上报；对于无输出、输出电压过高和输出电压过低三种故障模式，采用加电 BIT、周期 BIT 和启动 BIT 进行检测。

（3）电源模块监控电路采集各路输出电流和模块温度，并通过通信接口上报，对于输出过流和模块温度过高这两种故障模式，采用周期 BIT 和启动 BIT 进行检测。

（4）电源模块可通过监控电路控制模块的开关机，对于开关机功能故障这种故障模式，采用启动 BIT 进行检测。

（5）对于输出电压纹波和噪声过大这种故障模式，机内测试代价太大，不经济也不合理。并且该故障模式可以通过后端负载板卡的工作状态来间接检查，故采用外部测试。

（6）对于绝缘故障这种故障模式，一般会引起模块供电分闸或模块输出电压异常，机内测试也不合理，因此采用外部测试。

（7）对于电压调整率超差、电流调整率超差这两种故障模式，机内测试代价太大，不经济也不合理。并且这两种故障模式影响负载工作时，一般会在输出电压上产生变化，可通过输出电压变化的故障模式进行间接检测，因此采用外部测试。

平台电源模块故障检测和隔离需求分析示例如表 12-3 所示。

表 12-3 平台电源模块故障检测和隔离需求分析示例

LRU 名称	故障模式 FM	故障代码	加电 BIT	周期 BIT	启动 BIT	外部测试需求
平台电源模块	通信故障	FPM-01	○	○	○	—
	无输出	FPM-02	○	○	○	—
	输出电压过高	FPM-03	○	○	○	—
	输出电压过低	FPM-04	○	○	○	—
	输出过流	FPM-05	—	○	○	—
	输出电压纹波和噪声过大	FPM-06	—	—	—	○
	模块温度过高	FPM-07	—	○	○	—
	绝缘故障	FPM-08	—	—	—	○
	电压调整率超差	FPM-09	—	—	—	○
	负载调整率超差	FPM-0A	—	—	—	○
	开关机功能故障	FPM-0B	—	—	○	—

注："○"为选项；"—"为非选项。

电源模块的测试性设计中最为关注的是被测模块的故障与检测，因此需分析被测对象包含哪些故障模式及有哪些能够进行 BIT、每种故障模式能够被哪些测试所检测到、每项测试能够检测到哪些种故障模式，从而有针对性地优选电源模块的 BIT 项目。

根据前述分析，综合考虑测试需求、可行性和经济性，平台电源模块 BIT 项目设置为 5 个，可检测常见的 7 种典型故障模式，满足电源模块研制任务书对模块 BIT 的要求。平台电源模块机内测试项目需求分析示例如表 12-4 所示。

表 12-4 平台电源模块机内测试项目需求分析示例

序号	测试项目名称	测试项目代码	加电 BIT	周期 BIT	启动 BIT	可检测的故障代码
1	通信状态	TPM-01-01	○	○	○	FPM-01
2	输出电压	TPM-01-02	○	○	○	FPM-02、FPM-03、FPM-04
3	输出电流	TPM-01-03	—	○	○	FPM-05
4	模块温度	TPM-01-04	—	○	○	FPM-07
5	开关机功能	TPM-01-05	—	—	○	FPM-0B

注："○"为选项；"—"为非选项；TPM 为电源模块的测试代码，中间两位为模块编号，最后两位为测试项目编号。

12.4 测试性设计准则

电源模块测试性设计准则包括：

（1）电源模块设计之初就应将测试性设计融入电源模块设计中；

（2）电源模块测试点的设置应满足故障检测和故障隔离的需要，设计时采用多种测试和检测手段，最大限度地提高电源模块的可测试性；

（3）电源模块 BIT 项目应根据测试性需求分析结果进行设置，用最少的测试项目满足故障检测和故障隔离的需要，并且 BIT 容差应考虑环境变化的影响；

（4）测试性设计不应影响电源的技术性能，并且在测试、检测电路出现故障时，不影响电源模块的技术状态和性能；

（5）测试性设计应确保电源模块和使用人员的安全；

（6）应确保测试、检测电路的可靠性优于电源模块中本身的功能电路，且工作稳定、性能良好；

（7）保证测试性设计工程实施简便、易于实现、便于操作和使用；

（8）电源模块前面板应设置便于观察的工作状态指示灯。

12.5 BIT 设计

电源模块内部对各路输出电压、电流以及散热器温度进行采集，送入电源监控电路后再通过 I²C 总线实时上报电源状态。通常情况，电源模块内部 BIT 对电源输出电压的测试精度 ≤ ±5%；对输出电流的测试精度 ≤ ±10%；对散热器温度的测试精度 ≤ ±3℃。当电源发生故障时，电源进入保护模式，同时通过 I²C 总线上报故障信息。电源监控电路设计有串口和 I²C 接口，可通过程序设置查询命令来获知电源模块的电压、电流、温度等信息。电源模块设计时具有电源监控保护及电源功能电路本身保护的双重保护功能，具有输出过压保护、输入欠压锁定、输出短路保护、输出过流保护、过温保护等功能。

电源模块监控电路原理如图 12-7 所示。

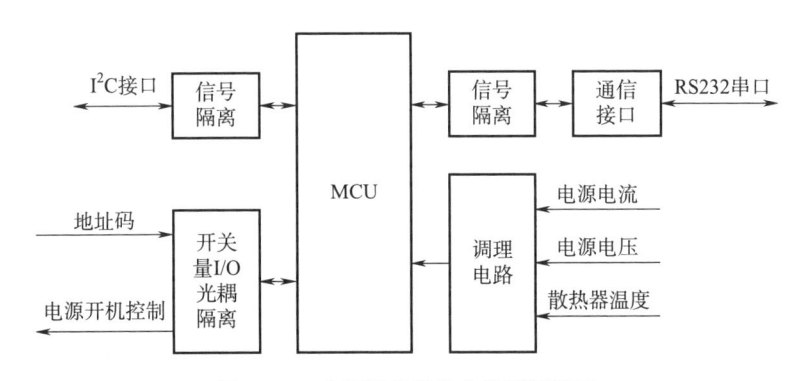

图 12-7 电源模块监控电路原理框图

电源模块监控电路主要由 MCU、调理电路（包括电压、电流、温度调理）、开关量 I/O 电路（包括地址码识别和开关机控制信号）、信号隔离电路和通信接口电路等组成。

被监测的信号包括电源模块的输出电压、输出电流及散热器温度等。采样值在 MCU 内部进行处理并与预先设定的门限值进行比较判断，并将电源模块的状态信息通过 I²C 总线上报电源 BIT 数据，如触发内部预设的保护阈值，则关闭电源模块输出。

为提高通信可靠性，电源监控电路设置有两路相互备份的 I²C 接口通信电路。电源监控电路还设置有一路 RS232 串口，用于电源监控软件读写。

电源监控软件组成如图 12-8 所示。

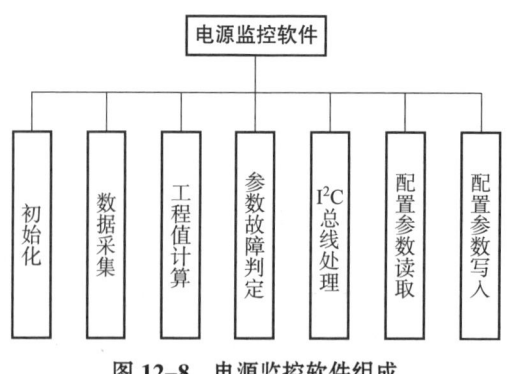

图 12–8 电源监控软件组成

电源监控软件主要实现以下功能：实现对电源模块工作状态、内部温度、输出电压、输出电流、故障情况等的信息采集及查询上报功能；实现对电源模块的遥控开关机控制；实现模块内部各故障的逻辑处理功能；实现与上位机的通信功能。

12.6 测试点和观测点设计

12.6.1 测试点设计

测试点的设计应满足故障检测和故障隔离的需要，且不影响电源的技术性能。电源模块的外部测试点一般设置在前面板和输入、输出连接器上。前面板上一般可设置电源输出电压、输出电流测试点，模块输入、输出连接器上的全部信号均可通过适配器和相关夹具引出，并可用于外部测试，模块内部 BIT 信号通常也通过连接器引出。

电源模块的内部测试点一般设置在模块内部的印制电路板及连接器上，一般包括电源各路输出电压、内部辅助源输出电压、驱动信号、接口信号等，便于示波器和三用表等仪表测试电路工作状态，用于电源模块调试与维修。须注意，所有测试点的增设均不能影响电路性能，可根据电路复杂度、模块内部布局情况、模块调试过程综合考量，以最少化原则合理设置内部测试点。内部测试点应当尽量均匀布设在 PCB 单面，尽可能不要双面布置，还应当注意与周边器件之间留有一定间隙，符合安全要求，以免测试时发生短路故障，测试点应有明显标志。

表 12-5 列出了平台电源模块典型的测试点名称和类型，这些测试点应优先被选择使用，还可以根据系统的具体需求适当增加、减少测试点，但须谨防由于测试点的引入而干扰电路的正常工作。

表 12-5　电源模块典型的 BIT 点和外部测试点

LRU 名称	测试点（或信号）名称	BIT 点	外部测试点
电源模块	通信接口	●	●
	输出电压	●	●
	输出电流	●	○
	模块温度	●	○
	开关机功能	●	○
	辅助源输出电压	—	○

注："●"为必选；"○"为可选；"—"为不适用。

12.6.2　观测点设计

电源模块的外部观测点设计常规有两种方案。一种是将电源的各路电源输出经限流电阻直接驱动相应的绿色 LED 输出状态指示灯，例如，平台电源模块就在前面板设置有三个电源输出状态指示灯，分别对应电源的三路输出：12 V、48 V、3.3 V，通过目测指示灯（绿色）明暗状态可判断电源模块各路输出是否正常。

另一种是将电源模块的各路输出经处理后产生一个好坏指示信号，以此来驱动电源模块面板上的状态指示灯。通常高电平表示电源模块工作正常，此时绿色 LED 灯亮，红色 LED 灯灭；低电平表示电源故障，此时红色 LED 灯亮，绿色 LED 灯灭。典型电源状态指示 LED 驱动电路如图 12-9 所示。

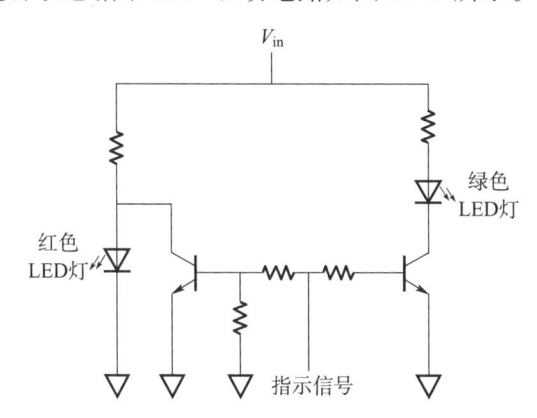

图 12-9　电源状态指示 LED 驱动电路

为了便于电源模块的调试与维修，一般在电源模块内部印制电路板上设置各路电源输出状态指示灯和电源监控工作状态指示灯作为内部观测点。通常将电源的各路输出经限流电阻直接驱动相对应的 LED 输出状态指示灯，电源监控电路正常工作时驱动相对应的 LED 灯闪烁。

12.7 外部测试设计

外部测试设计是针对模块在研制、生产及使用维护过程中所需要的外部测试项目而进行的测试性设计，雷达电源模块的外部测试设计主要包括被测模块与外部测试设备连接适配接口设计、各测试项目测试程序设计。外部测试项目用于模块的功能、性能参数检测及故障隔离，需要的外部测试项目一般包括两类：
（1）BIT 未能覆盖的测试项目；
（2）BIT 精度不能满足要求的测试项目。

需进行外部测试的雷达电源模块测试项目，可根据具体情况使用通用电源自动测试设备进行测试或利用相关仪表设备进行外部测试。电源模块所需的主要外部测试项目、测试点、测试资源要求和测试方法见表 12-6。

表 12-6 电源模块外部测试项目、测试点、测试资源要求和测试方法

序号	测试项目	测试点	测试资源要求	测试方法
1	输出电压纹波和噪声	电源输出	交流电源、电子负载、示波器	直接测试
2	功率因数	电源输入	交流电源、电子负载、功率分析仪	直接测试
3	电压调整率	电源输出	交流电源、电子负载、电压表	间接测试
4	负载调整率	电源输出	交流电源、电子负载、电压表	间接测试
5	效率	电源输入、输出	交流电源、电子负载、功率分析仪、电压表	间接测试
6	绝缘电阻	电源输入、输出、机壳	兆欧表	直接测试
7	过流保护	电源输出	交流电源、电子负载、示波器	直接测试
8	过压保护	电源输出	交流电源、电子负载、示波器、直流电源	直接测试
9	过热保护	电源输出	交流电源、电子负载、示波器、局部加热装置	直接测试

注：间接测试是指需要通过计算处理得到测试结果的测试方法。

自动测试设备可提高雷达电源模块的测试效率，降低电源模块测试人员的技能水平要求。通用电源自动测试设备由计算机、测试仪表、适配器、必要的测试夹具和相关电源模块测试软件组成。典型通用电源自动测试设备原理如图 12-10 所示。

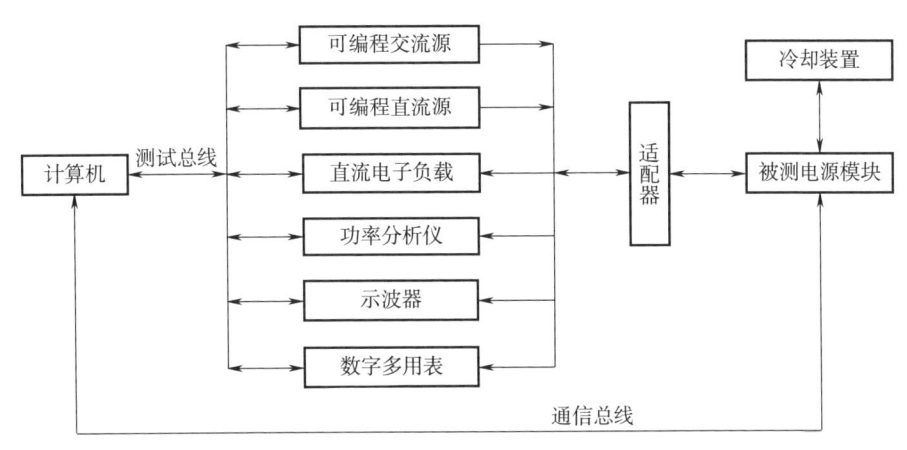

图 12-10　典型通用电源自动测试设备原理框图

通用电源自动测试设备由计算机通过测试总线实现对系统中仪表设备的控制。在计算机测试软件的控制调度下实现测试系统的自检、仪表设备控制，完成电源模块测试所需的工作状态和测试信号的采集，进行电源模块的状态控制与性能测试，并可通过测试软件进行测试数据的分析处理，形成电源模块的性能测试报告。

第13章

雷达回波模拟器设计

13.1 概述

现代雷达面对的战场空间存在各种目标和干扰电磁环境信号。为测试雷达在复杂电磁环境下的多目标搜索和跟踪、精细化识别、自适应抗干扰等功能，采用放球、飞机校飞等传统的测试手段已无法满足雷达测试需求，雷达回波模拟器已成为测试雷达功能和技术指标的关键测试设备，用于雷达的内外场测试，可释放技术风险、减少靶场试验次数、提高雷达研制效率、降低研制费用，还可用于雷达机内测试和雷达操作员的模拟训练。

雷达回波模拟器的主要功能：根据雷达测试仿真场景的目标、干扰和杂波参数要求，与雷达时序同步，实时模拟回波中的目标 RCS、速度、距离、功率、运动姿态和轨迹，以及各种干扰和杂波信号。

根据模拟信号形式和用途，雷达回波模拟器可分为射频回波模拟器和数字回波模拟器，采用回波模拟器的雷达测试原理框图见图 13-1。

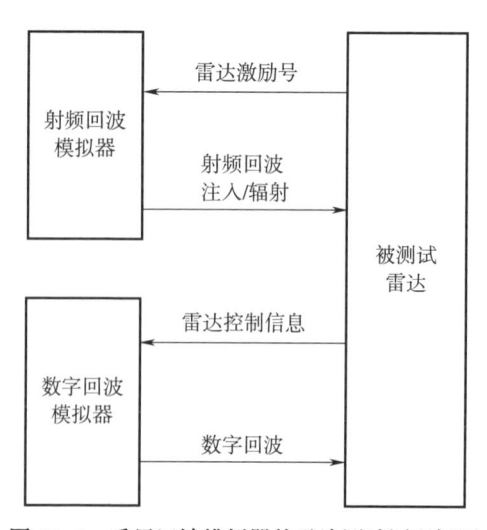

图 13-1 采用回波模拟器的雷达测试原理框图

射频回波模拟器用于雷达系统测试。射频回波模拟器输出的射频回波信号可以通过射频电缆注入模拟相控阵雷达的和、方位差和俯仰差接收通道，或者通过空间辐射方式注入雷达阵面天线。

数字回波模拟器主要用于雷达信号处理分系统的测试，实现在复杂电磁环境下的目标检测、目标跟踪、抗干扰及目标识别等功能。数字回波模拟器能够按照雷达的控制指令和时间节拍，模拟产生目标回波、干扰和杂波信号。

13.2 雷达回波信号仿真建模

雷达接收的回波信号包括目标回波、干扰和杂波信号。雷达回波信号仿真建模的目的是建立雷达回波信号仿真数学模型，为射频回波模拟器和数字回波模拟器的设计提供依据。

13.2.1 目标回波建模

当雷达发射的电磁波信号被目标反射时，目标会由于自身的某些特性对电磁波进行一定程度调制。在均匀介质中，电磁波以光的速度进行直线传播。设光速为 c，雷达与目标之间的径向距离为 R，则通过测量电波在雷达与目标之间往返一次所用的时间 T 即可测出 R，即 $R=\frac{1}{2}cT$。当模拟目标距离时，只需对雷达信号进行相应的延时就行了，延时的精度直接关系到模拟的距离精度。

雷达发射的信号到达目标时，如果目标与雷达正在径向上发生运动，无论是匀速运动还是加速或者减速运动，目标都会对该雷达目标回波信号的频率进行多普勒调制。多普勒调制与速度的关系为 $f_d=2v/\lambda$，其中 f_d 为多普勒频率，v 为雷达与目标的径向速度，λ 为雷达发射信号的波长。当目标向雷达方向靠近时，则产生的多普勒频率值为正数。当目标远离雷达时，则产生的多普勒频率值为负值。

设雷达发射的脉冲串为

$$s(t)=\sum_{n=-\infty}^{\infty}p(t-nT_{\text{PRI}}) \tag{13-1}$$

式中，T_{PRI} 为脉冲重复周期。每个发射脉冲为线性调频信号：

$$p(t)=\text{rect}\left(\frac{t}{T_p}\right)\exp\{j2\pi f_c t+j\pi k_r t^2\} \tag{13-2}$$

式中，T_p 为雷达发射信号的脉冲宽度；f_c 为雷达载频；k_r 为发射信号的调频斜率；

$\mathrm{rect}\left(\dfrac{t}{T_\mathrm{p}}\right)$ 为定义在区间 $[-T_\mathrm{p}/2,\ T_\mathrm{p}/2]$ 上的矩形函数，即

$$\mathrm{rect}\left(\dfrac{t}{T_\mathrm{p}}\right)=\begin{cases}1, & -T_\mathrm{p}/2\leqslant t\leqslant T_\mathrm{p}/2\\ 0, & \text{其他}\end{cases} \qquad (13-3)$$

设目标到天线相位中心的距离为 R，目标回波延迟为 t_r，则该目标回波信号可表示为

$$\begin{aligned}S_\mathrm{r}(t)&=\sum_{n=-\infty}^{\infty}Ap(t-nT_\mathrm{PRI}-t_r)\\ &=\sum_{n=-\infty}^{\infty}Ap(t-nT_\mathrm{PRI}-2R/c)\\ &=\sum_{n=-\infty}^{\infty}A\,\mathrm{rect}\left(\dfrac{t-nT_\mathrm{PRI}-2R/c}{T_\mathrm{p}}\right)\exp\left[\mathrm{j}2\pi f_\mathrm{c}(t-nT_\mathrm{PRI}-2R/c)+\mathrm{j}\pi k_r(t-nT_\mathrm{PRI}-2R/c)^2\right]\\ &=\sum_{n=-\infty}^{\infty}A\,\mathrm{rect}\left(\dfrac{t-nT_\mathrm{PRI}-2R/c}{T_\mathrm{p}}\right)\exp\left[\mathrm{j}2\pi f_\mathrm{c}(t-nT_\mathrm{PRI})-\mathrm{j}\dfrac{4\pi R}{\lambda}+\mathrm{j}\pi k_r(t-nT_\mathrm{PRI}-2R/c)^2\right]\end{aligned}$$

$$(13-4)$$

式中，A 为接收信号的幅度因子；c 为光速；λ 为雷达载频的波长。

如果目标相对于雷达天线相位中心的距离为固定，则目标回波有一个与距离 R 和 λ 相关的固定相位差 $\dfrac{4\pi R}{\lambda}$。

如果目标相对于雷达天线相位中心的距离为变化的运动目标，设目标与雷达的初始距离为 R_0，与雷达相对的运动速度为 v_r，则目标回波相位差近似为 $\dfrac{4\pi(R_0-v_r t)}{\lambda}$，它是一个时间 $v_r t$ 的函数。

如果 v_r 为目标与雷达相对的匀速运动速度，则目标的多普勒频率 f_d 为

$$f_\mathrm{d}=\dfrac{1}{2\pi}\dfrac{d\left[\dfrac{4\pi(R_0-v_r t)}{\lambda}\right]}{dt}=\dfrac{2v_r}{\lambda} \qquad (13-5)$$

对于雷达一维距离像目标、二维成像目标，可以认为由大量散射点目标组成的回波信号，其目标回波信号模型可表示为

$$\begin{aligned}S_{1\mathrm{r}}(t)=&\sum_{k=1}^{L}\sum_{n=-\infty}^{\infty}A_k\cdot\mathrm{rect}\left(\dfrac{t-nT_\mathrm{PRI}-2R_k/c}{T_\mathrm{p}}\right)\cdot\\ &\exp\left[\mathrm{j}2\pi f_\mathrm{c}(t-nT_\mathrm{PRI})-\mathrm{j}\dfrac{4\pi R_k}{\lambda}+\mathrm{j}\pi k_r(t-nT_\mathrm{PRI}-2R_k/c)^2\right]\end{aligned}\qquad(13-6)$$

式中，L 为场景中散射点的个数；A_k 为第 k 个散射点回波的幅度因子；R_k 为第 k 个散射点到天线相位中心的距离。

对于二维成像中的 SAR 目标回波仿真，有两点特别注意：一是回波信号在方位向要保持一定的相关性，这直接关系到雷达处理目标回波时在方位向的压缩结果；二是需要对距离徙动即方位向回波在距离向的偏移进行仿真，这是影响 SAR 成像结果的一个重要因素。此外，考虑到雷达天线扫描对回波信号幅度加权的影响，以及为了满足成像处理中方位滤波器参数估计的需要，需要特别考虑天线波束加权对 SAR 回波信号的影响。

13.2.2 干扰建模

干扰包括拖引干扰、梳状谱干扰、扫频噪声干扰、噪声阻塞压制干扰、噪声瞄频干扰、切片转发干扰、密集假目标干扰等。

1. 拖引干扰建模

拖引干扰对雷达自动距离跟踪系统进行干扰，能够使雷达接收机失去对真实目标的跟踪，拖引干扰分为距离拖引干扰、速度拖引干扰和距离速度联合拖引干扰三种。

设真实目标回波信号为

$$S_r(t)=A \cdot \exp\left\{2\pi j(f_c+f_d)\left[t-\frac{2R(t)}{c}\right]\right\} \quad (13-7)$$

则距离拖引干扰为

$$J(t)=A \cdot \exp\left\{2\pi j(f_c+f_d)\left[t-\frac{2R(t)}{c}-\Delta t\right]\right\} \quad (13-8)$$

式中，

$$\Delta t = \begin{cases} 0, & 0 \leqslant t \leqslant t_1 (\text{停止拖引期}) \\ v(t-t_1)/c \text{ 或 } a(t-t_1)^2/2c, & t_1 \leqslant t \leqslant t_2 (\text{距离拖引期}) \\ 干扰关, & t_2 \leqslant t \leqslant t_3 (\text{干扰关闭期}) \end{cases} \quad (13-9)$$

式中，v 为假目标速度；a 为假目标加速度。

速度拖引干扰为

$$J(t)=A \cdot \exp\left\{2\pi j(f_c+f_d+\Delta f_d)\left[t-\frac{2R(t)}{c}\right]\right\} \quad (13-10)$$

式中，

$$\Delta f_d = \begin{cases} 0, & 0 \leqslant t \leqslant t_1 (\text{停止拖引期}) \\ 2v/\lambda \text{ 或 } 2a(t-t_1)/\lambda, & t_1 \leqslant t \leqslant t_2 (\text{速度拖引期}) \\ 干扰关, & t_2 \leqslant t \leqslant t_3 (\text{干扰关闭期}) \end{cases} \quad (13-11)$$

距离速度联合拖引干扰为

$$J(t) = A \cdot \exp\left\{2\pi j(f_c + f_d + \Delta f_d)\left[t - \frac{2R(t)}{c} - \Delta t\right]\right\} \quad (13\text{-}12)$$

其中，匀速拖引时：

$$\Delta t = \begin{cases} 0, & 0 \leq t \leq t_1 (\text{停止拖引期}) \\ v(t-t_1)/c, & t_1 \leq t \leq t_2 (\text{距离拖引期}) \\ \text{干扰关}, & t_2 \leq t \leq t_3 (\text{干扰关闭期}) \end{cases} \quad (13\text{-}13)$$

$$\Delta f_d = \begin{cases} 0, & 0 \leq t \leq t_1 (\text{停止拖引期}) \\ 2v/\lambda, & t_1 \leq t \leq t_2 (\text{速度拖引期}) \\ \text{干扰关}, & t_2 \leq t \leq t_3 (\text{干扰关闭期}) \end{cases} \quad (13\text{-}14)$$

加速拖引时：

$$\Delta t = \begin{cases} 0, & 0 \leq t \leq t_1 (\text{停止拖引期}) \\ a(t-t_1)^2/2c, & t_1 \leq t \leq t_2 (\text{距离拖引期}) \\ \text{干扰关}, & t_2 \leq t \leq t_3 (\text{干扰关闭期}) \end{cases} \quad (13\text{-}15)$$

$$\Delta f_d = \begin{cases} 0, & 0 \leq t \leq t_1 (\text{停止拖引期}) \\ 2a(t-t_1)/\lambda, & t_1 \leq t \leq t_2 (\text{速度拖引期}) \\ \text{干扰关}, & t_2 \leq t \leq t_3 (\text{干扰关闭期}) \end{cases} \quad (13\text{-}16)$$

2. 梳状谱干扰建模

梳状谱干扰属于压制性干扰，梳状谱干扰是指在雷达的工作频段内进行阻塞干扰，即加入有梳状频谱的强干扰信号，这些干扰信号集中在频段内的某些频率点上，从而破坏雷达目标回波信号的相关性，使雷达无法对目标进行正确的判断。以 n 个正弦波信号的和表示梳状谱干扰信号：

$$J(t) = \sum_{j=1}^{n} a_j \sin(2\pi f_j t) \quad (13\text{-}17)$$

式中，a_j 为干扰幅度；f_j 为干扰频点。

3. 扫频噪声干扰建模

扫频噪声干扰的扫频原理是使带通噪声的中心频率以速度 v 周期性地使频率从 $f_{\max}$ 到 $f_{\min}$ 逐渐变化。扫频周期 T 为

$$T = \frac{f_{\max} - f_{\min}}{v} \quad (13\text{-}18)$$

扫频噪声干扰中的干扰信号通常采用噪声调频方式。扫频噪声干扰信号的表达式为

$$J(t) = A_j \cos[2\pi(f_j + \Delta f_j)t + \varphi] \quad (13\text{-}19)$$

式中，f_j 为调制噪声的中心频率；Δf_j 为噪声带宽；φ 在 $[0, 2\pi]$ 上均匀分布，

且 f_j 与独立；A_j 为噪声调频信号的幅度。

4. 噪声阻塞压制干扰建模

噪声阻塞压制干扰可采用噪声调频干扰方式，其表达式为

$$J(t) = A_j \cos\left[\omega_j t + 2\pi K_{FM} \int_0^t u(t') \mathrm{d}t' + \varphi\right] \quad (13-20)$$

式中，调制噪声 $u(t')$ 是均值为零、广义平稳的随机过程，φ 在 $[0, 2\pi]$ 上均匀分布，且与 $u(t')$ 独立；A_j 为噪声调频信号的幅度；ω_j 为噪声调频信号的中心频率；K_{FM} 为调频斜率。

5. 噪声瞄频干扰建模

雷达回波信号中心频率 f_r、频谱宽度 Δf_r，噪声干扰信号中心频率 f_0、频谱宽度 Δf_0，如果它们之间的关系满足式（13-21），则称为噪声瞄频干扰：

$$f_0 \approx f_r + \Delta f_0 \approx (2-5)\Delta f_r \quad (13-21)$$

要对雷达实施噪声瞄频干扰，首先必须侦察截获要干扰的雷达的发射信号，然后通过参数估计得到雷达发射信号的中心频率和频谱宽度，干扰机依据此参数和式（13-21）产生相应的噪声信号，最后由干扰机天线发射出去。

6. 切片转发干扰建模

设雷达发射的脉冲串为

$$s(t) = \sum_{n=-\infty}^{\infty} p(t - nT_{PRI}) \quad (13-22)$$

式中，T_{PRI} 为脉冲重复周期。每个发射脉冲为

$$p(t) = \mathrm{rect}\left(\frac{t}{T_p}\right) \exp\{j2\pi f_c t + j\pi k_r t^2\} \quad (13-23)$$

式中，T_p 为雷达发射信号的脉冲宽度；f_c 为雷达载频；k_r 为发射信号的调频斜率；$\mathrm{rect}\left(\dfrac{t}{T_p}\right)$ 的定义见式（13-3）。

切片转发干扰是在接收雷达发射信号的基础上模拟目标回波进行转发，形成干扰信号。设雷达目标回波信号模型为

$$S_r(t) = \sum_{n=-\infty}^{\infty} A p(t - nT_{PRI} - 2R/c) \quad (13-24)$$

切片转发干扰中一般侦收雷达发射信号的宽度和切片的宽度保持一致，切片转发干扰模型为

$$J(t) = \mathrm{rect}(t) S_r(t-\tau) = \mathrm{rect}(t) \sum_{n=-\infty}^{\infty} A p(t - \tau - nT_{PRI} - 2R/c) \quad (13-25)$$

式中，τ 为切片宽度。

7. 密集假目标干扰建模

密集假目标干扰中，干扰侦收的脉冲宽度和被侦收的雷达的发射脉冲宽度一致，干扰延时任意设置，干扰转发周期任意设置。密集转发干扰模型为

$$J(t) = \sum_{n=-\infty}^{\infty} \sum_{m=1}^{M} Ap(t - nT_{PRI} - 2R/c + \tau_0 + m\tau_1) \quad (13-26)$$

式中，τ_0 为干扰延时；τ_1 为干扰转发周期；m 为假目标数量。

13.2.3 杂波建模

雷达平台可分为固定平台（如地基雷达）杂波和运动平台（如机载雷达）杂波，其杂波特性差别较大。对于固定平台杂波，由于地物相对雷达无相对运动或相对运动特征较小，其能量主要分布在零频附近。对于运动平台杂波，由于雷达自身的运动，使得不同方位和不同距离的地物相对雷达呈现不同的径向速度，其杂波能量分散在不同的距离和速度上。

功能简单的地面雷达对杂波仿真精确度要求不高，杂波建模通常采用统计模型，杂波的幅度分布函数采用对数正态分布、韦布尔分布和K分布等，杂波功率谱分布函数采用高斯分布。

数字相控阵体制雷达，尤其是运动平台载雷达，功能一般比较复杂，对杂波仿真逼真度要求高，杂波建模通常采用物理模型，与统计模型相比较，物理模型仿真精度高，计算量大。随着雷达对杂波仿真要求的不断提高，基于物理模型的杂波建模成为当前的主要方法。下面以机载雷达为例，介绍杂波物理模型建模方法。

根据雷达平台运动、天线波束和扫描参数，以及被雷达照射物体与雷达空间几何位置参数，计算出雷达杂波照射区域，采用网格法，将杂波照射区域划分为网格，每个网格视为一个点杂波散射体，然后由雷达方程得到每个网格的点杂波的功率。

杂波散射单元功率 P_r 的计算公式为

$$P_r = \frac{P_t G_t(\theta, \varphi) G_r(\theta, \varphi) \lambda^2 \sigma}{(4\pi)^3 L_a L_s R^4} \quad (13-27)$$

式中，P_t 为雷达发射机功率；$G_t(\theta, \varphi)$ 为发射天线的增益；σ 为目标的雷达截面积（radar cross-section，RCS）；$G_r(\theta, \varphi)$ 为接收天线的增益；λ 为雷达发射信号的波长；L_a 为大气衰减因子；L_s 为系统的所有合计耗损因子；R 为距离。

再对杂波散射单元进行延迟和多普勒频率调制，并把所有网格的杂波散射单元进行叠加，即可得到合成的面杂波回波，公式如下：

$$C(t) = \sum_{m=1}^{M} \sum_{n=1}^{N} \sqrt{P_{mn}(\theta,\varphi)} S(t-\tau_{mn}) \exp(j2\pi f_{dmn}t) \qquad (13-28)$$

式中，m 为距离向杂波单元数；n 为方位向杂波单元数；$S(t-\tau_{mn})$ 为杂波散射单元回波；τ_{mn} 为延迟调制；f_{dmn} 为多普勒调制。

13.3 射频回波模拟器设计

13.3.1 功能

根据使用需求，常用的射频回波模拟器具有目标和干扰信号模拟，功能如下。

（1）在雷达工作方式下，产生反映目标真实电磁信号特征的射频目标信号和干扰信号。

（2）模拟目标信号：包括速度、距离、角度（在注入条件下）等特征。

（3）模拟干扰信号：包括拖引干扰、梳状谱干扰、扫频噪声干扰、噪声阻塞压制干扰、噪声瞄频干扰、切片转发干扰、密集假目标干扰等。

（4）射频回波信号的输出方式：根据雷达实际需要，选择辐射方式或射频电缆注入方式。

13.3.2 主要技术指标

（1）射频输入频率：雷达发射信号输入模拟器的射频信号载波频率值，单位一般为 MHz 或 GHz。

（2）射频输入信号动态范围：雷达发射信号输入模拟器接收端的信号大小变化范围，单位一般为 dB。

（3）最大输出功率：模拟器输出射频回波信号最大功率值，单位一般为 dBm。

（4）输出功率衰减控制范围：模拟器输出信号大小控制范围，单位为 dB。

（5）输出功率控制步进：模拟器输出信号控制最小量化值，单位一般为 dB。

（6）目标距离范围：模拟目标与雷达径向距离范围，单位一般为 km。

（7）目标距离精度：模拟目标距离精度值，单位一般为 m。

（8）目标速度范围：模拟目标与雷达径向运动速度范围，单位一般为 m/s。

（9）目标速度精度：模拟目标运动速度精度值，单位一般为 m/s。

（10）目标数量：同时模拟射频目标最大数量。

（11）目标输出瞬时带宽：模拟输出信号最大基带带宽，单位一般为 MHz 或 GHz。

（12）目标输出杂散：由信号谐波、交调和相位噪声等引起的杂散，单位为dBc。

（13）目标输出信号形式：模拟输出信号波形及调制样式，如单载频脉冲、线性调频脉冲、相位编码脉冲等。

（14）宽带噪声干扰带宽：宽带干扰信号覆盖频率范围，单位一般为MHz。

（15）窄带噪声干扰带宽：窄带干扰信号覆盖频率范围，单位一般为MHz。

（16）射频输出通道形式：与射频输出通道中输出信号形式有关，如目标通道中的和通道、方位差通道、俯仰差和保护通道、干扰通道等。

13.3.3 组成与原理

射频回波模拟器与被测雷达的射频信号传输方式包括注入式传输和辐射式传输。

1. 注入式射频回波模拟器

对于机械扫描或模拟相控阵的雷达任意运动轨迹、目标仿真需求，注入式射频回波模拟器能满足使用要求，其原理如图13-2所示。

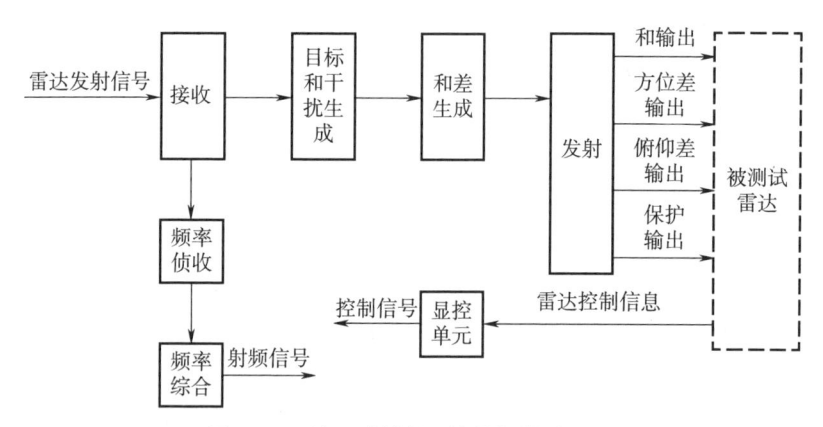

图13-2 注入式射频回波模拟器原理图

显控单元用于设置目标和干扰控制参数、接收雷达控制信息及向各模块发出控制信号，具有控制目标速度、距离、幅度、和差通道幅相等功能。

接收模块用于完成变频、幅度调制及滤波等处理，将雷达发射信号转换为中频信号，其输出信号分别送给频率侦收模块及目标和干扰生成模块。

频率侦收模块用于瞬时测频，测量结果送给频率综合模块和显控单元。

频率综合模块用于产生各模块需要的本振信号和时钟信号。

目标和干扰生成模块用于目标速度，距离和幅度调制，以及干扰信号样式调制产生。

和差生成模块用于对目标和干扰生成模块产生的信号进行合成。根据雷达鉴角曲线、波束扫描角度和目标角度信息，对中频目标和干扰信号进行和差通道的相位调制和幅度调制。

发射模块用于变频、幅度调制及滤波等处理，发射模块输出的和、方位差、俯仰差和保护等射频信号通过射频开关输入雷达接收机端口。

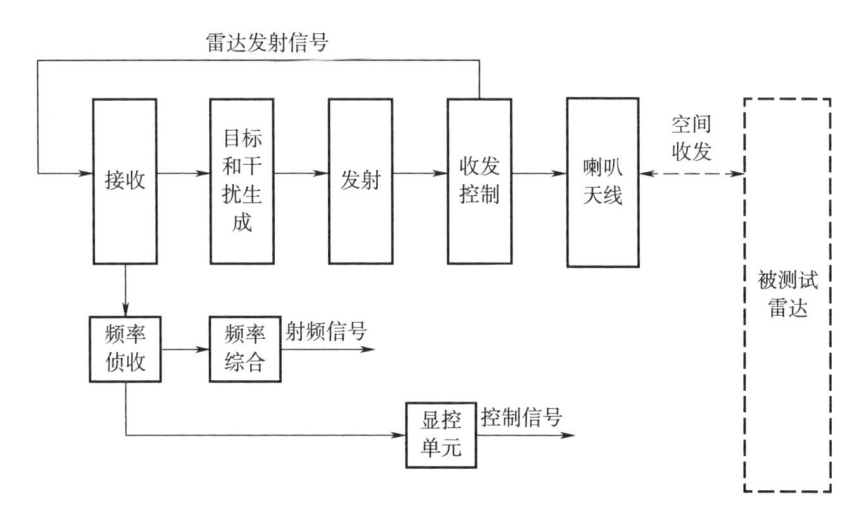

2. 辐射式射频回波模拟器

辐射式射频回波模拟器原理如图13-3所示。该模拟器适用于所有体制的雷达，包括机械扫描雷达、模拟相控阵雷达和数字相控阵雷达。

图 13-3 辐射式射频回波模拟器原理图

显控单元、接收模块、频率侦收模块、频率综合模块、目标和干扰生成模块及发射模块的功能与注入式射频回波模拟器对应模块的功能相同。

辐射式射频回波模拟器由喇叭天线完成射频信号的空间收发，通过收发控制模块，可以接收雷达发射信号或发射模拟器输出的射频回波信号。发射模块输出的射频信号经收发控制模块、喇叭天线辐射给雷达天线。

13.3.4 硬件模块设计

1. 接收模块

接收模块原理如图13-4所示。接收模块通过混频、滤波、放大和滤波，将雷达中心频率快速变化的发射信号变换成固定中心频率的中频信号。

采用与发射模块共用的本振信号。本振信号通过带通滤波器，可有效滤除发射模块泄漏的射频和中频分量，从而实现收发通道高隔离度要求。

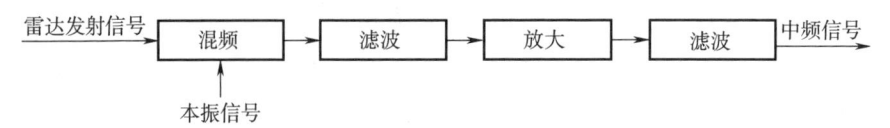

雷达发射信号 → 混频 → 滤波 → 放大 → 滤波 → 中频信号
　　　　　　　　↑
　　　　　　本振信号

图 13-4　接收模块原理图

2. 发射模块

发射模块原理如图 13-5 所示。发射模块通过对中频信号和本振信号进行混频、滤波、放大、滤波和数控衰减，将中频信号上变频到射频信号。发射模块内的数控衰减器用于射频信号输出功率控制。

中频信号 → 混频 → 滤波 → 放大 → 滤波和数控衰减 → 射频信号
　　　　　　↑
　　　　本振信号

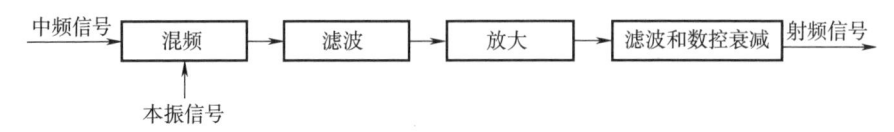

图 13-5　发射模块原理图

3. 频率综合模块

频率综合模块原理如图 13-6 所示，信号产生原理如下。

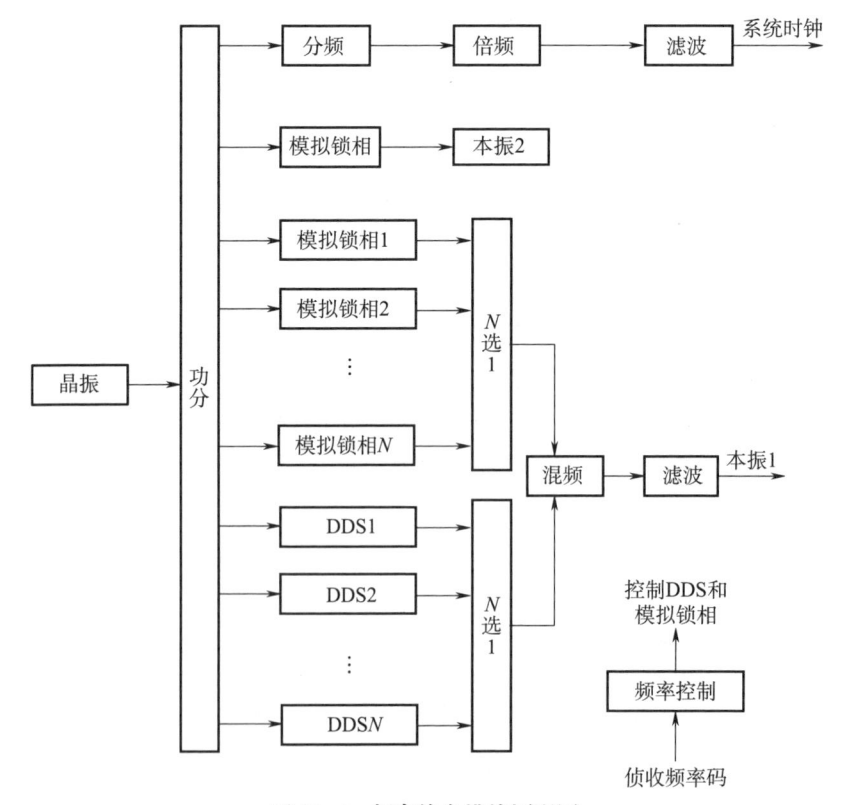

图 13-6　频率综合模块原理图

（1）系统时钟：通过分频、倍频、滤波等电路产生该信号。

（2）本振2：采用模拟锁相电路，实现与晶振信号相参。

（3）本振1：模拟器适应雷达捷变频依赖于本振1的随动跳频。该信号通过模拟锁相阵列和直接数字式频率合成器（DDS）阵列混频滤波后得到，各阵列的输出受来自频率侦收模块的侦收频率码控制，本振1信号的变化与雷达信号频率变化相关联。

4. 频率侦收模块

频率侦收模块用于对雷达工作频段内信号的频率进行瞬时测量，其输出为频率码。频率侦收可采用比相法等方法，采用比相法的频率侦收模块原理如图13-7所示。雷达射频输入信号经限幅放大、功分器后，同时送给多个相关器和延迟器，其输出经相检和量化处理后送数据处理，最终输出频率码。多个相关器和延迟器并行工作可提高频率测量精度。

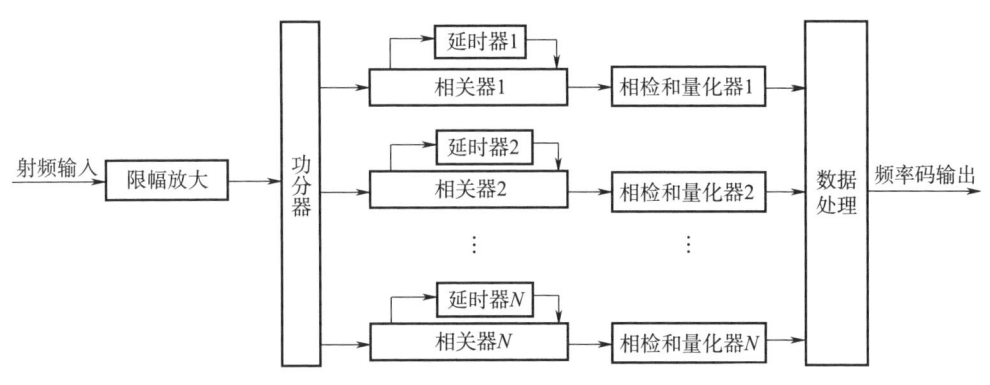

图13-7 比相法频率侦收模块原理图

5. 目标和干扰生成模块

目标和干扰生成模块原理如图13-8所示，其包括数字储频组件（DRFM）和噪声干扰组件。

数字储频组件产生与雷达信号相参的运动目标回波信号，以及距离欺骗、速度欺骗、假目标等各种欺骗干扰信号。数字储频组件由A/D、D/A、DDS、混频、存储器和幅度控制等电路组成，可通过控制接口对目标和欺骗干扰参数进行控制。采用数字储频方法实现目标和欺骗干扰模拟的优点是回波距离和速度控制灵活方便、相参性较好，容易实现相参多目标、多假目标的模拟。

噪声干扰组件由数字噪声源、函数发生器、数字合成、数字上变频、D/A和幅度控制等电路组成，可通过控制接口对噪声干扰参数进行控制。该组件采用数字方法产生带限白噪声信号，然后与函数发生器的输出进行数字合成，经数字上变频、D/A变换、幅度控制等处理后生成中频噪声干扰信号。

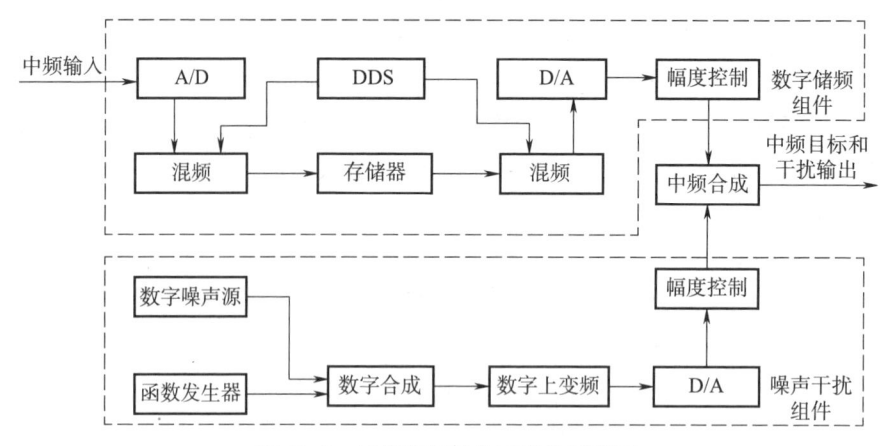

图 13-8 目标和干扰生成模块原理图

噪声干扰组件输出与数字储频组件的输出在中频合成模块处理后输出中频目标和干扰信号。

6. 和差生成模块

和差生成模块原理如图 13-9 所示。和差生成模块由功率分配器和数字幅相控制器组成，通过 4 路数字幅相控制器实现和信号、方位差信号、俯仰差信号和保护信号的幅度和相位控制，生成中频和、中频方位差、中频俯仰差和中频保护等信号。

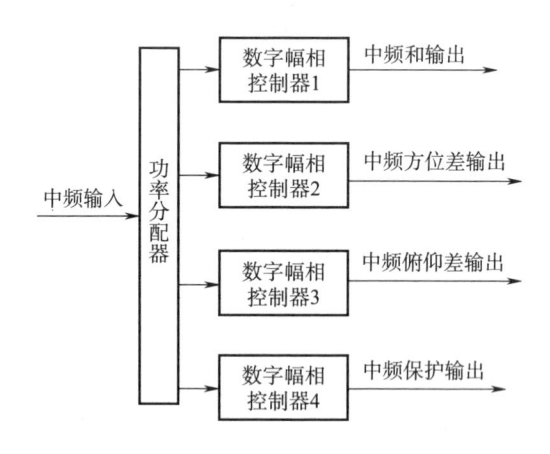

图 13-9 和差生成模块原理图

7. 显控单元

显控单元主要完成模拟器目标和干扰控制界面的设置、显示，接收雷达控制信息，计算处理模拟器各个模块控制参数并实时输出至各个模块。

显控单元原理如图 13-10 所示，显控单元主要由显控处理器、显示器、人机输入设备、雷达控制输入接口、模拟器各个模块输入/输出接口等部分组成。

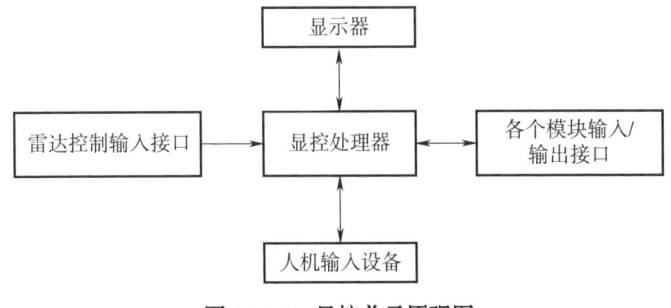

图 13-10　显控单元原理图

13.4　数字回波模拟器设计

13.4.1　功能

数字回波模拟器用于雷达信号处理分系统的指标测试和用户模拟训练，包括雷达在复杂电磁环境中的抗干扰、目标检测、目标跟踪、目标识别等能力的测试验证。

主要功能包括：

（1）具有对用户想定的场景预先编辑、加载功能；

（2）模拟目标特性包括运动特性、微动特性、一维距离像特性、RCS、极化特性、二维像特性和目标模拟数量；

（3）模拟干扰类型包括压制干扰、欺骗干扰等；

（4）按照雷达工作调度的控制指令和时序，实时产生数字回波信号。

13.4.2　技术指标

1．模拟目标信号的典型指标

（1）运动特性：目标运动距离、速度、加速度、轨迹等。

（2）一维距离像特性：目标多散射点幅度在不同距离上的分布特性，形成目标距离维的图像，参数包括与雷达照射频率和照射目标角度相关的散射点数量、每个散射点对应的回波幅度。

（3）RCS：雷达散射截面积（单位为平方米）。

（4）极化特性：目标电磁波信号在传播截面上随时间变化的轨迹特性，极化方式有水平、垂直、圆、线性、随机等。

（5）二维像特性：成像幅宽大小、距离向和方位向分辨率。

（6）目标模拟数量：雷达作用域中的目标数量、波束驻留时间内的目标数量。

2．模拟干扰信号的典型指标

（1）压制干扰样式：噪声瞄频、噪声阻塞、扫频噪声、梳状谱。

（2）噪声瞄频干扰：中心频率、带宽、幅度。

（3）噪声阻塞干扰：中心频率、带宽、幅度。

（4）扫频噪声干扰：扫频干扰带宽、扫频调制信号形式、扫频调制信号频率和幅度。

（5）梳状谱干扰：中心频率、带宽、梳状谱干扰频点个数、幅度。

（6）欺骗干扰样式：拖引、切片转发、密集假目标。

（7）拖引干扰：距离拖引范围、距离拖引分辨率、距离拖引重复时间、速度拖引范围、速度拖引分辨率、速度拖引重复时间、幅度。

（8）切片转发：切片宽度、切片转发周期。

（9）密集假目标干扰：假目标延时及延迟间隔、假目标数量、幅度。

（10）干扰模拟数量：模拟场景中的干扰数量，包括主瓣干扰和副瓣干扰。

3．模拟杂波信号的典型指标

（1）杂波类型：地杂波、海杂波、气象杂波。

（2）杂波模型：统计模型、物理模型。

（3）统计模型的谱分布：高斯谱、全极点谱。

（4）统计模型的幅度分布：对数正态分布、K分布、莱斯分布、瑞利分布、韦伯分布等。

（5）基于网格映像法的物理模型的杂波幅宽：距离向网格点数、方位向网格点数。

13.4.3　组成与原理

数字回波模拟器原理如图13-11所示，包括场景仿真平台和回波计算平台。其中，场景仿真平台包括场景仿真软件和计算机，回波计算平台包括回波计算软件、计算机、接口卡、加速计算卡等。

场景仿真平台功能：用户对作战场景中实体对象的编辑、作战兵力推演、战场态势显示、场景数据下发等。回波计算平台功能：场景信息接收和解析、雷达控制信息的接收和解析、目标信号计算、干扰信号计算、杂

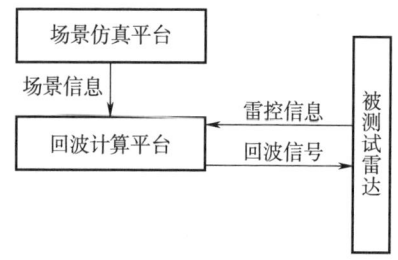

图13-11　数字回波模拟器原理图

波信号计算、回波合成、波束通道调制和回波数据打包输出处理等。

13.4.4 硬件平台设计

1. 计算机和加速计算卡选型

计算机选型要求：选用高性能 CPU、高容量的内存和显存及高速网卡。

加速计算卡选型要求：选用显存容量大和算力强的 GPU 卡，可采用多个 GPU 卡并行计算。

2. 接口卡设计

回波计算接口卡用于雷达控制信息的接收、多接口卡同步控制、外部数据输入和数字回波输出等。该接口卡具有多模多路光纤输入和输出接口，以及单模单路光纤输入和输出接口。其中，多模多路光纤输入和输出接口用于外来数据输入和数字回波数据输出，单模单路光纤输入和输出用于雷达控制输入和多接口卡同步控制。

13.4.5 场景仿真软件设计

场景仿真软件支持场景二维和三维动态显示，用户能够编辑想定的作战场景，可构建复杂、交互、实时的战场环境，战场环境包括仿真或真实的地形、海洋环境、气象环境和电磁环境等，也包括运动实体，如飞机、舰船、车辆、导弹等，运动实体与相应回波数据库关联，形成场景回波数据，并快速传输给回波计算平台。

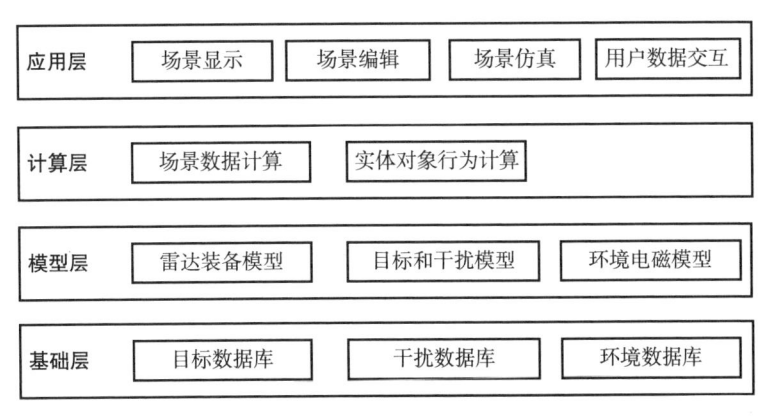

1. 场景仿真软件架构设计

场景仿真软件架构如图 13-12 所示，分为基础层、模型层、计算层和应用层，各层之间以标准接口的形式进行调用，有较高的灵活性和适应性。其中，基础层用于实现目标、干扰和环境等数据库的管理和操作；模型层用于实现雷达装

图 13-12 场景仿真软件架构

备、目标和干扰、环境电磁等模型的建立；计算层用于场景数据的计算和场景中实体对象的行为计算；应用层用于实现场景显示、场景编辑、场景仿真运行控制、用户数据交互等。

2. 场景仿真软件主要功能

场景仿真软件主要功能包括：创建想定场景、添加实体对象、编辑轨迹、生成仿真数据、启动仿真等，具体功能如下。

（1）创建想定场景：在想定的场景中，编辑仿真目标和干扰。

（2）添加实体对象：对场景中的目标和干扰创建实体对象。实体对象可以从实体目标和干扰模型库中选择。如果实体目标和干扰模型库中没有合适的实体对象，需要编辑实体目标和干扰模型库，创建新的实体对象。

（3）编辑轨迹：对每个实体对象，需要设置航迹参数，形成目标和干扰的运动轨迹。在编辑过程中，可以通过预览，查看轨迹。

（4）生成仿真数据：在整个仿真周期中的目标和干扰随时间变化的特征数据及位置数据，需要在仿真开始之前由仿真软件预先生成。

（5）启动仿真：开始仿真后，场景软件按时间步进将目标和干扰等控制数据发送到回波计算平台进行同步计算处理。

13.4.6　回波计算软件设计

回波计算软件对雷达全空域数字回波信号进行实时计算和处理。回波计算软件实现功能包括：实时接收、解析雷控指令中的雷控参数信息、接收场景仿真相关雷达和目标参数、实时计算产生目标、干扰和杂波信号，以及对目标、干扰和杂波信号进行回波信号合成、打包处理等。

1. 回波计算软件架构设计

回波计算软件采用基于多任务并行处理方法，其软件架构由应用层、中间层和驱动层组成。应用层用于实现雷控解析、场景解析、目标仿真计算、干扰仿真计算、杂波仿真计算和回波叠加处理等；中间层用于实现通信、数据库和日志等中间件的处理；驱动层用于实现并行计算引擎、直接内存访问（DMA）驱动和网络驱动等处理。回波计算软件架构框图如图 13-13 所示。

2. 回波计算软件功能模块设计

回波计算软件主要由目标信号产生、干扰信号产生、杂波信号产生、合成回波信号产生等功能模块组成。

1）目标信号产生模块

该模块负责接收雷达控制信息和场景信息。通过对雷达控制指令解析，得到当前的雷达工作方式、脉宽、波束指向、波门中心和系统时间，通过对场景信息解析，得到目标信息数据，然后对目标进行速度、距离、幅度和通道调制计算。

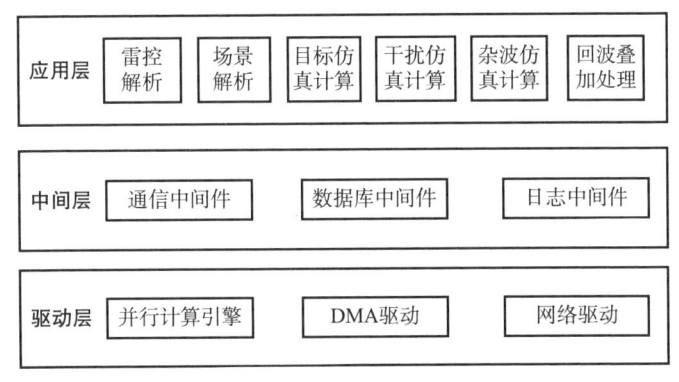

图 13-13　回波计算软件架构框图

2）干扰信号产生模块

干扰信号产生与目标信号产生流程相似。模拟器接收到雷控信息和场景输入的干扰信息，计算确定模拟干扰源的位置，确定是主瓣干扰还是副瓣干扰，并根据干扰信息数据对不同的干扰分别计算后按照距离门叠加。

3）杂波信号产生模块

模拟器根据雷控输入的雷达工作方式、波形参数、波束指向，以及雷达波瓣参数、平台运动信息，确定杂波的分布范围并按照雷达分辨率划分若干散射单元，然后按照各散射单元的散射系数，与雷达发射波形进行卷积和叠加计算。

4）合成回波信号产生模块

模拟器按照雷达定时，对全波门内的每个距离门，分别将目标信号、杂波信号和干扰信号对应的距离门进行叠加，得到合成的雷达回波信号，打包处理后发送给雷达信号处理分系统。

第 14 章

软件测试性设计

14.1 概述

14.1.1 软件测试性设计的目的

随着雷达朝数字化、软件化方向发展,过去由硬件实现的许多功能已改变为用软件实现。软件规模越来越大,复杂度越来越高,软件设计缺陷引起的软件故障显著增加,软件故障已成为雷达故障的重要来源。

尽管在雷达研制阶段已按照软件工程化要求对雷达软件进行了严格测试,软件设计缺陷率较低,但是,由于软件需求分析不完善、代码设计错误、软件测试不完备、软件版本管理不当、软件运行环境的变化等现象的存在,很难将软件缺陷完全消除在软件研制阶段,软件故障难以避免。

雷达系统软件功能复杂、接口复杂、故障机理复杂、故障场景复现难度大,雷达使用阶段出现的软件死机等复杂故障的定位尤为困难。

软件测试性设计的目的:
(1)及时发现软件故障;
(2)快速定位软件故障;
(3)实时监测和评估软件运行的健康状态,保证软件安全运行;
(4)使软件缺陷易于测试和暴露。

14.1.2 雷达软件的组成和功能

雷达软件组成如图 14-1 所示。雷达软件功能繁多,图中仅列出了部分软件。

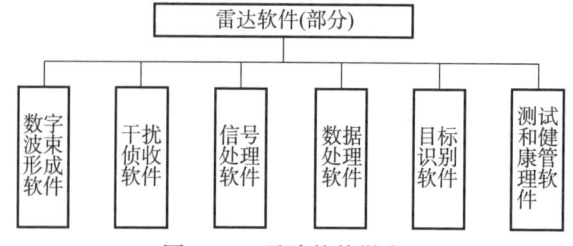

图 14-1 雷达软件组成

雷达软件功能如表 14-1 所示。

表 14-1　雷达软件功能

序号	软件名称	软件功能
1	数字波束形成软件	波束形成
2	干扰侦收软件	干扰信号分析
3	信号处理软件	脉压、MTI、恒虚警检测、点迹信息形成等
4	数据处理软件	点迹处理、航迹形成等
5	目标识别软件	目标特性识别、目标分类等
6	测试和健康管理软件	测试资源控制、测试、故障诊断、状态预测、健康评估、维修决策、维修资源管理等

14.2　软件故障模式分析

软件故障模式分析是开展软件 BIT 设计的依据。

1. 软件故障模式分析应遵循的原则

1）完整原则

软件故障模式分析应覆盖所有软件配置项（CSCI）及每个软件进程的主要功能。一个软件配置项可能包含多个软件进程，需要针对每个软件进程进行分析。

2）互不包含原则

软件的各故障模式之间是平行关系、不能相互重叠。

3）细分原则

按照故障类别对软件故障进行详细划分，软件的故障类别一般分为软件初始化故障、程序运行故障、数据传输故障、文件操作故障、软件运行资源故障、软件版本故障等。对每一类故障要进一步进行细分，例如，软件初始化故障要细分到具体的硬件端口。

2. 软件故障模式分析示例

为了满足雷达回波实时并行处理能力，雷达信号处理软件部署在多个 CPU 内，包含多个软件进程，需要针对每个软件进程开展故障模式分析。

信号处理软件的典型故障模式如下。

1）软件初始化故障

软件初始化故障是信号处理分系统加电后的软件初始化期间发生的故障，典型故障包括：DDR 初始化失败、Flash 初始化失败、PCIe 接口初始化失败、SRIO 接口初始化失败、以太网接口初始化失败、软件无法启动等。

2）程序运行故障

程序运行故障是软件运行期间发生的故障，典型故障包括：异常终止运行、异常重启、运行超时、死循环等。

3）数据传输

数据传输故障是软件之间进行数据传输时发生的故障，典型故障包括：数据发送超时、发数失败、数据接收超时、收数失败等。

4）文件操作故障

文件操作故障是软件模块对文件进行操作时发生的故障，典型故障包括：未找到文件、打开文件失败、读文件失败、写文件失败等。

5）软件运行资源故障

软件运行资源包括 CPU 资源、内存资源、Flash 存储资源等。信号处理软件的执行需要一定的软件运行资源，当软件运行资源占用率超过一定数额时，软件运行速度将显著降低，功能异常。典型软件运行资源故障包括：CPU 过载、内存耗尽、Flash 无剩余空间等。

6）软件版本故障

在软件研制期间及交付后，由于存在软件功能升级需求和修改错误需求，软件修改不可避免。在软件升级期间，如果软件版本管理不当，则会引起软件功能错误。软件版本故障包括应用软件版本号错误、软件中间件版本错误、基础软件包版本错误、数据库版本错误等。

信号处理软件进程 1 的故障模式分析示例见表 14-2。

表 14-2 信号处理软件进程 1 的故障模式分析示例

序号	故障类别	故障模式	故障代码
1	软件初始化	Flash 初始化失败	FS03-01-01
2		SRIO 接口初始化失败	FS03-01-02
3		以太网接口初始化失败	FS03-01-03
4		程序无法启动	FS03-01-04
5	程序运行	程序运行中非正常终止	FS03-01-11
6		程序死循环	FS03-01-12
7	数据传输	发数失败	FS03-01-21
8		收数失败	FS03-01-22
9	文件操作	无法找到文件	FS03-01-31
10	软件运行资源	CPU 过载	FS03-01-41
11		内存耗尽	FS03-01-42

续　表

序号	故障类别	故障模式	故障代码
12	软件版本	信号处理软件版本错误	FS03-01-51
13		VSIPL 计算中间件版本错误	FS03-01-52
14		BSP 软件版本错误	FS03-01-53

注：表中的故障代码是为每个软件故障模式设定的唯一编码，其中 FS03 是信号处理软件配置项的故障代码，中间两位是软件进程代码，最后两位代码是故障模式的序列号，所有代码用十六进制表示。表中仅为示例，只列出部分故障模式。

14.3　软件测试性需求分析

14.3.1　软件故障检测和隔离需求分析

软件 BIT 项目从对软件故障模式的检测和隔离需求分析出发来开展设计。

1. 故障检测需求分析方法

故障检测需求分析的目的是针对每个故障选择故障检测方式，并确定故障隔离模糊组要求，软件故障检测的检测方式包括加电 BIT 和周期 BIT。

加电 BIT 用于软件启动期间的故障检测。可检测的故障主要包括：DDR 初始化失败、Flash 初始化失败、PCIe 端口初始化失败、SRIO 端口初始化失败、以太网端口初始化失败、程序无法启动等软件初始化故障；无法找到文件、打开文件失败、读文件失败等文件操作故障；应用软件版本号错误、软件中间件版本错误、基础软件包版本错误、数据库版本错误等软件版本故障。

周期 BIT 用于软件正常运行期间的故障检测。可检测的故障主要包括：程序运行中非正常终止、程序异常重启、程序死循环等程序运行故障；发送超时、发数失败、接收超时、收数失败等数据传输故障；无法找到文件、打开文件失败、读文件失败、写文件失败等文件操作故障；CPU 过载、内存耗尽、Flash 存储无剩余空间等软件运行资源故障。

2. 故障隔离需求分析方法

故障隔离需求分析的目的是针对每个故障的故障隔离难度合理选择故障隔离模糊组的大小。软件故障隔离主要是将故障隔离到指定的软件进程或进程组合，进程数量一般是 1~3 个。

初始化故障、资源故障、文件操作故障、程序运行故障及版本错误故障一般由程序本身问题引起，不存在隔离模糊，可隔离至指定单个进程。

软件故障隔离模糊主要集中在软件进程之间的数据传输故障，需要基于进程之间的数据流接口关系，判断数据流是否正常及发生异常的位置。例如，软件进程收数失败需要结合上级软件进程发数是否正常来隔离发生故障的软件进程，软件进程发数失败需要结合软件进程收数是否正常及上级软件进程发数是否正常来隔离发生故障的软件进程。

3. 测试性需求分析示例

测试性需求分析步骤如下。

（1）故障检测需求分析：按照前述方法开展故障检测需求分析，针对每个故障，确定 BIT 类型。

（2）故障隔离需求分析：按照前述方法开展故障隔离需求分析，针对每个故障的特点，合理选择故障隔离模糊组大小；

分析示例见表 14-3，表中各栏填写要求如下。

（1）软件名称：填写软件进程名称。

（2）故障模式：填写软件进程对应的故障模式。

（3）故障代码：填写故障模式对应的代码，该代码已在故障模式分析的时候定义。

（4）故障检测需求：填写故障检测方式（加电 BIT、周期 BIT、启动 BIT），填写"〇"表示选择，填写"—"表示不选择。

（5）BIT 故障隔离需求：填写模糊组大小，填写"〇"表示选择，填写"—"表示不选择，每个故障模式只能选择一种模糊组。

表 14-3　信号处理软件的故障检测和隔离需求

软件进程名称	故障模式	故障代码	故障检测需求 加电BIT	故障检测需求 周期BIT	故障检测需求 启动BIT	故障隔离需求 隔离到1个进程	故障隔离需求 隔离到2个进程	故障隔离需求 隔离到3个进程
信号处理软件进程 1	Flash 初始化失败	FS03-01-01	〇	—	—	〇	—	—
	SRIO 接口初始化失败	FS03-01-02	〇	—	—	〇	—	—
	以太网接口初始化失败	FS03-01-03	〇	—	—	〇	—	—
	程序无法启动	FS03-01-04	〇	—	—	〇	—	—
	程序运行中非正常终止	FS03-01-11	—	〇	—	〇	—	—
	程序死循环	FS03-01-12	—	〇	—	〇	—	—
	发数失败	FS03-01-21	—	〇	—	—	〇	—

续 表

软件 进程名称	故障模式	故障代码	故障检测需求			故障隔离需求		
			加电 BIT	周期 BIT	启动 BIT	隔离到 1个进程	隔离到 2个进程	隔离到 3个进程
信号 处理软件 进程1	收数失败	FS03-01-22	—	○	—	—	○	—
	无法找到文件	FS03-01-31	○	○	—	○	—	—
	CPU 过载	FS03-01-41	—	○	—	○	—	—
	内存耗尽	FS03-01-42	—	○	—	○	—	—
	信号处理软件版本错误	FS03-01-51	○	—	—	○	—	—
	VSIPL 计算中间件版本错误	FS03-01-52	○	—	—	○	—	—
	BSP 软件版本错误	FS03-01-53	○	—	—	○	—	—

注：填写"○"表示选择，填写"—"表示不选择。

14.3.2 软件 BIT 项目需求分析

软件 BIT 项目需求分析的目的是针对每一个软件故障分配的 BIT 检测和隔离需求，确定用于故障检测和隔离的 BIT 项目，为软件 BIT 设计提供依据。

软件 BIT 项目需求分析主要依赖的输入信息是故障检测和隔离需求分析的输出、软件组成和处理流程。测试项目需求分析的输出是软件 BIT 项目清单。

软件故障检测的 BIT 项目主要分析软件初始化故障、程序运行故障、数据传输故障、文件操作故障、软件运行资源故障、版本错误等故障检测所需要的测试项目。

软件故障隔离的 BIT 项目主要分析的是数据传输故障等由于软件之间的数据交互引起的故障。被监测软件进程出现故障征兆，但故障源有可能是被监测软件进程的上游软件。

除此之外，软件 BIT 项目监测还应包括软件部署的位置、IP 地址等静态信息，便于反映软件与硬件的映射关系。

采用以上的软件 BIT 项目需求分析方法对表 14-3 所示的信号处理软件故障进行分析，得到软件 BIT 项目需求分析示例，如表 14-4 所示。

表 14-4 软件 BIT 项目需求分析示例

BIT 项目	BIT 类型 加电 BIT	BIT 类型 周期 BIT	BIT 类型 启动 BIT	可检测或隔离的故障 故障名称	可检测或隔离的故障 故障代码
信号处理软件版本	○	○	○	信号处理软件版本错误	FS03-01-51
VSIPL 计算中间件版本	○	○	○	VSIPL 计算中间件版本错误	FS03-01-52
BSP 软件版本	○	○	○	BSP 软件版本错误	FS03-01-53
Flash 初始化状态	○	—	—	Flash 初始化失败	FS03-01-01
SRIO 端口初始化状态	○	—	—	SRIO 端口初始化失败	FS03-01-02
以太网初始化状态	○	—	—	以太网端口初始化失败	FS03-01-03
启动时间	○	—	○	程序无法启动	FS03-01-04
启动时间	○	—	○	程序运行中非正常终止	FS03-01-11
进程/任务状态	—	○	—	程序死循环	FS03-01-12
任务进入时间	—	○	—	程序死循环	FS03-01-12
CPU 占用率	—	○	○	CPU 过载	FS03-01-41
内存占用率	—	○	○	内存耗尽	FS03-01-42
数据发送计数	—	○	—	发数失败	FS03-01-21
数据接收计数	—	○	—	收数失败	FS03-01-22
查找文件状态	○	○	○	无法找到文件	FS03-01-31

注：填写"○"表示选择；填写"—"表示不选择。

14.4 软件 BIT 设计准则

软件 BIT 设计准则如下：
（1）应根据软件故障检测和隔离需求分析确定软件 BIT 项目；
（2）软件 BIT 应重点针对难以通过软件测试发现的故障；
（3）软件 BIT 应重点针对软件使用阶段易发生的故障；
（4）软件 BIT 应重点针对难以通过人机界面观测的故障；
（5）软件 BIT 应重点针对软件死机、崩溃等危害度高的故障；
（6）软件 BIT 程序若驻留在被监测软件的处理器内，不应影响被监测软件的可靠运行；
（7）软件 BIT 信息应能上报给测试和健康管理分系统；
（8）软件 BIT 除了包含反映软件运行状态的项目，还应包括软件部署的位置、版本号等静态信息。

14.5 软件 BIT 设计

14.5.1 资源类故障 BIT 设计

对 CPU 各核的资源占用率进行监测，CPU 核资源占用率计算方法见式（14-1）。当 CPU 核资源占用率超出设定阈值时，进行 CPU 核过载故障报警提示。

$$P_{\text{CPU}} = \frac{T_{\text{total}} - T_{\text{idle}}}{T_{\text{total}}} \times 100\% \qquad (14-1)$$

式中，P_{CPU} 为 CPU 核资源占用率；T_{total} 为监测窗口内 CPU 核的总运行时间；T_{idle} 为监测窗口内 CPU 核的空闲任务运行时间。

对系统内存资源占用率进行监测，当系统内存资源占用率超出设定阈值时，进行系统内存耗尽故障报警提示。当空闲内存大小出现逐步减少的趋势时，进行内存泄漏故障告警。内存资源占用率计算公式如下：

$$P_{\text{mem}} = \frac{M_{\text{total}} - M_{\text{spare}}}{M_{\text{total}}} \times 100\% \qquad (14-2)$$

式中，P_{mem} 为内存资源占用率；M_{total} 为内存总大小；M_{spare} 为剩余内存大小。

14.5.2 软件死循环故障 BIT 设计

任务死循环故障发生在某些未曾意料的情况下，任务陷入死循环，导致 CPU 资源被其一直抢占，其他任务无法执行，造成"假死机"的情况。

任务死循环故障检测原理如图 14-2 所示，包括任务运行状态检测、任务循环入口计数检测、任务 CPU 占用率检测和任务死循环异常判断四个环节。

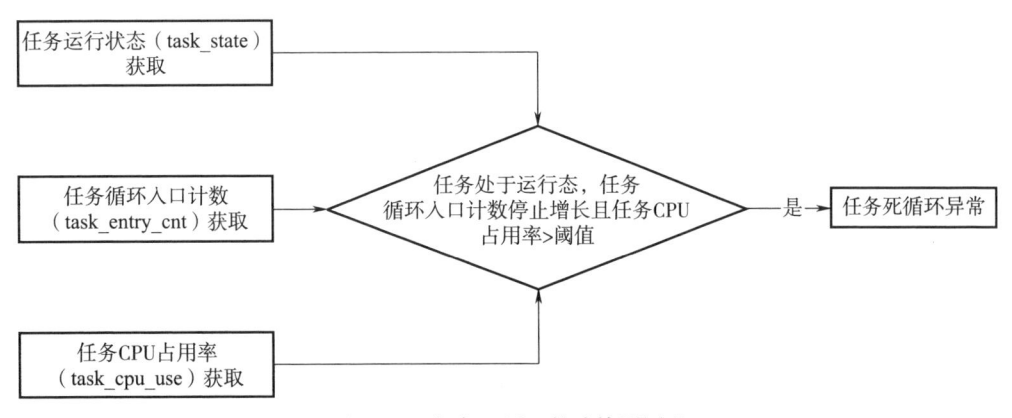

图 14-2 任务死循环故障检测原理

1. 任务运行状态监测

以 VxWorks 系统为例，任务的运行状态包括运行、阻塞、就绪、挂起、终止等。当任务发生异常时，任务被挂起或终止，不再参与任务调度，导致系统功能受到影响。通过调用系统的任务状态获取 API 接口函数，可以获得指定任务的运行状态。

2. 任务 CPU 占用率监测

任务 CPU 占用率 P_t 的计算方法见式（14-3）。当检测到任务 CPU 占用率超出指定阀值时，可判断任务抢占 CPU 资源并进行告警提示：

$$P_t = \frac{T_{\text{task}}}{T_{\text{total}}} \times 100\% \qquad (14-3)$$

3. 任务循环入口计数监测

通过在待监测任务循环的入口插桩，当任务完成一次处理循环回到入口处，则对入口计数进行更新。伪代码如下所示。

```
Void task()
{
    while(1)
    {
        task_entry_cnt++;
        任务程序代码
    }
}
```

4. 任务死循环异常判断

任务死循环异常的判断条件如下：

（1）任务运行状态为正常运行态；

（2）任务入口计数停止增长；

（3）任务 CPU 占用率超出指定阈值。

当这三个条件同时满足时，则可判断该任务可能处于死循环，需要进行告警提示。

14.5.3 版本错误 BIT 设计

软件版本可采用规范格式（如 x.y.z）或者采用编译时间来表示，由被监测软件在初始化时获取，周期上报给测试和健康管理软件。软件版本错误检测原理如图 14-3 所示。测试和健康管理软件将当前软件版本和该版本首次更新的时间记录到数据库，通过比对数据库中的历史版本信息，判断是否出现版本回退等错误。软件版本包括应用软件版本号、BSP 版本号、中间件版本号等。

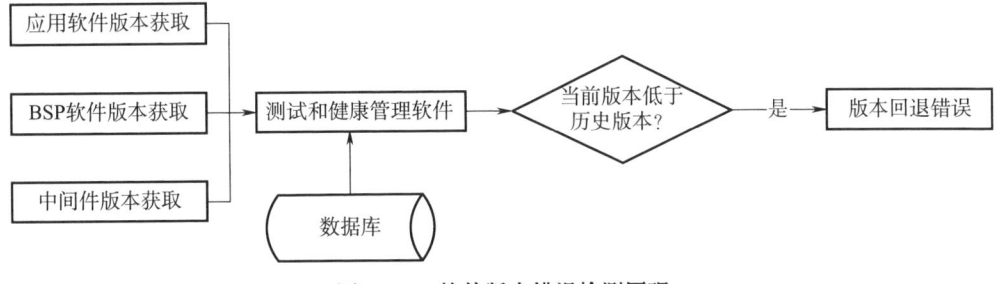

图 14-3　软件版本错误检测原理

14.5.4　数据传输故障 BIT 设计

被监测软件将其数据接收计数和数据发送计数定期更新上报给测试和健康管理软件，测试和健康管理软件基于软件之间的数据流拓扑，以及软件内部的数据收发动作依赖关系，根据软件收发计数是否停止来判断是否出现数据传输故障，并将数据传输故障隔离至指定 CSCI。

数据传输故障的主要检测和隔离规则如下：

（1）若被监测软件收数计数停止，而上级软件发数计数正常增长，则结合硬件通信 BIT 判断是否出现硬件通信故障或被监测软件接收故障；

（2）若被监测软件收数计数正常增长，而发数计数停止，则说明被监测软件发生故障；

（3）若被监测软件收发数计数均停止，则逐级往上判断上级软件是否出现数据传输故障。

14.6　软件 BIT 信息的采集

软件嵌入式监测与 BIT 信息采集架构如图 14-4 所示。雷达各应用软件将其软件 BIT 项目按照规范协议组织，通过插箱内背板上的千兆网总线发送给插箱内的系统管理模块，系统管理模块将该插箱的软件 BIT 和硬件 BIT 汇总后，统一上报给测试和健康管理软件。

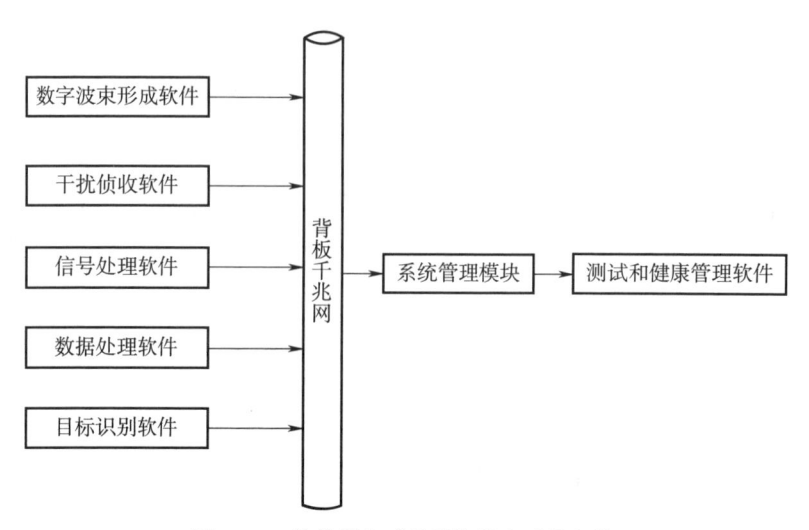

图 14-4 软件嵌入式监测与信息采集架构

第 15 章

健康管理软件设计

15.1 概述

15.1.1 软件功能

雷达健康管理软件是雷达测试和健康管理分系统的应用软件。雷达健康管理软件运行于雷达监控终端的计算机上，其典型的运行环境如图 15-1 所示。监控终端计算机与雷达其他分系统之间一般采用通信协议以组播方式进行数据交换。测试仪表主要包括信号源、示波器、频谱分析仪、功率计等，它们以 PXI、LXI 等总线形式与监控计算机连接，用于测量雷达射频信号的波形参数和频谱特征。

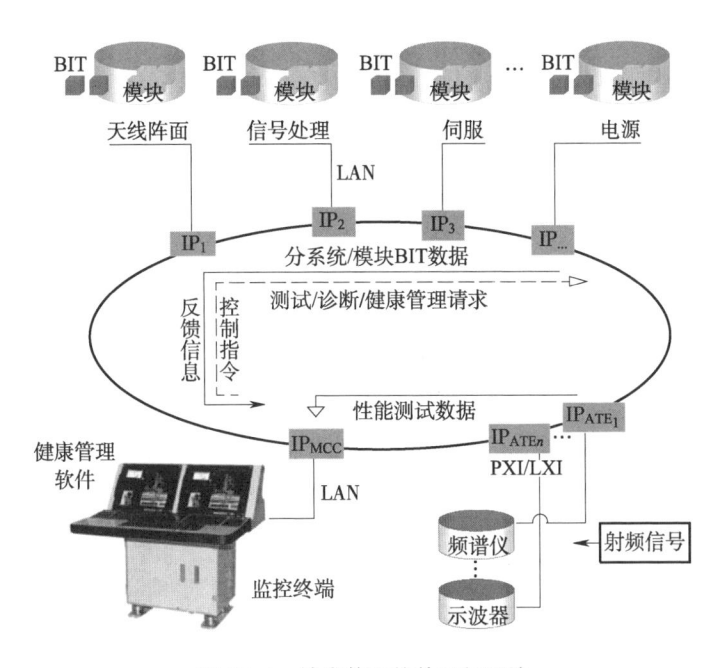

图 15-1 健康管理软件运行环境

健康管理软件的主要功能包括以下几方面。

（1）机内和机外测试资源管理。

（2）机内测试控制：选择测试项目，执行自动测试。

（3）内外协同测试控制。

（4）BIT信息采集。

（5）故障诊断。

（6）状态预测：对雷达的性能退化趋势、剩余使用寿命和可能出现的故障等状态进行预计。

（7）健康评估：对雷达的健康等级进行评估。

（8）维修保障决策：对维修项目、维修时机、维修资源需求等进行决策，并自动推送维修工单。

15.1.2 软件工作流程

雷达健康管理软件的工作流程如图15-2所示，其中业务处理环节包括以下几方面。

1. 状态监测

判断雷达系统、分系统和模块功能失效、性能下降、工作参数超限情况，指示异常状态，状态监测结果送至"故障检测"模块进行后续处理。

2. 故障检测

在加电、周期和启动三种BIT工作模式下，采用阈值比对、特征识别等检测方法发现故障征兆，将故障检测结果送至"故障隔离"模块进行后续处理。

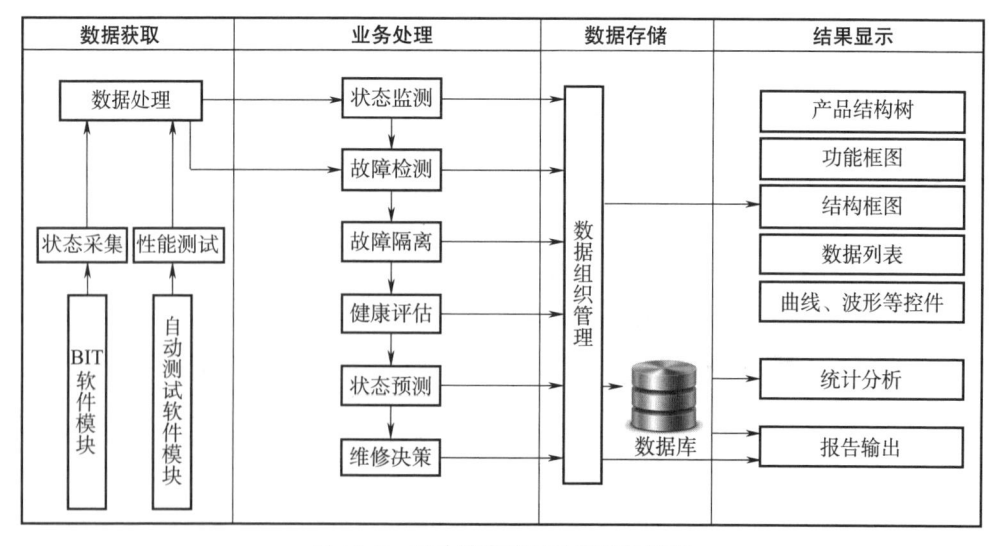

图15-2 雷达健康管理软件工作流程

3. 故障隔离

采用基于专家系统、神经网络、模型等的诊断推理方法，将故障定位到现场可更换单元（LRU）或其模糊组合，相关的算法和模型设计见第 17 章。当隔离结果存在模糊时，应消除 LRU 模糊组合中的关联故障，并按照发生概率大小对去相关后的隔离结果进行排序，将故障隔离结果送至"健康评估"模块进行后续处理。

4. 健康评估

根据雷达设备 BIT 和性能退化情况，采用定性和定量相结合的方式评估雷达健康状态，分析性能下降程度及对装备任务的影响，将健康评估结果送至"状态预测"模块进行后续处理。

5. 状态预测

完成性能退化趋势预测、剩余使用寿命预测和故障预测三类功能，将结果数据送至"维修决策"模块进行后续处理。

6. 维修决策

根据故障检测、故障隔离、健康评估、状态预测结果，给出维修决策相关信息，包括：自动生成维修作业指导书、提供维修步骤和维修方法等维修信息。

15.1.3　软件通用化设计要求

雷达健康管理软件通用化的基本要求包括：架构开放通用、功能模块可裁剪、算法模型易扩展、界面可组态化定制、运行效率高等。

为实现雷达健康管理软件的高效设计开发，需要采取以下措施。

（1）构建雷达部件库。通过引入部件库，使得同类或相似部件的结构模型、属性参数、知识准则等可直接被继承和复用，从而达到快速构建雷达产品结构树及生成相关配置文件的目的。

（2）集成丰富的开发工具套件。例如，提供了通用的接口协议解析工具，支持各种类型的复杂协议解析，无须编码，可大大提高开发效率和灵活性。

（3）图形化界面设计开发。提供丰富的组态图元库，采用拖拽式开发方式配置软件界面，降低对软件人员开发技能的依赖。

（4）免编程的任务场景和业务流程定制。

（5）构建丰富的算法模型库。例如，为故障诊断功能的实现提供了阈值比对、状态综合、相关分析等多种检测方法，以及基于故障字典、故障树、专家系统和贝叶斯网络等的在线诊断算法；为状态预测功能的实现提供了基于自回归（autoregressive，AR）、自回归移动平均（autoregressive moving average，ARMA）等线性模型及神经网络、支持向量机（support vector machine，SVM）等非线性模型的预测算法，这些算法支持自动寻优和在线学习，可以不断丰富扩展。

15.2 软件架构设计

为了适应不同型号雷达健康管理软件的快速应用开发需要，健康管理软件设计应采用"平台+构件"解决方案，即开发架构开放通用的标准平台作为基础支撑，与具体工程应用需求对应的业务功能则采用功能模块、算法构件、显示插件等形式来集成，运行时由平台动态加载、调用、执行和解释。

15.2.1 开放性要求

为了达到开放可重构的目的，建立了高内聚、低耦合的平台软件架构，通过构件实现各种业务功能。平台软件设计应遵循以下四方面开放性要求。

（1）功能开放性。符合OSA-CBM（open system architecture for condition-based maintenance）架构标准，具备状态监测、故障诊断、健康评估、状态预测、维修决策等功能；功能模块支持用户剪裁，根据应用需求可实现健康管理功能重构。

（2）业务开放性。业务知识、业务流程、业务数据的配置管理支持用户自定义，采用数据库存储各类业务数据和业务知识，提供友好的业务流程定制和维护界面，实现业务配置与软件代码解耦。具体业务处理算法模型采用中间件开发技术，做到平台无关化。

（3）接口开放性。数据接口、构件接口、显示接口、信息接口符合开放性设计要求，支持免编程的算法模型构件集成、可视化的界面开发、数据存储与管理。

（4）平台开放性。兼容多种类型的计算硬件平台和操作系统。

15.2.2 层次化架构设计

雷达健康管理软件平台的架构层次如图15-3所示，包含人机交互层、业务处理层、数据层和基础层四个层次。这四个层次相互配合，共同完成健康数据的采集、处理、存储、输出、人机交互及维修资源调度功能。

1. 人机交互层

人机交互层提供了人与平台进行信息交换和访问控制的接口，主要任务是响应用户操作请求和显示健康信息处理结果，显示元素主要包括产品结构树、功能框图、结构框图、数据列表、曲线波形、统计分析报告等。其中，产品结构树以树形控件方式呈现雷达系统、分系统、模块/组件之间的从属关系；功能框图和结构框图则以图形符号方式向用户展示雷达内部的业务处理逻辑和设备部件的部署关系。健康管理软件平台正是借助这些图形元素对雷达故障的传播关系和空间分布情况进行多角度显示，方便快速定位故障和查找原因。

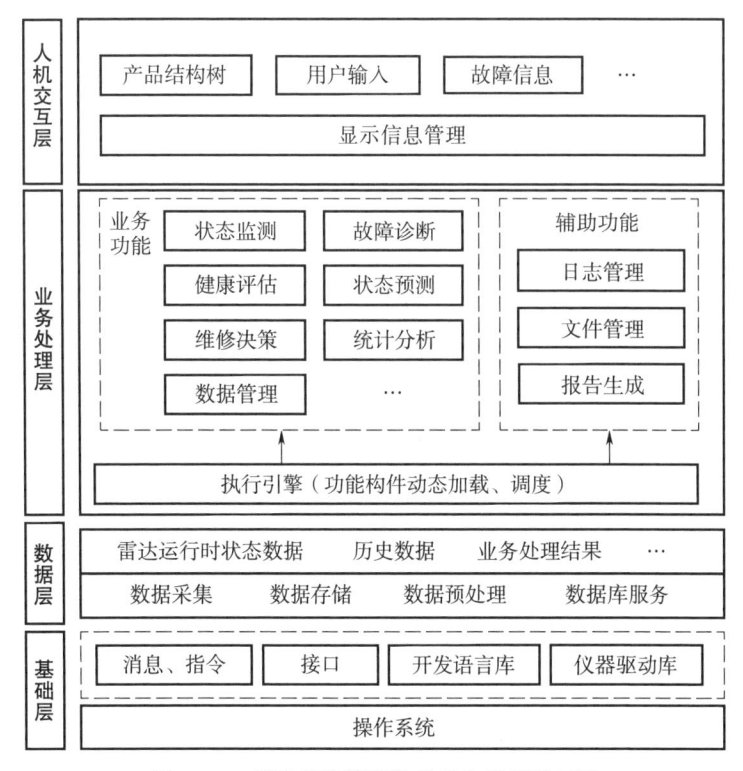

图 15–3 雷达健康管理软件平台的架构层次

2. 业务处理层

业务处理层通过加载和运行功能构件，实现健康处理软件的所有业务功能。工程应用中需对照图 15-2 所示的标准业务流程，根据实际应用需求进行功能剪裁和流程编辑，然后将事先开发验证好的算法模型以构件形式集成进来。构件执行引擎主要负责构件的加载、接口校验、工作线程执行和调度、数据和消息传递等任务。

3. 数据层

数据层提供健康数据的采集、存储和预处理功能及数据库服务。雷达健康信息处理的对象是实时接收的状态数据和历史积累数据，这些数据的存储组织方式直接决定着健康信息的处理速度和效率，影响着健康管理系统的任务有效性。设计雷达健康数据存储组织架构需要考虑以下几个方面：①健康数据产生速度快，需要与之匹配的数据存取速度；②与开放式健康管理系统架构对应，数据存储架构也应具有开放性，可灵活地添加和扩展数据；③应事先设定标准，减少数据之间的耦合，规范数据的存储和传输。为了保证健康管理软件平台的通用性，还将数据存储区划分为公共存储区和专属存储区。公共存储区存放健康管理软件平台配置信息、诊断知识、推理逻辑及雷达常规的结构化数据；专属存储区存放与具体雷达型号相关的结构化数据,以及与特定算法模型相关的非结构化数据。

4. 基础层

基础层提供支撑软件运行的底层类及第三方库,主要负责协调模块之间的系统资源、数据和消息传递。主要功能包括消息管理、指令分发、接口管理(根据接口识别、查找和自动加载模块)、仪器驱动等。

15.2.3 构件化程序开发

构件是独立于特定程序设计语言和应用系统的、面向对象且具有"自包含"和"可重用"特性的软件成分。基于构件技术的开发方法,具有开放性、易升级、易维护等优点,可有效缩短软件开发周期。微软公司推出的COM标准是个开放程度很高的构件标准,它规定了构件对象与客户进行二进制接口交互的原则,以及结构化存储、统一数据传输、智能命名和系统实现等方面的具体要求。COM定义了一套COM组件的编写规范,要构造COM组件必须遵循这个规范,这个规范并没有规定编写语言和使用平台,这就是COM组件的语言无关性和平台无关性特征。遵循COM组件规范编写的组件可以任意组合、相互调用,这为应用程序的开发带来了很多方便。

如图15-4所示,雷达健康管理软件的核心功能模块包括控制与测试、状态数据采集、协议解析、状态监测、故障诊断、健康评估、状态预测、维修决策

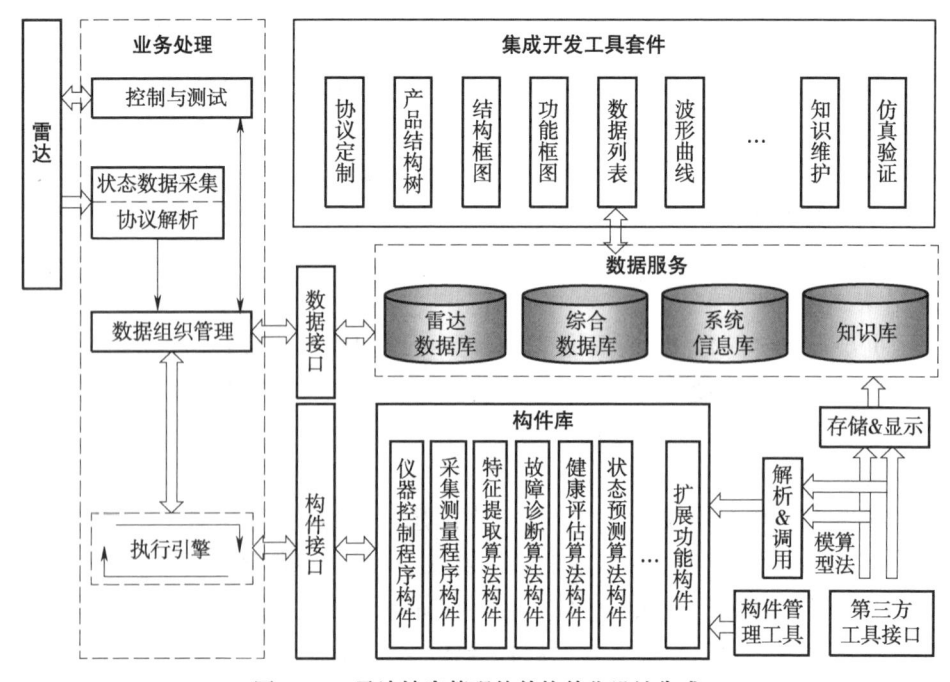

图15-4 雷达健康管理软件构件化设计集成

等。绝大多数的核心功能模块基于 COM 标准进行构件化程序设计开发，由构件执行引擎根据预先设定的处理流程和触发条件动态加载、调用、释放和解释，充分保证了软件的架构开放性与功能可扩展性。构件库中的业务功能构件也可采用第三方软件工具（如 Visual Studio、Qt、Matlab 等）来开发实现，以 dll、COM 和 ActiveX 控件等形式存在。健康管理集成开发环境软件提供了第三方工具接口和构件管理工具，对所要集成的构件进行接口校验和仿真验证，确保软件运行的可靠性。用户可在后期通过不断开发满足各类新应用需求的功能构件，利用构件管理工具进行动态加载和调用，最终可实现软件功能的扩充升级。

15.2.4 文件化配置管理

健康管理软件采用配置文件将健康管理任务信息、雷达产品结构树、雷达状态显示画面（列表、*.jpg、*.prt、*.asm 等图形文件）等有机地组织在一起。配置文件采用扩展标记语言（expanded markup language，XML）进行编写，它是一种元语言，提供了一种与应用程序无关的称为文件类型声明的数据交换机制，用于对预定义存储单元和逻辑结构进行约束。XML 的最大优点在于它的数据存储格式不受显示格式制约、方便表示，同时支持 XML 文件内容的准确高效搜索。为了保证 XML 文件结构和数据类型的有效性，软件开发过程中使用 XML Schema 标准进行规范。

健康管理配置文件的内容格式如下：

```
<rad PrjName="XX雷达健康管理软件.rad"StartDocName="任务场景.syss" StartTemplateID="1">
    <template TemplateID="1">
        <document filename="任务场景.syss"/>
    </template>
    <template TemplateID="2">
        <document filename="XX雷达产品结构树.eform"/>
    </template>
    <template TemplateID="3">
        <document filename="功能框图.eform"/>
    </template>
    <template TemplateID="4">
        <document filename="结构框图.eform"/>
    </template>
    <template TemplateID="5">
        <document filename="三维图形故障指示.3dm"/>
```

```
</template>
<template TemplateID="6">
    <document filename="状态列表.lst"/>
</template>
</rad>
```

此外，软件模块及构件的配置信息，故障诊断、健康评估、状态预测等健康管理模型，也采用 XML 语言进行描述。

15.2.5 标准化接口设计

健康管理软件接口包括雷达 BIT 数据和控制接口、模型构件接口、显示接口、装备配置信息接口及远程信息接口等，如图 15-5 所示。

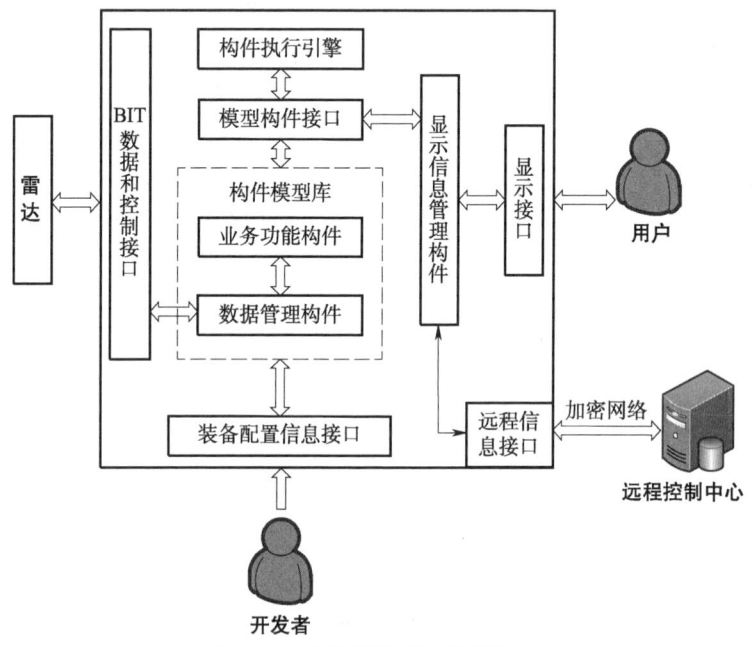

图 15-5 健康管理软件外部接口

（1）雷达 BIT 数据和控制接口：通过定义标准规范的数据结构、接口和传输协议，可快速适应不同雷达的状态数据和控制指令的交互需要。

（2）模型构件接口：负责仪器控制、测试执行、数据分析、界面显示等业务功能构件的校验和加载运行，传递数据和消息。模型和构件接口满足中间件技术标准，做到语言无关化，允许向后兼容、继承或第三方定制模型构件，支持基于消息和事件触发的调用。

（3）显示接口：调用采用 XML 可标记语言定义的界面显示元素和图形控件，

支持可视化、免编程配置。

（4）远程信息接口：建立与远程控制中心的网络连接，可传输报文、视频、音频文件，将装备实景和状态数据传递到监控中心，为远程专家提供现场信息。信息类接口应采用开放通用的信息表示规范，兼容行业内常用的几种信息格式（如 XML 等），互换性好，能与信息系统实现数据交换。

（5）装备配置信息接口：作为与健康管理集成开发环境软件联系的纽带，支持事先开发好的产品结构树、BIT 接口协议、功能框图、外观视图、判据准则、维修作业指导等配置文件导入，采用开放通用的信息表示和交换规范。

15.3 功能模块设计

15.3.1 协议解析模块设计

雷达健康管理软件接收、处理来自雷达各分系统的 BIT 信息和状态参数，这些信息和参数以报文形式、在定时信号同步下进行交互与分发，其典型的帧格式如图 15-6 所示。

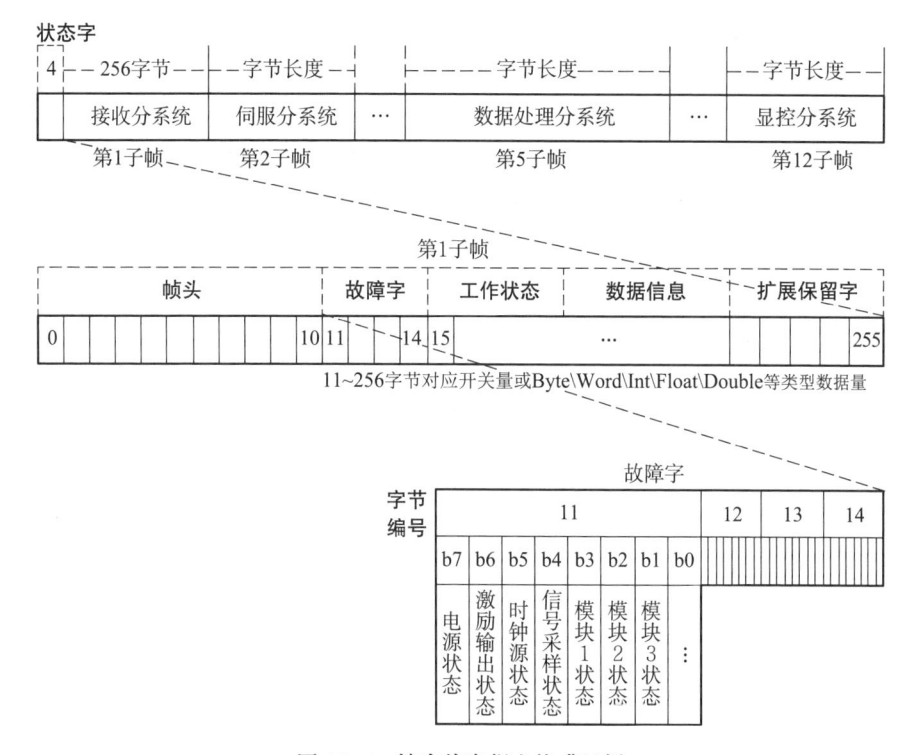

图 15-6 健康信息报文格式示例

协议解析模块将来自不同雷达、不同分系统的 BIT 数据格式转换成健康管理软件内部使用的统一数据格式，全过程实现了免编程，其处理流程如下。

（1）根据子帧长度，对报文整帧进行拆分，利用帧头信息辨识雷达分系统。

（2）对照子帧格式定义文件，根据起止偏移量及占用长度（单位为 bit），从内存中提取所关心的 BIT 数据项和控制、状态字，将其转换成物理量。

（3）规范非标准数据。系统支持的 BIT 数据项类型主要有 Byte、Word、Dword、Int、Float、Double 等。

（4）采用数据结构对 BIT 数据项进行表示和存储，满足雷达状态监视界面的属性设置、信息交互，以及数据存储组织、虚警过滤、健康管理核心处理模块等需要。

15.3.2　状态监测模块设计

状态监测模块在各种硬件设备支持下实时采集接收雷达 BIT 数据、性能测试数据及雷达控制指令等，提取、解析和存储反映雷达性能和功能状态的特征参数，判断各个分系统运行是否异常，见图 5-17。

根据雷达在线状态监测需求，建立"系统→分系统→模块"自顶向下的三级监测参数体系。

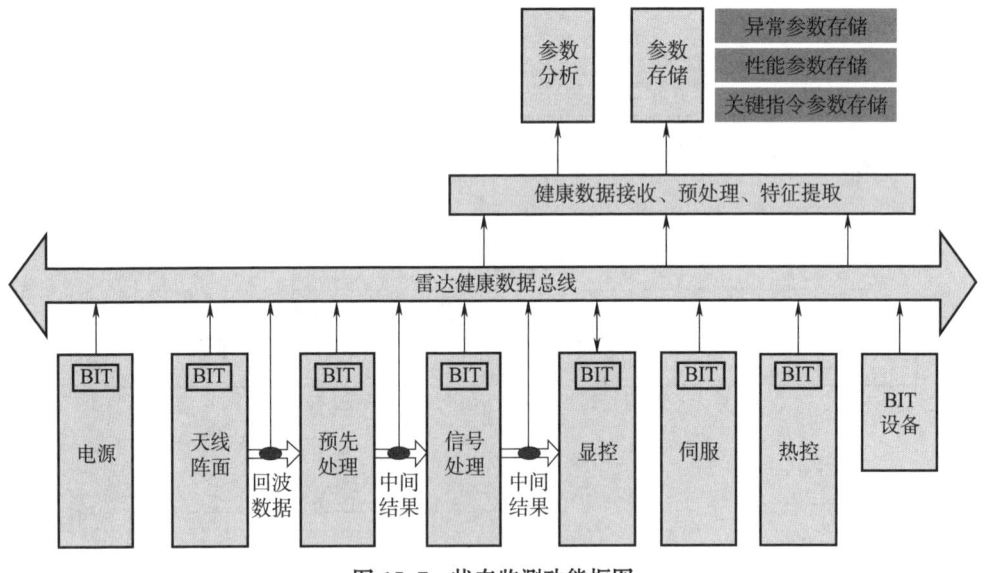

图 15-7　状态监测功能框图

在对健康数据进行接收、预处理、特征提取和监测分析后，需要采用一定的存储策略对关键数据进行定期监测、记录，为后续的故障诊断、健康评估、状态预测等算法提供输入数据，也为后续健康管理活动提供历史数据。状态监测模块存储可以采用如表 15-1 所示的数据结构。

表 15–1　状态监测参数存储表

字段	数据类型	字段含义
MonitorItemID	Int	监测参数 ID
DataType	Int	数据类型，分为三类：0/1 型（正常/故障）、数值型、枚举型
DataValue	Float	参数值
SubLRUID	Int	参数所属 LRU
SubModuleID	Int	参数所属子阵/机柜 ID
SubSystemID	Int	参数所属分系统
Time	Varchar	BIT 数据记录时间戳

注：MonitorItemID 为待监测参数 ID；DataType 指明该监测参数的数据类型；DataValue 是具体的参数值；SubLRUID、SubModuleID、SubSystemID 分明指明该参数所属 LRU、机柜或插箱、分系统等信息，用于快速定位故障；Time 为该条记录的时间戳。

考虑到后续在监测数据规模不断增加情况下的数据库读写效率，数据存储采用分表策略，当表 15–1 中记录的条目超过一定数量时，将自动创建新的监测参数存储表，并按照一定的命名规则进行命名。分表存储策略提高了数据查找效率，进而提高了后期的数据分析处理能力。

15.3.3　故障诊断模块设计

故障诊断模块接收和处理各分系统 BIT 数据、性能测试结果、雷控指令等，结合历史故障数据，综合运用基于专家经验、故障树、贝叶斯网络等的多种算法模型进行故障推理诊断，达到准确隔离故障的目的。对诊断结果进行解释分析，说明其故障原因，并以特定格式存储于数据库。故障诊断模块功能框图如图 15–8 所示，包含数据采集及预处理组件、故障诊断推理引擎、诊断知识库、过程数据库等。

1. 数据采集及预处理组件

通过该组件，功能模块获取不同途径监测得到的雷达 BIT 数据、性能测试结果等信息。这些信息通过清洗、筛选和特征提取，形成标准化的故障征兆传递给诊断推理引擎。为准确、高效定位出系统故障，该组件还融合采集了以下信息。

（1）雷控指令：从中获得雷达整机及各分系统的工作模式，用于确定健康评估策略。

（2）历史数据：包含历史监测数据和健康信息处理结果。

（3）状态信息：各分系统的 BIT 信息。

（4）自动化测试数据。

（5）系统日志：记录整机及各分系统的历史运行状态，作为诊断参考。

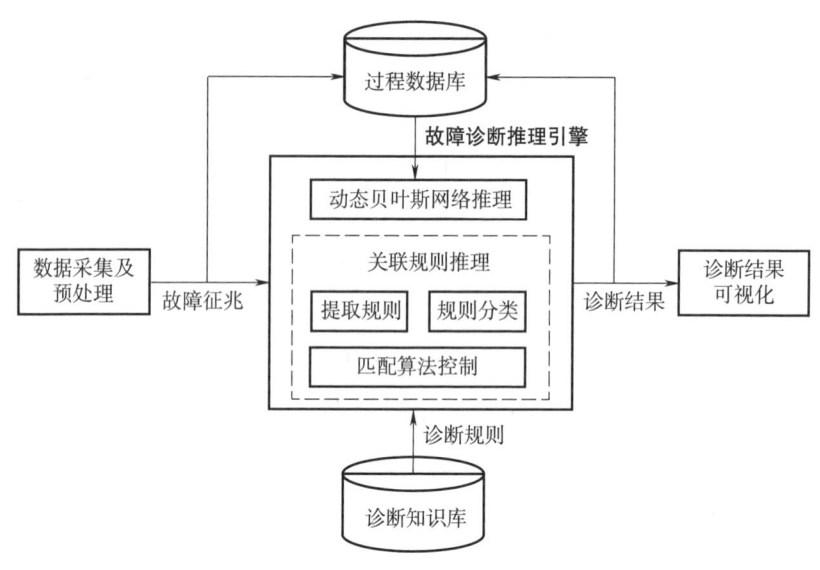

图 15-8 故障诊断模块功能框图

2. 故障诊断推理引擎

在雷达的故障诊断模块设计中，诊断推理引擎具有基于规则的诊断推理能力和基于贝叶斯网络的动态诊断推理能力。为了精确诊断雷达故障，需要将雷达工作方式、系统、分系统和 LRU 级故障模式及测试资源有机结合起来。

基于规则的诊断推理：用故障征兆去匹配知识库中的诊断规则，如果可以匹配，则输出该条规则对应的诊断结论；若无法匹配，无法使用现有规则定位故障，即故障隔离结果存在模糊时，则采用基于贝叶斯网络的动态诊断推理。贝叶斯网络是一种基于概率推理的图形化网络，它提供了特定领域知识的一种有向图模型，以及基于这种模型的若干种学习和推理机制，用于处理导致故障定位模糊的不确定性信息，提高隔离准确度。

3. 诊断知识库

用于诊断知识的结构化存储，知识的表示方法有产生式规则、语义网络、范例等多种形式，其中产生式规则灵活性强、符合人的判断思维，因此得到广泛采用。

诊断知识的获取主要有两种途径。一种是模块集成了可视化的诊断知识编辑和维护工具，如图 15-9 所示，支持诊断规则的浏览、添加、删除和修改，方便开发者灵活、快速扩充知识库。

另一种是利用专业的测试性建模工具完成知识获取，步骤如下。

（1）故障模式分析：雷达系统、各个分系统设计师针对 FMEA 和类似系统的维护经验对前期不完备的故障模式进行补充分析，从而形成系统可能出现的故障模式库，故障库包括模块级、分系统级和系统级故障模式。

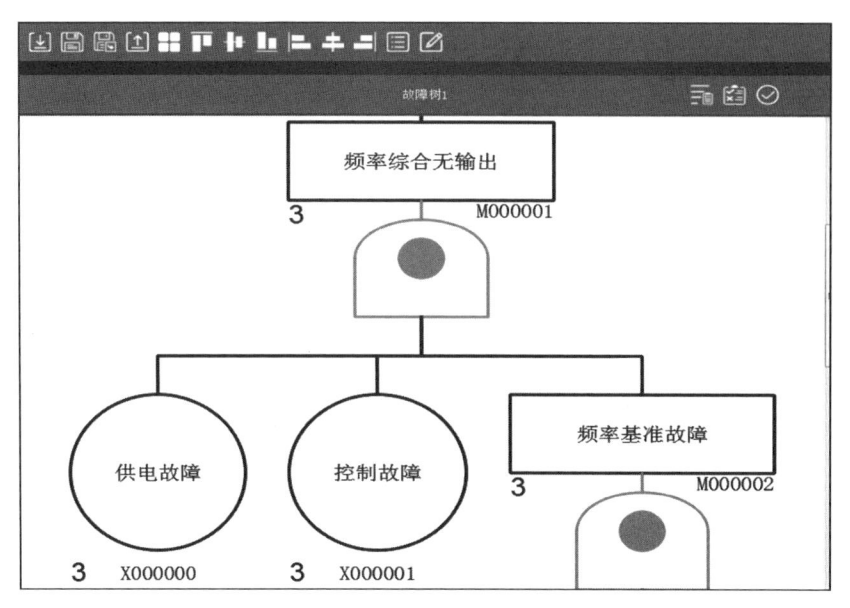

图 15-9　诊断知识编辑和维护工具

（2）系统建模：采用 eXpress 软件对系统的组成及交联关系进行建模，明确每个模块的输入和输出，确定模块之间的接口约束与交联关系。

（3）生成故障诊断树：设置好检测用和隔离用测试程序后，eXpress 软件就可以对该模型进行故障诊断分析，生成故障诊断树并保存为 XML 文件格式。

（4）使用专用软件对得到的 XML 文件进行解析，完成测试项编号绑定及故障树解析，得到健康管理软件可用的故障字典，并保存到数据库中。

利用 eXpress 等测试性建模工具生成诊断树，如图 15-10 所示，图中用"★"标注的故障模糊组表示需要采用贝叶斯网络进一步隔离。

4. 过程数据库

图 15-8 中所示的数据库用于过程数据的结构化存储，包括故障征兆和诊断结果。数据库不仅保存专家知识，还保存着诊断过程中所确认事件节点的各种信息，如诊断回溯、诊断结论及诊断报告等。故障诊断模块对数据库的读写操作主要分为以下四类。

（1）初始化数据库。每次诊断开始前需要对诊断信息进行整理。

（2）对节点的读写操作。在诊断过程中，每选定一个节点，系统会将该节点的信息写入数据库，根据诊断需要也可以删除其中的某些节点。

（3）对特定字段的操作。在诊断过程中，根据诊断需要对节点的某些特定字段进行读写。

（4）生成诊断报告。诊断结束后，根据数据库中的事件节点信息生成诊断报告。

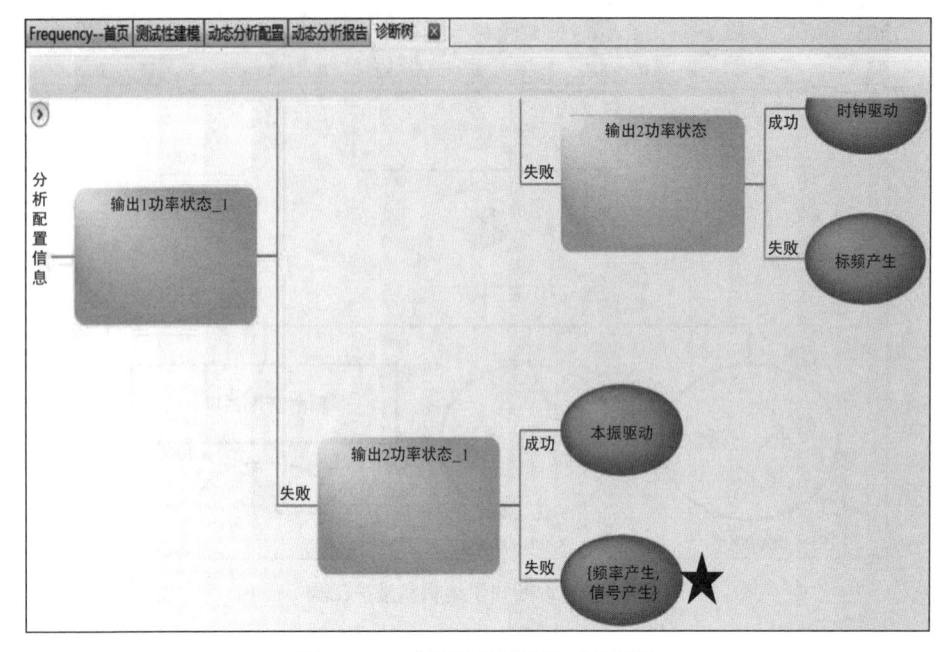

图 15-10　由测试性模型生成诊断树

15.4　软件处理流程设计

15.4.1　软件的工作模式

根据雷达使用阶段和需求场景的不同，健康管理软件分为加电、周期、维护三种工作模式，见图 15-11。加电、周期工作模式下，软件主要接收雷达 BIT 数据和性能参数在线测试结果，实现雷达健康状态的在线监测、快速诊断和评价。在维护工作模式下，除了上述数据外，软件还接收诸如幅相监校、方向图等离线测试的结果数据、雷达回波的信号/数据处理结果及其历史记录，用于在离线状态下对雷达进行深度故障诊断和全面健康评估，确保战备完好性。

雷达加电后，健康管理软件随即进入加电工作模式，进行加电过程监控。若加电测试不通过，则需对雷达进行必要的检修，确保雷达健康地进入工作状态。

雷达在正常工作状态下，健康管理软件周期性采集各分系统上报的状态数据。若检测并诊断出影响雷达正常使用的故障模式时，健康管理软件将对其进行标记、存储和告警。同时启动健康评估程序，对故障危害及对雷达能否继续执行任务做出评判。当故障严重到一定程度时，提醒用户操作雷达脱离正常工作状态。

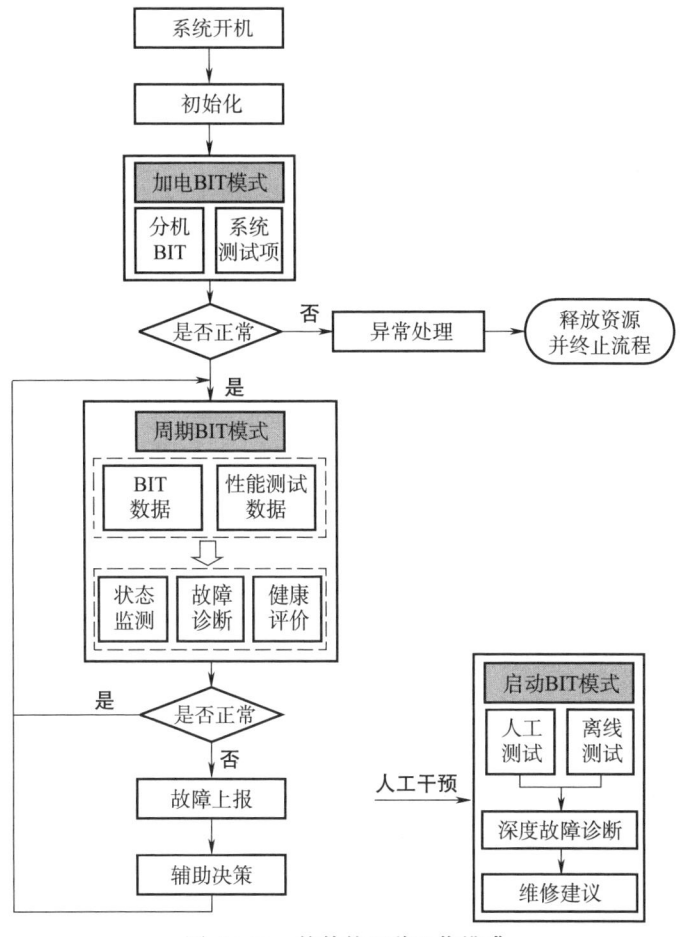

图 15-11 软件的三种工作模式

当发生故障或主动检修时,需要雷达停机或脱离正常工作状态。对于周期工作模式下因缺少状态信息而无法精确定位的故障,采用自动或人工干预的方式控制辅助测试设备来获取深度诊断所必需的性能数据,实现更为精确的故障定位,给出维修建议。

15.4.2 并行处理流程设计

1. 健康信息处理流程

健康管理软件的信息处理流程如图 15-12 所示。数据组织管理模块能够响应执行引擎的数据请求,自动收集雷达 BIT 数据、性能参数测量结果、核心处理过程数据,以及用于显示和存储记录的数据项。图 15-12 中,协议解析、特征提取、故障诊断、健康评估、状态预测模块之间的虚线箭头仅表示数据处理的先后

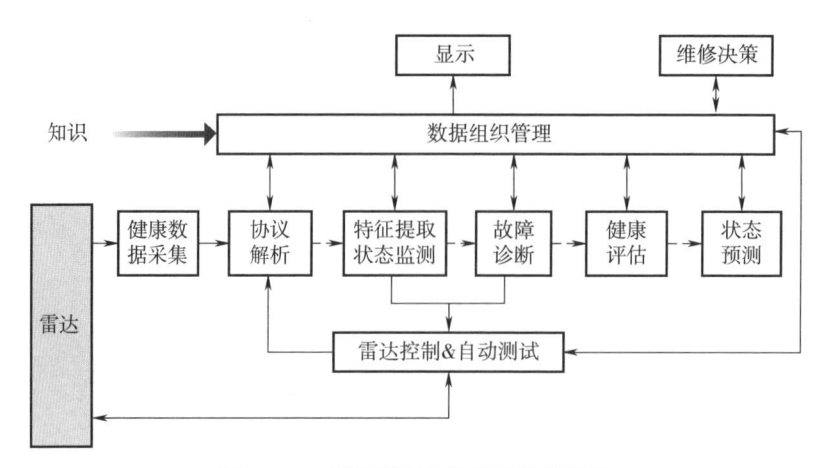

图 15-12　健康管理软件信息处理流程

次序，它们之间并不直接进行数据交互，数据收集与传递则是通过数据组织管理模块完成。数据组织管理模块同时为以下数据库提供服务与管理等功能。

雷达数据库：存储反映雷达当前和历史使用情况（如运行状态、工作性能）、健康状态、工作环境的各种原始监测数据和健康信息处理结果，以及维修资源和任务计划信息、维修履历等。

知识库：存放与雷达系统设计、使用、维护、修理有关的技术数据和经验数据，包括雷达故障分类信息及与诊断相关的知识，如参数正常值容限、异常判据、故障传播模型、诊断推理逻辑等。

综合数据库：存放软件启动后所加载的任务数据、处理过程数据和其他临时性数据，软件退出时清空。

系统信息库：存放与健康管理系统自身软硬件构成、运行和维护机制有关的数据，包括软件模块/构件的配置信息、仪器仪表的维护信息、用户资料、系统日志、操作提示等。

上述数据库中预先存储的内容，主要借助健康管理集成开发环境软件所提供的场景定义、协议定制、产品结构树、功能框图、数据列表、知识维护等工具套件来编辑生成。这些工具套件界面友好、功能丰富、易操作使用，在很大程度上降低了技术难度，提高了开发效率。

2. 健康信息并行处理技术

雷达健康管理软件加工的数据具有量大、更新快的特点，加之雷达故障模式众多、关联性强、隔离复杂等客观现实存在，使得传统的串行处理方式无法满足工程应用中的实时性要求，需要采用并行处理技术。

1）雷达健康数据包

雷达健康管理软件后台的任务处理主要针对格式规范的健康数据包进行。在软件的编码实现中,健康数据包采用 list 或 Vector 数据结构进行存储,包含两类自定义结构的数据节点:原始监测数据和处理结果数据,如图 15-13 所示。

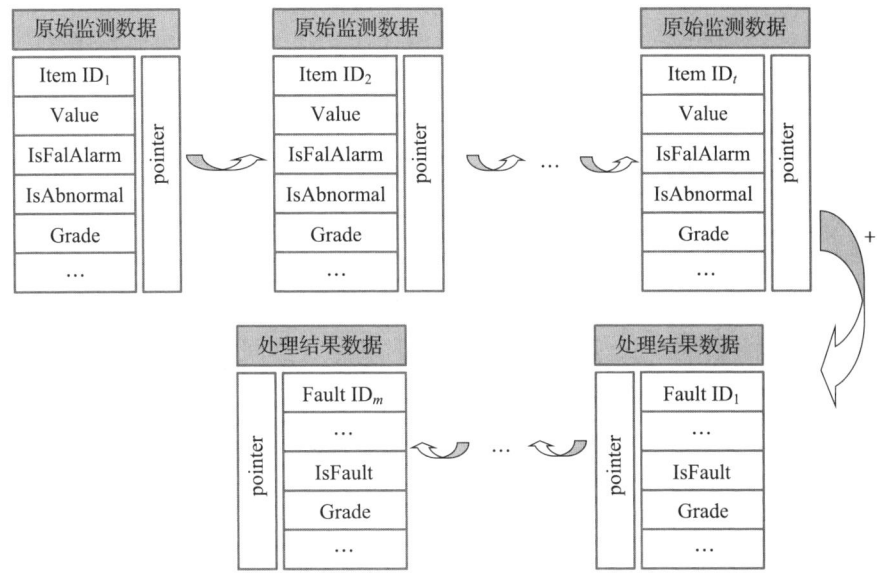

图 15-13　健康数据包结构

Item ID:监测项编号;Value:监测值;IsFalAlarm 表示是否虚警;
IsAbnormal 表示是否异常;Grade:故障的评价等级;pointer:指针

原始监测数据作为基础数据,主要来自雷达内部的数据交换网络,是由携带各分系统状态信息的报文,经采集、协议解析得到,包含监测项 ID、监测值、是否虚警、是否异常、异常的危害等级等属性。处理结果数据由故障诊断、健康评估和维修决策模块逐级产生,包含故障 ID、是否发生故障、故障影响评价、维修建议等属性。

雷达健康数据主要从雷达内部数据交换网络上获得,其最初形式为 UDP 报文,在定时信号同步下,周期性地向雷达状态监控计算机广播发送。报文采集模块承担着报文接收、校验和健康数据抽取任务。采集周期取决于用户监控雷达健康状态的实时性要求,是报文广播发送周期的整数倍。

如图 15-12 所示,雷达健康数据处理共经历报文采集、协议解析、特征提取、异常检测、故障诊断、健康评估、状态预测与维修决策等过程,最终以状态信息表、2D 部件组成图、功能框图或 3D 结构模型图等形式输出显示。雷达健康数据包中的结构化数据由协议解析模块产生,后面的虚警消除和异常检测模块依照自身处理结果分别修改其 IsFalAlarm 和 IsAbnormal 属性。之后,所有数据包和处理所需知识一起送入 PHM 核心处理流程。新产生的故障诊断、健康评估、状态预测等结果数据最后追加到健康数据链表,再送往显示处理模块。

2）健康数据处理管道

为了满足雷达健康状态的实时监测和管理需要，健康管理软件设计了数据管道，对健康数据包实施多任务流水处理。具体做法是，单独为报文采集、协议解析、虚警消除、异常检测、故障诊断、健康评估、状态预测、维修决策、显示处理等模块创建任务处理线程。

如图 15-14 所示，模块线程 Thread_i（i=1，2，…，M）内置的处理循环形成管壁，新旧数据包 D_{j+M}，D_{j+M-1}，…，D_j 随着各条线程的处理任务完成逐级向下一级模块传递，形成管道中的数据流。管道的粗细反映着模块算法的复杂度和处理速度，瓶颈位置对应着最耗时的模块任务，它是系统实时性的决定因素。

如图 15-15 所示，处理线程 Thread_i 在健康管理软件初始化、第 i 个模块加载时启动，直至软件关闭、第 i 个模块退出时结束，其间伴随着待处理数据包的新旧更替，周而复始地执行。

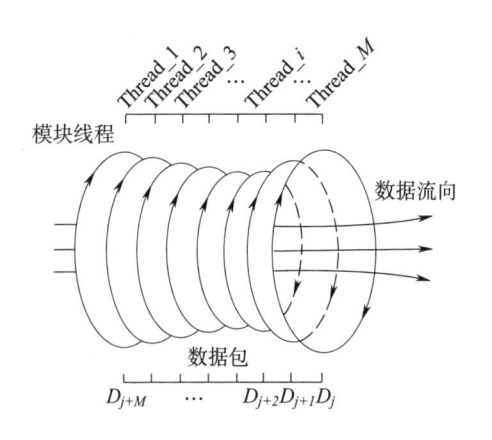

图 15-14　健康数据处理管道

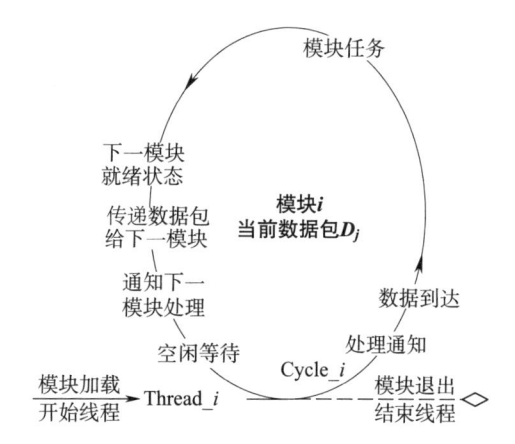

图 15-15　模块处理线程

每个处理循环共经历等待处理通知消息→等待数据包到达→任务处理→确认下一模块就绪状态→传递数据包给下一模块→通知下一模块处理→空闲等待 7 个阶段。其中，空闲等待阶段是为了平衡模块之间处理时间的差异。

3）模块间数据传递机制

为了确保管道数据的正确流向，以及确保数据包在各模块中处理的有效性和模块间传递的及时、安全性，需采用信号量进行模块线程间的任务调度。具体做法是为数据管道中的每一模块线程 Thread_i 创建处理通知事件 Event$_i$ 和数据锁定互斥量 Mutex$_i$。

如图 15-16 所示，第 i 个模块从获得数据包到处理完毕传递给下一模块，就需要 Event$_i$、Event$_{i+1}$、Mutex$_i$ 和 Mutex$_{i+1}$ 四个信号量的协同。模块 i 完成对数据包 D_{j-1} 的处理之后，通过检测互斥量 Mutex$_{i+1}$ 是否到达来确认模块 i+1 的就绪状态，若就绪，则将处理过的数据包传递给它并发出处理通知事件 $Event_{i+1}$。模块 $i+1$ 接收到处理通知事件，成功等到互斥量 $Mutex_{i+1}$ 确认数据安全接收后，开始执行对数据包 D_{i-1} 的处理任务；与之同时，模块 i 也在检测模块 $i-1$ 发出的又一个处理通知事件 $Event_i$，待成功等到互斥量 $Mutex_i$ 确认下一个数据包 D_i 安全接收后，开始新一轮的处理业务。

每个模块线程均如此循环往复，从而实现数据包从首个模块到末个模块的一级级传递和处理，保障了雷达健康管理软件后台多个处理任务的并行，提高了数据处理总体的吞吐率和实时性。

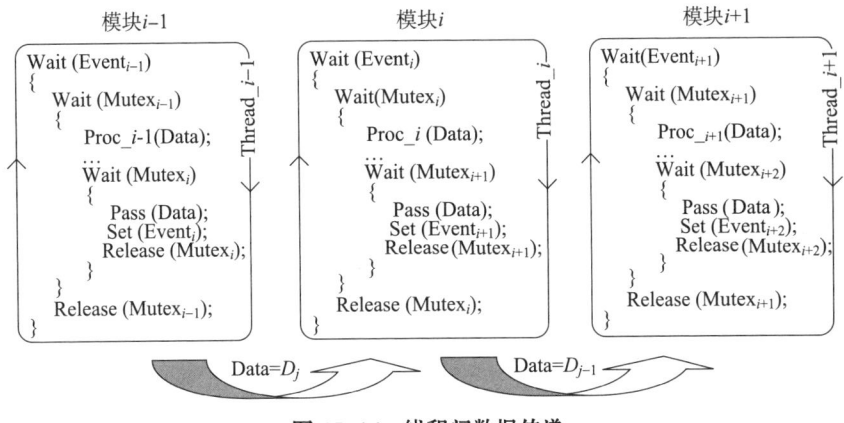

图 15-16 线程间数据传递

15.5 软件界面设计

15.5.1 软件界面组成

健康管理软件人机交互界面主要由以下部分组成。

1）用户登录界面

用于用户登录健康管理系统，设置普通用户和高级用户两种用户权限，高级用户具有修改和删除数据库数据的权限。

2）显示主界面

（1）显示系统的状态信息；

（2）提供访问下一级分系统状态信息的导航按钮、菜单按钮等；

（3）提供信息查询和管理的界面；

（4）提供统计分析界面；

（5）提供远程服务的界面。

3）分系统显示界面

（1）显示分系统的状态信息；

（2）提供访问模块状态信息的导航按钮、菜单按钮等；

（3）提供返回上一层界面的按钮。

4）模块状态显示界面

（1）显示模块的状态信息；

（2）提供返回上一层界面的按钮。

5）测试控制指令输入界面

（1）提供选择测试项目的功能；

（2）提供设置测试参数的功能。

15.5.2　显示内容

显示内容要求如下：

（1）系统、分系统和模块的数据采集结果；

（2）系统、分系统的诊断结果；

（3）系统、分系统和模块的状态预测结果；

（4）系统、分系统和模块的健康评估结果；

（5）维修决策结果；

（6）统计查询结果；

（7）其他相关信息。

15.5.3　界面布局与风格

对健康管理软件的人机交互、操作逻辑、视觉效果等进行整体设计，使得软件界面风格具有简洁、直观、易用等特点。软件界面的显示布局如图15-17所示，站在辅助用户使用保障和维修决策的视角，展示用户最为关心的内容和最重要的信息。

健康管理软件以图形方式和状态列表方式显示系统的工作状态、关键性能参数、健康评估结论、故障信息等内容，方便指导用户维修维护作业，一般应显示以下内容：

（1）二级功能菜单；

（2）主要BIT状态参数；

（3）雷达全系统框图，从整机、分系统、模块、主要功能器件等，分层级展示雷达结构组成；

（4）健康评估结果及评估时间；

（5）雷达故障清单，包括故障编码、分系统、故障等级、故障名称、维修建议等，单击具体条目可切换到二级菜单故障诊断模块；

（6）待办事项和工作清单；
（7）雷达健康度变化趋势；
（8）雷达主要性能参数变化趋势；
（9）人工输入项窗口。

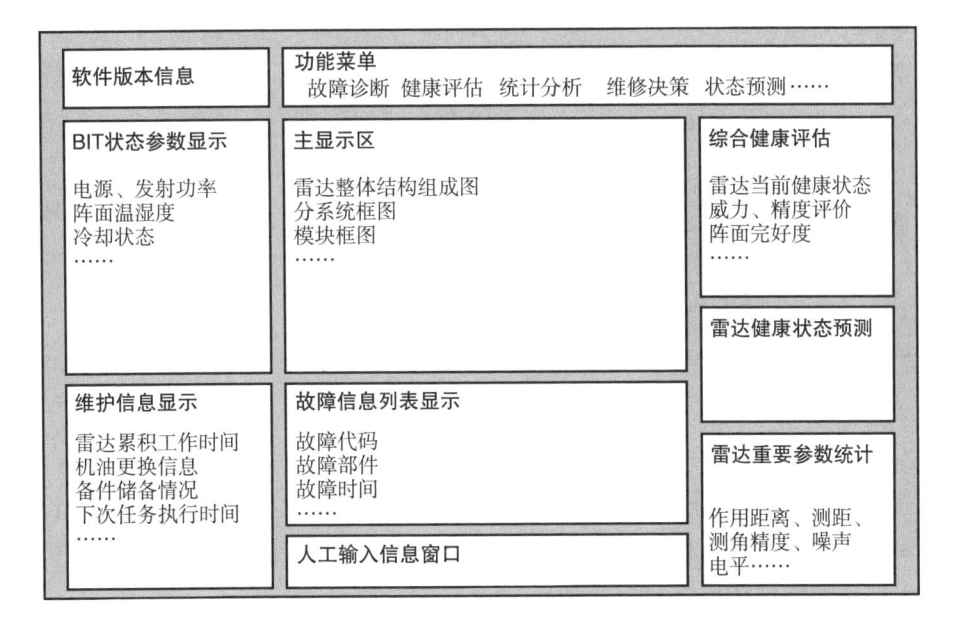

软件版本信息	功能菜单 故障诊断　健康评估　统计分析　维修决策　状态预测……	
BIT状态参数显示 电源、发射功率 阵面温湿度 冷却状态 ……	主显示区 雷达整体结构组成图 分系统框图 模块框图 ……	综合健康评估 雷达当前健康状态 威力、精度评价 阵面完好度 ……
^	^	雷达健康状态预测
维护信息显示 雷达累积工作时间 机油更换信息 备件储备情况 下次任务执行时间 ……	故障信息列表显示 故障代码 故障部件 故障时间	雷达重要参数统计 作用距离、测距 测角精度、噪声 电平……
^	人工输入信息窗口	^

图15-17　健康管理软件界面布局

15.6　软件设计集成过程

健康管理软件的设计集成依赖集成开发环境软件进行，如图15-18所示，集成开发环境软件提供各种开发工具包，满足不同雷达的故障诊断、健康评估和状态预测等算法模型的构件化开发、验证，以及监控画面、数据图表等的定制开发需要。

在健康管理集成开发环境软件中，设计任务主要包括三个方面。

1. 健康管理对象设计

以LRU为最小单元建立健康管理对象的产品组成结构，并在用户界面上进行图形显示；对复杂系统按照分系统、模块逐级展示。以产品组成为基础，编辑健康管理结果显示界面，包括状态监测结果显示、异常检测与故障隔离结果显示、健康评估结果显示、统计信息显示等。

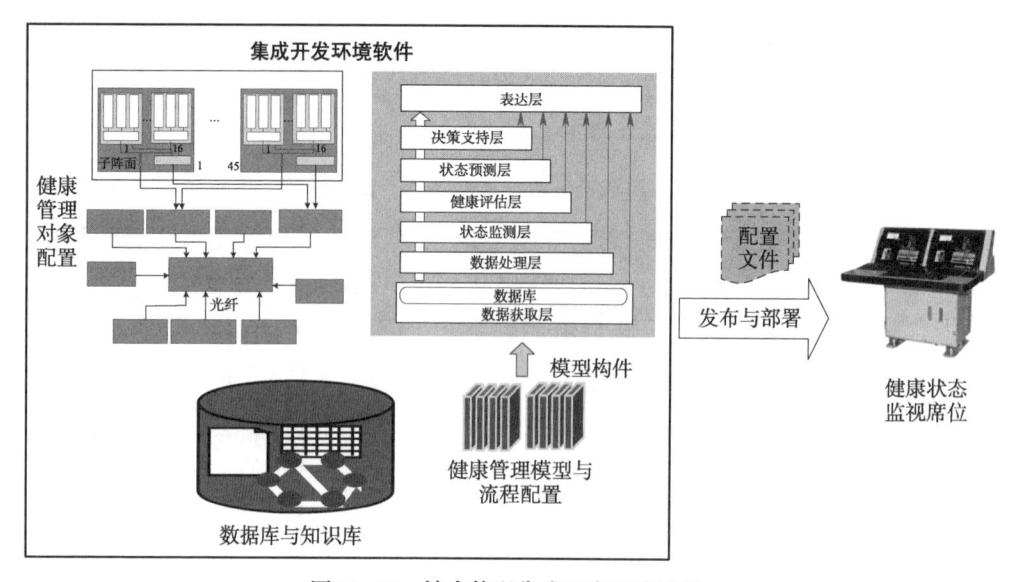

图 15-18 健康管理集成开发环境软件

2. 算法模型与流程设计

为满足通用化、易于扩展等要求，健康管理算法模型接口及流程设计应符合 OSA-CBM 开放式架构标准，主要包含图 15-19 所示的层次，这些层次相互独立，也可以根据应用需求进行裁剪。

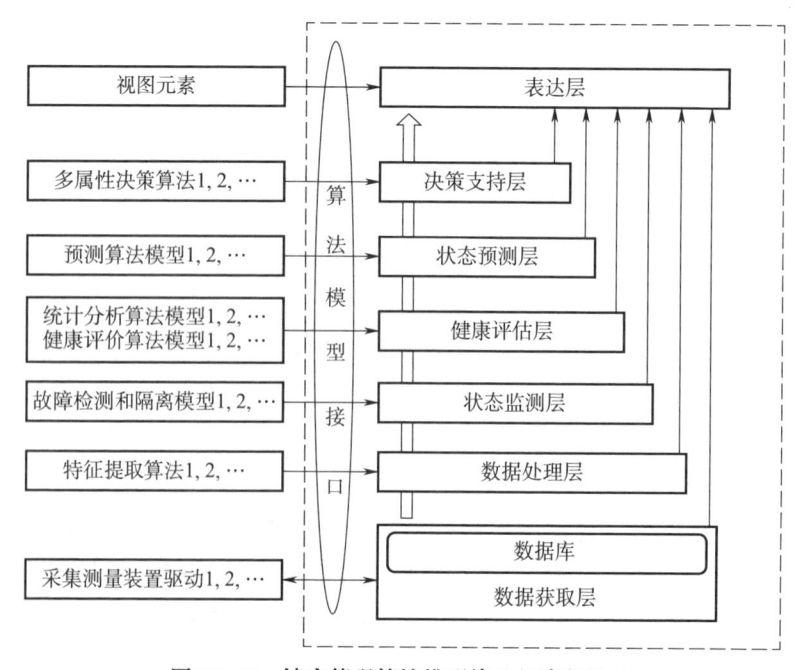

图 15-19 健康管理算法模型接口与流程设计

3. 基础库（数据库/知识库）设计

基础库（数据库/知识库）设计包括健康管理对象组成信息、健康管理对象 FMECA 结果、系统正常工作状态门限值、健康模型、数据获取的接口协议、历史数据管理、知识库等。

健康管理软件设计集成流程如图 15-20 所示，主要包含以下内容。

（1）基础开发配置：导入事先设计开发好的雷达状态监测、故障诊断、健康评估所需的基础知识、算法模型、报文解析规则、产品结构等数据。

（2）数据源及事件配置：配置状态报文来源、健康数据传输与接口协议、仪器控制构件、工作方式、任务场景、数据存储策略、用户权限等信息。

（3）模型接口和显示配置：各个功能模块、模型构件的输入输出配置和界面视图配置。模型接口配置所涉及的功能模块包括：数据采集、预处理、状态监测、故障检测、故障隔离、健康评估、状态预测、维修决策等。

（4）输出配置文件：采用标准格式文本保存应用开发结果，文本内容包括界面视图配置信息、通信接口配置信息、算法模型配置信息和维护策略信息，以及故障诊断、健康评估、状态预测、维修决策等模型构件配置信息。

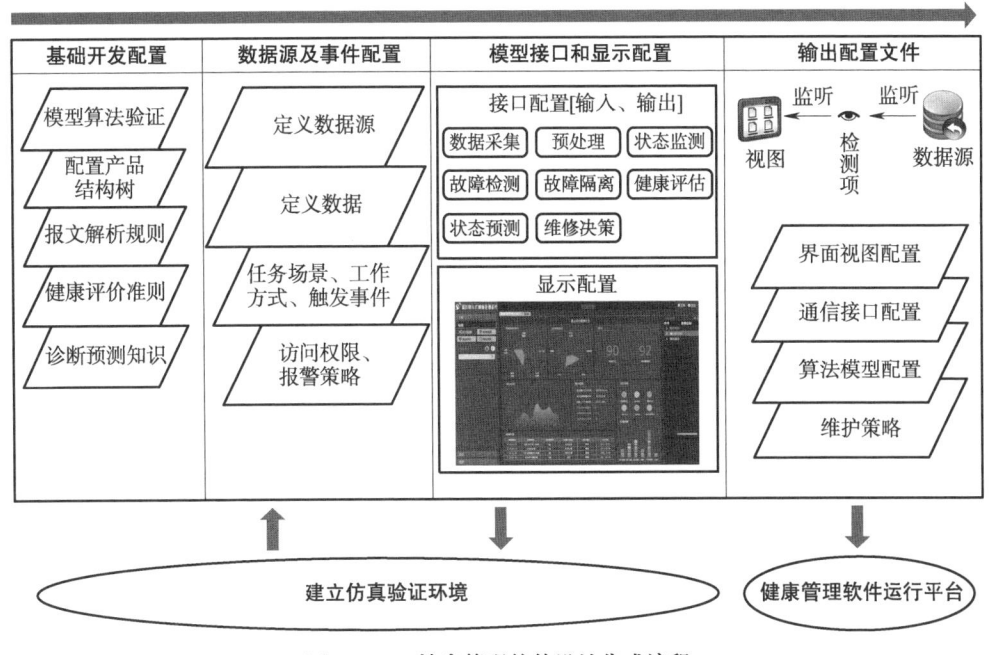

图 15-20 健康管理软件设计集成流程

针对大型相控阵雷达设计开发健康管理软件，其工作相对烦琐，为减轻开发者的工作负担，集成开发环境软件还提供了向导式开发服务，指导用户有条不紊地完成开发任务。

第 16 章

故障诊断算法模型设计和验证

　　故障诊断是查找设备或系统故障的过程，包括故障检测和隔离两个步骤。近年来，随着雷达研制技术的日益进步，其数字化、集成化和智能化程度越来越高，伴随而来的是故障模式日渐增多，故障模式之间的传递关系也越来越复杂。

　　经过半个世纪的发展，故障诊断技术已成为一个多学科交叉的研究领域，其理论基础涉及现代控制理论、信号处理、人工智能等多个学科，产生了大量行之有效的方法。回顾设备故障诊断技术的发展历程，大致可分为两个阶段：一是以传感器技术和动态测试技术为基础、以信号处理技术为手段的常规诊断技术发展阶段；二是以人工智能为核心的智能诊断技术发展阶段，它以常规诊断技术为基础，以人工智能技术为核心。

　　雷达健康管理软件的故障诊断功能模块主要利用雷达设备部件的 BIT 数据、性能监测数据及雷达设计知识、维修履历等，采用基于模型、专家系统、神经网络等的诊断推理方法，最大限度地消除不确定性，将故障定位至现场可更换单元或其组合。本章将介绍基于故障树分析、贝叶斯（Bayes）网络、专家系统及人工神经网络的故障诊断算法模型设计方法，以及基于故障仿真注入的模型验证技术。

16.1　基于故障树分析的诊断算法设计

　　故障树分析（fault tree analysis，FTA）法是一种自上而下的演绎式失效分析方法。自 1961 年美国贝尔实验室的 Watson 博士首创 FTA 技术，并成功运用于民兵式导弹发射控制系统设计以来，FTA 技术不断丰富完善，已从宇航、核能进入一般的工业领域。我国也从 20 世纪 80 年代开始开展了基于故障树的诊断技术研究，为了推动和规范 FTA 方法在军事装备上的应用，我国于 1989 年制定发布了《建造故障树的基本规则和方法》（GJB 768.1—1989）、《故障树表述》（GJB 768.2—1989）、《正规故障树定性分析》（GJB 768.3—1989）三个故障树分析方法标准，并于 1998 年更新为《故障树分析指南》（GJB/Z 768A—1998）。

　　FTA 技术具有简明、形象化的特点，是雷达故障分析的最常用方法之一。它能对雷达故障的形成原因进行识别评价，既适用于定性分析，又能进行定量分析。借助该技术，人们可方便地对引发雷达故障的各种因素（包括硬件、软件、环境、人为因素等）逐级细化分析，从而找出最有可能的故障原因。

16.1.1 故障树表示方法

图 16-1 给出了一棵简单的故障树表示形式，里面包含了组成故障树的基本要素。为了方便描述，参照国军标 GJB/Z 768A—1998 给出故障树的事件、逻辑门、结构函数的定义及其符号表示。

1. 事件及符号

1）顶事件

通常把系统最不希望发生的故障状态作为逻辑分析的目标，称为顶事件，它位于故障树的顶端，在故障树中顶事件用"矩形"符号表示，对应字母符号 T。

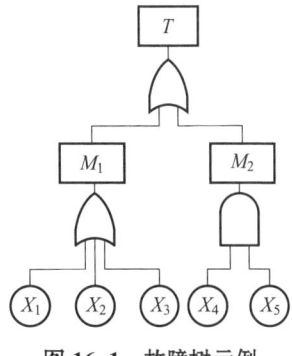

图 16-1　故障树示例

2）底事件

位于故障树底部的事件称为底事件，在故障树中底事件用"圆形"符号表示，对应字母符号 X。故障树中，底事件不进一步往下分析，雷达系统中的基本元器件故障或人为失误、环境因素等均可视作底事件。

3）中间事件

故障树中除了顶事件外的其他结果事件均属于中间事件，位于顶事件和底事件之间，它是某个逻辑门的输出事件，同时又是另一个逻辑门的输入事件。通常中间事件也用"矩形"符号表示，对应字母符号 M。

2. 逻辑门类型及符号

或门：表示所有输入事件中至少有一个发生时，输出事件即发生，用符号"⌂"表示。

与门：表示仅当所有输入事件同时发生时，输出事件才发生，用符号"⌂"表示。

异或门：表示输入事件是互斥的，当单个输入事件发生、而其他都不发生时，输出事件才发生，用"⌂"表示。

转移符号：故障树中同一事件可在不同位置出现，三角符号加上相应线条可表示从某处转出或转入，用"△"表示。

除了以上常用符号外，还有逻辑禁门、功能触发门、优先与门、顺序门等等，不一一列举。

3. 故障树结构函数

故障树结构函数定义如下：

$$\varphi(X_1,X_2,\cdots,X_n)=\begin{cases}1, & \text{若顶事件发生}\\0, & \text{若顶事件不发生}\end{cases} \quad (16\text{-}1)$$

式中，n 为故障树底事件的数目；$X_1 \sim X_n$ 为描述底事件状态的布尔变量，即

$$X_i=\begin{cases}1, & \text{若第 }i\text{ 个底事件发生}\\0, & \text{若第 }i\text{ 个底事件不发生}\end{cases} \quad (i=1,2,\cdots,n) \quad (16\text{-}2)$$

例如，图 16-1 所示的故障树的结构函数可以表示如下：

$$\varphi(X_1,X_2,\cdots,X_5)=X_1+X_2+X_3+X_4X_5 \quad (16\text{-}3)$$

16.1.2　故障树建立与知识转化方法

1. 故障树的建立

国军标 GJB/Z 768A—1998 中对如何建立故障树有严格的定义和步骤，简单来说，故障树的建立有人工建树和计算机辅助建树两类方法，其思路相同，都是首先确定顶事件，建立边界条件，通过逐级分解得到原始故障树，然后将原始故障树进行简化，得到最终的故障树，供后续的分析计算用。建树步骤如下。

1）确定顶事件

在雷达故障树设计中，顶事件往往指系统级故障事件。应在熟悉雷达设计知识和故障传播机理的基础上，做到不遗漏、分清主次地将全部重大故障事件一一列举，然后根据分析目的和故障判据确定出本次分析的顶事件。对于雷达这样的复杂系统，顶事件不是唯一的，必要时还可以把分系统故障事件当作故障树的顶事件进行建树分析，最后加以综合，这样可使任务简化并可同时组织多人分工合作参与建树工作。

2）建立边界条件，确定简化系统图

建树前应根据分析目的，明确定义分析对象和其他系统（包括人和环境）的接口，同时给定一些必要的合理假设，如不考虑一些设备或接线故障，对一些设备故障作出偏安全的保守假设，暂不考虑人为故障等，从而由真实系统图得到一个主要逻辑关系等效的简化系统图。

3）分解上一级故障

查找上一级故障的直接原因，逐级循环向下演绎，直到找出各个底事件为止，这样就可以得到一棵故障树。

2. 故障树的知识转化

1）转化为产生式规则

故障树的各个节点事件及其联系与产生式规则之间有着对应关系。产生式规则中的 if 条件部分和 then 结论部分分别对应着故障树中相邻两层的节点事件。按照以下三条准则，可将故障树中的知识转换为产生式规则，供雷达故障诊断推

理使用。

（1）准则1：故障树中子节点事件以"与"关系导致父节点事件发生，则只对应一条规则：if 条件部分是子节点事件"and"组合，then 结论部分是父节点事件，见图 16-2。

（2）准则2：故障树中子节点事件以"或"关系导致父节点事件发生时，则有几个子节点，就对应几条规则；每条规则的 if 条件部分分别对应着一个节点事件，then 结论部分都是同一父节点事件，见图 16-3。

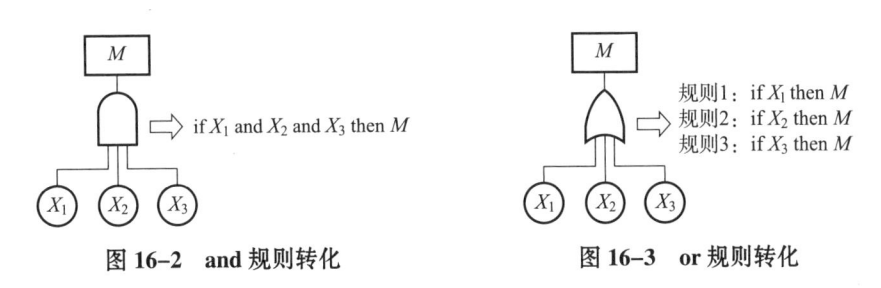

图 16-2　and 规则转化

图 16-3　or 规则转化

（3）准则3：如果是以最小割集（MCS）来转化规则，则每个最小割集对应一条规则，割集内各节点事件以"and"组成规则的 if 条件部分，then 结论部分为父节点事件，见图 16-4。这里，最小割集是导致故障树顶事件发生的数目不可再少的底事件的组合，它表示的是引起故障树顶事件发生的一种故障模式。图 16-4 中，$C_1 \sim C_3$ 分别代表三个割集。

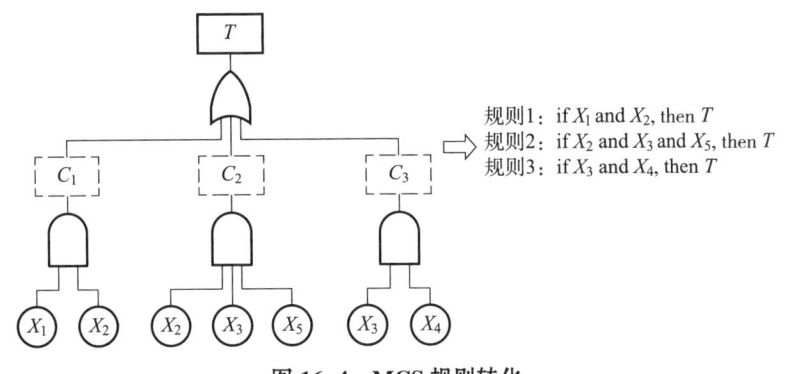

图 16-4　MCS 规则转化

上述转化建立在对雷达或者部件故障的系统性分析之上，按照这三个转换准则，在计算机程序中很容易由故障树产生推理规则，实现专家知识的自动获取。

2）转化为诊断树

在雷达故障树中，系统、分系统、模块级故障构成了各层级节点事件。如图 16-5，这些不同层级的故障无论发生与否，都可通过 BIT_i 来监测，因此可以基于 BIT 来设计故障树推理诊断策略。为了方便工程实现，这里进行"单故障"假定，即认为不可能同时发生多个故障。事实上，对于同时发生多个故障的情形，在故障树设计时可以将其视作一个最小割集。

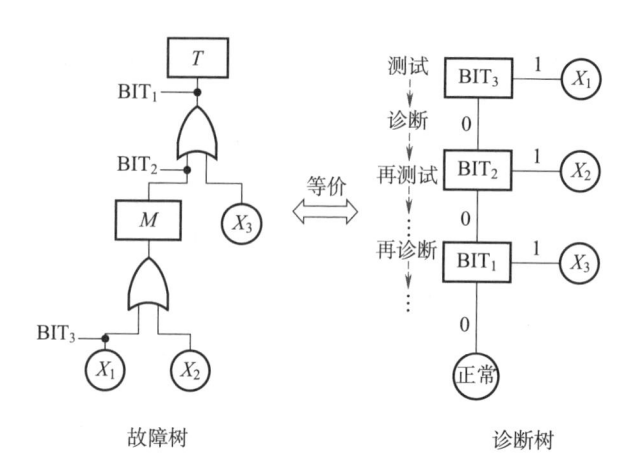

图 16-5　故障树转化为诊断树

如图 16-5 所示，雷达故障树中的底事件 X_i 发生可能导致故障传播路径上的测试点 BIT_1、BIT_2、BIT_3 同时异常。如果对 BIT 的检测顺序进行最优化设计，就会得到了一棵称为"诊断树"的树状图，通过"测试 → 诊断 → 再测试"的序贯诊断流程，可以最小的代价、最快的速度检测和隔离故障 X_1、X_2、X_3。图中，在单故障假定下，故障树中没有"与"门；$BIT_i=1$ 表示第 i 个监测参数异常。

工程应用中，基于 BIT 数据设计推理诊断策略，重点放在诊断树构建上。需要事先对照雷达故障树设置完备的 BIT 监测点，这正是本书前面章节要解决的问题。

16.1.3　基于故障树分析的诊断推理设计

故障树方便知识的获取与组织，但在工程应用中，通过计算机编程直接用它进行诊断推理的可操作性较差。利用其可转化为产生式规则和诊断树的特性，设计了一种基于故障树分析的诊断推理流程。该算法流程主要包含三个环节：一是将故障树转化产生式规则集；二是构建与故障树等效的诊断树，并利用 BIT 监测结果确定底事件 X_i 的状态；三是基于产生式规则进行故障推理。

EXPRESS、TEAMS 等测试性建模软件都集成有诊断策略生成工具，能在测试性建模分析的基础上自动产生诊断树，这就为算法流程的工程实现提供了便利条件，完整的算法流程如图 16-6 所示。

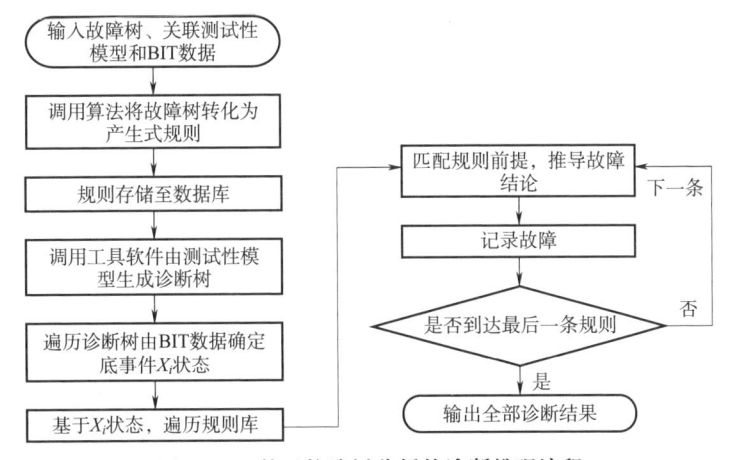

第 16 章 故障诊断算法模型设计和验证

图 16-6 基于故障树分析的诊断推理流程

流程中，所调用的规则生成算法如下：

```
Void CGenrule::OnGen()//产生"规则"函数
{
    ....
    for(i=0;i<bs.FtNodePosInfoList.GetCount();i++)//遍历故障树的每个节点
    {
        ....
        switch(bs.newNode.NodeGateType)//判断节点的门类型
        {
        case 0 ://如果是"与门"，需要找到所有的子节点，这些子节点对应的"故障事件"在"规则"的条件部分以"and"关系存在
            ....
            for(l=i;l<bs.FtNodePosInfoList.GetCount();l++)
            {
                ....
                //寻找第 i 个节点的所有"与门"关系子节点
                //将其标记出来
            }
            for(j=0;j<bs.newNode.PreFactNum;j++)
            {
                ....
                //将上述节点对应的事件，存入"规则"的条件部分
            }
```

361

```
                        bs.newNode.RuleID=setruleID(count++);//给"规则"
编号
                        bs.RuleList.AdddTail(bs.newRule);//添加新"规则"
到规则列表中
                        break;
                    case 1 : //接下来是"或门"的情况（此处省略）
                        ....
                        break;
                }
            }
            ...
        }
```

16.2 基于 Bayes 网络的诊断算法设计

Bayes 网络是一种基于概率的不确定性推理网络，是用于表示变量集合连接概率的图形模型。概率推理是根据不确定信息作决定时常采用的一种推理形式，它基于已知的信息和概率模型，通过逻辑推理和数学计算，来评估事件的不确定性。基于概率推理的 Bayes 网络是为解决不确定性和不完整性问题而提出的，它能有效地进行多源信息表达与融合，可用于复杂故障的诊断。基于 Bayes 网络的诊断推理方法利用诊断历史经验、失效率等信息，可以对复杂故障进行更深层次的隔离。

基于 Bayes 网络的雷达故障诊断推理流程如图 16-7 所示。

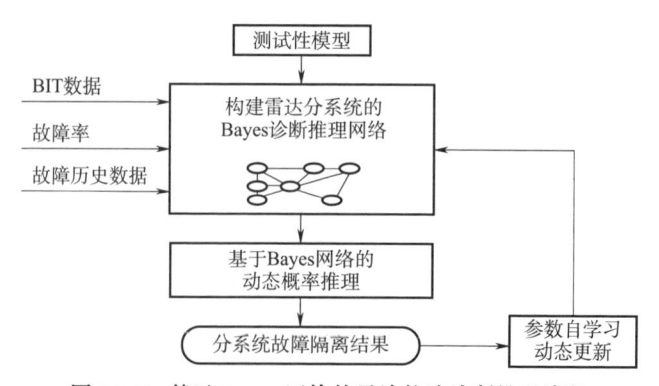

图 16-7 基于 Bayes 网络的雷达故障诊断推理流程

对于采用故障树分析方法难以精确隔离的故障模糊组合（对应于最小割集），首先基于测试性模型中的故障－测试相关性矩阵、模糊组合中各底事件的失效率信息、故障历史数据等构建 Bayes 网络模型。构建雷达分系统的 Bayes 网络模型的实施步骤如下：

（1）从测试性模型中获取所有模糊组合的规模、所含底事件的名称、相关 BIT 集合等信息；

（2）从雷达分系统的功能结构信息和专家知识中获取模糊组合中底事件与 BIT 集合间的关联概率；

（3）根据雷达分系统的可靠性预计数据、历史故障情况，获取模糊组合中所有底事件的失效率数据；

（4）以雷达分系统各模糊组合的相关 BIT 集合为输入节点，以底事件与 BIT 间的关联概率为第一层节点概率；以模糊组合中的底事件为中间节点，失效率为第二层节点概率；以模糊组合中的底事件名称为输出节点，建立 Bayes 网络模型；

（5）将监测得到的 BIT 数据输入 Bayes 诊断推理网络，经推理计算得到模糊组合中底事件的发生概率，发生概率最大的即为隔离结果；

（6）根据历史诊断结果，对所建立的 Bayes 网络进行参数自学习和动态更新，动态优化诊断模型。

大型相控阵雷达构成复杂、设备层级多、故障传播关系不易摸清。虽然故障树是一种很好的知识载体，但是想要层次清晰地建立，并且准确地应用于诊断推理则是一件十分困难的事情。这主要源自人们对复杂系统的认识深度有限，很难完整发现并准确分离所有底事件。即使能够做到，想要构建一棵如此庞大的以所有可更换单元为底事件、以雷达系统故障为顶事件的故障树，代价也是巨大的，而且还会因为其过于复杂，导致推理效率极为低下。

为了解决这个难题，将基于故障树的诊断推理过程和基于贝叶斯网络的诊断推理过程有机结合，既避开了不切实际追求隔离深度的建树过程，又将设备单元的失效率、故障发生概率等先验信息融合进来，解决了知识的来源问题，同时也大大提高了故障隔离速度。

联合故障树和 Bayes 网络的诊断推理流程如图 16-8 所示，包含基于故障树分析的快速隔离和基于贝叶斯网络的诊断推理两个过程，具体流程如下。

（1）基于故障树分析的快速隔离：对于大部分故障，在对雷达进行测试性建模的基础上，采用 16.1 节中的诊断推理方法，实现故障快速隔离。

（2）判定故障树分析方法是否将故障隔离到指定规模的模糊组合，若未达到，则进入（3），采用基于贝叶斯网络的诊断推理方法进一步隔离；否则，则结束诊断过程，输出结论。

（3）基于贝叶斯网络的诊断推理：按照测试性设计与分析的结果，对于难以隔离到 3 个 LRU 以内的模糊组合，则采用基于 Bayes 网络的诊断推理流程，实现故障的深层次隔离，输出诊断结论。

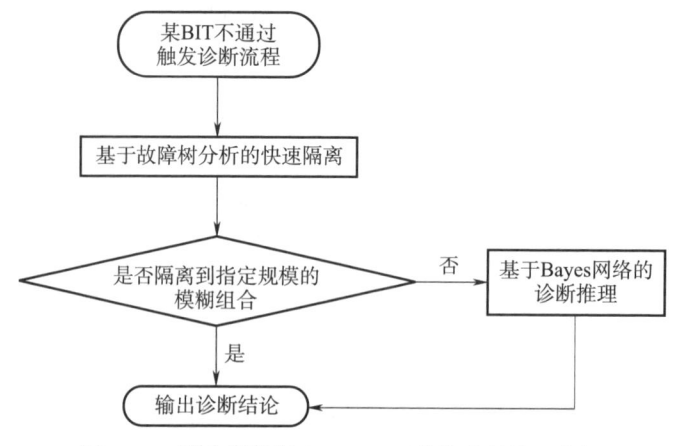

图 16-8　联合故障树和 Bayes 网络的诊断推理流程

16.3　基于专家系统的诊断模型设计

专家系统是一个具有相关领域内大量专家知识的智能程序系统，它应用人工智能技术，根据专家提供的领域知识进行推理，模拟专家做决定的过程来解决那些需要专家才能解决的复杂问题，从功能上可以把它定义为"一个在某领域具有专家水平解题能力的程序系统"，专家系统提供了一个自动诊断和处理知识数据的高效手段，还可利用程序和知识去控制问题的求解过程。

因其具有适合人的思维、容易理解，用规则或案例表示知识，能避开复杂的数值计算，能够解释自身推理过程等优点，机械、电子设备的故障诊断专家系统已经进入广泛应用的阶段。发展至今，出现了像火箭发动机专家系统、航天器故障诊断试验专家系统、卫星控制系统地面实时故障诊断专家系统等大型系统。在国内，北京控制工程研究所研制出了卫星控制系统实时故障诊断专家系统原型，用于卫星地面检测及卫星飞行状态的地面在线实时故障诊断；哈尔滨工业大学与中国空间技术研究院合作开发出针对载人飞船、空间站及风云卫星的故障诊断系统。

尽管不同专家系统解决的问题不同，但其基本原理、主要结构基本上是相同的，不同之处主要表现在知识库上。因此，人们开始综合采用各种知识表示方法和多种推理机制及控制策略来解决领域问题。

推理机是故障诊断专家系统的重要组成部分，早期的推理机采用基于规则的推理（rule-based reasoning，RBR）进行推理。美国斯坦福大学设计出第一个基于产生式规则的专家系统 DENDRAL。随着技术发展，推理技术已经不满足于传统的"if-then"精确表达结构，结合规则可信度及不确定性传递方法，推理机具有了类似人类逻辑分析的能力。后来，又出现了基于案例的推理机，使专家系统具有联想和归纳学习的能力。

如图 16-9 所示，设计了一种雷达故障智能诊断专家系统。来自雷达各分系统的 BIT 数据和性能测试、环境监测结果，经融合处理、数据挖掘后进入智能推理网络，隔离出故障源并进行上报和维修处置。

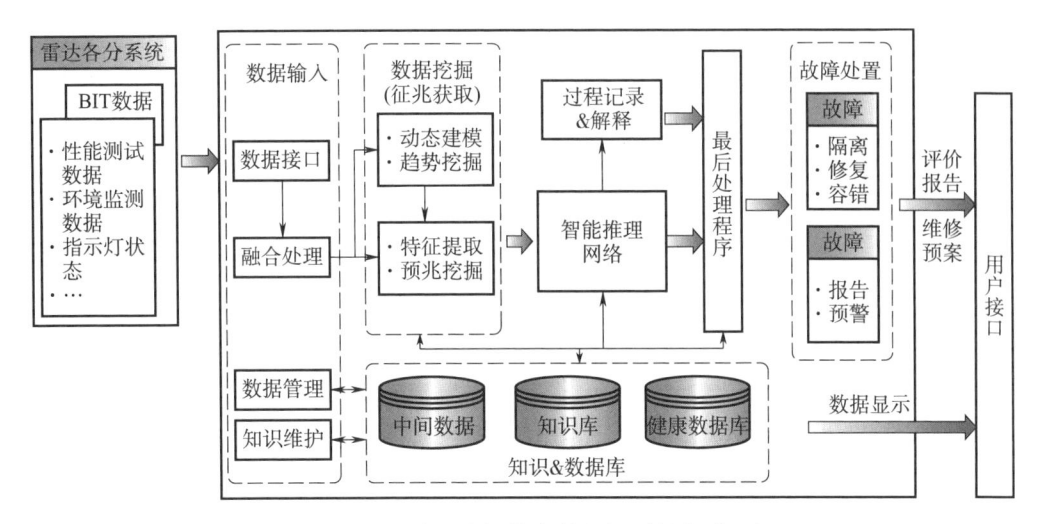

图 16-9 雷达故障智能诊断专家系统原理框图

1. 数据融合处理

数据融合处理程序负责对来自各分系统的健康监测数据进行预先处理，包括采样、滤波、综合、重组和分类等操作。

2. 智能推理网络

智能推理网络设置了不同的推理策略，以获得最优结果。所采用的推理方法包括：基于故障树分析的诊断推理方法、基于贝叶斯网络的诊断推理方法、基于规则和案例的诊断推理方法、基于模糊关系矩阵的诊断推理方法及其组合形式。

在模糊理论中，模糊关系矩阵用来量化表示故障集与测试集之间的复杂关系。为了反映雷达部件的失效过程，引入了动态模糊关系矩阵来表达随时间变化的诊断知识，这种推理方式称为动态模糊推理。动态模糊推理实时性好、准确度高，但是动态模糊关系矩阵一般由专家经验给出，主观因素多，存在漏判和错判的风险。为了克服其不足，融合动态模糊推理和 RBR 推理技术设计了一种智能推理策略，它能够对可能引发雷达故障的诸多因素进行综合，给出更准确的诊断结论。

在如图 16-10 所示的智能诊断推理策略中，首先采用动态模糊推理对潜在的故障部件进行筛选，去除故障可能性很小的部件，然后再利用 RBR 技术对剩下的可疑部件进行验证，最终得到更为可信的结果。该策略中，知识库的创建是关键，这里采用了产生式规则、案例库、模糊关系矩阵相结合的知识表示方式。案例库存放专家系统积累的成功诊断案例，当案例积累到一定规模后，自学习机制被触发，分析案例间的相似性并从中抽取必然联系，丰富完善已有的规则库。

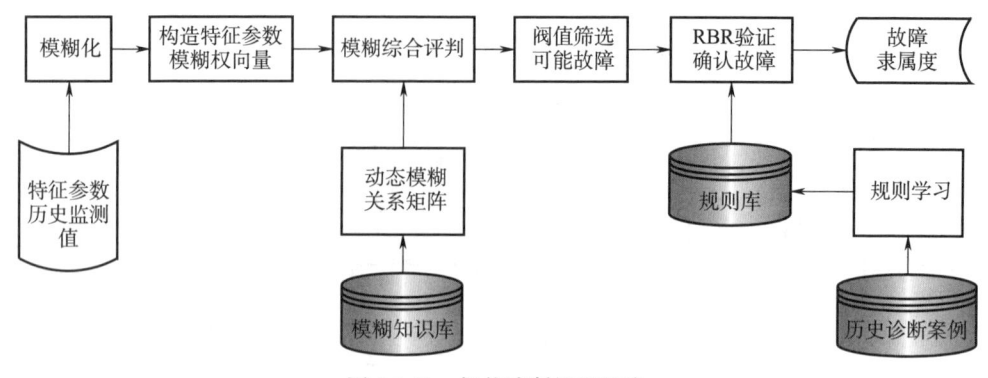

图 16-10 智能诊断推理策略

3. 知识库与数据库

知识库存放雷达故障诊断所需的知识和模型，包括正常/异常判据、处理预案、案例、产生式规则、模糊关系矩阵、故障树等，用来支持推理机对雷达故障状态做出准确诊断。健康数据库存放与雷达使用、维护、修理有关的技术数据和历史记录，全面反映雷达的当前健康状态、历史运行和维修情况等。

4. 最后处理程序

最后处理程序将智能推理网络的诊断输出进行综合，为后续故障处置提供信息支撑。

16.4 基于人工神经网络的故障诊断算法设计

随着人工神经网络技术的日趋成熟，它为解决传统专家系统中的知识获取、学习等难题提供了一条崭新途径，使得故障诊断效率得到极大提高。基于人工神经网络设计故障诊断算法的优点包括：可以诊断难以用规则描述的系统；采用并行处理结构，处理效率高；具有良好的自适应和自学习能力。

目前故障诊断中用到的人工神经网络模型有 BP 网络、RBF 网络、Hopfield 网络、Elman 网络和 Kohonen 自组织网络等。近年来，人工神经网络与小波分析、粗糙/模糊集、灰色理论及遗传、进化、免疫等算法工具相结合，在模拟电路、无线传感器、软件、运载器等领域的故障诊断中获得较好应用。

径向基函数神经网络（RBFNN）除了具有传统人工神经网络的并行处理、分布存储、联想记忆、容错、自适应等特点外，还具有如下优点：

（1）结构简单，只有三层网络结构；
（2）隐层径向基函数具有局部映射特性，模仿生物神经元的近兴奋远抑制功能；
（3）学习速度快；
（4）网络模型能够用数学式子清晰表达。

基于 RBFNN 网络拓扑，构建了一种可用于雷达故障诊断的人工神经网络模型——径向基函数诊断网络（RBFDN），下面介绍 RBFDN 的网络拓扑和参数学习算法。

16.4.1 RBFDN 网络结构

RBFDN 的网络结构如图 16-11 所示（M 是隐层节点数目）。第 1 层为输入层，其输入为 p 维矢量 $t=(t_1, t_2, \cdots, t_p)^T$，其中 $t_1, t_2, \cdots, t_p$ 是用于诊断故障的 p 个测试点的测量值。

第 2 层为隐层，隐层的激活函数是一组中心对称的非线性函数。因函数值取决于网络输入矢量 t 到中心点 $c_j \in \mathbb{R}^p$ 的径向距离 $\|t-c_j\|$ （$j=1, 2, \cdots, M$），故称为径向基函数（RBF），这里采用高斯（Gauss）函数形式：

$$\psi_j = (\|t-c_j\|) = \exp(-\|t-c_j\|^2/2b_j^2) \tag{16-4}$$

式中，$b_j > 0$，是第 j 个隐层节点径向基函数 $\psi_j(\cdot)$ 的宽度参数。

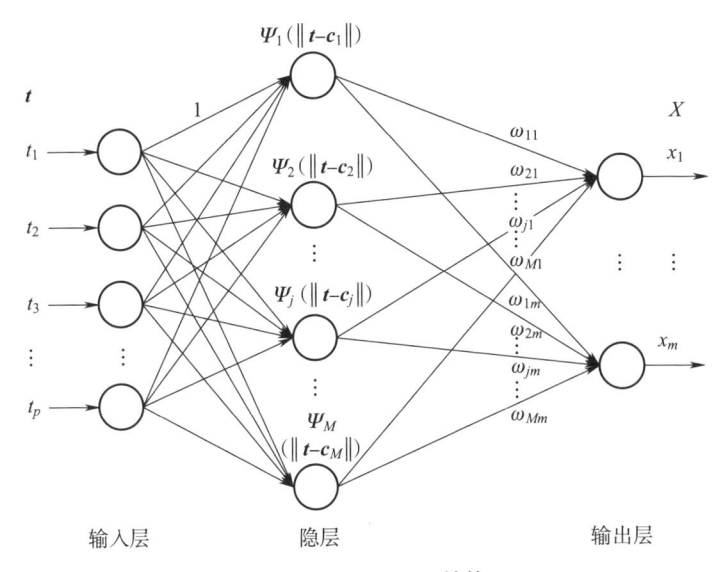

图 16-11 RBFDN 结构

输入层到隐层的连接权值为 1。

第 3 层为输出层，网络输出是诊断结论 $X=(x_1, x_2, \cdots, x_m)$，$x_1, x_2, \cdots$,

$x_m \in [0, 1]$ 表示 m 个故障模式发生的概率，典型地，取值为 1 时表示对应故障一定发生：

$$x_k = \sum_{j=1}^{M} \omega_{jk} \psi_j(\| \boldsymbol{t} - \boldsymbol{c}_j \|) \tag{16-5}$$

隐层到输出层的连接权值构成矩阵：

$$\boldsymbol{\omega} = \begin{bmatrix} \omega_{11} & \omega_{12} & \cdots & \omega_{1m} \\ \omega_{21} & \omega_{22} & \cdots & \omega_{2m} \\ \vdots & \vdots & \ddots & \vdots \\ \omega_{M1} & \omega_{M2} & \cdots & \omega_{Mm} \end{bmatrix} \tag{16-6}$$

式中，$\omega_{jk} \in \mathbb{R}$。

RBFDN 输入层中的神经元只起到接收和传递信息作用，称作感知神经元。隐层神经元通过具有局部作用域的激活函数 $\psi_j(\cdot)$ 的"近兴奋远抑制"功能实现对输入样本 t 的特征提取，这些特征以 $\psi_j(\| \boldsymbol{t} - \boldsymbol{c}_j \|)$ 的形式保存下来。输出层神经元对特征信息进行线性组合，向外传输。

16.4.2 RBF 参数及输出连接权计算

依据历史诊断案例 $\{(\boldsymbol{t}_i; X_i) | i=1, 2, \cdots, N\}$ 构建 RBFDN 涉及两方面内容：①网络结构设计，即选择合适的隐层节点数目 M；②网络参数学习，即确定隐层节点 RBF 的中心 $\boldsymbol{c}_j \in \mathbb{R}^p$、宽度参数 b_j 和输出连接权 ω_{jk} 等参数值。

RBFDN 的隐层节点数目是在参数二阶段学习算法基础上确定的。第一个阶段采用均值聚类算法确定隐层节点 RBF 的中心 $\boldsymbol{c}_j$ 和宽度参数 b_j；第二个阶段采用最小二乘法确定输出连接权 ω_{jk}。

1. 均值聚类算法确定 RBF 中心

均值聚类算法的优势在于处理大规模数据集时速度快、易于实现和改进。给定隐层节点数目 $M(<N)$，依据矢量样本集 $\{\boldsymbol{t}_i | i=1, 2, \cdots, N\}$ 采用均值聚类算法确定隐层节点 RBF 中心的步骤如下。

（1）初始化：从 $\{\boldsymbol{t}_i | i=1, 2, \cdots, M\}$ 中随机选取 M 个矢量样本，作为初始簇中心 $\{\boldsymbol{c}_j(0) | j=1, 2, \cdots, M\}$；迭代次数 $l=0$。

（2）相似匹配：逐个将矢量样本 $\boldsymbol{t}_i$ 指派给最邻近的簇中心 $\{\boldsymbol{c}_j(l) | j=1, 2, \cdots, M\}$，形成 M 个簇 $\{\text{Clus}_j(l) | j=1, 2, \cdots, M\}$。

（3）更新中心：重新计算每个簇的质心，作为新的簇中心 $\{\boldsymbol{c}_j(l+1) | j=1, 2, \cdots, M\}$。

（4）判断是否满足停止条件：

$$\sum_{j=1}^{M} \| \boldsymbol{c}_j(l+1) - \boldsymbol{c}_j(l) \| \leq \varepsilon \tag{16-7}$$

式中，‖·‖是欧式范数；$\varepsilon > 0$ 是个微小量，可通过经验给定；若满足，则转入步骤（5），否则，令 $l=l+1$，重复步骤（2）~（4）。

（5）输出结果：输出 $\{c_j(l)|i=1,2,\cdots,M\}$ 作为隐层节点 RBF 的中心。

（6）步骤（2）中，将 t_i 指派到簇 Clus_j 中的判据是

$$\|t_i - c_j\| = \min_{jj=1,2,\cdots,M} \|t_i - c_{jj}\| \tag{16-8}$$

在步骤（3）中，新簇中心的计算公式为

$$c_j = (1/\text{num}_j) \sum_{t_i \in \text{Clus}_j} t_i, \quad j = 1,2,\cdots,M \tag{16-9}$$

式中，num_j 是簇 Clus_j 中的矢量样本数。

在步骤（4）中，停止条件参数 ε 的选择应综合考虑簇中心的收敛精度与算法运算量，因为簇中心的较大幅度变化主要集中在起初的若干次迭代中，当迭代次数达到一定数值后，簇中心的细微变动只是由簇间极少量的边界数据点引起的，此时，对于只需确定簇中心位置的聚类而言，只要满足收敛精度要求即可停止迭代。如果 ε 取值太小，会引起迭代次数的不必要增加，额外消耗运算时间。具体操作中，为控制算法执行效率，常设定最大迭代次数 Iter。

2. RBF 宽度参数计算

在得到隐层节点 RBF 中心 $\{c_j|i=1,2,\cdots,M\}$ 之后，宽度参数 b_j 可由如下公式得到：

$$b_j = \frac{1}{M-1} \sum_{jj=1}^{M} \|c_j - c_{jj}\| \tag{16-10}$$

即 b_j 是 c_j 到其他中心点距离的平均值。

3. 输出连接权计算

在确定了隐层节点 RBF 的中心和宽度参数后，输出连接权 ω 可通过最小化误差平方和函数由最小二乘法得到：

$$\text{sum}(\omega) = \sum_{i=1}^{N} \sum_{k=1}^{m} \left[X_{ik} - \sum_{j=1}^{M} \omega_{jk} \psi_j(\|t_i - c_j\|) \right]^2 \tag{16-11}$$

若记 $\Theta = [X_1; X_2; \cdots; X_N]$：

$$\Psi = \begin{bmatrix} \psi_1(\|t_1 - c_1\|) & \psi_2(\|t_1 - c_2\|) & \cdots & \psi_M(\|t_1 - c_M\|) \\ \psi_1(\|t_2 - c_1\|) & \psi_2(\|t_2 - c_2\|) & \cdots & \psi_M(\|t_2 - c_M\|) \\ \vdots & \vdots & \ddots & \vdots \\ \psi_1(\|t_N - c_1\|) & \psi_2(\|t_N - c_2\|) & \cdots & \psi_M(\|t_N - c_M\|) \end{bmatrix}_{N \times M} \tag{16-12}$$

则有

$$\omega = (\Psi^T \Psi)^{-1} \Psi^T \Theta \tag{16-13}$$

16.4.3　基于 Bayes 信息准则的 RBFDN 网络拓扑确定

RBFDN 的学习时间、泛化性能与隐层节点数目 M 的选择有关。当 M 过大时，除造成网络参数学习所需运算量的不必要增加、减慢学习速度外，还会因网络结构过于复杂导致过度建模现象的发生，降低 RBFDN 的诊断准确性。

研究基于 Bayes 信息准则（BIC）提出一种隐层节点数目确定算法，准则值为

$$\text{BIC}(M) = \ln(\hat{\sigma}_\varepsilon^2) + M\frac{\ln(N)}{N} \qquad (16\text{-}14)$$

式中，M 是隐层节点数目；N 是用于建模的矢量样本数目，则有

$$\hat{\sigma}_\varepsilon^2 = \text{Sum}(\hat{\omega})/N \qquad (16\text{-}15)$$

式中，$\hat{\omega}$ 是输出连接权的最小二乘估计。算法步骤如下：

（1）设置 M 的选择范围 $[M_{\min}, M_{\max}]$ 与调整步长 M_{step}，并初始化 $M=M_{\min}$；

（2）针对样本集 $\{(t_i; X_i)|i=1,2,\cdots,N\}$ 进行 RBFDN 参数二阶段学习，得到 $\{c_j|j=1,2,\cdots,M\}$、$\hat{\omega}$ 和 $\{b_j|j=1,2,\cdots,M\}$；

（3）计算极大似然估计值 $\hat{\sigma}_\varepsilon^2$；

（4）根据式（16-14）计算 BIC 准则值；

（5）$M=M+M_{\text{step}}$，重复步骤（2）~（5），直到 $M \geq M_{\max}$，转入步骤（6）；

（6）输出最小化 BIC 准则值的 M，结束。

基于 BIC 准则的隐层节点数目确定算法具有以下优点：①折中考虑了 RBFDN 的建模精度与结构复杂度，防止网络结构过于复杂，有效避免了过度建模现象发生；②运算量小。

16.5　故障诊断算法模型验证

故障诊断算法模型的性能直接决定了雷达健康管理软件的故障诊断能力。雷达故障模式种类多、传播关系复杂，在实际装备上逐一对所有故障模式进行实物验证是不现实的，也不可取。为了保证故障诊断结论的准确性和可信度，拟采用故障仿真注入技术来对算法模型进行验证。对雷达故障进行仿真注入离不开故障传递模型构建技术，也需要故障仿真注入与验证平台的支撑。

16.5.1　故障传递模型构建技术

雷达故障模式之间存在着关联性，准确、逼真地设定故障模式，是检验雷达健康管理软件故障隔离能力的重要内容。这就需要对特定故障在雷达系统中的传递过程及影响进行分析，并且建立故障传递模型。

按照"模块—分系统—系统"逐层级建立雷达故障传递模型，再基于其进行故障等效注入，尤其是结合仿真 BIT 报文的手段产生故障特征，可快速检验算法模型的故障检测和隔离能力，也为开展批量、自动化分析奠定了基础。

故障传递模型是在分析雷达各层级功能的基础上，对各个功能单元及单元之间的失效影响进行描述，包含雷达的系统结构、功能和故障信息。构建雷达故障传递模型的流程如下：

（1）建立雷达的系统树；
（2）建立雷达的层次图；
（3）添加单元部件的功能信息；
（4）添加单元部件的故障信息；
（5）添加单元部件间故障及功能故障传递关系。

1. 开关量故障传递模型

构建开关量故障传递模型，即聚焦开关量故障模式，基于故障模式间的依赖关系，研究雷达各个模块、分系统及系统的某些故障是否出现。

开关量故障传递建模方法主要包括故障建模、故障注入和故障传递三个方面。故障建模主要将文本形式的故障模式表整理为数学形式的映射表和关系矩阵；故障注入即判定故障注入的位置，并将单元部件输出状态向量的对应元素设为 1；故障传递主要通过矩阵运算，实现故障的影响分析。

1）故障建模

故障模型的构建示意图如图 16-12 所示。

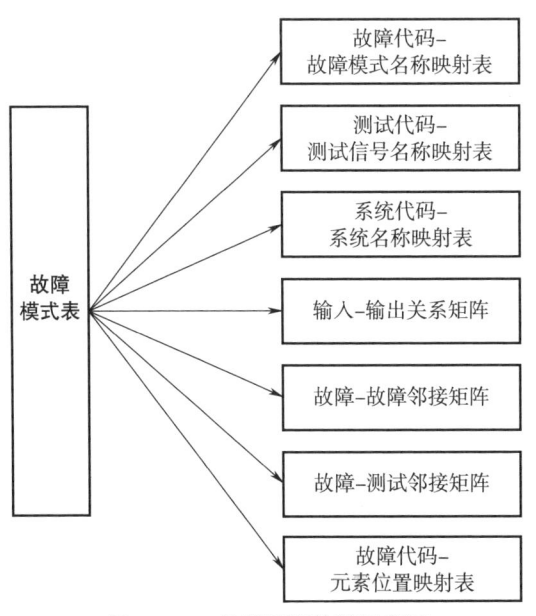

图 16-12　故障模型构建示意图

（1）根据文本形式的故障模式表，构建三个映射表。分别为故障代码－故障模式名称映射表、测试代码－测试信号名称映射表、系统代码－系统名称映射表。将这三个映射表封装在一个数据类文件中，并将该数据类和模型文件存储在一个文件夹下，以供模型文件调用。

（2）根据文本形式的故障模式表，基于各单元部件输入输出之间的关系、故障模式之间的关系、故障模式与测试信号之间的关系，构建各模块的输入－输出关系矩阵、故障－故障邻接矩阵、故障－测试邻接矩阵。

（3）各单元部件的输入、输出及测试信号分别用状态向量的形式表示，即输入状态向量、输出状态向量、测试信号状态向量。根据模块的输出状态向量中各元素位置与故障代码的对应关系，构建故障代码－元素位置映射表。

2）故障注入

（1）初始化各个模块的输出状态向量，使得各元素均为 0，代表各模块均不出现故障。

（2）读取故障注入文本的信息，经过文本处理后，得到需要进行故障注入的故障代码。根据故障代码－元素位置映射表，将相应模块的输出状态向量的对应元素设为 1。

3）故障传递

（1）根据该模块的故障－故障邻接矩阵 R_1，采用 Warshall 算法，得到各个模块的故障可达矩阵 R_2。

（2）将输入信号状态向量 F_{in} 和输入－输出关系矩阵 R 进行运算，得到该模块的输出状态向量中间值 F_{out1}。

（3）将该模块的输出状态向量中间值和该模块的故障可达矩阵进行运算，得到该模块的输出状态向量 F_{out}。

（4）将该模块的输出向量和故障－测试邻接矩阵 RT 进行运算，得到测试信号状态向量 T。

（5）基于得到的输出状态向量、测试信号状态向量，根据故障代码－故障模式名称映射表、测试代码－测试信号名称映射表、系统代码－系统名称映射表及故障代码－元素位置映射表，得到故障传递结果和测试信号异常结果，并以文本形式输出。

（6）故障传递过程见图 16-13。

输入：F_{in}
输出：F_{out}、T
Step1：$F_{out1} \leftarrow F_{in} \times R$
Step2：$R_1 \xleftarrow{\text{Warshall}} R_2$
Step3：$F_{out} \leftarrow F_{out1} \times R$
Step4：$T \leftarrow F_{out} \times RT$

图 16-13　故障传递过程示意图

2. 模拟量故障传递模型

构建模拟量故障传递模型,即聚焦模拟量故障模式,基于各单元部件的传递函数,研究雷达各个模块、分系统及系统的某些故障是否出现。

如图 16-14 所示,模拟量故障传递模型的构建方法主要包括三个方面:故障传递模型构建、故障模式量化和故障注入。构建故障传递模型,主要根据已知的各个单元部件内部的传递函数,对实际的雷达系统进行数学仿真建模。故障模式量化即设定相应的正常信号范围,作为判断故障模式是否发生的衡量标准。将各故障模式预置在故障传递模型中,通过状态使能来实现相应故障模式的注入。

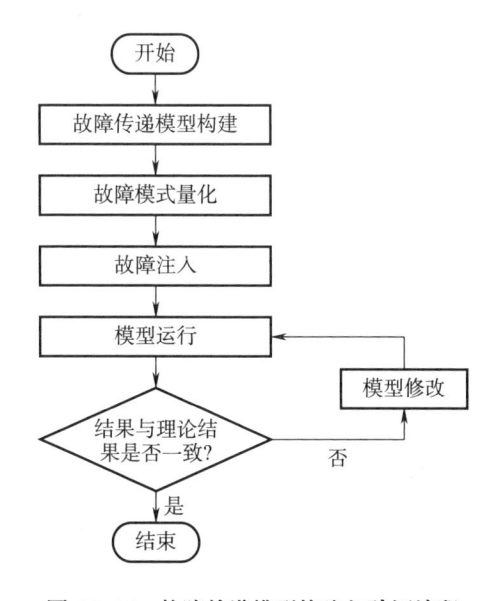

图 16-14 故障传递模型构建与验证流程

步骤 1:故障传递模型构建。结合雷达系统、分系统或模块的原理图、故障模式表,根据已知单元部件的传递函数,梳理故障模式、输入输出信号、单元部件连接及信号传递依赖关系,据此建立基于模拟量的故障传递模型。

步骤 2:故障模式量化。结合雷达故障模式库中各单元部件的故障类型,根据信号间的依赖关系、传递函数及实际应用中信号的阈值设置等,处理得到各信号正常工作范围,如果信号超出该范围,则判定其发生故障。

步骤 3:故障注入。结合雷达故障模式库中各单元部件的故障类型及特点,确定故障注入方法,如注入噪声干扰、信号增益等,模拟实际应用中的故障。各单元部件中加入状态判断量,以判断相应的故障信号是否需要进行注入。

步骤 4:模型运行。在已经搭建完成的故障传递模型中进行故障注入,在测试点处,通过快速傅里叶变换及功率谱图等信号处理方法,结合故障模式的量化分级，判断是否发生故障。

步骤5：模型验证。将故障传递模型的输出结果与理论结果进行比对，对存在的偏差情况进行分析，反复修改故障传递模型，确保故障传递模型的输出结果与理论结果相一致，完成建模验证。

通过Matlab的Simulink仿真平台，建立的模拟量故障传递模型示意图如图16-15所示。

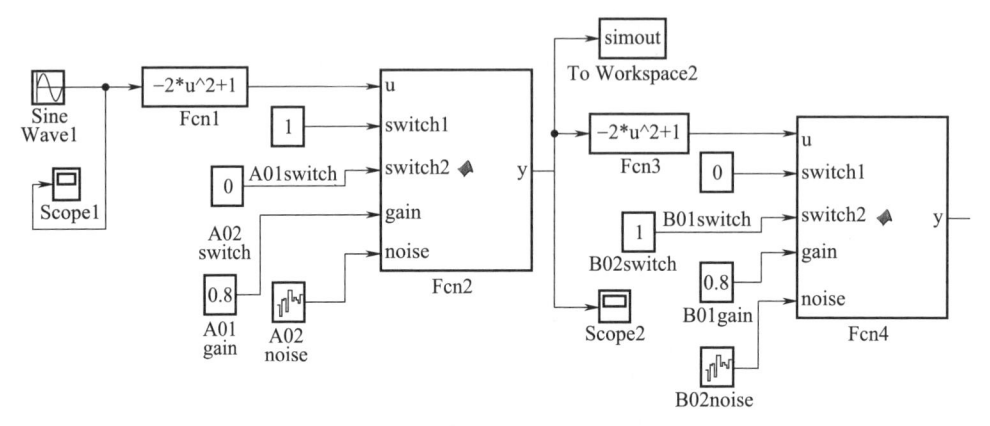

图16-15 模拟量的故障传递模型示意图

16.5.2 故障仿真验证平台

故障仿真验证平台软件可为雷达提供通用的工作状态仿真环境，具有雷达知识数据挖掘、故障特征编辑、故障注入、故障传递、报文仿真生成、评估报告等功能，为诊断模型的迭代设计、优化提供数据支持，使得模型的验证不依赖于硬件，提高其成熟度和准确度。

平台软件采用三层架构，即数据知识层、业务逻辑层、表示层，如图16-16所示。

1. 数据知识层

数据知识层主要实现以下功能。

（1）知识库和数据库：存储雷达的设计数据、历史监测数据、故障记录及挖掘产生的各类知识。

（2）雷达故障传递模型库：存储雷达各层级故障传递模型，为研究故障传递过程、分析影响及等效注入故障提供依据。

（3）雷达BIT与性能监测报文模板库：为仿真产生雷达各分系统、模块在正常工作或故障状态下的BIT与性能监测数据提供标准样式。

2. 业务逻辑层

业务逻辑层完成仿真验证相关的业务活动，包括故障特征编辑、故障注入、故障传递、BIT与性能监测报文仿真、验证结果分析与评估报告等。业务逻辑

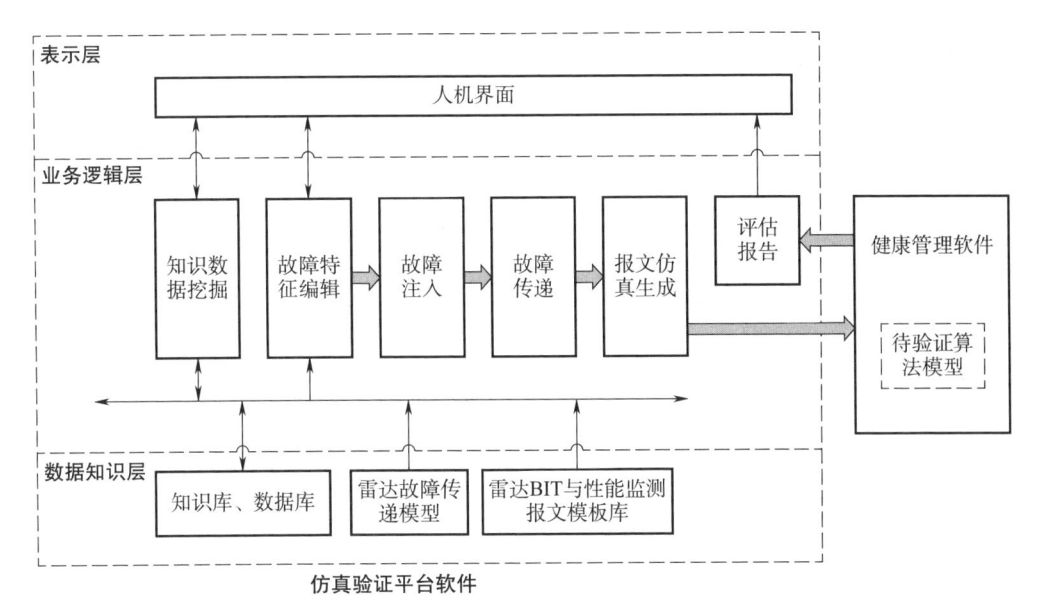

图 16-16 故障仿真验证平台软件架构

层采用模块化、插件式开发方式,方便灵活添加验证评估对象和业务功能,如图 16-17 和图 16-18 所示。

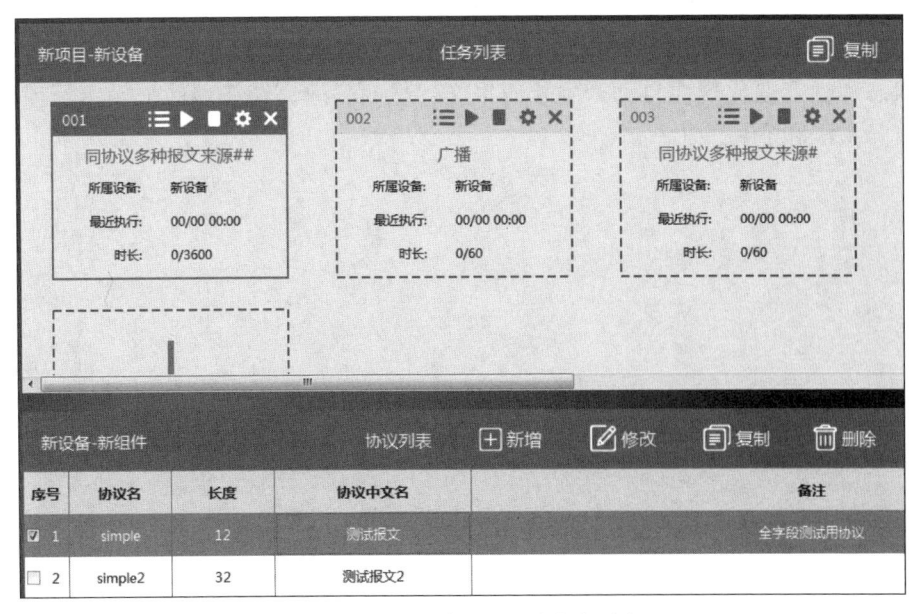

图 16-17 报文协议、故障特征编辑

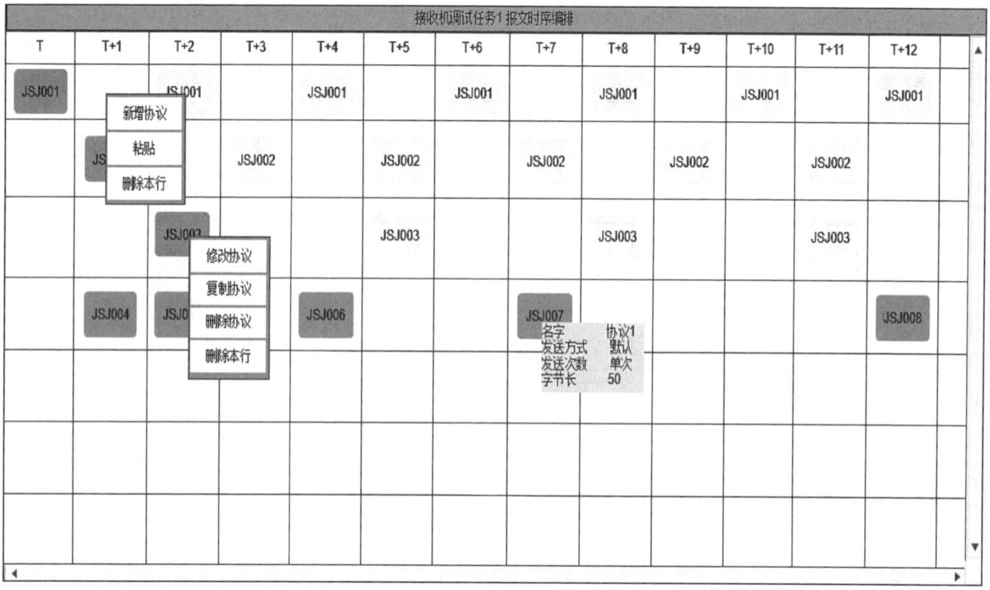

图 16-18　仿真故障注入

3. 表示层

表示层主要用于展示仿真验证的操作过程和结果，为知识数据挖掘和故障特征编辑等提供人机交互界面。

在平台软件的功能模块中，报文仿真生成模块支持按照协议和时序要求模拟雷达全机正常与异常状态下的 BIT 与性能监测数据帧格式，可根据灵活设置的故障状态和性能退化规律自动产生相应报文，从而高效、经济地验证健康管理软件的故障检测和隔离能力。

第 17 章

测试性建模分析

17.1 概述

17.1.1 基本概念

测试性模型（testability model）是指能够体现装备测试性设计特征的，为设计、分析和评估产品的测试性所建立的模型，用于表示产品故障与测试之间的相关性逻辑关系。

测试性建模分析用于雷达系统和分系统的测试性设计质量的定量评估，以及自动生成故障诊断策略，帮助设计人员找出测试性设计方案存在的不足。基于模型的测试性设计是测试性设计的发展方向，建立测试性模型是提高测试性设计水平的基础。

根据《装备测试性工作通用要求》（GJB 2547A—2012），在产品的测试性分配、测试性预计和测试性指标评估过程中，需要建立测试性模型。

17.1.2 测试性建模分析发展

自 20 世纪 80 年代中后期开始，一些大学和机构开始着手研究测试性建模技术。具有代表性的是美国 DSI 公司的相关性模型（dependency model）、美国 ARINC 公司的信息流模型（information flow model）及美国康涅狄格大学的多信号流图模型（multi-signal flow graph model）。

其中，美国康涅狄格大学的 Somnath Deb 教授提出了多信号流图模型，该模型结合信号流模型，充分考虑了信号的多维属性，将信号-故障-测试的模型用有向图的形式表示。美国 DSI 公司提出了混合诊断模型（hybrid diagnostic model），并以混合诊断模型为基础，开发了 eXpress 软件，用于测试性设计、故障诊断分析和可靠性分析等。QSI 公司以多信号流图模型为基础，开发了 TEAMS 软件。

中国航空综合技术研究所、工业和信息化部电子第五研究所、国防科技大学等单位开发了测试性建模分析软件。中国航空综合技术研究所研究开发的

TesLab测试性辅助设计、分析与验证平台能够为用户提供完整的测试性设计、分析与验证解决方案。工业和信息化部电子第五研究所开发的测试性设计分析系统 TestMADS 采用多信号模型和智能化图形处理技术，具有测试性建模、分配、预计、分析、设计和仿真验证等功能。国防科技大学开发的测试性分析、设计与评估系统 TADES 具有测试性需求分析、测试性指标分配、测试性方案优化生成、诊断策略构建及测试性综合验证评估等功能。

17.1.3 测试性建模流程

测试性建模流程如图 17-1 所示，要点包括：
（1）建立产品的测试性模型，并对模型进行检验和确认；
（2）针对不同的测试性工作需求分别建立相应的测试性模型，并根据设计变更等约束条件及时对模型加以修改。

图 17-1 测试性建模流程

工作项目输入包括：
（1）产品的设计资料，如产品组成、信号流图、故障模式及失效率、故障诊断的部位，以及对应测试参数（测试项目）和（或）故障诊断的难易程度等；
（2）测试性要求；
（3）产品的性能数据、维修性数据和可靠性数据等。

工作项目输出包括：
（1）产品测试性模型；
（2）测试性模型的说明。

测试性建模工作说明中应明确：
（1）建模方法；
（2）测试性指标和约束条件；
（3）维修方案；
（4）需提交的测试性模型资料。

根据上述工作流程所建立的测试性模型可用于后续测试性分配、测试性预计及诊断设计。

17.2 测试性建模分析技术

测试性模型包括相关性模型、多信号流图模型等，具体如下。

（1）相关性模型：如果一个测试能够观测某个故障，则称为该故障与该测试相关；反之不相关。基于此方法，对所有故障模式与测试进行逐一分析，得到故障-测试相关性矩阵。如果两者相关，矩阵中对应的元素用1表示；如果不相关，矩阵中对应的元素用0表示。这样得到的布尔矩阵即为相关性模型。

（2）多信号流图模型：将系统的组成部分以图形化的方式来表示，从信号的多维属性着手，识别系统中与元件相关的信号属性和测试检测到的信号属性，在两者之间建立因果关系，用有向箭头连接各单元，箭头方向代表故障的传播方向。

测试性模型包括故障信息、测试信息、故障测试相关关系等信息，具体如下。
（1）故障信息包括：故障名称、故障模式失效率、故障影响。
（2）测试信息包括：测试项目、测试点等。
（3）故障测试相关关系是指故障和测试之间存在的因果逻辑关系。

17.2.1 相关性模型

相关性模型是被测对象的功能单元故障与测试相关性的数学表示形式，可用于故障检测与隔离，模型描述直观，建模难度较低，已成为复杂装备测试性设计分析中应用最多的一种模型。

相关性数学模型如式（17-1）所示：

$$\boldsymbol{D}_{m \times n} = \begin{bmatrix} d_{11} & d_{12} & \cdots & d_{1n} \\ d_{21} & d_{22} & \cdots & d_{2n} \\ \cdots & \cdots & \cdots & \cdots \\ d_{m1} & d_{m2} & \cdots & d_{mn} \end{bmatrix} \qquad (17-1)$$

该矩阵的行 $\boldsymbol{F}_i=[d_{i1}d_{i2}\cdots d_{in}]$ 表示第 i 个模块故障在各个测试点上的测试结果，列 $\boldsymbol{T}_j=[d_{1j}d_{2j}\cdots d_{nj}]^{\mathrm{T}}$ 则表示第 j 个测试点能够检测到的故障。其中：

$$d_{ij} = \begin{cases} 1, & \text{当} \boldsymbol{T}_j \text{能测得} \boldsymbol{F}_i \text{故障时（相关）} \\ 0, & \text{当} \boldsymbol{T}_j \text{不能测得} \boldsymbol{F}_i \text{故障时（不相关）} \end{cases} \qquad (17-2)$$

相关是指某个测试能检测到某个故障，相应矩阵元素为1，反之为0。这样一系列的"相关"与"不相关"就构成了相关性矩阵。

在建立相关性矩阵后，就可对系统中的不可测故障、冗余测试和故障模糊进行分析。结合故障率信息,可以预计系统的故障检测率和故障隔离率。结合测试时间和测试成本等数据,可进行测试项目的优化,并自动生成诊断策略。

17.2.2 测试性预计

测试性预计是为根据测试性设计资料估计产品的测试性水平是否能满足规定的测试性定量要求而开展的一系列分析和估计工作。依据SJ/Z 20695.1—2016《地面雷达测试性设计指南 第一部分:系统》,测试性预计的目标在于验证系统测试性指标是否满足设计要求,并根据分系统测试性指标的预计值调整分配给各分系统的指标参数,实现测试性指标的优化分配。

测试性预计的主要输入:系统及各组成部分的功能描述、划分情况和电路原理图,以及FMEA报告、故障率数据、测试项目、测试点等。测试性预计的输出包括:故障检测率、故障隔离率、不能检测与隔离的故障模式、诊断策略和设计改进建议。

测试性预计流程如下:

(1)获取产品的原理图、可更换单元清单、FMECA报告等设计资料;

(2)确定需要进行预计的测试性指标,一般包括故障检测率(fault detection rate,FDR)和故障隔离率(fault isolation rate,FIR);

(3)建立产品的测试性模型;

(4)获取各层次产品的故障模式和故障率,并标在测试性模型的相应部位上;

(5)选用合适的预计方法进行预计,按测试性指标分配的产品层次自下向上逐层预计产品的故障检测率和故障隔离率;

(6)预计结果分析,如果预计的结果不满足给定的测试性指标,应改进设计,直到满足给定的测试性指标要求为止。

17.3 测试性建模软件工具

17.3.1 国内测试性软件简介

1. 测试性辅助设计、分析与验证平台 TestLab

测试性辅助设计、分析与验证平台 TesLab 由中国航空综合技术研究所开发,能够为用户提供完整的测试性设计、分析与验证解决方案。TesLab 包括多个独立的产品,可以单独或组合使用,主要包括:TesLab-Designer(测试性建模分析软件)、TesLab-RT(基于模型的嵌入式故障诊断设计软件),下面介绍 TesLab-Designer 的功能和特点。

TesLab-Designer 为用户提供集测试性建模与模型管理、诊断设计支持、基于模型的测试性分析评价于一体的工程解决方案，可实现项目管理、用户管理、模型数据管理、图形化建模、测试性分析等功能，软件功能清单见表17-1。

表 17-1　TesLab-Designer 软件功能表

序号	软件功能	功能描述
1	项目管理	支持将产品的建模输入数据（模块数据、故障模式数据、测试数据和信号数据等）和模型图数据放入一个工程项目中，便于建模人员管理模型
2	用户管理	支持为不同的用户分配不同的功能权限和数据权限
3	模型数据管理	能够实现产品 FMEA 数据、测试数据等数据的集中管理；支持 FMEA 数据的导入和导出
4	模型数据版本管理	支持 FMEA 数据、建模数据版本状态的检查和跟踪；支持模型的审批和发布
5	模型数据交换	支持 TEAMS 文件的导入和导出、FMEA 文件的导入和导出，以及本软件格式的模型文件的导入和导出、模型结构导入（模型自动生成）
6	图形化建模	支持各种不同产品系统的图形化建模
7	可达性分析	支持对建好的产品模型进行可达性分析，检查模型依存关系的正确性
8	测试性分析	支持对模型进行测试性指标分析，包括定性分析和定量分析，并且可以根据情况设置不同的指标分析条件
9	诊断策略分析	支持生成模型的诊断策略，可以设置不同的诊断策略生成条件
10	交互式电子手册生成	支持交互式电子手册生成，生成和 IETM 软件接口的相关文件

TesLab-Designer 软件的特点如下。

（1）丰富的模型要素支持模型快速构建。支持基于 Excel 和 Word 格式数据的导入和导出，兼容 TEAMS 系列软件测试性模型。

（2）测试性分析项目多。可生成测试性分析报告，并可根据用户定义的格式以报表形式输出。

（3）支持诊断策略生成和诊断设计功能。可生成不同维修级别下使用不同诊断要素手段的诊断策略，支持 XML 格式诊断策略的导出。

（4）支持 FMEA 管理功能，支持对产品技术状态的有效跟踪。支持模型故障模式信息的查看、编辑与管理，保证模型数据与产品技术状态一致；支持 FMEA 信息的导入，导入的故障模式可直接生成图示化故障模式模块；支持基于模型的 FMEA 信息的导出，支持 FMEA 表格的生成。

2. 测试性设计分析系统 TestMADS

测试性设计分析系统 TestMADS 采用先进的多信号建模技术和智能化算法，

具有建立系统和分系统等测试性模型的功能。

该软件支持复杂系统的测试性建模、分析和设计，支持多层次图形化的建模；支持故障追踪功能，在进行测试性分析后，能够显示不可检测故障的位置和选定的故障模式的传播路径；能够通过测试性分析，得到被隐藏不可检测的故障，给出这些被隐藏故障所在的模块，通过模块和故障模式之间连线颜色的标记，可确定对应故障模式的传播路径，具有故障检测、隔离的覆盖分析功能；支持故障关联功能，在进行测试性分析后，能够显示选定故障模式的所有测试，并显示选定的测试能够检测的所有故障模式。

如图 17-2 所示，测试性建模包含层次设置、信号列表、模块列表、测试列表，这些信息通过模块、测试点、AND 节点、开关节点及编辑属性等按钮添加到模型中。

图 17-2　测试性建模工具

如图 17-3 所示，软件支持电路图、TEAMS 文件、FMECA、模型文件等信息的导入，并可导出模型文件、图形文件等信息。

图 17-3　建模文件导入与导出

17.3.2　国外测试性软件简介

1. eXpress 软件

eXpress 软件的主要功能包括：测试性优化设计、故障诊断分析等。eXpress 软件将产品的测试性设计和功能设计相结合，评估产品各阶段的测试性水平和诊断能力。

eXpress 软件通过交互式的图形界面和模型化的设计方法来评估和管理系统各级别的测试性和诊断性。eXpress 提供了层次化的设计方法，允许自顶向下或自底向上来设计构建系统的测试性模型。

eXpress 可根据分析对象（机械系统、电子系统及液压系统等）的不同建立系统级、子系统级、LRU 级的功能模型，能对组成系统的各单元进行属性定义，包括可靠度、成本、寿命、任务剖面、运行模式、运行状态及失效影响程度等。

eXpress 采用混合诊断模型，可对系统单元进行属性定义，包括可靠度、成本、寿命、任务剖面、运行模式、运行状态及失效影响程度等，从而使模型更接近真实系统。

eXpress 可设置测试费用、停工时间等属性，能实现故障诊断策略的优化。

2. TEAMS 软件

TEAMS® 是测试性工程和维护系统（testability engineering and maintenance system）的英文缩写。软件提供了装备测试性、维护性、系统健康监视系统解决方案。

TEAMS 使用多信号流建模技术和 AI 算法，使用者可以利用 TEAMS 的建模方法论对系统进行测试性设计。软件简化了大型复杂、可重构、具有故障冗余的系统模型的创建、集成和验证。交互式的图形建模环境允许用户对复杂系统由顶向下或由下向上地建立层次化的功能模型。

TEAMS 可以分析测试性设计存在的问题，包括测试未覆盖故障、冗余测试等，并提供测试性设计改进建议，以及提供图形格式或者文本格式的测试性报告。TEAMS 可以把诊断能力与交互式电子技术手册（interactive electronic technical manual，IETM）和自动测试设备（ATE）结合在一起。

TEAMS 能够提供以下报告。

（1）测试指标报告：提供系统的故障检测率、故障隔离率、故障模糊组大小等指标。

（2）诊断树：诊断树用于描述诊断策略。诊断树的根节点为某种故障的症状，以二叉树的形式遍历维修手段，最后找到故障源。

（3）诊断策略导出：TEAMS 工具支持 5 种形式导出诊断策略，包括 XML、HTML、PDF、RTF 等。

（4）故障相关性报告：显示故障传播关系，包括某个故障能够被哪些测试检测、某个测试能够检测哪些故障的信息。

（5）文本报告：包括故障模糊组报告、冗余测试报告、不可检测的故障报告等。

目前，TEAMS 支持 XML、VHDL、EDIF 等格式的模型直接输入。

17.4 测试性建模软件在雷达中的应用

17.4.1 测试性建模步骤

测试性模型的建模步骤如图 17-4 所示，具体如下：

（1）收集被分析对象的设计资料，包括测试性设计方案、系统原理图、FMEA报告等；

（2）构建系统模型框图；

（3）添加模块的属性信息，包括模块名称、输入输出端口、故障模式、模块故障所影响的功能、故障率等；

（4）添加测试相关信息，包括测试项目、测试点和测试成本等，每个测试点至少包含一个测试；

（5）添加有向边，有向边是模块之间、模块与测试之间的连线，用于表示系统内部的信息流向和故障传播影响；

（6）添加模块的工作模式与冗余特性；

（7）调整、校验和修正模型。

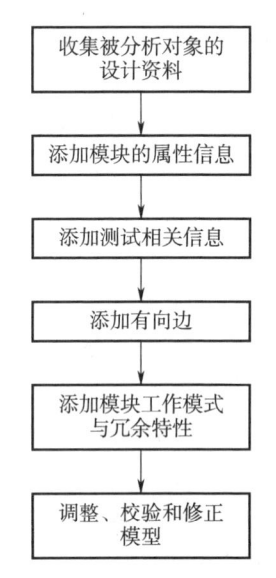

图17-4 测试性模型建模步骤

17.4.2 测试性建模示例

1. 频率源分系统

频率源分系统原理组成框图如图17-5所示。

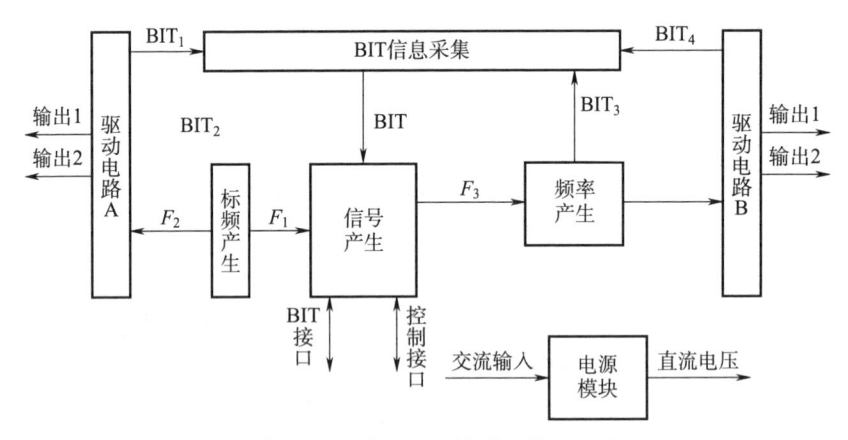

图17-5 频率源分系统原理组成框图

频率源分系统的部分故障模式见表17-2。表中的故障代码是为每个故障模式设定的唯一编码，其中F08是分系统故障代码，中间两位是模块代码，最后两位代码是故障模式的序列号，所有代码用十六进制表示。表中的指标值是指技术指标范围的上限值或下限值，表中只列出部分故障模式。

2. 频率源分系统建模步骤

采用TesLab软件对频率源分系统进行测试性建模，步骤如下。

表 17-2　频率源各模块故障模式分析

模块名称	故障模式	故障代码
标频产生	F_1 输出功率低于指标值	F08-01-01
	F_1 频谱杂散大于指标值	F08-01-02
信号产生	控制 1 功能失效	F08-02-01
	F_1 输出功率低	F08-02-02
	F_1 频谱杂散大于指标值	F08-02-03
电源模块	无电压输出	F08-03-01
	输出过压	F08-03-02
	输出过流	F08-03-03
	输出欠压	F08-03-04
	散热器过温	F08-03-05
	电压纹波大于指标值	F08-03-06
	BIT 功能失效	F08-03-07

步骤 1：如图 17-6 所示，新建项目，选择工程所在的文件路径，编辑工程名称，单击创建，完成新的建模工程生成。

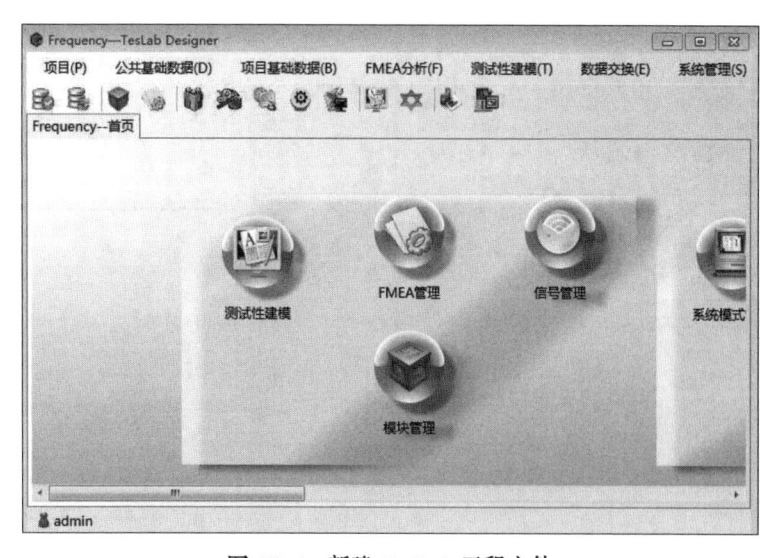

图 17-6　新建 TesLab 工程文件

步骤 2：如图 17-7 所示，单击软件左侧上方的"测试性建模"按钮，进入测试性工程编辑界面，在工具栏中选择模块器件拖拽到工程界面上，右击修改属性，包括工程名称、输入输出接口名称等信息。

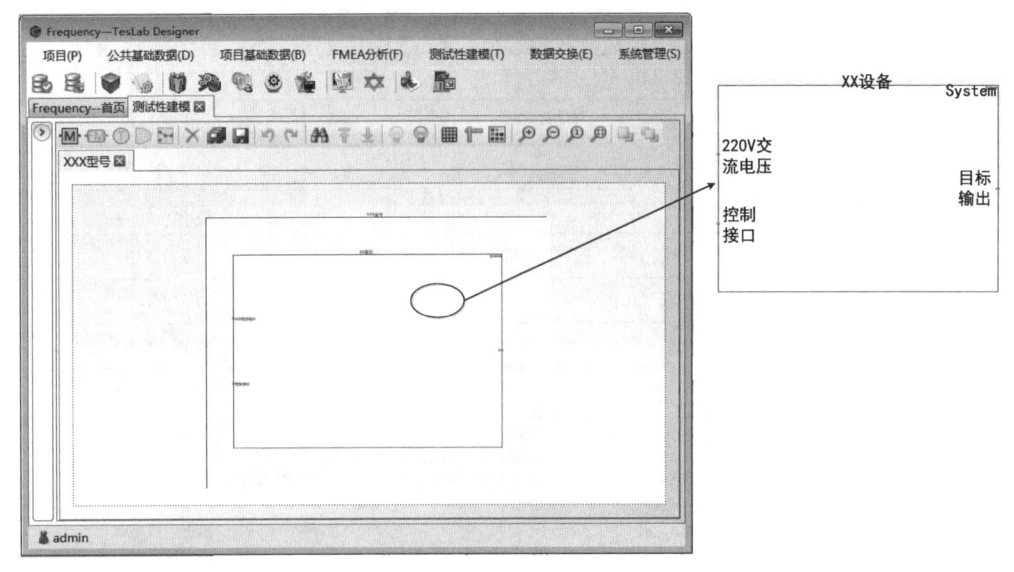

图 17–7　新建 System 层级图元信息

步骤 3：如图 17-8 所示，选择新建的图元信息，进入 Subsystem 层次，按照步骤 2 同样的操作新建"频率源"二级图元，并修改对应的端口信息，将端口连接信息连接好。

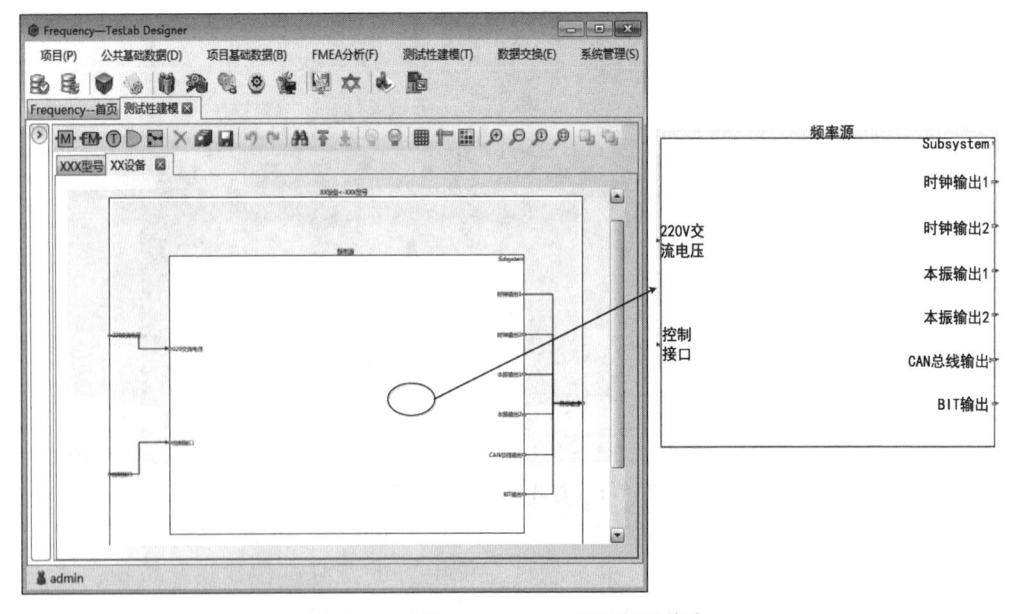

图 17–8　添加 Subsystem 层级图元信息

步骤4：如图17-9所示，双击"频率源"图元进入LRU图元编辑界面，按照分系统互连关系依次新建电源模块、标频产生、信号产生、频率产生、时钟驱动、本振驱动、BIT采集等LRU模块，并根据互连关系完成LRU间级联。

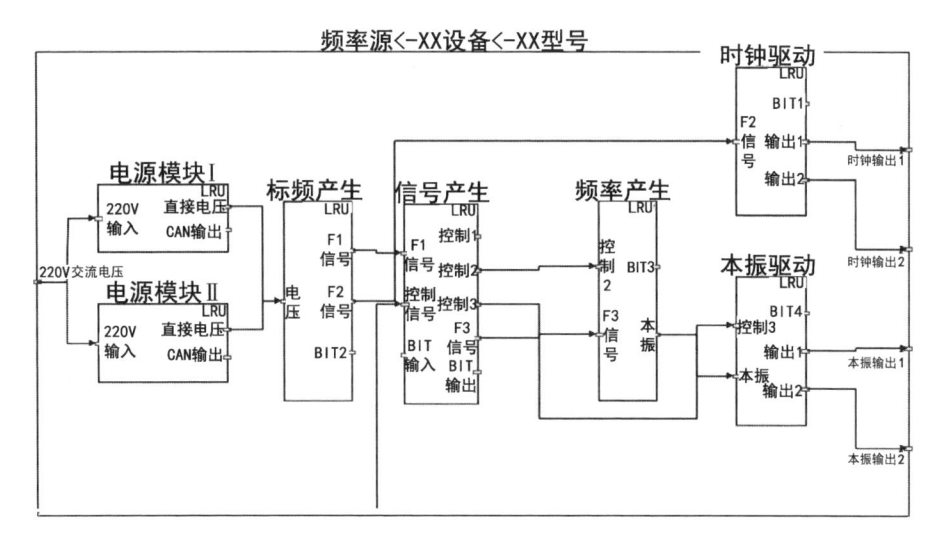

图 17-9　各个 LRU 互连关系

步骤5：如图17-10所示，编辑各个LRU的故障模式及测试点信息，以电源模块为例，双击进入后，编辑各个故障模式及测试点，根据互连关系，完成故障模式及测试点对应关系。其他模块操作类似。

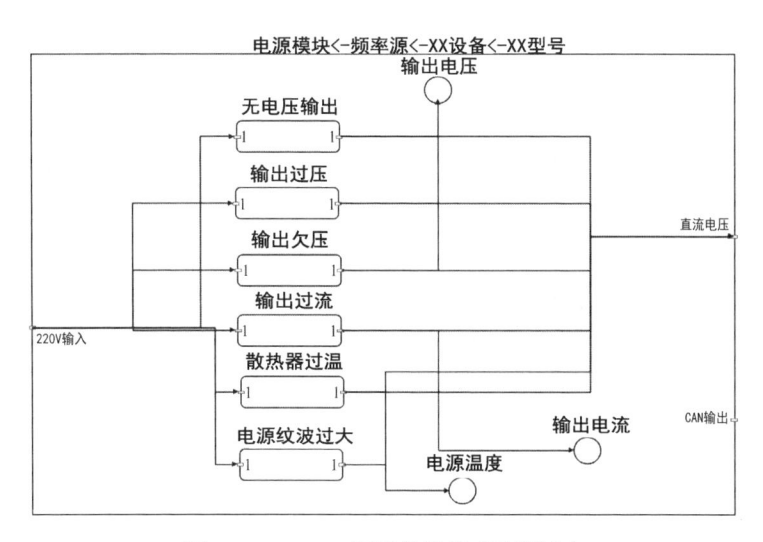

图 17-10　LRU 图元故障模式及测试点

步骤 6：如图 17-11 所示，开展测试性分析。单击界面的"测试性分析（A）"选项，选择动态分析按钮，分析范围选择到 System 层次，测试方法选择实际使用的类型，测试级别等进行类似勾选。单击分析按钮获得本次项目的测试性分析指标。

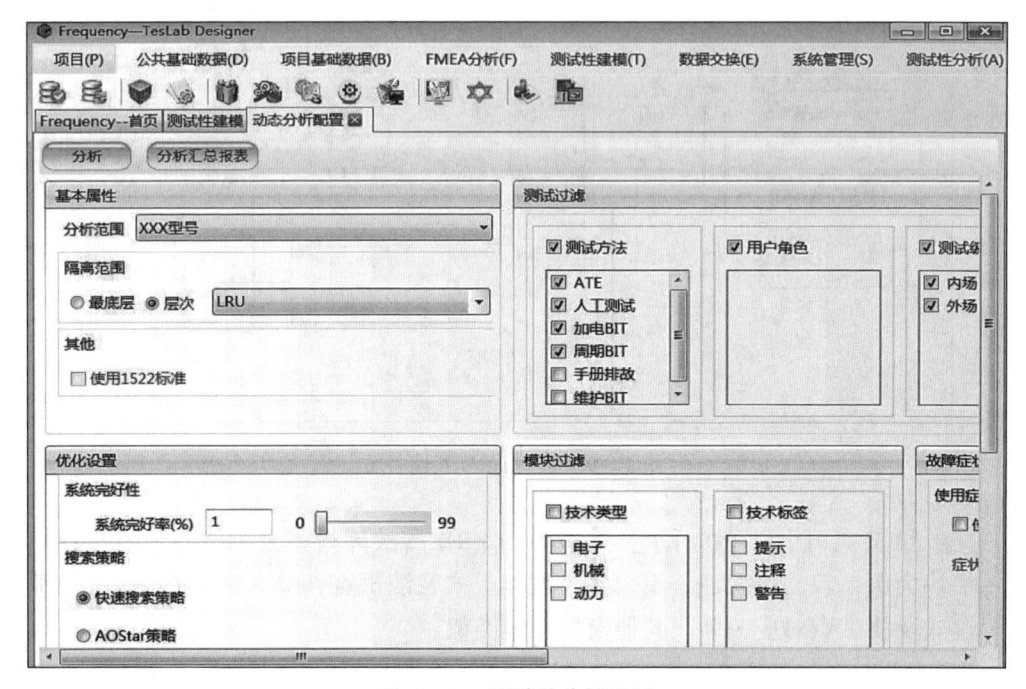

图 17-11　测试性分析设置

步骤 7：如图 17-12 所示，由分析报告可得出当前的分系统测试性报告，包括分系统故障检测率、故障隔离率等指标。

步骤 8：如图 17-13 所示，单击"生成故障树"按钮，可获得本次测试性建模产生的故障树模型。同时，单击"导出 D 矩阵"按钮可生成对应的 D 矩阵模型数据。

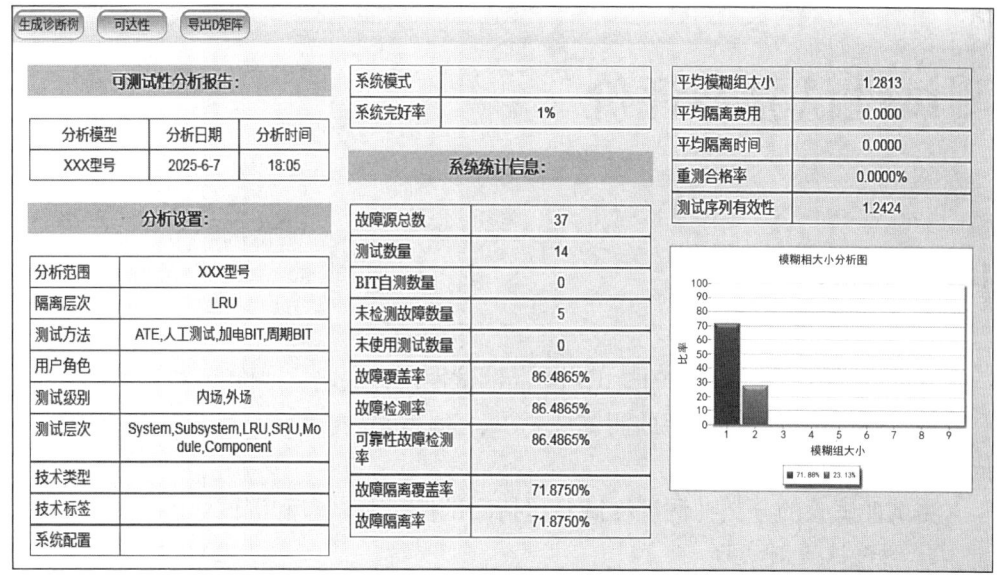

图 17-12 测试性分析报告

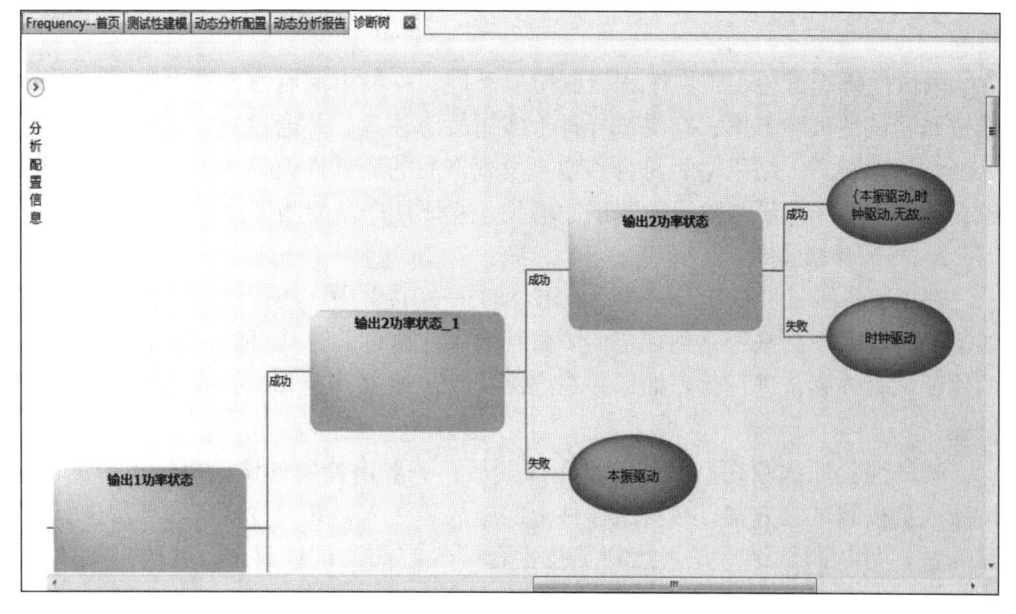

图 17-13 测试性分析结果

第 18 章

测试性试验与评价

18.1 概述

测试性试验与评价的目的是识别产品测试性设计缺陷、评价测试性设计工作的有效性、确认是否达到规定的测试性要求、为产品定型和测试性设计与改进提供依据。

测试性试验的分类：测试性试验包括测试性研制试验和测试性验证试验。

1. 测试性研制试验

在《装备测试性试验与评价》（GJB 8895—2017）中，测试性研制试验的定义如下：为确认产品的测试性设计特性和暴露产品的测试性设计缺陷，承制方在产品的半实物模型、样机或试验件上开展的故障注入或模拟试验、分析和改进过程。

测试性研制试验主要在工程研制阶段开展，一般由承制方负责完成。试验人员按照测试性试验方案，在受试样件上实施故障注入，并通过规定的方法进行实际测试，判断测试结果是否符合预期，发现产品的测试性设计缺陷，采取改进措施，从而实现产品研制阶段的测试性增长，并评估产品的测试性指标。

2. 测试性验证试验

在《装备测试性试验与评价》（GJB 8895—2017）中，测试性验证试验的定义如下：为确定产品是否达到规定的测试性要求，由订购方认可的试验机构按选定的验证试验方案，进行故障抽样并在产品实物或试验件上开展的故障注入或模拟试验。

测试性验证试验在产品的定型阶段开展，一般由指定的试验机构负责完成。试验人员按照试验方案，在受试样件上实施故障注入，并通过规定的方法进行实际测试，判断测试结果是否达到了技术合同规定的测试性要求，并决定接收或拒收。

测试性试验与评价的测试性参数主要为故障检测率和故障隔离率。

18.2 试验与评价工作流程

测试性试验与评价工作分为 5 个阶段，即规划阶段、设计阶段、试验准备阶段、实施阶段和评价阶段，必要时还需要开展分析改进及回归验证，促进测试性水平增长。测试性试验与评价工作流程如图 18-1 所示。

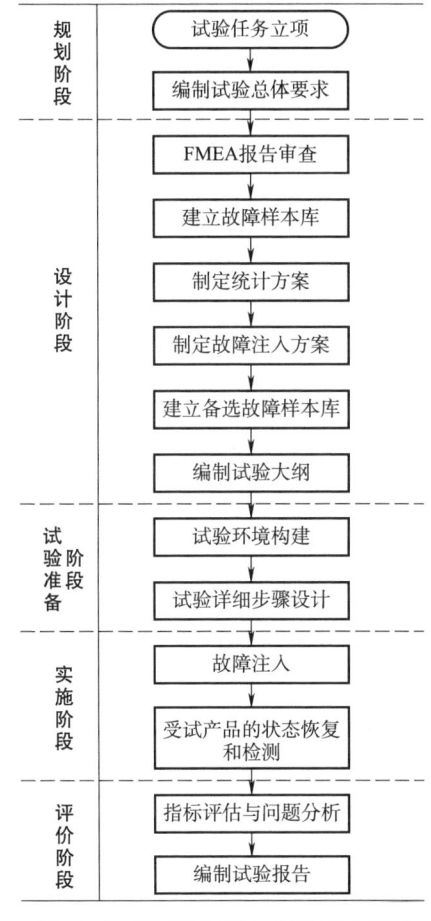

图 18-1 测试性试验与评价工作流程

18.2.1 规划阶段

在规划阶段，试验任务立项后，试验牵头单位依据型号的测试性工作项目要求、测试性工作计划、受试产品测试性要求等，编制测试性试验工作的总体要求文件，以指导和规范后续测试性试验工作的开展。总体要求文件包括测试性试验工作通用要求、测试性试验方案设计指南、测试性试验故障注入方法选择及操作指南、故障模式影响分析规范等，各文件的内容要点如下。

1. 测试性试验工作通用要求

该文件规定了试验设备、试验流程、试验各阶段相关工作项目的内容及要求。

2. 测试性试验方案设计指南

该文件规定了受试产品试验方案的确定方法及原则，包括试验样本量 n 的确定方法、样本量的分配方法和故障样本集的建立方法、试验样本的选择方法及指标评估方法等。

3. 测试性试验故障注入方法选择及操作指南

该文件规定了各类故障注入方法的适用范围、操作流程及实施要点等要求。

4. 故障模式影响分析规范

该文件规定了故障模式影响分析方法、故障模式定义规则、故障模式的编码规则等要求，用于指导研制单位的故障模式影响分析工作。

18.2.2 设计阶段

设计要点如下。

1. FMEA 报告审查

受试产品的 FMEA 报告是开展测试性试验的重要输入文件，FMEA 报告的分析质量对测试性试验结果有直接影响。因此，需要对 FMEA 报告的质量进行审查，审查要点包括：

（1）故障模式是否涵盖规定层级硬件的所有功能故障；

（2）故障判据的描述是否具体和明确；

（3）故障检测手段是否涵盖各种测试手段，包括 BIT、外部测试设备和人工检测；

（4）FMEA 分析是否采用了从产品试验外场收集的实际故障数据。

2. 建立故障样本库

需要根据测试性试验方案设计指南中规定的要求，建立用于测试性试验的故障样本库，建立步骤如下：

（1）按照测试性试验方案设计指南中对试验层级要求，将规定层级上的故障模式纳入故障样本库；

（2）根据测试性试验方案设计指南中故障模式筛选要求，将纳入的所有故障模式进行一轮筛选，形成故障样本库。

3. 制定统计方案

测试性试验统计方案的设计内容包括：确定试验样本量 n、确定故障样本库中每一个故障模式的故障样本量、建立故障模式集、确定测试性指标评估方法。

4. 制定故障注入方案

故障注入方案用于指导测试性试验中的故障注入，包括故障样本集中每个故障的注入方法、注入成功判据、故障检测成功判据和故障隔离成功判据等。

故障注入方法主要有拔插式故障注入方法、基于探针的故障注入方法、基于转接板的故障注入方法、外部总线故障注入方法和软件故障注入方法。

故障注入成功判据是判断故障是否注入成功的判别标准。故障检测成功判据是判断用规定的故障检测手段是否能实现故障检测的判别标准。故障隔离成功判据是判断是否能用规定的隔离手段实现故障隔离的标准。

5. 建立备选故障样本库

建立备选故障样本库的目的是在现有故障模式集上增加故障备选样本，为后续故障注入提供依据。备选故障样本库的选取的原则如下。

（1）受试产品相应结构层级各故障模式备选故障样本的确定应从该故障模式的故障原因入手来模拟该故障模式的发生。

（2）同一个故障模式的各样本应按照对应的各原因的故障率和可实现性等因素进行排序；优先选取故障率高的且可实现的故障原因，选取的故障原因应尽量避免对受试产品造成不可逆的损伤及破坏，且故障原因应确保注入后激发故障的唯一性及重复注入效果的一致性。

（3）依据抽样和补充后确定的各故障模式的样本量建立备选故障样本库，每个故障模式对应的备选故障样本总数原则上应大于分配给该故障模式的样本量；分配的样本量大于该故障模式所能实现的故障注入方法总量时，按顺序循环重复注入。

6. 编写试验大纲

完成上述内容后，就需要编制试验大纲，试验大纲中除了应该包括上面的内容，还应该包括试验组织机构、试验设备与环境条件、试验记录、试验实施、故障处理、试验评估等要求。

18.2.3 试验准备阶段

在测试性试验准备阶段，需要完成试验环境构建和试验详细操作步骤制定等试验准备工作。试验环境构建的准备工作内容包括故障注入设备、测试设备、接口适配器、测试软件等的安装和调试。试验详细操作步骤的制定工作应该是针对每一个故障模式来制定的。

18.2.4 实施阶段

在测试性试验实施阶段，承试单位负责完成受试产品试验用例的执行、试验监控、试验记录和不可注入故障的审查，工作流程见图 18-2。

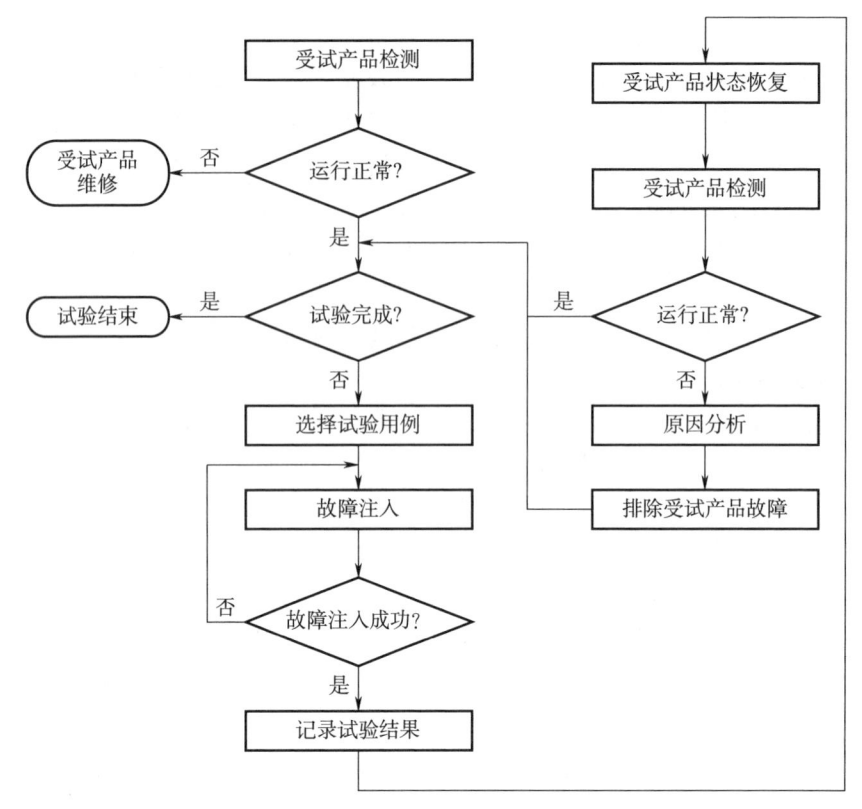

图 18-2 测试性试验实施阶段工作流程

测试性试验实施的要求如下。

1）受试产品检测

检测的目的是检测受试产品是否运行正常，如果不正常，则应停止试验，进行维修；只有受试产品运行正常时才能开始试验或继续试验。

2）故障注入成功判断

故障注入后需判断是否成功，如果不成功则要检查原因，并重新注入，直至确定故障注入成功。

3）受试产品的状态恢复和检测

在每一个试验用例的故障注入成功后，需要对受试产品进行状态恢复，使产品恢复到正常状态。

18.2.5 评价阶段

在评价阶段，承试单位整理汇总试验数据，评估测试性指标，给出受试产品的问题分析和改进建议，编写试验报告。

18.2.6 改进及回归验证

针对试验中暴露出的测试性设计问题，对产品的测试性设计进行改进。主要工作内容包括：承制单位针对试验发现的问题进行深入分析，制定设计改进方案；承制单位根据设计改进方案改进设计；改进完成后，重新进行试验验证。

18.3 测试性试验方案设计

在雷达测试性试验中，一般选用 SRU、LRU 或 LRM 层级的故障模式作为样本对象。应依据产品要求，选择相应层级的故障模式。为避免测试性试验周期过长和试验费用过高，应对样本量合理进行截尾。

测试性试验方案设计主要包括：试验样本量的设计和试验故障模式集的设计，测试性试验方案是开展测试性指标验证的依据。

18.3.1 试验样本量的设计

雷达测试性试验方案设计主要依据《装备测试性试验与评价》（GJB 8895—2017），这项标准均采用基于二项分布的统计方案。

基于二项分布的统计方案包括两种试验方案：成败型定数抽样试验方案和最低可接受值试验方案。

1. 成败型定数抽样试验方案

在成败型定数抽样试验方案中，输入参数为故障检测率的最低可接受值和规定值，以及故障隔离率的最低可接受值和规定值。

可以根据指标评估要求，制定不同的评估方案。如果仅评估故障检测率指标，则根据故障检测率的指标要求制定统计方案。如果仅评估隔离率指标，则根据故障隔离率的指标要求制定统计方案。如果需要同时评估故障检测率和故障隔离率，则根据这两种指标要求制定统计方案。

下面针对故障检测率的评估需求，介绍统计方案的设计方法，故障隔离率的评估验证方法类似。

抽取 N_{FD} 个样本进行试验，其中失败次数有 F_{FD} 次。规定正整数 C_{FD} 作为合格判定数，如果 $F_{FD} \leqslant C_{FD}$，则认为合格，判定接收；如果 $F_{FD} > C_{FD}$，则认为不合格，判定拒收。样本量 N_{FD} 和接收/拒收判据 C_{FD} 见式（18-1）：

$$\begin{cases} \sum_{F=0}^{C_{\mathrm{FD}}} C_{N_{\mathrm{FD}}}^{F}(1-q_{1\mathrm{FD}})^{F} q_{1\mathrm{FD}}^{N_{\mathrm{FD}}-F} \leqslant \beta \\ \sum_{F=0}^{C_{\mathrm{FD}}} C_{N_{\mathrm{FD}}}^{F}(1-q_{0\mathrm{FD}})^{F} q_{0\mathrm{FD}}^{N_{\mathrm{FD}}-F} \geqslant 1-\alpha \end{cases} \quad (18-1)$$

式中，α 为生产方风险值；β 为使用方风险值；$q_{1\mathrm{FD}}$ 为检测率的最低可接受值；$q_{0\mathrm{FD}}$ 为检测率的规定值（目标值）；C_{FD} 为最大允许检测失败次数，即试验判据；N_{FD} 为试验样本量。

通过式（18-1）求出的 N_{FD} 和 C_{FD} 有很多解。考虑到测试性试验覆盖的充分性，以及评估隔离率的需要，一般设定条件为应满足 $N_{\mathrm{FD}}>M$，其中 M 为故障模式库中的故障模式总数。因此，一般取满足 $N_{\mathrm{FD}}>M$ 的最小样本量和对应的接收/拒收判据 C_{FD}。当有特殊要求时，可以根据具体要求确定 N_{FD}。

故障模式总数 M 的确定方法如下：

（1）故障模式库为 LRU/LRM 层级的故障模式总数。当选择 LRU/LRM 层级的故障模式开展试验时，一般选择原则为选用分系统的 LRU/LRM 级故障模式和独立的系统级故障模式作为试验用故障样本集合，即

$$\sum n_i = n_1 + n_2 + n_3 \quad (18-2)$$

式中，n_1 为系统中的 LRU 级故障模式总数；n_2 为系统中的 LRM 级故障模式总数；n_3 为独立的雷达系统级故障模式（不是由下层故障模式传递上来的分系统级故障模式）总数。

当前独立的系统级故障模式包括：软件引发的故障模式、系统各 LRU/LRM 之间不匹配引发的故障模式、多因素引发的故障模式和电缆引发的故障模式。

（2）故障模式库为 SRU 层级的故障模式总数。当选择 SRU 层级的故障模式开展试验时，一般选择原则为选用分系统的 SRU 级故障模式、独立的 LRU/LRM 级故障模式和独立的系统级故障模式作为试验用故障样本集合，即

$$\sum n_i = n_1 + n_2 + n_3 \quad (18-3)$$

式中，n_1 为 SRU 级故障模式总数；n_2 为独立的 LRU/LRM 级故障模式总数；n_3 为独立的系统级故障模式（不是由下层故障模式传递上来的分系统级故障模式）总数。

2. 最低可接受值试验方案

在只考虑使用方风险的条件下，常应用最低可接受值试验方案，其输入参数为检测率的最低可接受值。设检测率的最低可接受值 $q_{1\mathrm{FD}}$ 和使用方风险值 β，由式（18-4）求出 N_{FD} 和 C_{FD} 的值：

$$\sum_{F=0}^{C_{\mathrm{FD}}} \binom{N_{\mathrm{FD}}}{F}(1-q_{1\mathrm{FD}})^{F} q_{1\mathrm{FD}}^{N_{\mathrm{FD}}-F} \leqslant \beta \quad (18-4)$$

此方程同样有无穷多组解,同样考虑覆盖的充分性,一般应选取满足 $N_{FD} > M$ 的最小样本量和对应的接收/拒收判据 C_{FD},也可以根据特殊要求确定 N_{FD}。

18.3.2 测试性试验故障模式集的确定

在确定了测试性试验样本量之后,需要将样本量分到故障模式库中的各个故障模式,以获得故障模式集。样本量的分配方法包括按比例分配和按比例随机抽样。

1. 按比例分配方法

当采用按比例分配方法时,每个故障模式分到的样本量依据各个故障模式的故障率大小获得,分配的结果是确定的,没有随机性。

2. 按比例随机抽样方法

按比例随机抽样的方法广泛应用于测试性试验,是当前应用的主流方法。其基本原理是按照每个故障模式的故障率随机抽样,每次抽取的结果存在一定的随机性,但是符合故障率分布。

按比例随机抽样又分为按比例简单随机抽样方法和基于 Halton 序列的随机抽样方法。

(1) 按比例简单随机抽样方法。按比例简单随机抽样方法的原理为按各故障模式的频数比 C_{pi} 将试验样本量 N_{FD} 分配给各故障模式,设第 i 个故障模式的样本量为 n_i,按式(18-5)和式(18-6)计算:

$$n_i = N_{FD} C_{pi} \tag{18-5}$$

$$C_{pi} = \frac{\lambda_i}{\sum_{j=1}^{M} \lambda_j} \tag{18-6}$$

式中,λ_i 为第 i 个故障模式的失效率;N_{FD} 为试验样本量;M 为故障模式总数;C_{pi} 为第 i 个故障模式的相对发生频率。

按比例简单随机抽样方法以计算机自身随机生成的伪随机数为随机的种子,按此进行样本的随机抽样。该方法的随机性很强,满足了工程应用中对随机性的需求,主要特点:①随机性大;②常出现两个故障模式的故障率大小关系和分配的样本量大小关系是相反的。

根据大数定律,当样本容量相对故障模式数据量较大时,总体中具有各种性质的抽样单元将按其比例均衡地出现在样本中,因为概率样本能较好地反映总体的特性,这样样本的抽取结果一致性较好。同时,基于概率样本所获得的估计量一般都具有无偏性或渐进无偏性、方差小、可用性等优良性质,所有概率抽样能够提供对总体有较好代表性的样本。然而若样本容量相对故障模式数据量小时,

《维修性试验与评定》（GJB 2072—1994）中抽样方法的随机性导致将会带来较大的抽样误差，影响样本对总体的代表性。

（2）基于 Halton 序列的随机抽样方法。Halton 序列是一种分布均匀的低差异性序列。尽管其每次抽样的结果不确定，但是不会偏离很远，只是在一定的范围内具有不确定性。与按比例简单随机抽样方法相比，基于 Halton 序列的抽样方法具有较好的确定性。基于伪随机序列的 Halton 抽样步骤如下。

首先生成范德科普（Van der Corput）序列，用公式表达为

$$\Phi_{b,C}(i) = (b^{-1}\cdots b^{-M})[a_0(i)\cdots a_{M-1}(i)]^P = \sum_{l=0}^{M-1} a_i(i) b^{-l-1} \quad (18-7)$$

然后，基于 Van der Corput 序列，生成 Halton 序列。Halton 序列的定义为

$$X_i := [\Phi_{b_1}(i), \cdots, \Phi_{b_n}(i)] \quad (18-8)$$

最后，按照故障样本集中各故障模式的故障率，采用 Halton 序列进行抽样。

18.4 指标评价方法

测试性指标评价内容包括故障检测率和故障隔离率，评价方法包含点估计和单侧置信下限两种。测试性试验不对虚警率进行评价，仅统计试验中的虚警次数。

1. 故障检测率

1）点估计

设用规定的检测手段成功检测到的样本数量为 N_S，该检测手段故障检测率的点估计值为

$$\text{FDR}_P = \frac{N_S}{N_1} \times 100\% \quad (18-9)$$

2）单侧置信下限

$$\sum_{j=0}^{N_1-N_S} C_{N_1}^j (1-\text{FDR}_L)^j \text{FDR}_L^{N_1-j} = 1-C \quad (18-10)$$

式中，N_S 为试验中用规定的检测手段检测成功的总次数；N_1 为试验中的样本量；C 为置信度。

2. 故障隔离率

1）点估计

设用规定的检测手段正确隔离到模糊组为 L 的次数为 N_L，故障隔离率的点估计值为

$$\mathrm{FIR}_P = \frac{N_L}{N_S} \times 100\% \qquad (18-11)$$

2）单侧置信下限

$$\sum_{j=0}^{N_S-N_L} C_{N_S}^j (1-\mathrm{FDR}_L)^j \mathrm{FIR}_L^{N_S-j} = 1-C \qquad (18-12)$$

3）虚警率

虚警率的点估计计算方法见式（18-13）：

$$\gamma = \frac{M_1}{M_2} \times 100\% \qquad (18-13)$$

式中，γ 为采用规定方法的虚警率的点估计值；M_1 为发生的虚警数；M_2 为规定的时间段内故障指示的总数。

18.5　故障注入方法

雷达测试性试验的故障注入常用方法主要包括基于外总线的故障注入、基于探针的故障注入、基于软件的故障注入、基于插拔式的故障注入、基于转接板的故障注入和边界扫描故障注入，如图 18-3 所示。

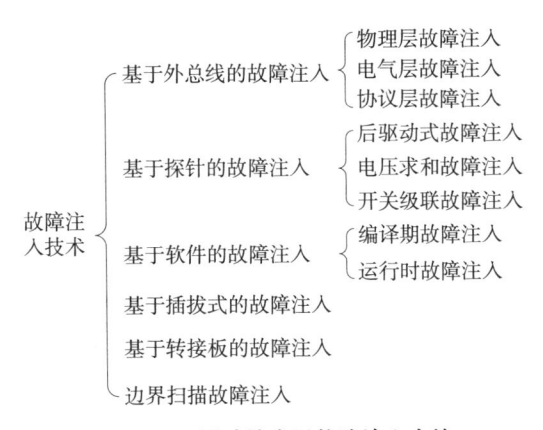

图 18-3　测试性常用故障注入方法

1. 基于外总线的故障注入技术

在受试产品外部接口（电连接器）、总线或连线处进行故障注入，在不对受试产品自身进行任何改动的条件下，通过改变受试产品与其互连设备间传输链路中的链路物理结构、信号、数据实现故障的在线模拟或离线模拟。外部总线故障注入分为物理层、电气层和协议层的故障注入。

外部总线是广义范畴的总线，即信号的传输通道，泛指所有的通信总线，以及模拟信号、数字信号、离散量信号、电源等传输通道。对于系统级的故障注入，外部总线为系统故障处理器和 LRU 间信号交换的所有信号通路。对于设备级的故障注入，外部总线为 UUT 和其他 LRU 或系统间数据 / 信号交换的所有通路。

2. 基于探针的故障注入技术

探针是指专用探头、夹具或符合电气特性要求的导线。将探针与被注入器件的引脚、引脚连线相接触，或与受试产品内部或外部电连接器引脚相接触，通过改变引脚输出信号或引脚间互连结构实现故障的在线模拟或离线模拟。基于探针的故障注入分为后驱动故障注入、电压求和故障注入和基于开关级联故障注入。

1）后驱动故障注入

在被测器件的输入级（前级驱动器件的输出级）灌入或拉出瞬态大电流，迫使其电位按照要求变高或变低来模拟产品故障。

后驱动技术是探针移动式的故障注入，不需要设置相应的故障注入接口，只要将故障注入探针与被注入故障的器件管脚接触即可。基于后驱动的故障注入能够实现数字电路数据总线错误、地址总线错误、读写控制信号错误、方向信号错误等故障的模拟。探针在非注入状态处于高阻，不影响 UUT 正常运行。

2）电压求和故障注入

利用探针与信号发生器级联的形式，在模拟电路的输入级或输出级，通过改变节点电压来模拟产品故障。电压求和的故障注入过程中，需要确定故障应力类型、故障应力量值和施加方式等内容。

3）基于开关级联故障注入

利用探针与电子开关级联的形式改变电路板内的导线互连结构或电连接器引脚间的互连结构来模拟产品故障。故障应力类型包括单点级联、多点级联和桥接级联等方式，也包括级联可变电阻、级联可变电容、级联二极管、对地短接等方式。

3. 基于软件的故障注入技术

根据故障模型，通过修改受试产品的软件代码来模拟产品硬件故障或软件故障。根据故障注入时间可以将软件故障注入方法分为两类：编译期故障注入和运行时故障注入。

4. 基于拔插式的故障注入技术

在确保不会造成不可恢复性影响的前提下，通过拔插元器件、电路板、导线、电缆等方式模拟产品故障，既包括设备的内部或者外部的连接组件（元器件、电路板、导线、电缆等）的拔出或插入，还包括器件的焊上或焊下。

1）编译期故障注入

在程序映像被加载和执行之前，将故障脚本注入目标程序源代码中，修改后的代码改变了目标程序正常的指令执行，从而产生错误操作，当系统执行该代码时，就激活了故障。故障注入器是运行在计算机上的代码调试环境。故障脚本注入的行为可以是修改变量赋值、控制语句等操作。修改后的目标源代码通过编译链接部署在目标 UUT 的可编程芯片中，运行仿真环境。

2）运行时故障注入

在程序映像被加载和执行之前，将故障脚本、故障触发程序、故障注入操作程序埋入目标程序源代码中。该方法通过在系统运行过程中，采用某种激发机制运行预先设定好的故障脚本。

5. 基于转接板的故障注入技术

在电路板接口间加入专门制作的转接电路板，通过改变电路板互连链路中的链路物理结构、信号和数据实现故障的在线模拟或离线模拟。

6. 边界扫描故障注入技术

根据故障模型，利用边界扫描技术通过对目标器件（DSP、FPGA）的指定管脚进行状态控制，实现故障控制的技术。

18.6　故障试验设备

试验设备主要包括故障注入设备、信号采集设备、激励设备、试验电源、通用测试仪表和工具及相关工具软件等。各试验设备应满足试验执行需求、参数要求和安全性等要求。在试验中，应使用同一或相同的试验设备，保证设备之间兼容性和结果的一致性。选定的试验设备应满足以下要求：

（1）试验设备的有效期应在研制试验周期范围之内；

（2）试验设备应具有检定（校准、测试）证书或结果确认单；

（3）试验设备的信号类型应覆盖受试产品的信号类型；

（4）试验设备的测量与控制精度应大于受试产品的测量与控制精度；

（5）试验设备应具备与受试产品相互匹配的接口特性（机械与电气特性）；

（6）试验设备对受试产品应具有电气保护作用。

中国航空综合技术研究所、北京航天测控技术有限公司等单位可以提供专业的故障试验设备。图 18-4 为通用故障注入系统，图 18-5 为便携式故障注入设备，图 18-6 为边界扫描故障注入设备。

故障注入系统主要采用 PXI 总线架构，能够满足插拔、探针、外总线、转接板等故障注入能力，基本指标如下。

1. 通用故障注入系统

（1）高精度程控电阻：5 通道，精度为 0.125 Ω，范围为 3 Ω~1.5 MΩ。

（2）恒压/恒流源。电压范围：–20~20 V；电流范围：–2~2 A。

（3）程控故障注入开关：68 路导通控制，仿真开路、短路、桥接，导通电阻小于 22 Ω。

（4）数字万用表。频率测量：50 Hz~800 kHz；直流电压测量：-1 000~1 000 V；直流电流测量：-2.2~2.2 A；电阻测量：1 Ω~10 MΩ。

图 18-4　通用故障注入系统

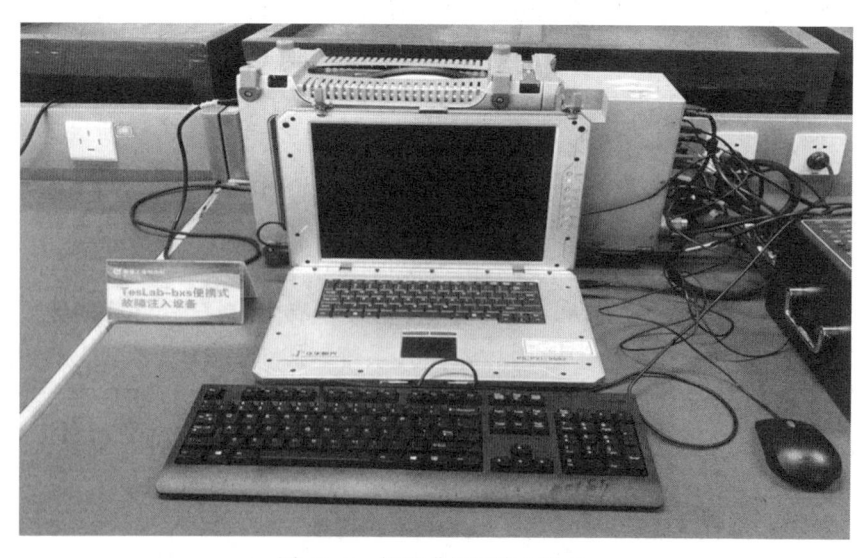

图 18-5　便携式故障注入设备

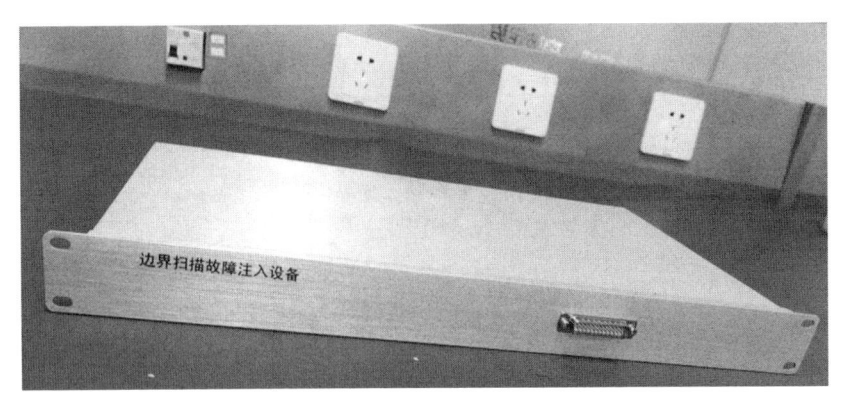

图 18-6 边界扫描故障注入设备

（5）直流电源。电压范围：2~40 V；电流输出：1~20 A。

2. 便携式故障注入系统

1）恒压恒流源

（1）电压输出：0~20 V。

（2）电流输出：0~1 A。

2）数字多用表

（1）直流电压测量：10 mV~1 000 V。

（2）直流电流测量：10 μA~3 A。

（3）交流电压测量：10 mV~700 V。

（4）交流电流测量：10 mA~3 A。

（5）电阻测量：100 Ω~10 MΩ。

（6）频率测量：50 Hz~800 kHz。

3）矩阵开关

导通电阻：0~10 Ω，支持 1 Ω 通断故障注入。

4）功率开关

导通电阻：0~10 Ω，支持 1 Ω 通断故障注入。

5）可编程电阻

模拟电阻阻值范围：3 Ω~1.5 MΩ。

3. 边界扫描故障注入设备

（1）对集成电路芯片引脚实现高电平和低电平的故障注入。

（2）支持 DSP、FPGA 等芯片的故障注入。

（3）支持被测装备在运行中的故障注入。

（4）不需要对芯片引脚进行焊接等操作即可实现故障注入。

附录 1

主要缩略语中英文对照

缩略语	英文全称	中文名称
ADS-B	automatic dependent surveillance-broadcast	自动相关监视广播
AI	artificial intelligence	人工智能
AIS	automatic identification system	自动识别系统
ATE	automatic test equipment	自动测试设备
ADC	analog to digital converter	模拟数字转换器
BP	back propagation	反向传播
BIT	built-in test	机内测试
BITE	built-in test equipment	机内测试设备
BMC	baseboard management controller	板级管理控制器
BSC	boundary scan cell	边界扫描单元
BSDL	boundary scan description language	边界扫描描述语言
BSP	board support package	板级支持包
BSR	boundary scan register	边界扫描寄存器
BR	bypass register	旁路寄存器
BW	beam width	波束宽度
BW	band width	带宽
CA	criticality analysis	危害性分析
CAN	controller area network	控制器局域网
CFAR	constant false alarm rate	恒虚警率
COM	component object model	组件对象模型
CPU	central processing unit	中央处理器
CRC	cyclic redundancy check	循环冗余校验
CSCI	computer software configuration item	计算机软件配置项
DBF	digital beam forming	数字波束合成
DC-DC	direct current-direct current	直流-直流
DDR	double data rate	双倍速率

DDS	direct digital synthesizer	直接数字合成器
DIR	device identification register	器件识别寄存器
DM	dependency model	依赖模型
DSP	digital signal processing	数字信号处理
DTRU	digital transmitter/receiver unit	数字发射/接收单元
EEPROM	electronically-erasable programmable read-only memory	电擦除可编程只读存储器
ESA	electronically scanned array	电子扫描阵列
FAR	false alarm rate	虚警率
FDR	fault detection rate	故障检测率
FDT	fault detection time	故障检测时间
FIR	fault isolation rate	故障隔离率
FIT	fault isolation time	故障隔离时间
FMEA	failure modes effect analysis	故障模式影响分析
FMECA	failure modes, effect and criticality analysis	故障模式、影响及危害性分析
FPGA	field programmable gate array	现场可编程门阵列
FTA	fault tree analysis	故障树分析
GNSS	global navigation satellite system	全球导航卫星系统
GPS	global positioning system	全球定位系统
HDM	hybrid diagnostic model	混合诊断模型
I^2C	inter-integrated circuit	集成电路总线
INS	inertial navigation system	惯性导航系统
IPMI	intelligent platform management interface	智能平台管理接口
LAN	local area network	局域网
LDO	low-dropout linear regulator	低压差线性稳压器
LRU	line replaceable unit	现场可更换单元
LRM	line replaceable module	现场可更换模块
LXI	LAN extension for instrumentation	局域网的仪器扩展
LED	light-emitting diode	发光二极管
LLC	logical link control	逻辑链路控制
MBIT	maintenance built-in test	维护机内测试
MTBFA	mean time between false alarm	平均虚警间隔时间
MTD	moving target detection	动目标检测
MTI	moving target indication	动目标指示

MTTR	mean time to repair	平均修理时间
MOSFET	metal-oxide-semiconductor field effect transistor	金属-氧化物半导体场效应晶体管
PBIT	periodic built-in test	周期机内测试
PCB	printed circuit board	印制电路板
PCI	peripheral component interconnect	外围组件互连
PCIe	peripheral component interconnect express	外围组件互连总线
PHM	prognostics and health management	预测与健康管理
PRF	pulse repetition frequency	脉冲重复频率
PXI	PCI extension for instrumentation	PCI 总线的仪器扩展
RBF	radial basis function	径向基函数
RBFDN	radial basis function diagnosis network	径向基函数诊断网络
RBFNN	radial basis function neural network	径向基函数神经网络
RBR	rule based reasoning	基于规则推理
RCS	radar cross section	雷达反射面积
REV	rotating-element electric field vector	旋转单元电场矢量
SLL	sidelobe level	副瓣电平
SRU	shop replaceable unit	车间可更换单元
SRAM	static random access memory	静态随机存储器
TPS	test program set	测试程序集
TRD	test requirement document	测试需求文件
T/R	transmitter/receiver	发射/接收
UUT	unit under test	被测单元

附录 2

标准术语

1. 测试性（testability）
产品能及时并准确地确定其状态（可工作、不可工作或性能下降），并隔离其内部故障的一种设计特性。

2. 机内测试（built-in test，BIT）
系统或设备内部提供的检测和隔离故障的自动测试能力。

3. 加电机内测试（power-on BIT）
在被测对象（系统、分系统）的电源接通后开始测试，并在被测对象开始工作前结束测试的 BIT。

4. 周期机内测试（periodic build-in test，PBIT）
以规定时间间隔启动的 BIT。

5. 启动机内测试（initiated build-in test，IBIT）
由某种事件或操作员启动的 BIT，它可能中断主系统的正常工作，可以允许操作员干预。

6. 现场可更换单元（line replaceable unit，LRU）
可在使用现场（基层级）从系统或设备上拆卸并更换的单元。

7. 故障检测（fault detection，FD）
确定产品是否存在故障的过程。

8. 故障定位（fault localization）
通过测试、观测或其他信息等降低故障模糊度，确定故障位置的过程。

9. 故障隔离（fault isolation，FI）
把故障定位到实施修理所要求的产品层次的过程。

10. 故障诊断（fault diagnosis）
检测故障和隔离故障的过程。

11. 故障检测率（fault detection rate，FDR）
在规定的时间内，用规定的方法正确检测到的故障数与故障总数之比，用百分数表示。

12. 故障隔离率（fault isolation rate，FIR）
在规定的时间内，用规定的方法将检测到的故障正确隔离到不大于规定模糊度的故障数与检测到的故障数之比，用百分数表示。

13. 虚警率（false alarm rate，FAR）

在规定的时间内，发生的虚警数与同一时间内的故障指示总数之比，用百分数表示。

14. 故障检测时间（fault detection time，FDT）

从开始故障检测到给出故障指示所经过的时间。

15. 故障隔离时间（fault isolation time，FIT）

从检测出故障到完成故障隔离所经过的时间。

16. 测试性模型（testability model）

能够体现装备测试性设计特征的，为设计、分析和评估产品的测试性所建立的模型。

17. 外部测试

由测试仪器或测试系统等外部测试资源独立完成的功能或性能测试。

18. 测试资源

由BTTE、测试仪器、测试设备、测试系统、测试软件及测试附件等组成的硬件和软件资源。

19. 内外协同测试

由机内测试资源和外部测试资源协同完成的功能或性能的自动测试。

参考文献

Aminian M, Aminian F, 2007. A modular fault-diagnostic system for analog electronic circuits using neural networks with wavelet transform as a preprocessor. IEEE Transactions on Instrumentation and Measurement, 56（5）: 1546-1554.

Bickmore T W, 1992. Aerojet's Titan health assessment expert system. Nashville: 28th Joint Propulsion Conference and Exhibit.

Bin Z, Tianchi Z, 2018. Design and realization of a large s band distributed solid-state radar transmitter. Chengdu: 2018 International Conference on Microwave and Millimeter Wave Technology（ICMMT2018）.

Bushnell M L, 2000. Essentials of electronic testing for digital, memory & mixed-signal VLSI circuits. Boston: Kluwer Academic Publishers.

David Barber, 2023. 贝叶斯推理与机器学习. 徐增林, 译. 北京: 机械工业出版社.

David Iseminger, 2002. COM+开发人员参考库. 第1卷: COM+程序员指南. 杨超峰, 等译. 北京: 机械工业出版社.

Du S, Wang Y, Cao Z, 2016. A novel approach of test and fault isolation of high speed digital circuit modules. Anaheim: IEEE Autotestcon.

Azar K, 1997. Thermal measurements in electronics cooling. Boca Raton: CRC Press Inc.

Parker K P, 2003. The boundary-scan handbook. third edition. Boston: Kluwer Academic Publishers.

Im K H, Park S C, 2007. Case-based reasoning and neural network based expert system for personalization. Expert Systems with Applications, 2007, 32（1）: 77-85.

Li T, GAO X, Qiu J, et al, 2009. A failure sample selection method considering failure pervasion intensity in testability demonstration test. Chinese Journal of Acta Armamentar Ⅱ, 12（9）: 56-62.

Lin L, Wang H, Dai C, 2008. Fault diagnosis for wireless sensor network's node based on hamming neural network and rough set. Atizapán de Zaragoza: IEEE Robotics, Automation and Mechatronics.

Miguel E R B, Adriano L I O, Paulo J L A, et al, 2008. Enhancing RBF-

DDA algorithm's robustness: neural networks applied to prediction of fault-prone software modules. Artificial Intelligence in Theory and Practice Ⅱ (276): 119-128.

Lautre N K, Manna A, 2006. A study on fault diagnosis and maintenance of CNC-WEDM based on binary relational analysis and expert system. The International Journal of Advanced Manufacturing Technology (29): 490-498.

Olivier C, Colot O, Courtellemont P, 1994. Information criteria for modeling and identification. IEEE: 1813-1818.

Olivier K, Gouws M, 2013. Modern wideband DRFM architecture and real-time DSP capabilities for radar test and evaluation. Riyadh: 2013 Saudi International Electronics, Communications and Photonics Conference (SIECPC).

Orlet J L, Murdock Gd L, 2002. CASS upgrade COSSIA systematic approach to incorporating NxTest technology into military ATE. Huntsville: IEEE Autotestcon Proceedings.

Ostroff E D, Borkowski M, Thomas H, 1985. Solid-state radar transmitters. Norwood: Artech House.

Pang N T, Steinbach M, Kumar V, 2006. Introduction to data mining. London: Pearson Education, Inc.

Qin G, Lu W, 2011. Multi-serial driver development based on VxWorks embedded system. Ordnance Industry Automation (6): 31.

Reinhold Ludwig, Pavel Bretchko, 2002. 射频电路设计——理论与应用. 王子宇, 张肇仪, 徐承和, 等译. 北京: 电子工业出版社.

Rochit Rajsuman, 2000. System-on-a-chip: design and test. Boston: Artech House.

Ron Lenk, 2006. 实用开关电源设计. 王正仕, 张军明, 译. 北京: 人民邮电出版社.

Schmidt T, Rahnama H, Sadeghian A, 2008. A review of applications of artificial neural networks in cryptosystems. Waikoloa: Automation Congress 2008.

Shuming D, Yan W, Zijian C, 2016. A novel approach of test and fault isolation of high speed digital circuit modules. Anaheim: IEEE Autotestcon.

Stancic M, Kerknoff H G, 2003. Testability analysis driven test generation of analogue cores. Microelectronics Journal (MEJO), 34(10): 913-917.

Strydom J J, Cilliers J E, Gouws M, et al, 2012. Hardware in the loop radar environment simulation on wideband DRFM platforms. Electronics & Communication Engineering Journal, 12(10): 16-20.

Virk M S, Muhammad A, Enriquez M M A, 2008. Fault prediction using artifical neural network and fuzzy logic. Atizapán de Zaragozo：Seventh Mexican International Conference on Artifical Intelligence.

毕伟镇，杜舒明，2017. 基于边界扫描的雷达嵌入式测试和诊断技术. 计算机测量与控制，25（11）：43-46.

边聚广，魏海光，许春雷，2012. 基于异常处理的控制系统软件故障定位方法. 微处理机（4）：59-62.

曹子剑，杜舒明，2008. 边界扫描在带DSP芯片数字电路板测试中的应用. 电子工程师，34（3）：12-14.

曹子剑，佘美玲，2015. 边界扫描测试在数字电路自动测试系统中的研究与应用. 计算机测量与控制，23（7）：2311-2313.

常春贺，杨江平，王杰，2011. 雷达装备测试性验证及应用研究. 计算机测量与控制，19（8）：1943-1945.

常少莉，时钟，胡泊，2012. 基于虚拟仿真的测试性预计技术研究及应用示例. 环境技术，2：37-41.

陈翱，2012. 幅相校准在机载有源相控阵雷达中的应用. 现代雷达，34（5）：17-19.

陈光辉，宋小梅，2016. 新型雷达系统BIT优化设计技术研究. 现代雷达，38（6）：75-77.

陈捷，2012. 复杂电磁环境效应仿真与应用. 北京：北京邮电大学.

陈金，余伟，乔淑君，2022. 电子测量技术. 双极化多任务平面近场测试系统设计，45（1）：61-64.

陈倩，2017. 地面雷达系统级测试性设计方法. 现代雷达，39（7）：85-87.

陈庆亮，苏添记，高林，等，2015. CINRAD/SA雷达接收机故障诊断分析及处理. 山东气象，35（4）：39-41.

陈圣俭，朱晓兵，王晋阳，等，2013. 基于IEEE 1149.7标准的边界扫描技术研究. 计算机工程与应用，49（S3）：292-297.

陈寿宏，颜学龙，黄新，2013. 基于IEEE 1149.7标准的CJTAG测试设计方法研究. 电子技术应用，39（1）：79-82.

陈新武，余本海，2005. 边界扫描测试协议剖析——从1149.1到1149.6. 计算机与数字工程，33（1）：25-29.

陈星，黄考利，连光耀，等，2009. 从1149.1标准到1149.7标准分析边界扫描技术的发展. 计算机测量与控制，17（8）：1460-1462，1472.

程亮，薛一凡，周建华，2021. 机载有源相控阵雷达天线自动化测试方法研究与实现，43（4）：59-64.

程鹏，隽吉昌，龚洁，等，2009. 基于故障树的软件分析技术（SFTA）浅析. 中国新技术新产品（21）：35.

戴天翼，2009. 过滤器——设计、制造和使用. 北京：化学工业出版社.

单锦辉，姜瑛，孙萍，2005. 软件测试研究进展. 北京大学学报（自然科学版），41（1）：134-145.

但正刚，李顺，2002. XML高级网络应用. 北京：清华大学出版社.

丁定浩，2014. 测试性设计的主要目的和具体的实施方法. 电子产品可靠性与环境试验，32（3）：1-5.

丁鹭飞，耿富录，陈建春，2014. 雷达原理. 5版. 北京：电子工业出版社.

杜舒明，2020. 面向健康管理的数字阵列雷达频率源的BIT设计. 现代雷达，42（10）：18-21.

付剑平，陆民燕，2008. 软件测试性设计综述. 计算机应用，28（11）：2915-2918.

付剑平，陆民燕，2010. 软件测试性定义研究. 计算机应用与软件，27（2）：141-143.

高建栋，韩壮志，何强，2013. 雷达回波模拟器的研究与发展. 飞航导弹，2013（1）：63-66.

高树廷，高峰，徐盛旺，等，2008. 合成频率源工程分析与设计. 北京：兵器工业出版社.

葛园园，谢英，2009. 雷达发射机监控技术的特点与发展应用. 信息化研究，35（9）：42-44.

管莹莹，潘冠华，2008. 舰载指控系统的软件故障树分析. 指挥控制与仿真，30（2）：112-114.

韩峰岩，2014. 装备测试性试验与评价的综合设计. 测控技术，33（11）：150-152.

郝慈环，颜学龙，2010. 高速互连中信号完整性测试单元分析. 国外电子测量技术，29（5）：38-40.

侯其坤，2013. 机载雷达系统的BIT设计. 现代雷达，25（11）：7-9.

胡丙华，娄开宇，2014. 雷达系统中的LVDS传输系统测试. 电子世界，2014（1）：190-192.

胡政，温熙森，刘冠军，1999. 混合技术PCB可测试性设计优化方法. 电子测量技术（1）：4-7.

黄建国，2008. 基于CAN总线的雷达电液伺服分系统设计. 现代雷达，30（8）：84-101.

黄新，蔡俊，2012. 基于JTAG的星型扫描技术的研究. 电子技术应用，38（3）：88-95.

黄新，颜学龙，雷加，2010. 边界扫描测试系统的以太网接口设计. 国外电子测量技术，29（7）：62-63.

黄裔诚，黄殷，郭泽勇，2017. 一次 CINRAD/SA 天气雷达频率源故障的分析与处理. 气象与环境科学，40（2）：127-131.

康崇禄，2015. 蒙特卡罗方法理论和应用. 北京：科学出版社.

邝坚，2004. Tornado/VxWorks 入门与提高. 北京：科学出版社.

郎荣玲，潘磊，吕永乐，2014. 基于飞行数据的民航飞机故障诊断专家系统. 北京：国防工业出版社.

雷加，苏波，2007. 基于 IEEE 1149.4 标准 TAP 控制器的设计. 仪器仪表学报，28（4）：198-206.

雷绍充，2005. VLSI 测试方法学和可测试性设计. 北京：电子工业出版社.

雷绍充，邵志标，梁峰，2008. 超大规模集成电路测试. 北京：电子工业出版社.

李迪，王华，2005. 中场测量相控阵扫描方向图的方法研究. 现代雷达，27（7）：48-50.

李宏，杨英科，薛冰，2003. 雷达信号处理 MTI/MTD 性能分析与功能测试. 计量与测试技术（5）：30-34.

李良巧，2017. 可靠性工程师手册（第二版）. 北京：中国人民大学出版社.

李武，查林，2014. 大型数字相控阵雷达标校方法探究. 雷达与对抗，34（1）：6-10.

李耀国，2013. 雷达回波模拟器的关键技术及发展趋势. 飞航导弹，6（6）：47-49.

李玉洁，吴延军，2017. 武器装备的测试性设计方法研究. 舰船电子工程，281（11）：126-129.

李宗武，2001. 一种新的机载雷达标校方法. 现代雷达，23（2）：3-5.

连迎春，于大群，2024. 基于反相法的中场校准技术研究. 微波学报，40（1）：73-78.

连迎春，于大群，韩旭，2022. 一种一维相扫数字阵列快速校准方法研究. 微波学报，38（3）：14-19.

廖国钢，2013. 数模混合电路可测试性设计研究. 绵阳：中国工程物理研究院.

林昌禄，1987. 天线测量技术. 成都：成都电讯工程学院出版社.

林志文，贺喆，杨士元，2009. 基于多信号模型的雷达测试性设计分析. 系统工程与电子技术，31（11）：2781-2784.

刘刚，黎放，2014. 测试性预计方法综述. 造船技术（3）：14-18.

刘丽亚，杜舒明，闫俊锋，等，2020. 基于改进粒子群算法的雷达装备测试性设计优化技术. 计算机测量与控制，28（8）：160-164.

刘明罡，冯正和，2007. 分组旋转矢量法校正大规模相控阵天线. 电波科学学报，22（3）：380-384.

刘学，2017. 船舶导航雷达回波信号仿真. 舰船科学技术，39（4A）：97-99.

刘瑛，2017. 测试性虚实一体化试验技术研究及其应用. 长沙：国防科技大学.

刘治国，2004. USB-1149.1边界扫描测试控制器的设计. 成都：电子科技大学.

刘子宜，郑军，刘畅，2010. 软件测试性研究综述. 第四届中国航空学会青年科技论坛文集：874-880.

路成军，2009. 雷达回波信号建模与信号模拟器设计. 南京：南京理工大学.

吕晓明，黄考利，连光耀，2011. 基于多信号流图的分层系统测试性建模与分析. 北京航空航天大学学报，37（9）：1151-1155.

吕永乐，2009. 机载设备工作性能预测建模方法及其应用. 北京：北京航空航天大学.

吕永乐，2014. 雷达通用中央BIT软件集成平台. 现代雷达，36（9）：1-5.

吕永乐，白雪，张红兵，2020. 雷达系统故障预测与健康管理技术//测试新技术研讨会论文集. 北京：国防工业出版社.

吕永乐，张红兵，白雪，2015. 雷达健康管理软件中的并行处理技术. 计算机测量与控制，23（6）：4.

吕政良，王红，勒洋，等，2011. 基于多信号流图的高层模块描述. 清华大学学报，51（7）：884-888.

罗佳，2008. 相控阵雷达系统建模仿真与模型校验研究. 长沙：国防科学技术大学.

马晓岩，2013. 现代雷达信号处理. 北京：国防工业出版社.

欧阳帆，2016. 低空目标探测相控阵雷达回波模拟方法的研究与实现. 成都：电子科技大学.

潘绍仁，察豪，2009. 基于AIS的舰载雷达标校方法研究. 舰船科学技术，31（6）：101-104.

潘小龙，2008. 基于边界扫描技术的测试系统的研究与应用. 南京：南京航空航天大学.

彭勇，万长宁，吴鸿起，等，2014. 与耦合线一体化设计的宽带宽角天线单元. 现代雷达，36（9）：54-57.

平丽浩，2007. 雷达结构与工艺（下册）. 北京：电子工业出版社.

邱静，刘冠军，杨鹏，等，2012. 装备测试性建模与设计技术. 北京：科学出版社.

任义，2018. 数字阵列雷达仿真系统的模块化设计. 西安：西安电子科技大学.

尚军平，傅德民，焦永昌，等，2008. 基于最佳配相控制的相控阵天线快速测量方法研究. 电波科学学报，23（2）：331-334.

沈晓宇，张亮，曹旭，等，2022. 一种互相关法测量相位噪声理论及仿真分析. 宇航计测技术，42（3）：60-67.

石君友，2011. 测试性设计分析与验证. 北京：国防工业出版社.

石君友，纪超，李海伟，2012. 测试性验证技术与应用现状分析. 测控技术，31（5）：29-32.

宋秀英，夏勇，张学森，2014. 地面情报雷达信号处理系统 BIT 设计. 科技信息，2014（11）：231-232.

孙昌爱，靳若明，刘超，等，2000. 实时嵌入式软件的测试技术. 小型微型计算机系统，21（9）：920-924.

孙萍，魏清新，王坤明，2017. 飞航装备测试性设计分析及故障诊断实施策略工程应用研究. 计算机测量与控制，25（3）：11-14.

孙颋，周康，刘张伟，2017. 多功能微波功率检测模块设计. 电子测量技术，40（6）：201-205.

谈恩民，2007. 数字电路 BIST 设计中的优化技术. 上海：上海交通大学.

汪江秀，王友仁，2016. 相控阵天线故障诊断方法研究. 电子测量技术，39（8）：163-167.

汪毅，顾晓霞，奚宏明，2011. VxWorks 嵌入式系统远程监控系统的设计与实现. 科学技术与工程，11（27）：6747-6750.

王德纯，丁家会，程望东，2006. 精密跟踪测量雷达技术. 北京：电子工业出版社.

王东雷，胡泊，2016. 舰载雷达测试性试验方法研究. 雷达与对抗，36（4）：15-18.

王凡，2007. X 波段机载相控阵雷达目标模拟器射频前端研究. 成都：电子科技大学.

王国玉，肖顺平，汪连栋，1999. 电子系统建模仿真与评估. 长沙：国防科技大学出版社.

王红，潘安君，杨占才，等，2022. 航空机载系统智能测试监控技术. 测控技术，41（10）：1-6.

王慧，王铭泽，李会，2012. 航空电子产品测试性设计评价工作框架及流程研究. 飞机设计, 32 (3): 70-76.

王金元, 居军, 2021. 浅析有源相控阵天线的内监测技术. 现代雷达, 43 (3): 69-73.

王帅, 2012. 通用型MTM总线主模块控制器的设计与实现. 测控技术, 31 (8): 63-67.

王燕, 2006. 边界扫描技术在VLSI电路设计中的应用研究. 计算机测量与控制, 14 (10): 1307-1309.

王燕, 曹子剑, 水道雁, 2016. 基于VPX总线的高速数字电路测试系统研究及应用. 计算机测量与控制, 24 (1): 4-6.

王永庆, 2006. 人工智能原理与方法. 西安: 西安交通大学出版社.

王仲生, 2005. 智能故障诊断与容错控制. 西安: 西北工业大学出版社.

邬宽明, 1996. CAN总线原理和应用系统设计. 北京: 北京航空航天大学出版社.

吴高杰, 2017. 基于OSA-CBM的设备健康管理体系结构研究. 价值工程, 36 (1): 3.

吴曼青, 2008. 数字阵列雷达的发展与构想. 雷达科学与技术, 6 (6): 401-405.

吴顺君, 梅晓春, 2008. 雷达信号处理和数据处理技术. 北京: 电子工业出版社.

夏贤江, 李网生, 蒋云彬, 2004. 一种C波段大功率单脉冲雷达发射机的设计. 现代雷达, 26 (8): 55-57.

谢季坚, 刘承平, 2018. 模糊数学方法及其应用. 武汉: 华中科技大学出版社.

谢明恩, 2007. 可测试性设计技术及应用研究. 南京: 南京航空航天大学.

谢明恩, 于盛林, 2007. 组合电路可测试性技术的研究. 电子测量技术, 30 (6): 25-28.

辛灿伟, 胡岸勇, 刘凯, 等, 2018. 相控阵近场初始相位快速实时校准方法. 北京航空航天大学学报, 44 (12): 2496-2502.

徐彬, 张凌东, 李华, 2018. 基于SFMEA和SFTA的软件测试. 电子设计工程, 26 (16): 85-89.

徐赫, 王宝龙, 武建辉, 2007. 基于贝叶斯网络的测试性预计方法. 弹箭与制导学报, 27 (4): 232-235, 239.

徐建洁, 2011. 边界扫描测试系统设计与实现. 长沙: 国防科技大学.

徐进, 孟晓风, 钟波, 2009. 基于MTM总线的测试系统设计方法. 计量与测试技术, 36 (2): 27-29, 33.

徐攀，2014. 基于 JTAG 的芯片互连测试技术的研究与实现. 西安：西安电子科技大学.

徐志磊，2010. 紧凑型 JTAG 接口的设计与验证. 上海：上海交通大学.

徐志磊，郭筝，2010. 基于 IEEE1149_7 的新一代测试接口实现与应用. 信息技术，8：164-166.

严俊豪，2014. 系统级测试性设计优化方法与实现. 成都：电子科技大学.

颜炯，王戟，陈火旺，2004. 基于模型的软件测试综述. 计算机科学，31（2）：184-187.

阳长永，王月波，代林. 2019. 嵌入式软件自动化测试及管理系统研究. 计算机测量与控制，27（9）：57-60.

杨秉喜，2002. 雷达综合技术保障工程. 北京：中国标准出版社.

杨芙清，梅宏，2008. 构件化软件设计与实现. 北京：清华大学出版社.

弋稳，2005. 雷达接收技术. 北京：电子工业出版社.

尹园威，尚朝轩，马彦恒，等，2014. 基于故障注入的雷达装备测试性验证试验方法. 计算机测量与控制，22（7）：2128-2130.

原田耕介，2004. 开关电源手册. 耿文学，译. 北京：机械工业出版社.

苑文亮，唐小明，朱洪伟，等，2010. 基于 ADS-B 数据的雷达标校新方法. 舰船电子工程，30（3）：147-150.

曾福萍，杨顺昆，陆民燕，2009. 系统级软件 FMEA 计算机辅助设计研究. 计算机科学，36（9）：106-109.

詹进雄，杜舒明，2016. 基于 DSP 芯片的高速数字电路模块 BIT 设计. 计算机测量与控制，24（10）：21-23.

张长隆，2004. 杂波建模与仿真技术及其在雷达信号模拟器中的应用研究. 长沙：国防科学技术大学.

张福顺，张进民，1995. 天线测量技术. 西安：西安电子科技大学出版社.

张光义，2009. 相控阵雷达原理. 北京：国防工业出版社.

张虹，姜明明，黄百乔，2011. 软件可靠性分析方法及应用. 测控技术，30（5）：101-105.

张健，于水游，王雷，2020. 装备通用质量特性关系概述. 光电技术应用，35（4）：76-84.

张俊，2012. 基于边界扫描技术的在线测试系统研究. 长沙：湖南大学.

张凯，朱新国，2015. 数字阵雷达天线波瓣图测试方法与验证. 现代雷达，37（11）：54-58.

张乐，2012. 基于边界扫描的板级测试方法研究与应用. 南京：南京理工大学.

张清原, 2016. 复杂雷达信号环境的实时模拟方法研究. 北京: 北京理工大学.

张润逵, 2007. 雷达结构与工艺（上册）. 北京: 电子工业出版社.

张世琨, 张文娟, 常欣, 等, 2001. 基于软件体系结构的可复用构件制作和组装. 软件学报, 12（9）: 1351-1358.

张伟, 2004. 雷达系统仿真的理论方法与应用研究. 成都: 电子科技大学.

张文广, 周绍磊, 李新, 2006. 边界扫描技术及其在PCB可测性设计中的应用. 计算机测量与控制, 14（6）: 713-715.

张小波, 常瑞承, 2014. 舰艇型号工程测试性验证与评价方法. 舰船科学技术, 36（7）: 150-153.

张志君, 金利峰, 2015. 基于IEEE1149.6标准的PCB交流电路测试技术研究. 第十五届计算机工程与工艺年会暨第一届微处理器技术论坛论文集: 253-259.

张祖稷, 金林, 束咸荣, 2005. 雷达天线技术. 北京: 电子工业出版社.

赵昶宇, 2017. 软件失效模式与影响分析在武器火控软件中的应用研究. 科技与创新（15）: 147-148.

赵国庆, 2015. 雷达对抗原理. 西安: 西安电子科技大学出版社.

赵继承, 顾宗山, 吴昊, 等, 2009. 雷达系统测试性设计. 雷达科学与技术, 7（3）: 174-179.

郑新, 李文辉, 潘厚忠, 2006. 雷达发射机技术. 北京: 电子工业出版社.

钟诗胜, 谭治学, 2014. 雷达发射机健康状态评价技术研究. 现代雷达, 36（6）: 69-74.

周斌, 郑新, 2006. S波段全固态有源加权相控阵雷达发射机. 现代雷达, 28（1）: 65-67.

周国富, 2005. 运动目标模拟器相参性分析. 现代雷达（11）: 85-88.

周薇, 刘庆生, 2015. 嵌入式火控系统软件故障树分析研究. 现代电子技术, 38（8）: 105-108.

朱小良, 方可人, 2012. 热控测量及仪表（第三版）. 北京: 中国电力出版社.